LES ENIGMES DU CERVEAU

Dépôt légal 1989
ISBN 2 04 012980 4

Publié conjointement en France, en 1989, par les éditions Bordas et Hologramme.

Printed in Japan

LES ENIGMES DU CERVEAU

Yves Christen - Kenneth Klivington

Conseillers scientifiques

Floyd Bloom
Directeur de Recherches à la Scripps Clinic

Valentino Braitenberg
Directeur de l'Institut Max Planck de Biologie Cybernétique

Jacques Glowinski
Professeur au Collège de France

Roger Guillemin
Professeur à l'Institut Salk, Prix Nobel de Médecine 1977

David Hubel
Professeur à Harvard Medical School, Prix Nobel de Médecine 1981

Masao Ito
Professeur à l'Université de Tokyo

Leslie Iversen
Directeur Exécutif, Merck, Sharp and Dohme Research Laboratories

Wolf Singer
Directeur de l'Institut Max Planck pour les recherches sur le cerveau

Bordas
HOLOGRAMME

Sommaire

Introduction

Rien n'est plus complexe que le cerveau humain. Tenter de comprendre son fonctionnement est l'un des puzzles scientifiques les plus difficiles à résoudre que nous connaissions. Bien d'autres énigmes restent évidemment à éclaircir. Par exemple comment naît un cancer ou comment l'univers a pris forme. Mais les chercheurs confrontés à ces questions ont au moins quelque idée sur leur nature, ils savent en général où regarder et pressentent les réponses possibles. Le fonctionnement du cerveau se pose selon des modalités différentes. Il ne s'agit plus de savoir comment on passe d'un langage moléculaire à un autre, d'un mécanisme biochimique à un effet cellulaire, mais d'établir comment on passe des molécules aux idées.

La première difficulté surgit, lorsque nous tentons de déterminer ce que nous voudrions précisément élucider à propos du cerveau. Serait-ce une propriété abstraite, telle que la conscience ou l'intelligence ? Serait-ce plutôt la façon dont des fonctions spécifiques, comme l'apprentissage et la mémoire, s'effectuent ? Ne pourrait-il sembler plus approprié de s'interroger sur la façon dont le cerveau interprète l'information qui lui est fournie par les yeux, les oreilles et les autres organes des sens ? Le cerveau fonctionne-t-il comme un ordinateur, recevant une information, la traitant, l'emmagasinant, et ressortant "quelque chose" ? Comment travaillent les cellules du cerveau ? Comment sont-elles interconnectées ? Pourquoi ne se reproduisent-elles pas lorsqu'elles sont détruites ? Qu'arrive-t-il à notre cerveau lorsque nous vieillissons ?

Il ne s'agit là que d'un tout petit échantillonnage des questions dont nous serions susceptibles d'établir la liste, lorsque nous nous interrogeons sur le bon ou le mauvais fonctionnement du cerveau. Mais tout cela ne représente qu'une étape préliminaire à une démarche intellectuelle plus complexe. Au stade suivant, il convient de s'interroger sur la nature des réponses que nous attendons. Voulons-nous en connaître plus long sur les réactions chimiques des cellules nerveuses ? Sommes-nous en quête de quelque chose qui ressemblerait à un programme informatique, capable d'expliquer comment nous arrivons à reconnaître un visage ou une voix ? Serait-il suffisant d'indentifier les parties du cerveau, effectuant telle ou telle tâche, ou voudrions-nous plutôt nous intéresser à chaque cellule nerveuse impliquée dans son activité ? Avons-nous besoin, pour répondre à nos questions, de faire appel à un psychologue ou à un biologiste moléculaire, ou aux deux ?

Le but de ce livre est d'aider à résoudre des dilemnes de cette nature, de rendre un peu plus claires les questions posées, de balayer le champ immense de la recherche en ce domaine, de découvrir quelles réponses sont déjà acquises et quelles autres peuvent être élucidées dans un avenir proche.

Pour comprendre la portée des recherches en cours, il faut se rappeler que, dans un passé récent, l'interprétation behavioriste était encore toute puissante : le cerveau répondait à son environnement par un mécanisme de réflexes conditionnés. Le milieu produisait, en quelque sorte, l'homme(ou l'animal). Dans cette perspective, déchiffrer le code de la "boîte noire" était insignifiant. La notion d'esprit était inutile. L'âme ? Un mot sans signification. Or, aujourd'hui, tous les spécialistes des divers champs de la recherche sur le cerveau, matérialistes ou non, s'intéressent à la boîte noire, qui ne se contente pas de réagir aux signaux de l'environnement, mais qui les interprète d'une manière complexe et énigmatique.

Le cerveau a d'abord été envisagé à l'image d'un central téléphonique, avec des lignes d'arrivée, transportant des messages véhiculés par les yeux, les oreilles, le nez, la peau, la langue, puis commutés, avant d'être dirigés vers des muscles, par exemple. Ce qui se produisait au niveau de la commutation restait un mystère. Puis il fut comparé à l'ordinateur et au traitement de l'information, comparaison qui ne s'est révélée guère plus satisfaisante. En un sens, les chercheurs ont plutôt appris à construire des ordinateurs qui simulaient plus étroitement le raisonnement humain qu'à engranger des éléments nouveaux sur le cerveau lui-même. Le cerveau serait-il alors une caméra filmant le monde ? Ou, comme on l'imagine souvent, un "petit homme", un homonculus, qui dirigerait les activités du corps humain ? A ce sujet, le Prix Nobel Francis Crick raconte l'histoire suivante : *"Récemment, j'essayais désespérément d'expliquer à une femme intelligente le problème de la perception. Comme elle ne parvenait pas à comprendre où il résidait, je finis par lui demander, en désespoir de cause, comment elle croyait voir le monde. Elle me répondit qu'elle pensait avoir, à l'intérieur de la tête, une sorte de récepteur de télévision. Et alors, demandai-je, qui le regarde ? Instantanément, elle comprit le problème.* (Francis Crick, "Réflexions sur le cerveau", Pour la Science, nov. 1979, n° 25, p 168).

Qui regarde dans le poste ? Telle est la question. Quel homonculus regarde l'homonculus qui regarde l'homonculus... ? L'image n'est pas neuve, les questions posées non plus. De même, au début de l'embryologie, les chercheurs imaginaient un homonculus niché dans la tête du spermatozoïde, un homme en réduction tout achevé. Et, dans les spermatozoïdes de l'homonculus, un autre homonculus, etc. Le problème n'est pas de reporter, d'un champ de la recherche à l'autre, une image caduque, mais de trouver un code. Comme dans le cas de la biologie, où l'on a pu démontrer comment on passait du langage de l'hérédité (avec, pour lettres, les acides nucléiques) à celui de l'organisme (constitué de protéines). Le dictionnaire qui permet de passer de l'un à l'autre s'appelle le code génétique. L'espoir que caressent les plus aventureux des neurobiologistes contemporains serait de découvrir, à leur tour, un code qui permettrait de passer des molécules aux idées.

Il ne serait pas réaliste, dans un livre tel que celui-là, de tenter d'explorer toutes les questions qui se posent sur le cerveau et toutes les réponses que l'on a pu y apporter, sans exception. Il serait plus intéressant de partir du comportement des êtres et de ce qui fascine tout le monde, laconscience, les émotions, la maladie mentale. Au cours de la première partie, nous examinerons les propriétés de l'esprit humain qui semblent se manifester en liaison avec la biologie du cerveau. Mais il n'est pas dit que nous puissions élucider tous les problèmes philosophiques débattus depuis des siècles. Comme toutes les muses, celles du cerveau offrent parfois des réponses bien déconcertantes.

La deuxième partie se consacre plus précisément à la dimension purement biologique du problème des liens entre l'esprit et le cerveau : comment le cerveau, en tant que machine, fonctionne-t-il ? Ce qui émerge de ces recherches chimiques et biologiques est une amorce de réponses diverses, nées des développements tout récents de la biologie cellulaire et moléculaire, ou, plus largement, de plusieurs domaines de recherches neurobiologiques. C'est un échantillon représentatif de nos connaissances actuelles sur le fonctionnement du cerveau.

La troisième partie creuse tout le champ des recherches en cours, où affleurent déjà quelques-unes des connexions sous-jacentes entre le cerveau et l'esprit. Il s'agit, par exemple, de la psychoneuroimmunologie, qui se consacre à l'étude du lien qui peut s'établir entre certains états d'esprit et des manifestations biologiques, susceptibles de renforcer ou d'altérer notre système de défense immunologique. Il s'agit aussi d'étudier le langage, outil essentiel de notre esprit, et son élaboration dans le cerveau. Il s'agit enfin d'explorer des recherches qui se recoupent avec celles déjà opérées, dans le domaine de l'informatique, par les ingénieurs de l'Intelligence Artificielle et de voir ce qu'elles nous apprennent dans les deux domaines.

Poser la bonne question, c'est le plus important. Et les anciens Grecs le savaient, lorsqu'ils consultaient les oracles et les muses. Nous devons nous en souvenir aujourd'hui lorsque nous invoquons les muses du cerveau, avec d'autant plus de précautions qu'elles sont foule. Elles nous dissimulent encore bien des secrets qu'elles pourraient nous livrer. Mais aussi nous commençons tout juste à savoir les questions qu'il convient de leur poser.

HISTOGRAM RESULTS

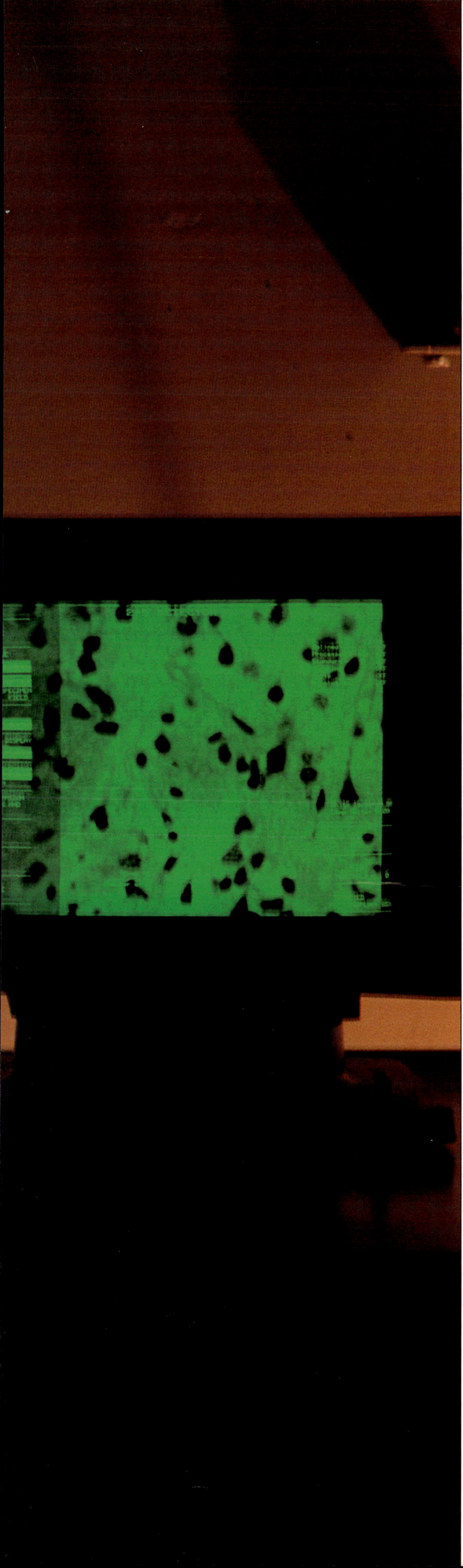

I

LES PROPRIÉTÉS DE L'ESPRIT

Que voulons-nous connaître du cerveau et de ses opérations ? Le point de départ logique, pour poser cette question, est l'esprit, puisque c'est par les manifestations de notre esprit que nous prenons immédiatement conscience du fonctionnement de notre cerveau. La célèbre phrase de René Descartes, "Je pense donc je suis", reste la manière la plus concise de traduire cette adéquation de notre pensée au sentiment de notre Moi. Nous partirons donc de certains des attributs que nous prêtons à l'esprit et de leur fondement dans le cerveau. En passant en revue les recherches des scientifiques, nous pourrons avoir une idée des différentes manières de se demander comment le cerveau est construit et comment agissent ses différentes parties. Les réponses peuvent en effet se révéler extrêmement différentes selon les niveaux d'exploration : une réponse qui satisferait un psychologue pourrait bien être de peu d'intérêt pour un biologiste moléculaire, et vice-versa.

Cette diversité des approches se confirmera tout au long de ces chapitres, où nous tenterons d'explorer les dimensions de l'esprit, qu'il s'agisse de la notion glissante de conscience, du concept plus concret (mais insaisissable) d'intelligence, des forces puissantes des émotions ou des conséquences dévastatrices de la maladie mentale. Une fois accomplie cette promenade à travers les paysages de l'esprit, nous serons peut-être prêts à nous pencher plus attentivement sur le cerveau lui-même et à tenter de déterminer si nous y trouvons quelque chose qui projette une lumière nouvelle sur le royaume obscur de la pensée.

Compteur cellulaire
Un instrument de pointe qui aide les chercheurs (ici, à l'Université de Californie à San Diego) à répertorier les milliards de cellules nerveuses du cerveau humain.

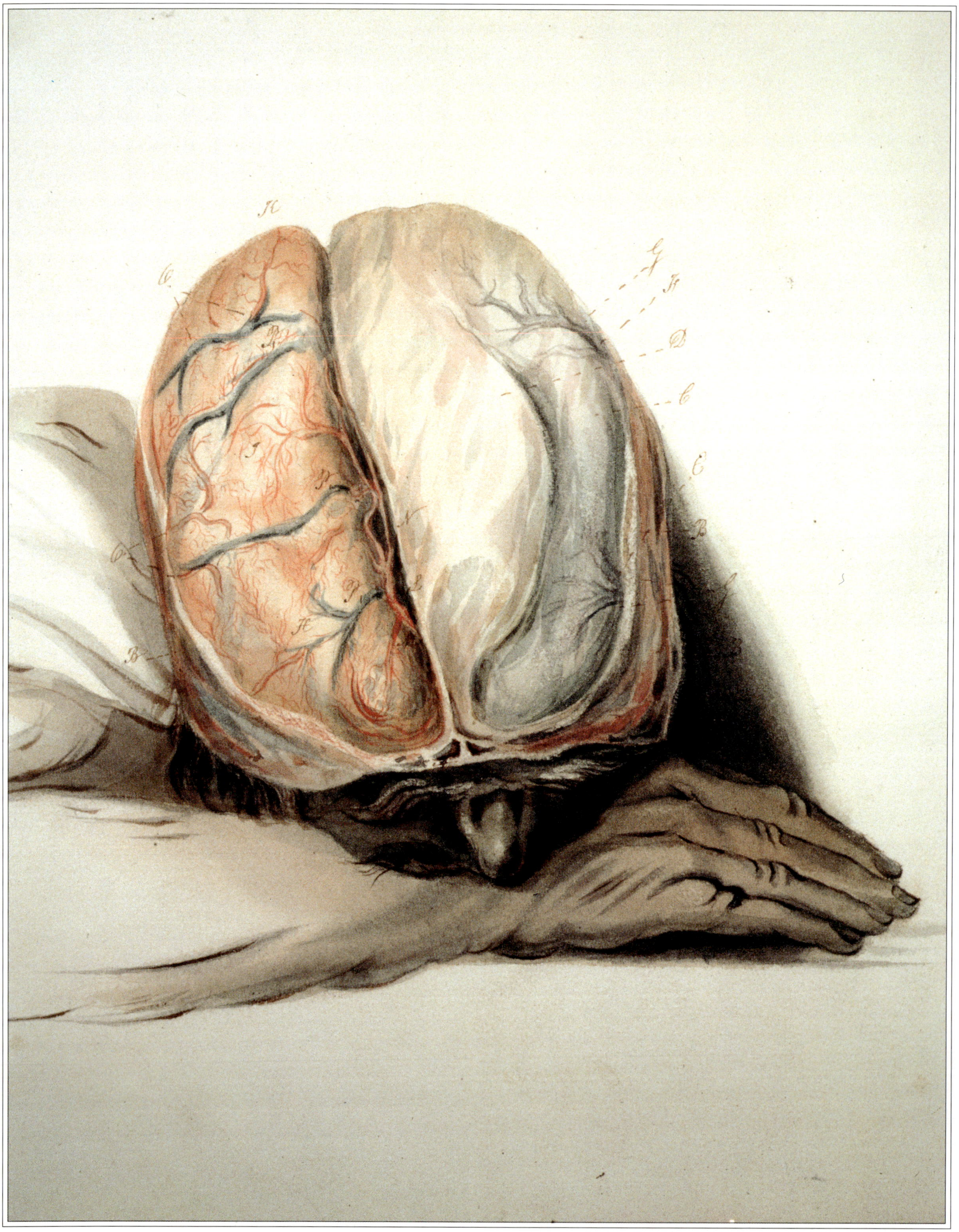

1
En âme et conscience

On a coutume de dire que c'est la notion de conscience qui distingue l'homme de l'animal : l'animal sait, mais, contrairement à l'homme, il ne sait pas qu'il sait. Comment la conscience peut-elle se définir et comment se relie-t-elle à ce qui se passe à l'intérieur de la tête ? A l'origine, chasse gardée des philosophes, la conscience est devenue, au cours des dernières années, un sujet d'étude pour les chercheurs dans le domaine du cerveau. S'agit-il d'une chasse au fantôme ou d'une notion concrète et mesurable ? Est-il possible de dire que le sentiment du Moi se situe quelque part dans le cerveau et qu'on peut le déterminer par l'activité électrique et chimique des neurones ?

D'une façon plus simple, et se prêtant plus facilement à l'expérimentation scientifique, la notion de conscience recouvre celle de vigilance. Il est alors possible de distinguer des niveaux de vigilance, qui s'échelonnent de l'activation excessive au coma, en passant par une activation normale (celle où la conscience du monde est la meilleure) et par les différents niveaux du sommeil.

Au cours du sommeil, il convient de le souligner, la conscience n'est pas totalement abolie, puisque le dormeur reste sensible à certaines stimulations extérieures : ainsi la mère peut-elle percevoir le cri de son enfant. Le dormeur peut aussi conserver à l'état de veille la mémoire de ses rêves. Il existe donc une conscience onirique.

Distinguer divers états de conscience revient à mettre l'accent sur les rapports entre physiologie et conscience. La notion de *prise de conscience,* chère au psychologue suisse Jean Piaget, conduit à rapprocher l'étude de la conscience de celle du comportement. Elle s'inscrit dans une perspective opposée à celle des behavioristes et de tous ceux qui postulent une dichotomie entre le champ de la conscience et celui des comportements.

L'inconscient

Si la connaissante consciente renvoie à un état essentiellement humain, il ne faudrait pas croire pour autant que les phénomènes psychiques inconscients soient eux-mêmes sans importance. Depuis fort longtemps, on soupçonne que des faits psychiques, dont nous n'avons pas directement conscience, guident nos actions. Socrate n'évoquait-il pas son "daïmon" ?

Sigmund Freud et les psychanalystes ont fait de l'inconscient leur terrain de prédilection. En un sens, ils se placent à l'extrême opposé d'une théorie comme celle de John Broadus Watson, qui fonda en 1873 le behaviorisme. Les behavioristes imaginent un "homme extérieur", entièrement façonné par les stimuli de l'environnement.

Mais Freud a toujours eu le souci de garder le contact avec la biologie, dont il disait : *"La biologie est vraiment un domaine aux possibilités illimitées : nous devons nous attendre à recevoir d'elle les lumières les plus surprenantes et nous ne pouvons pas deviner quelles réponses elle donnerait dans quelques décennies aux questions que nous lui posons. Des réponses telles qu'elles feront s'écrouler tout l'édifice artificiel de nos hypothèses".* (S. Freud : "Essai de psychanalyse", Payot).

La doctrine psychanalytique admet l'importance du déterminisme génétique dans les comportements, insiste sur le rôle des pulsions (sexuelles en particulier), et fait du Moi le médiateur entre les exigences du Ça et les interdits moraux du Sur-Moi. L'inconscient, selon Freud, est avant tout le domaine des éléments refoulés ne pouvant avoir accès au système préconscient-conscient, mais affleurant à la conscience, sous forme de rêves, de lapsus ou de symptômes névrotiques, par exemple.

Il ne serait pas juste de considérer l'inconscient comme la propriété des psychanalystes. D'autres psychologues, au premier rang desquels il convient de citer les initiateurs de la psychologie des foules (Gustave Le Bon, en particulier) ont insisté sur le rôle des processus psychiques inconscients. Il est certain que l'activité politique repose, pour une

Anatomie
Aquarelle de Sir Charles Bell, physiologiste d'origine écossaise. Extrait d'une série, publiée en 1823 : "L'anatomie du cerveau expliquée dans une série illustrée".

large part, sur des faits psychiques inconscients et non sur la seule analyse rationnelle de la meilleure façon de conduire la cité. Lorsqu'elle s'accompagne de débordements révolutionnaires ou de passions (fêtes, etc.), elle fait de toute évidence appel à des forces psychiques qui relèvent de l'inconscient et illustrent la théorie de Paul McLean, du National Institute of Mental Health à Poolesville, Maryland, sur le cerveau reptilien qui subsiste en l'homme. Les phénomènes d'hypnose révèlent également l'importance de l'inconscient.

Conscience et neurobiologie

La notion de conscience a longtemps été affaire de philosophes ou de psychologues. Les biologistes nourrissaient une réticence certaine à son égard. Plus récemment, la neurophysiologie a fini par s'intéresser à ce sujet. D'une part, à cause des progrès de la recherche et de l'expérimentation. D'autre part, parce que les explorations d'autre nature aboutissaient souvent à des impasses, certains en appelant à la thèse de Gödel. Cette dernière, qui relève de la logique mathématique, démontre qu'il peut y avoir des assertions, à l'intérieur d'un système mathématique for-

Le neurone et la puce
Les chercheurs testent l'activité électrique des cellules nerveuses (neurones) en couvrant des puces informatiques de cellules nerveuses embryonnaires : quand une cellule vivante se loge entre les fils de la puce, un circuit s'établit, permettant de mesurer l'activité électrique du neurone.

mel, dont on ne peut, à l'intérieur du système lui-même et sans en sortir, prouver le bien-fondé. Mais, aussi puissante qu'elle puisse être dans le domaine des mathématiques, la démonstration de Gödel ne peut nous en dire long sur le fonctionnement du cerveau. L'intérêt de l'approche neurophysiologique est d'essayer de trouver un passage de la molécule à l'idée.

Tous les scientifiques ne sont pas d'accord avec ce propos. Quelques-uns s'en tiennent à une approche dualiste, l'univers de l'esprit étant, selon eux, radicalement différent de celui du corps : le cerveau, disent-ils, ne produit pas l'esprit, même si ce dernier habite "de préférence" notre boîte crânienne. C'est par exemple le cas d'Otto Creutzfeldt, à l'Institut Max Planck de Göttingen. Pour lui, le monde de l'esprit, où notre conscience existe sous forme de symboles représentant le monde physique, diffère du monde physique lui-même : *"La connaissance des mécanismes cérébraux, qui conduit à la notion de conscience à l'origine de ce monde de symboles, n'explique ni la conscience elle-même, ni les symboles sous la forme desquels elle se présente, car les mécanismes cérébraux ne* sont *pas ces symboles".* (O.Creutzfeldt : "Neurophysiological mechanisms and consciousness", in Brain and Mind, Ciba Foundation Symposium, 1979, vol.69). Et Creutzfeldt conclut : "Il n'est en réalité aucun moyen de définir ou de prouver l'existence de la conscience ou de l'esprit en termes biochimiques, biophysiques ou anatomiques".

La séparation de l'esprit et du cerveau est encore plus radicale pour le prix Nobel Sir John Eccles, célèbre pour ses travaux sur le cervelet et sur l'activité des cellules nerveuses. Il avance que l'esprit serait totalement distinct du cerveau et agirait sur le cerveau en modifiant la communication chimique extrêmement subtile entre neurones. Ses idées s'appuient sur les principes de la mécanique quantique (lois sur les interactions des particules à l'échelle atomique), mais n'attribuent aucune propriété physique à l'esprit. L'esprit, selon Eccles, exerce son influence, dans la mesure où il modifie ce que l'on appelle les champs de probabilité, influant sur le mouvement des molécules qui transmettent les messages entre les neurones.

Et pourtant, certains chercheurs ont relevé le défi. L'un d'entre eux a tenté d'établir les relations entre l'activité cérébrale et la déci-

1

1. L'homoncule
Pour les hermétistes du début de la Renaissance, les homoncules étaient les enfants du Soleil et de la Lune. Fabriqués, dit-on, par Paracelse et le comte Küffstein, chambellan de Marie-Thérèse d'Autriche, les homoncules symbolisaient le germe de l'Œuvre alchimique.

2. "Représentation de l'intérieur"
Selon un traité taoïste du XVIIe siècle.

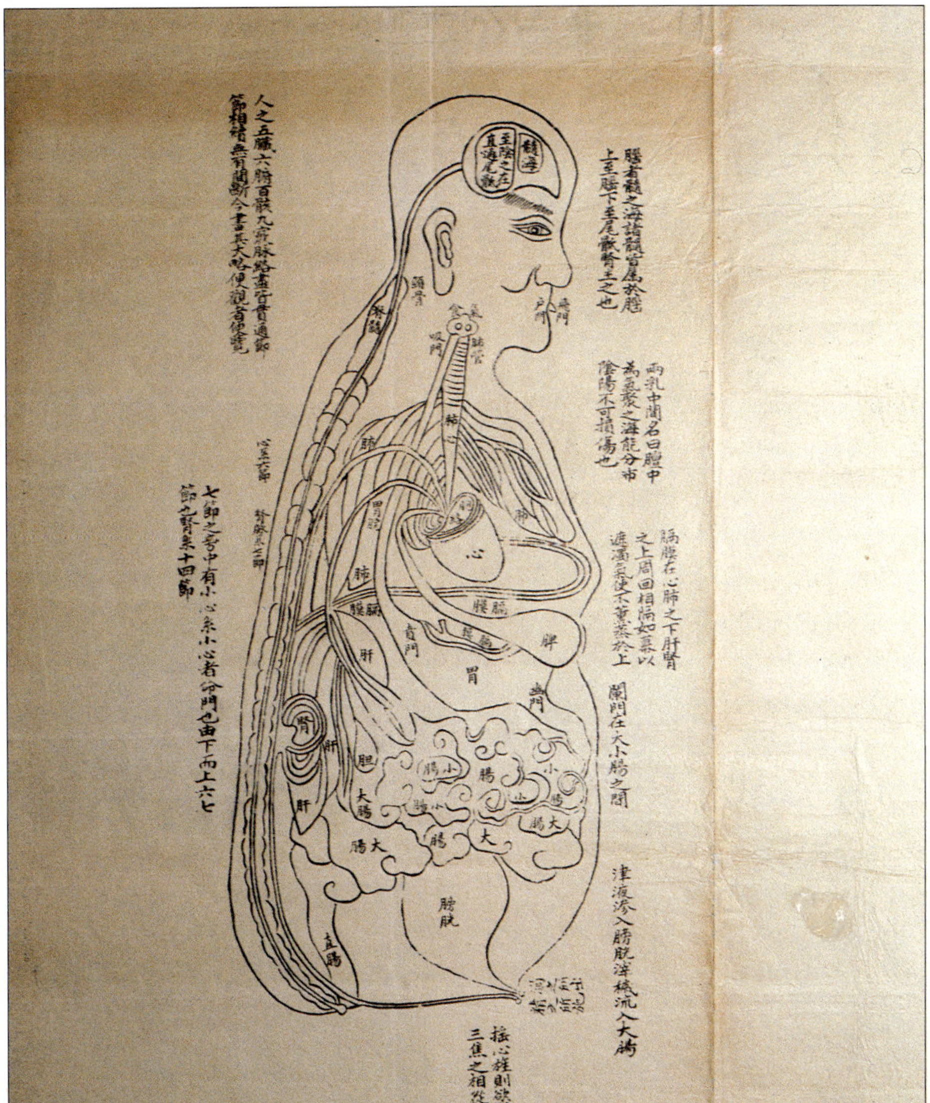

2

1. Le cerveau humain par René Descartes
"Imaginez-vous par exemple que la différence entre les deux figures M et N est la même qui est entre le cerveau d'un homme qui veille, et celui d'un homme qui dort, et qui rêve en dormant..." : la "machine de l'âme", selon l'auteur du "Discours de la Méthode".
2. Sir John Carew Eccles
Ce célèbre neurophysiologiste australien, qui reçut en 1963 le Prix Nobel de médecine, est l'un des plus fervents défenseurs du dualisme corps-âme.
3. Mesure du débit sanguin cérébral
Cet étrange instrument permet de mesurer le métabolisme sanguin dans le cerveau et d'enregistrer l'activité de zones spécifiques. Grâce à de nouvelles techniques de ce genre, les chercheurs ont acquis des connaissances précieuses sur la physiologie et la physiopathologie cérébrovasculaires.

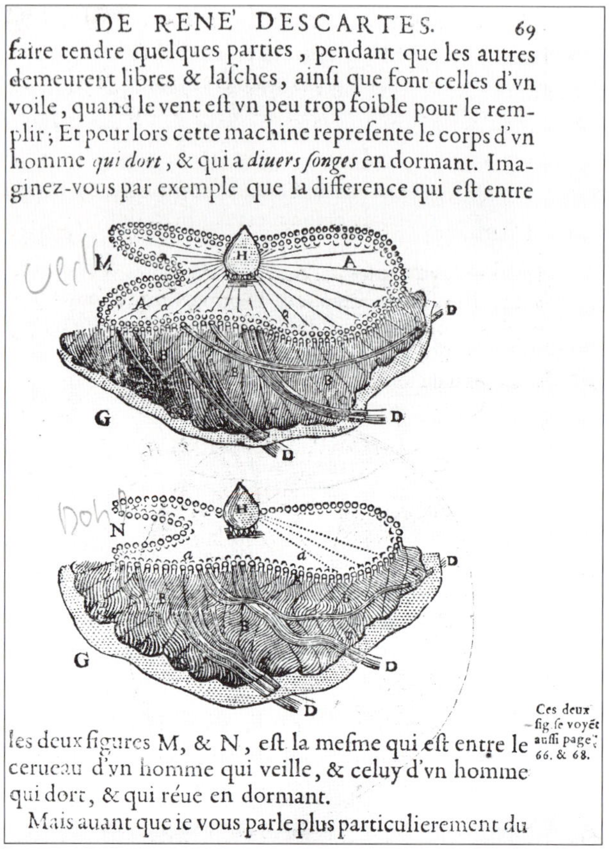
DE RENE' DESCARTES. 69
faire tendre quelques parties, pendant que les autres demeurent libres & lasches, ainsi que font celles d'vn voile, quand le vent est vn peu trop foible pour le remplir; Et pour lors cette machine represente le corps d'vn homme *qui dort*, & qui a *diuers songes* en dormant. Imaginez-vous par exemple que la difference qui est entre

les deux figures M, & N, est la mesme qui est entre le cerueau d'vn homme qui veille, & celuy d'vn homme qui dort, & qui réue en dormant.
Mais auant que ie vous parle plus particulierement du

Ces deux fig se voyét aussi page; 66. & 68.

1

2

3

sion consciente de bouger : Benjamin Libet, de l'Université de Californie à San Francisco, a enregistré l'activité électrique du cerveau, et tout particulièrement un signal *(readiness potential),* qui apparaît juste avant le mouvement et qui indique, en quelque sorte, que le sujet est prêt à l'accomplir. Il a montré que ce signal apparaît une demi-seconde avant le mouvement de la main, observation logique si l'on imagine qu'il doit falloir un certain temps au cerveau pour commander l'activité musculaire. Mais ce qui est plus surprenant, c'est que les individus n'ont conscience de décider de bouger que deux-dixièmes de seconde avant le début du mouvement, c'est-à-dire trois-dixièmes de seconde après le début de l'activité cérébrale. Pour Libet, cela signifierait que l'intention d'agir, elle-même, résulterait de l'activité cérébrale ou, en d'autres termes, que le cerveau commencerait à désirer d'agir, puis que la conscience en serait informée.

Benjamin Libet a pu aussi déterminer que les individus soumis à l'expérience sont capables d'opposer un veto à l'impulsion d'agir, pendant les quelques dixièmes de seconde au cours desquels la conscience est alertée. En ce sens, la conscience, pourrait-on dire, se manifeste comme un gardien des intentions du cerveau, ne laissant passer que ce qui répond en quelque sorte aux critères de choix d'un individu.

Tout le monde n'est pas d'accord avec les idées de Libet, mais ses expériences manifestent un changement dans la façon dont les scientifiques abordent les relations entre l'esprit et le cerveau. Elles sont un encouragement pour ceux qui, avec Stephen Kosslyn, de l'Université de Harvard, pensent que *"l'esprit est ce que fait le cerveau"*. Et Kosslyn ajoute : "Pour la première fois, nous disposons de concepts, qui peuvent nous guider dans notre façon de nous demander comment le cerveau fabrique l'esprit". Cela nous permet de suivre à nouveau la piste de l'esprit, d'un tout autre point de vue, en partant de ce que nous savons du fonctionnement du cerveau. Et c'est pourquoi, nous reviendrons sur ce sujet à la toute fin du livre, après avoir passé en revue les connaissances nouvelles, qui nous aideront sans doute à formuler plus judicieusement nos questions.

L'esprit bicaméral

L'une des théories récentes qui ait suscité le plus de discussions est celle avancée par Julian Jaynes dans un livre publié en 1976, "The origin of consciousness in the breakdown of bicameral mind". Selon l'hypothèse de Jaynes, la conscience serait un phénomène non seulement proprement humain, mais extrêmement récent. Sa théorie de l'esprit bicaméral repose sur les travaux des neurophysiologistes qui ont pu mettre en évidence la spécialisation de nos deux hémisphères.

Selon Jaynes, jusqu'aux environs de l'an 1000 av.J.C., les deux hémisphères auraient travaillé à peu près indépendamment, l'hémisphère droit se contentant de produire des éléments de langage perçus par l'hémisphère gauche, sans réelle corrélation entre les deux. Les êtres humains auraient ainsi entendu des voix (un peu comme Jeanne d'Arc) et des messages qu'ils auraient attribué aux dieux. Les dieux interagissaient avec les hommes, les poussant à l'action(comme Jaynes pense en trouver trace dans Homère et "l'Iliade") mais il ne s'agissait pas de comportements réellement conscients.

Le passage de l'esprit bicaméral à la conscience se serait effectué chez les Grecs (toujours selon Jaynes) vers le VIIè siècle av.J.C., grâce à l'évolution du langage. La conscience serait donc directement liée à la pratique du langage et même de l'écriture, et n'existerait pas, selon cette théorie, chez le petit enfant, incapable de parler. Des états pathologiques, tels que la schizophrénie, donneraient une idée de ce genre de situations au cours desquelles quelqu'un peut avoir l'impression d'entendre des voix.

Cette théorie reste hautement spéculative. Et seule une exploration du fonctionnement du cerveau beaucoup plus poussée qu'elle ne l'est actuellement pourrait établir quelle serait sa part d'intérêt. Mais déjà, comme nous le verrons en particulier à propos des recherches sur le langage, la recherche commence à ouvrir des voies d'exploration nouvelles.

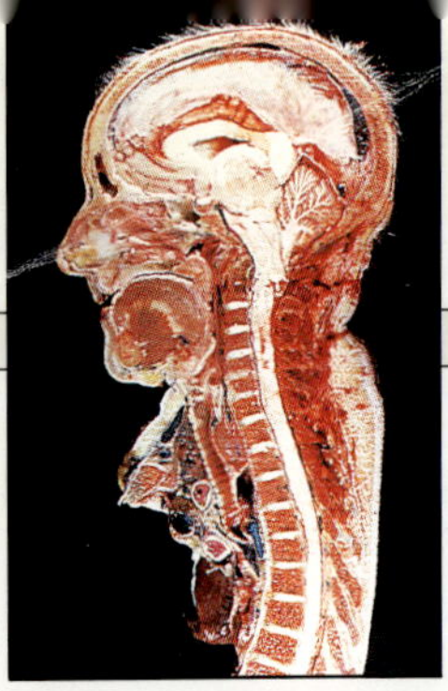

Paysages du cerveau : conscience, langage, démence,

par David H. Ingvar, M. D., Ph. D., University Hospital, Lund.

Les techniques d'imagerie cérébrale, mises au point au début des années soixante, nous ont permis, pour la première fois, d'obtenir des images de l'activité de cet organe, et non plus de sa seule anatomie. Dès lors, il est devenu possible de décrire les modifications du fonctionnement cérébral, principalement celles qui affectent l'activité des neurones du cortex, liés à l'afflux d'impulsions sensorielles et à l'exécution d'actes moteurs volontaires et surtout à l'activité cognitive, dans le cerveau normal ou malade.

Les premières techniques de représentation graphique étaient fondées sur l'utilisation d'un procédé, développé par Lassen et Ingvar en 1961, le xénon 133 : on emploie essentiellement des batteries de détecteurs qui "regardent" les deux côtés de la tête et enregistrent l'apparition et la disparition de l'isotope diffusible xénon 133. Son coefficient de disparition (ou courbe d'élimination) dans une région donnée du cerveau est fonction du débit sanguin. Comme ce dernier est normalement déterminé par le "travail", ou métabolisme énergétique des neurones, son taux est révélateur de l'activité neuronale dans les régions du cerveau considérées.

Au cours des années soixante-dix et quatre-vingt, de nouvelles techniques de représentation graphique ont été élaborées, toutes fondées sur l'emploi de divers radio-isotopes qui "suivent" le débit sanguin, le métabolisme de l'oxygène, du sucre (glucose), des protéines ou, plus récemment, de différents neurotransmetteurs. Il convient de mentionner tout particulièrement la tomographie par émission de positrons (PET), avec laquelle on détermine quantitativement le métabolisme et autres fonctions de "tranches" du cerveau, dans des niveaux variables. Toutefois, les techniques fondées sur le xénon 133 sont encore largement utilisées pour étudier les événements normaux ou anormaux dans le cerveau. Nous donnerons ci-dessous trois exemples des "paysages" fonctionnels du cortex tracés par le débit cérébral. Dans les figures 1, 2 et 4, le cerveau est vu du côté gauche ; les lobes frontaux sont à gauche et l'occiput à droite. Dans la figure 3, le cerveau est vu d'en haut et l'activité des deux hémisphères est ainsi mise en évidence.

Le paysage de la conscience à l'état de veille et de repos

Nous avons observé très tôt que la distribution de l'activité dans le cortex cérébral n'est pas uniforme à l'état de repos, c'est-à-dire lorsque le sujet est couché, éveillé et paisible, qu'on ne lui parle pas, qu'il n'exécute aucun mouvement ou, qu'il n'est occupé à tenter de résoudre aucun problème. L'activité circulatoire est nettement plus marquée dans les régions corticales qui se trouvent en avant d'une ligne suivant approximativement la fissure centrale (fissure de Rolando), à la partie antérieure de la fissure de Sylvius (latérale). En gros, ces régions correspondent aux aires centrifuges de l'écorce cérébrale, où le cortex moteur est situé dans le gyrus précentral tout comme le sont, plus frontalement, les centres de contrôle supérieurs, commandant les mouvements complexes, le comportement et la cognition. L'activité est plus faible dans les régions postcentrales, où sont localisées les aires qui ont une fonction centripète, et qui sont reliées aux zones de projection sensorielle primaire et d'ordre supérieur, représentant les sensations cutanées, la vision, l'audition, etc. Le paysage circulatoire "hyperfrontal" du cerveau humain au repos disparaît lorsque le sujet est sous anesthésie générale, dans les cas de démence organique

1. Paysage de la conscience au repos
Mesures multirégionales du débit sanguin des régions cérébrales, effectuées par la méthode au xénon 133, chez six sujets normaux inactifs et au calme. Il est en moyenne de 48 ml/100 mg/min. Les écarts régionaux, par rapport à la norme, sont donnés en termes relatifs (pourcentages) (cf. l'échelle de droite). On notera les débits élevés des régions frontales et ceux, moindres, des parties postérieures du cerveau. C'est ici la configuration "hyperfrontale" de la conscience à l'état de repos.

2. La lecture
En A, le sujet lit à haute voix. On note l'activation de plusieurs régions, telles que les centres visuels, auditifs et buccaux-moteurs (larynx, lèvres, yeux, etc.). Il y a aussi activation des centres de la parole des aires frontales supérieures et inférieures.
En B, le sujet lit en silence. L'aire bouche-larynx et l'aire temporale auditive ne sont pas activées. Les valeurs relatives du débit de l'irrigation sanguine sont indiquées en pourcentage sur l'échelle de droite.

3. La parole et le chant
Mesures du débit bilatéral du cerveau par le procédé au xénon 133, chez quinze sujets normaux. Chaque paire de figures montre les résultats obtenus quand ils sont au repos (en haut à gauche), quand ils parlent (énumération des jours de la semaine – en haut à droite) et quand ils fredonnent une comptine (sans en prononcer les paroles – au-dessous). L'échelle en couleur, à droite, indique les débits régionaux moyens effectifs. Les régions frontales sont au-dessus de chaque paire. Les débits moyens au niveau des hémisphères sont également indiqués. On note que la verbalisation active d'importantes aires frontales, principalement antérieures, et les centres bilatéraux de la parole se manifestent aussi. Le fredonnement donne une configuration similaire, sans activation des centres qui contrôlent la verbalisation.

4. La démence
L'image du haut montre le paysage normal moyen de la conscience vigile chez six sujets (les mêmes que ceux de la figure 1). L'image du bas montre le paysage moyen de dix malades atteints de démence. Les valeurs relatives données sont les mêmes que celles de la figure 1.
On notera : 1) la diminution du débit moyen dans le groupe des malades, abaissé à 35 ml/100/mg/min (contre 48 ml pour le groupe des sujets normaux) ; 2) la distribution relative, qui présente aussi, chez les malades, des anomalies : débits faibles dans les régions frontales, en particulier, pariéto-temporales. Les patients souffrant de ce type de démence manifestent aussi des troubles de la mémoire, des états de désorientation, des réactions émotionnelles atypiques, un comportement indifférent, entre autres symptômes.

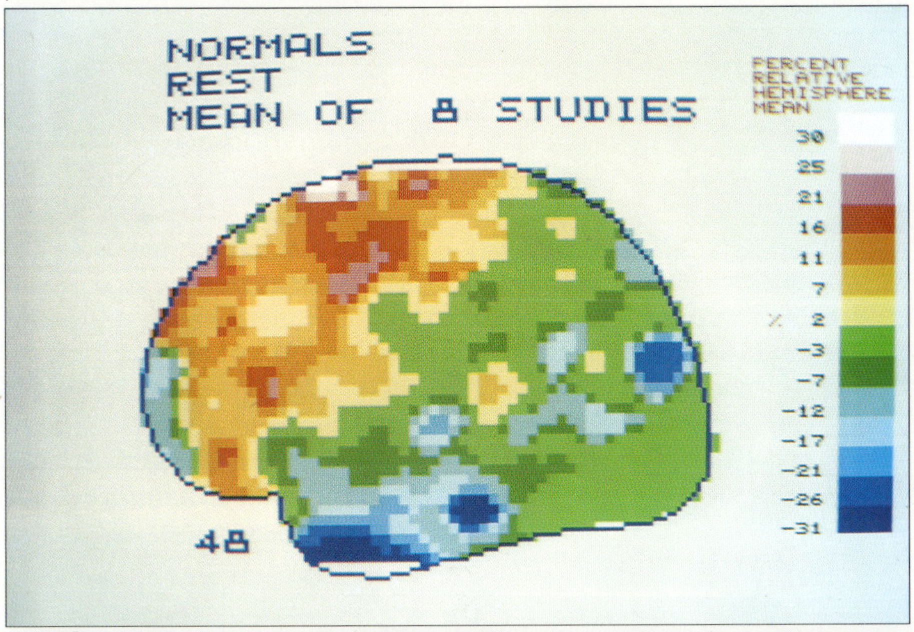

1

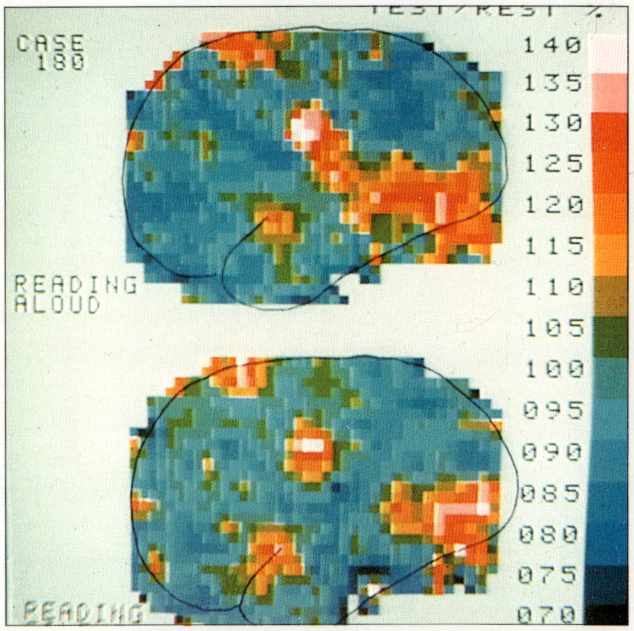

2

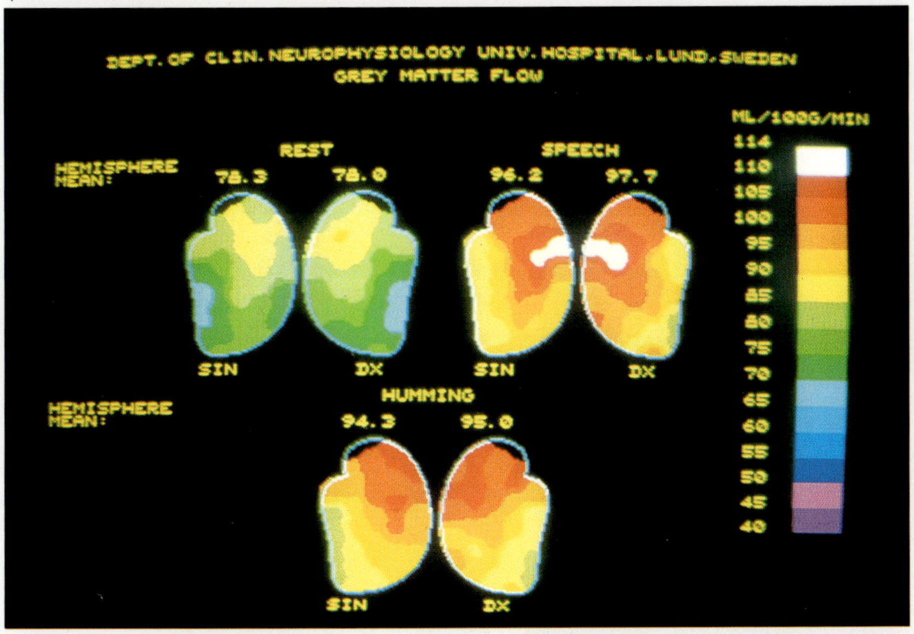

3

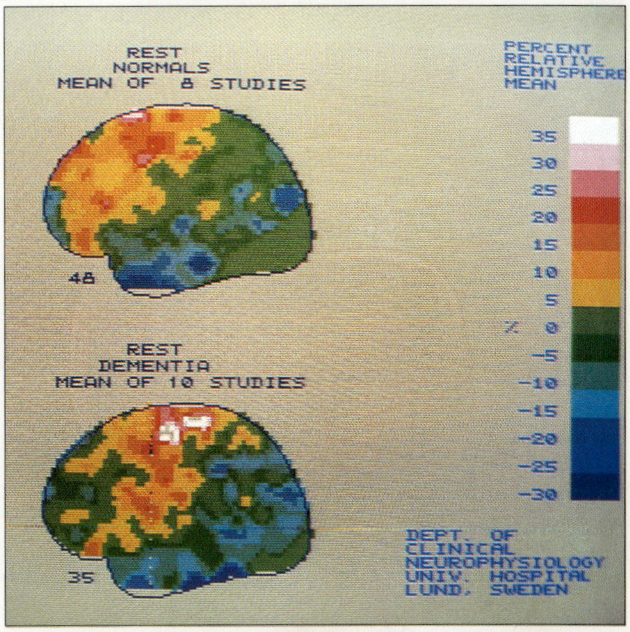

4

grave, et il est également altéré, semble-t-il, dans certaines formes de troubles mentaux. Selon diverses indications, il disparaîtrait également pendant le sommeil.L'activité de repos, relativement élevée, dans les régions frontales bilatérales, augmente avec les actions motrices complexes, y compris la vocalisation (cf. fig. 2), lors des perceptions sensorielles et aussi pendant l'action cognitive qui accompagne, par exemple, la résolution d'un problème. Les observations en ce sens confortent l'hypothèse selon laquelle le tracé hyperfrontal au repos représente une "simulation de comportement" (Ingvar, 1979). L'une des fonctions fondamentales des lobes frontaux serait alors de produire des programmes neuronaux séquentiels, sous-tendant la conscience à l'état de veille, susceptibles d'être mobilisés en vue de différents types de comportement, pour l'expression orale, et pour l'activité cognitive.

Paysages du langage

On voit dans la figure 2 (Lassen et al., Scientific American, 1978) les changements qui affectent le débit-sanguin dans le cortex cérébral d'un sujet qui (A) lit un texte à haute voix et (B) qui lit le même texte en silence. On constate qu'il se produit une activation de plusieurs centres dans le cortex. Les centres de la vision sont activés dans la région occipitale, lorsqu'on lit un texte à haute voix (A) et il en va de même des centres adjacents du langage, nécessaires pour interpréter les symboles imprimés. En outre, la région bouche-langue-larynx, au bas de l'aire de la fissure de Rolando, qui contrôle la vocalisation du lecteur est, elle aussi, activée. Enfin, le feed-back auditif provenant de la voix du lecteur (qui "écoute" ce qu'il est en train de lire) fait entrer en action les centres de l'ouïe de la région temporale supérieure. Les centres du langage situés, dans les lobes frontaux inférieurs et supérieurs, sont le siège d'une forte irrigation de même que les centres moteurs contrôlant les mouvements des yeux, qui suivent le texte que lit le lecteur. Quand il lit le même texte en silence (B), on voit clairement que l'activation des régions auditives et buccales s'interrompt. A part cela, la lecture silencieuse nécessite l'activation des mêmes centres corticaux que la lecture à haute voix.

Cet exemple montre comment la technique fondée sur l'élimination du xénon 133 peut être utilisée pour localiser et mesurer les rapides altérations de l'activité des cellules nerveuses du cortex. Chacune des expériences ci-dessus demande environ deux minutes pour être réalisée. La résolution est limitée à un centimètre, un centimètre et demi environ. Pourtant, comme nous l'avons vu, des modifications régionales distinctes de l'activité corticale, en relation avec les mécanismes complexes associés à la lecture, peuvent être décrites de manière détaillée.

Paysages de la parole et du chant

Dans la figure 3, la technique du xénon 133 a été employée en utilisant des détecteurs bilatéraux, trente de chaque côté de la tête (Ryding et al., 1986). La photographie montre la moyenne des changements du débit cérébral (voir l'échelle de droite) chez quinze sujets dont le cerveau était intact. Dans tous les diagrammes, le cerveau est vu en plongée, les deux hémisphères "dépliés" latéralement, les lobes frontaux vers le haut. Ces trois diagrammes sont respectivement représentatifs : A) de l'état de repos, B) de la parole (énumération des jours de la semaine), et C) du fredonnement d'une comptine (sans les paroles).

En A), on observe le paysage hyperfrontal normal de l'état de repos (voir figure 1). En B), on constate que la verbalisation augmente le débit dans les régions frontales et que c'est dans les deux centres de chacun des hémisphères qu'elle est le plus intense. Ces centres, comme nous l'avons vu, contrôlent les mouvements de la bouche, de la langue, des lèvres, du larynx, etc., nécessaires à la parole (voir figure 2). L'activation frontale est très vraisemblablement en rapport avec la programmation séquentielle (voir plus haut) de la verbalisation qui, bien que de nature simple, requiert un contrôle précis des mots prononcés. En C), quand le sujet fredonne, l'activation frontale est également évidente, mais les centres du langage n'interviennent pas. Fredonner une mélodie nécessite également un contrôle précis, par le truchement des lobes frontaux, du "comportement" de la voix mais il n'y a pas de production de mots à contrôler.

Cet exemple démontre que le cerveau est actif dans sa totalité lorsqu'on parle ou qu'on chante, et que ce n'est pas seulement l'hémisphère gauche qui contrôle la parole ainsi que les travaux classiques de Broca et de Wernicke au siècle dernier (vers 1860-1875) permettaient de le présumer. L'analyse détaillée des résultats qu'illustre la figure 3 a démontré que, dans la verbalisation et dans le chant, l'hémisphère droit "travaille" un peu plus que l'hémisphère gauche.

Paysages de la démence

La figure 4 montre deux paysages moyens, l'un établi à partir de six sujets normaux et l'autre de dix sujets atteints de démence organique du type de la maladie d'Alzheimer, c'est-à-dire manifestant une perte des fonctions intellectuelles, due à la dégénérescence des cellules nerveuses du cortex cérébral. Deux faits sautent aux yeux. Le paysage normal (au repos) appartient au type hyperfrontal décrit dans la figure 1. On notera aussi l'intensité moyenne élevée du débit (quarante-huit ml de sang pour cent g de tissu cérébral à la minute). Chez les déments, le débit tombe à trente-cinq ml/cent g/min., et par ailleurs le paysage est anormal. Le débit est fortement réduit au niveau des deux lobes frontaux et, en particulier, dans les régions pariéto-temporales. A noter que, dans les deux figures, les taux relatifs sont donnés en fonction de l'irrigation moyenne, ce qui signifie que, chez le sujet normal, le débit sanguin frontal atteint une valeur de l'ordre de soixante-dix à quatre-vingts ml/cent mg/min., alors que chez les déments, il n'est dans beaucoup de régions que vingt à trente ml/cent mg/min. Ainsi, dans la démence, l'activité cérébrale s'accompagne d'une diminution du débit sanguin qui est, pour plus de moitié, inférieure au chiffre normal dans les régions pariéto-temporales.

Chez ces malades, les insuffisances du paysage de l'irrigation corticale sont en corrélation avec les insuffisances intellectuelles. La réduction globale de l'irrigation est proportionnelle au déficit intellectuel global. Quand on considère les diverses régions du cerveau, on observe que la diminution de l'irrigation dans les régions temporales s'accompagne surtout de troubles de la mémoire. Les patients qui ont perdu leurs facultés d'orientation et leur aptitude à manier les outils (agnosie spatiale et apraxie) présentent un amoindrissement surtout du débit pariétal. On constate un débit frontal faible chez les malades inactifs et gais, qui n'ont pas conscience du sort extrêmement tragique qui les attend.

La figure 4 constitue donc un exemple de la façon dont on utilise les techniques de représentation graphique du cerveau, fondées sur le xénon 133, pour mesurer les défaillances des fonctions cérébrales, ayant la démence pour origine dans le cas qui nous occupe. Des mesures de ce type peuvent être aussi employées pour tester les conséquences de diverses formes de thérapies, y compris les traitements pharmacologiques.

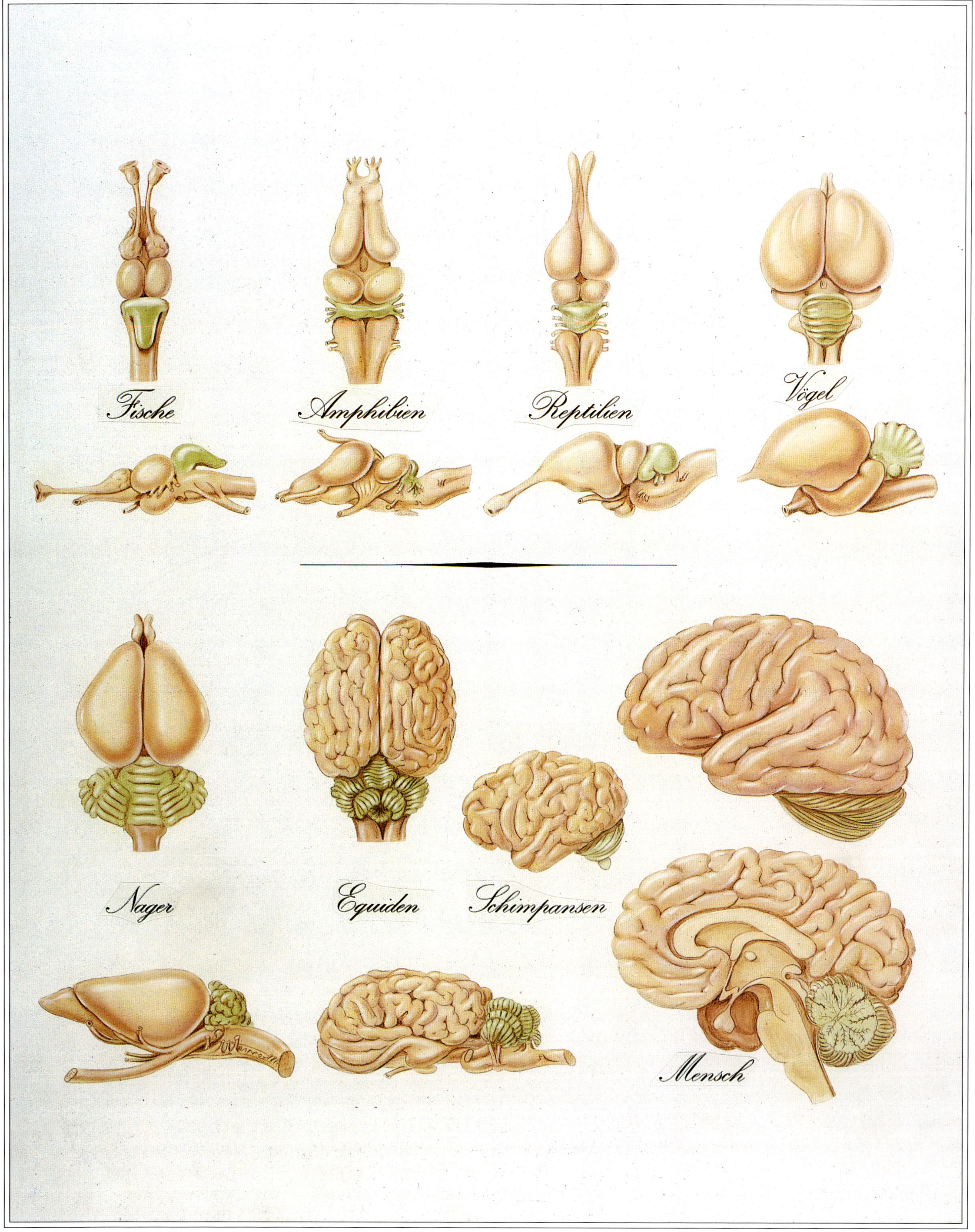
Fische
Amphibien
Reptilien
Vögel
Nager
Equiden
Schimpansen
Mensch

2
La marque de l'évolution : l'intelligence

Si la conscience ne semble pouvoir se définir, du moins au stade actuel des recherches, en termes de fonction cérébrale, en est-il de même pour quelques manifestations plus concrètes de l'esprit, telles que la raison ou cette part de l'intelligence qui se rattache à la logique ?

Qu'est-ce que l'intelligence ?

La définition même de ce qu'on entend par intelligence prête à de longues discussions. Le mot désigne en général une aptitude à comprendre et à résoudre des problèmes (parfois même à les anticiper) et recouvre, selon un psychologue comme Gaston Viaud, les domaines de la compréhension et de l'invention. A cette définition théorique assez vague, on peut préférer une définition opérationnelle. L'intelligence est, en effet, l'un des rares attributs psychologiques qui se puisse mesurer. Les fameux tests de Quotient Intellectuel (QI) peuvent donner une valeur précise du niveau d'intelligence de chaque individu. Les résultats de ces tests (souvent contestés, notamment en ce qui concerne leur application à l'analyse de la société) sont en effet suffisamment répétitifs et bien calibrés pour autoriser un type de mesure efficace. De ce point de vue, le jugement tant critiqué d'Alfred Binet, l'inventeur des tests, définissant l'intelligence comme ce que mesure son test, n'est pas absurde : tout concept est en effet d'autant plus pertinent qu'il se prête à une analyse précise, dans un champ délimité. On pourrait donc fort bien, en théorie, définir l'intelligence par ce que mesurent les tests, tout en se réservant la possibilité d'étudier par d'autres moyens les facultés cognitives qu'ils n'appréhenderaient pas.

L'intelligence animale

La capacité de résoudre des problèmes n'est pas propre à l'espèce humaine. Il existe une intelligence animale qui a fait l'objet d'études expérimentales et d'observations précises. Des souris ou des rats (et même des animaux moins évolués), placés dans des labyrinthes, parviennent à en trouver l'issue. Les primates, eux, savent résoudre des problèmes relativement complexes. Louis Verlaine a montré que les macaques étaient capables d'abstraction et Wolfgang Köhler a mis en évidence les étonnantes capacités du chimpanzé. Cet animal sait utiliser une caisse en guise d'escabeau et, s'il le faut, la retourner à cet usage. Les chimpanzés, qui se servent d'ailleurs naturellement de brindilles pour extraire des insectes de leurs repaires, se révèlent également capables d'enfiler des morceaux de bambou pour les transformer en de longues perches et cueillir des bananes.

Les singes peuvent aussi user d'un langage symbolique élaboré. R. Allen et Beatrice T. Gardner, de l'Université du Nevada, ont appris au chimpanzé femelle Washœ, âgée d'un an, les gestes de l'American Sign Language à l'usage des sourds-muets. Dans ce langage, chaque signe illustre un concept : boire (pouce dans la bouche), écouter (doigt sur l'oreille), chapeau (main sur le sommet du crâne), bébé (bras croisés)... Après quatre ans d'expérimentation, Washœ disposait d'un répertoire de 132 signaux qu'elle était capable d'associer en au moins 290 combinaisons distinctes. Elle pouvait exprimer des phrases comme "Donne-moi nourriture". Lorsque Roger S.Fouts a emmené Washœ dans une colonie de chimpanzés, elle s'est adressée à ses congénères en utilisant l'American Sign Language. Washœ l'enseigna même au singe qui lui fut confié, le petit Louis !

Alors qu'il travaillait à l'Université de Californie à Santa Barbara, David Premack enseigna, lui, un autre type de langage à Sarah, dame chimpanzé de cinq ans. Il s'agissait d'une sorte d'écriture, où les mots correspondaient à des morceaux de matière plastique diversement colorés : le triangle vert signifiait pomme, l'astérisque chocolat, etc. Deux ans plus tard, Sarah disposait d'un vocabulaire de 125 mots. Elle pouvait même écrire des propositions logiques du genre : *"Si Sarah prend*

L'évolution du cerveau
L'évolution du cerveau des vertébrés, avec, de gauche à droite et de bas en haut, le poisson, le batracien, le reptile, l'oiseau, le rongeur, les équidés, le chimpanzé, l'homme. Une évolution qui couvre plusieurs centaines de millions d'années.

la pomme, alors Mary ne donne pas la banane".

L'élaboration de l'intelligence dans l'enfance

Jean Piaget a montré que l'intelligence se construit, chez l'enfant, par paliers d'équilibration successifs : aptitude sensori-motrice, au cours des deux premières années, et sentiment de la permanence des objets ; appréhension des relations spatiales, temporelles et causales, entre deux et six ans, avec l'acquisition du langage ; période opératoire, entre sept et onze ans ; hypothèses et déductions vers onze ou douze ans. Grâce à Piaget et au psychologue américain Arnold Gesell, la connaissance de la psychologie enfantine a accompli de grands progrès. Par la suite, des études comme celles de T.G.R. Bower, à l'Université d'Edimbourg, ont permis d'établir que le très jeune enfant peut suivre la trajectoire d'un objet, même lorsque l'objet est hors de sa vue. Les chercheurs ont même découvert que l'individu peut avoir une personnalité à l'état fœtal. Dès le sixième mois de grossesse, ou même un peu auparavant, le fœtus peut réagir au bruit par une modification de son rythme cardiaque. A six mois, il pourrait distinguer des mots et des chants. L'enfant serait donc dès avant sa naissance capable de mémorisation et d'apprentissage.

Les mesures de l'intelligence

La première échelle métrique de l'intelligence fut élaborée au tout début du siècle (entre 1905 et 1911) par deux Français, le psychologue Alfred Binet et le médecin Théodore Simon. A l'origine, il existe un rapport étroit entre tests et évolution de l'intelligence selon les âges, puisque l'idée de Binet était d'évaluer l'âge auquel les enfants réussissent en moyenne certains tests. Le Quotient Intellectuel ou QI correspondait au rapport de l'âge mental sur l'âge réel, multiplié par cent.

Par la suite, l'Américain Charles Spearman a mis en évidence l'existence d'un facteur général d'intelligence, qu'il a appelé le *facteur g,* en étroite corrélation avec la réussite scolaire et la promotion sociale. Récemment, Arthur Jensen, de l'Université de Californie à Berkeley, a montré la relation entre le facteur g et le temps de réaction à un stimulus. Mais cette notion de facteur général d'intelligence reste controversée. Howard Gardner, de l'Université de Harvard, propose, lui, une hypothèse différente. Il n'y aurait pas une mais plusieurs intelligences, avec au moins sept formes distinctes : linguistique, logico-mathématique, musicale, spatiale, intelligence des mouvements corporels, interpersonnelle et intrapersonnelle. Le principal argument de Gardner est que les malades, victimes de lésions cérébrales, peuvent ne se trouver affectés qu'au niveau d'une seule de ces intelligences. Encore une fois, le sujet est brûlant et cette nouvelle hypothèse reste aussi très contestée.

La mesure électrique de l'intelligence

L'électroencéphalogramme (EEG), qui enregistre l'activité électrique du cerveau, pourrait se révéler un instrument d'exploration intéressant pour les chercheurs, qui ne peuvent observer directement l'activité des neurones. Ce serait peut-être un moyen de suivre l'intelligence à la trace (électrique). Outre l'activité électrique spontanée du cerveau, on a identifié ce que l'on appelle les *potentiels évoqués,* c'est-à-dire les réponses électriques du cerveau à des stimulations, qui se présentent sous forme de courbes avec des vallées et des pics. L'une de ces vallées a suscité récemment une avalanche de travaux : il s'agit du P 300, qui arrive 300 millisecondes après un stimulus, et qui est lié à la capacité de prendre une décision extrêmement rapide, "une mesure de la chronologie mentale", selon trois chercheurs américains, Samuel Sutton, E.Roy John et Emmanuel Donchin. Deux autres chercheurs américains, Marta Kutas et Steven Hillyard, à l'Université de Californie à San Diego, ont, eux, découvert un pic qui apparaît 400 millisecondes après avoir entendu une incongruité telle que "Je prends mon café avec du sucre et un crocodile". Ce "pic de l'absurdité", N 400, traduit le trouble du cerveau qui cherche à comprendre cette phrase bizarre et à reprendre le contrôle de la situation.

Jane M.Flinn et Arthur D.Kirsch, à l'Université George Washington, ont étudié avec Edward A.Flinn de la NASA un groupe de petites filles de 12 ans, dont le QI variait de 69 à 137. Ils ont enregistré les signaux électriques, en réponse à des flashs lumineux, et les ont analysés pour déterminer l'importance relative des hautes et des basses fréquences. Les petites filles de QI élevé tendaient à présenter plus de hautes fréquences que les autres. Ce genre d'études fournit des indications passionnantes mais indirectes sur l'association des processus cérébraux et de la mesure de l'intelligence. Mais elles nous en disent peu sur la façon dont l'intelligence, telle qu'elle peut être mesurée par les tests, est liée à l'activité réelle du cerveau.

L'intelligence et la structure du cerveau

Mais l'intelligence ne pourrait-elle se distinguer en analysant la structure du cerveau elle-même ? C'est ce qu'a tenté de faire Mark Rosenzweig, de l'Université de Californie à Berkeley, en montrant que des rats, élevés dans un environnement faste, présentaient une couche de matière grise plus épaisse, dans le cortex, que celle des animaux parqués dans un environnement appauvri à l'extrême. En outre les connexions entre les cellules du cortex et les autres cellules nerveuses étaient plus nombreuses pour les premiers que pour les seconds. Mais il est difficile d'interpréter avec certitude ces résultats.

Récemment, l'étude du cerveau d'une personnalité considérée dans le monde comme fort intelligente a suscité un intérêt qui tient sans doute moins à ses conclusions scientifiques qu'à l'originalité de la démarche.C'est tout simplement le cerveau d'Albert Einstein que Marian C.Diamond, de l'Université de San Francisco à Berkeley, a choisi d'étudier. Lorsque les circonstances firent que le fameux cerveau pût être examiné dans le modeste bureau d'un praticien de Missouri qui en avait hérité, Marian Diamond et son équipe furent perplexes : Quelles questions poser au cerveau d'Einstein ?

Pour le déterminer, ils partirent de deux choses : de ce qu'Einstein raconte lui-même sur sa manière de résoudre les problèmes qui se posaient à lui, et des découvertes obtenues au cours des travaux sur les rats et leur environnement. Einstein disait que ses pensées naissaient d'une association entre les signes et les images. Quant aux rats élevés dans un environnement de choix, ils présentaient un nombre relatif plus élevé de cellules gliales (cellules support des cellules nerveuses) que de neurones dans le cortex. La question à poser était donc : quelle était la proportion des neurones et des cellules gliales des régions du cortex associatif d'Einstein,comparée à celle que l'on trouve dans des sujets normaux ?

Si le rôle des cellules gliales (le mot vient d'un terme grec qui signifie "colle") est encore fort mal connu, il est, selon toutes probabilités, notamment de nourrir les cellules nerveu-

1

2

3

1. Albert Einstein
Prix Nobel de physique et violoniste de talent, il fut considéré comme l'un des hommes les plus intelligents du monde. A l'Université de Californie à Berkeley, Marian Diamond a étudié la structure de son cerveau.

2. Leçon de mathématiques
Au Japon, l'éducation est orientée très tôt vers l'acquisition des connaissances de toutes natures et prépare l'enfant à la compétition intensive.

3. Aristote
Le philosophe grec Aristote, père de la logique et "prince des philosophes", qui vécut au IVe siècle av. J-C.

1.2.3. Le génie des oiseaux

Un ara (Anodorhynchus hyacinthinus) a été entraîné par Animal Behavior Enterprises, aux Etats-Unis, à sélectionner la pièce correspondante à l'espace découpé dans le tableau.

Ce comportement correspond à celui qui permet de tester l'intelligence des enfants et de déceler des handicaps mentaux, selon un test mis au point par des médecins français. Il s'agit d'établir des discriminations visuelles pour identifier couleurs et formes et entraîner les réponses motrices permettant de bien placer la pièce. Les aras, comme d'ailleurs les corvidés (corbeaux, pies, geais...), sont considérés comme les "génies" des oiseaux : ils sont capables d'apprendre des séquences complexes de comportement : faire du patin à roulettes ou tirer l'eau à la pompe.

1

2

3

ses et de contribuer aux processus de communication chimiques dans le cerveau. Les cellules gliales sont en tout cas dix fois plus nombreuses que les cellules nerveuses, et certains chercheurs ont avancé qu'elles pourraient jouer un rôle important dans l'emmagasinement des souvenirs.

Or Marian Diamond trouva une densité de cellules gliales plus élevée que la normale dans certaines régions du cerveau d'Einstein, en particulier au niveau inférieur du lobe pariétal gauche. Cette aire du cortex semble impliquée dans l'association des informations par le cortex, en liaison avec la vision, l'ouïe et le toucher. Ceux qui souffrent de lésions dans cette région ont souvent du mal à penser des choses complexes, à manipuler et à écrire des formules mathématiques.

Cela peut-il suggérer un lien précis entre la structure du cerveau et l'intelligence ? Il est encore trop tôt pour le dire, les statistiques à ce sujet étant encore trop rares.

L'intelligence au cours de l'évolution des espèces

Ce type de recherches rejoindra peut-être celles, plus classiques, des anthropologues et des spécialistes de l'évolution. Sans entrer dans des détails relatifs à l'anatomie du cerveau, que nous envisagerons plus loin, il est indéniable que l'évolution des espèces s'accompagne d'un accroissement de la complexité du système nerveux.

Les divers groupes biologiques possèdent des structures nerveuses différentes. Ainsi, chez les insectes, qui sont souvent des organismes très complexes, le système nerveux correspond à un ensemble de ganglions reliés les uns avec les autres, le "cerveau" n'étant que le résultat de la fusion de quelques-uns d'entre eux.

Dans la lignée des vertébrés, la structure générale observée chez l'homme se met en place. Simplifié chez les poissons, les amphibiens et les reptiles, le cerveau présente un poids relatif (par rapport à celui du corps) plus important chez les oiseaux et plus élevé encore chez les mammifères. Cet "indice d'encéphalisation" devient particulièrement élevé chez les grands singes (chimpanzés, gorilles, orang-outangs et gibbons) et chez l'homme. Lors des trois derniers millions d'années, un accroissement régulier de la capacité crânienne s'est produit chez les membres de la lignée humaine (avec, toutefois, cet élément curieux que représente la grande capacité des hommes du Néanderthal). Les données relatives aux hommes fossiles l'attestent, puisque nos différents ancêtres et autres cousins archaïques se situent entre le chimpanzé (capacité crânienne de l'ordre de 366 cm^2) et l'homme moderne (1395 cm^2), en passant par l'Australopithecus africanus, l'Homo habilis, les Homo erectus de Java, ceux de Pékin, etc.

La tentation est grande d'utiliser le même type de quantification pour comparer les hommes modernes. Les différences d'intelligence vont-elles de pair avec le poids du cerveau ? Il existe à ce sujet peu d'observations rigoureuses.

Si nous acceptons de penser que l'évolution de l'intelligence humaine est ce qui nous a permis de survivre dans la lutte pour l'existence, alors peut-être pourrions-nous comprendre un peu mieux l'intelligence en nous penchant sur l'évolution du cerveau. Qu'est-ce qui, dans le cerveau, a pu se modifier depuis l'organisme simplifié à l'extrême du protozoaire jusqu'à l'homme, devant lequel s'ouvrent des horizons mentaux si vastes ? La question reste posée.

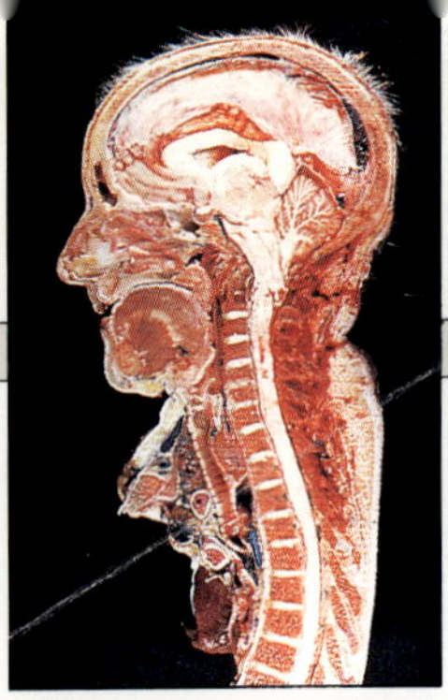

Le cerveau et l'évolution,

par Yves Coppens, professeur au Collège de France, Directeur du Musée de l'Homme.

La famille des Hominidés est apparue, semble-t-il, il y a environ 7 ou 8 millions d'années. Le premier genre connu se rencontre en Tanzanie, au Kenya et en Ethiopie : c'est le pré-Australopithèque, qui remonte à plus de 6 millions d'années et qui est à l'origine de l'Australopithèque, qui lui succède entre 3,5 et 1 million d'années environ en Afrique Orientale et en Afrique du Sud. Le type Homo, lui, apparaît en Afrique de l'Est, avec l'Homo habilis (entre 4 et 1,6 millions d'années), suivi de l'Homo erectus (dès 1,6 millions d'années) et de l'Homo sapiens (sans doute avant 100 000 ans), c'est-à-dire nous.

Pour tenter de comprendre l'évolution du cerveau au cours de ces millions d'années, le paléontologue ne dispose que d'un "trou" dans le crâne et de quelques indices indirects (outils, traces de rituel...). Le trou, il peut en mesurer le volume, y couler un moulage et observer l'empreinte qu'y ont généreusement laissée les vaisseaux méningés.

Le volume

Il convient, pour commencer, de préciser que le volume (que l'on calcule par diverses méthodes) est celui de toute la cavité endocrânienne et non de l'encéphale seul. Le pourcentage de l'encéphale des hommes fossiles par rapport au reste (méninges, liquide céphalorachidien, etc.) est donc impossible à connaître exactement, mais la valeur de ce volume n'en est pas moins une indication précieuse. Au fil du temps, l'accroissement (d'ailleurs discontinu) du volume cérébral est en effet indéniable ; il présente d'ailleurs une accélération notoire chez l'Homo erectus, avec, en parallèle, une évolution de l'activité culturelle, telle qu'on peut la reconstituer.

Mais le volume ou le poids du cerveau n'ont pas grand sens en tant que tels. Il faut évidemment les mettre en rapport avec d'autres paramètres, qui prennent en compte la taille ou la surface du corps. Pour la taille, les chercheurs ont eu un moment d'espoir : le poids du cerveau des brontosaures et des grands dinosaures représente par exemple 1/100 000e de celui du corps, pour la baleine le rapport devient de 1/10 000e, pour l'éléphant de 1/60e pour l'homme de 1/45e. Malheureusement, pour la souris il est de 1/40e et de 1/25e... pour le ouistiti ! Aujourd'hui, Roland Bauchot, de l'Université de Paris VII, et Heinz Stephan, du Max Planck Institut, sont parvenus à fixer un "coefficient d'encéphalisation", qui serait plus élevé chez les espèces diurnes que nocturnes, chez celles qui vivent sur terre que chez celles qui vivent dans les arbres, et chez les bipèdes que les quadrupèdes.

Les moulages et les vaisseaux méningés

Les moulages, eux, indiquent qu'au cours de l'évolution les zones associatives (latérales) se sont accrues au dépens des zones visuelles (lobe occipal), que la hauteur du cerveau a augmenté, que le nombre des circonvolutions s'est multiplié, et bien d'autres renseignements précieux encore. Ralph Holloway, de l'Université de Columbia, a mis au point des méthodes stéréoscopiques, permettant de quadriller la surface et de quantifier les déplacements de forme. Si la phrase d'André Leroi-Gourhan, déclarant qu'il fallait se résigner, que notre histoire avait bel et bien commencé par les pieds, reste en partie vraie, les chercheurs ont trop souvent négligé la transformation très précoce des structures cérébrales. Dès le départ, la branche des hominidés et celle des grands singes semblent présenter, à en juger par la morphologie externe des moulages, deux structures cérébrales bien différentes.

L'activité mentale exige aussi de l'énergie, sous la forme d'oxygène apporté par le sang, et l'encéphalisation croissante s'accompagne d'une meilleure irrigation du cerveau.

L'évolution des réseaux méningés (seul système accessible au paléontologue puisqu'il s'imprime sur la face interne de la boîte crânienne) est spectaculaire : deux vaisseaux sans pont entre eux chez les plus anciens Australopithèques, trois chez les Australopithèques plus évolués, une réticulation dès l'Homo habilis, un réseau complexe et touffu chez les premiers sapiens.

L'apparition de l'intelligence technique

L'Australopithèque, déjà, tape sur un caillou pour obtenir un éclat et frappe sur l'éclat pour l'améliorer. Dès l'Homo Habilis, le paléontologue peut dresser une liste de la "trousse à outils". Divers outils ont été en effet réalisés, essayés, certains retenus en fonction de leur adaptation à l'usage voulu et reproduits (ce qui implique apprentissage et projet à long terme). Quant aux premiers vestiges de pratiques rituelles, ils remontent à près d'un million d'années : à Java, puis en Chine, les chercheurs avaient découvert des crânes, réduits à la calotte. Avec les progrès du microscope électronique, on a découvert que la face et la base avaient été découpées au silex. L'ornement, lui, n'apparaît qu'assez tard, avec l'Homo sapiens. C'est l'amorce d'une ouverture vers l'univers des signes, des symboles, de la pensée abstraite.

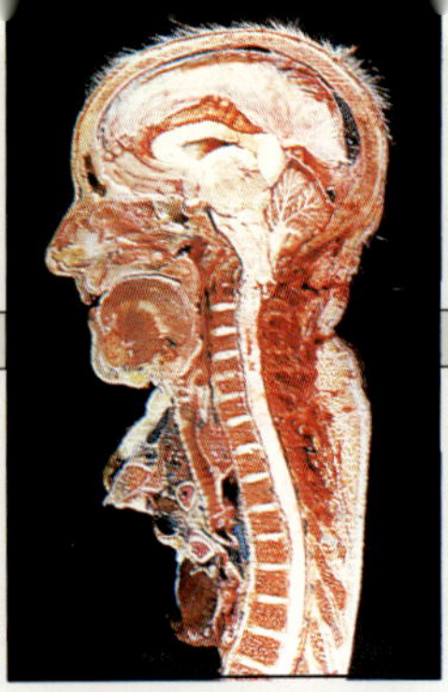

Les Lémuriens, cousins de nos ancêtres,

par Véronique Barre, Jean-Jacques Petter et Museum d'Histoire Naturelle.

L'ordre des Primates est constitué de deux sous-ordres, les Prosimiens et les Simiens. On considère les Prosimiens comme plus primitifs : la forme originelle dont ils sont issus est apparue avant le premier Simien. Tous les primates sont adaptés à la locomotion arboricole mais les Prosimiens (lémuriens) se différencient des Simiens (ou singes) par de nombreux caractères primitifs – accroissement moins important du cerveau par rapport à la taille, absence de séparation osseuse entre l'orbite et la fosse temporale, crâne moins solide, vision plus latérale, appareil olfactif encore très développé...

La taille des Prosimiens varie beaucoup, leur queue est généralement longue, les yeux sont énormes, la face assez allongée. Leur pelage est long, souvent laineux. Ils peuvent être herbivores, frugivores ou insectivores. Les diverses formes se répartissent dans les zones tropicales et équatoriales d'Afrique et d'Asie. Les Lémuriens, eux, ne vivent qu'à Madagascar et constituent le groupe de Prosimiens le plus original. En effet, Madagascar a été le lieu d'une diversification importante des espèces. C'est cette diversité qui fait le grand intérêt du groupe : par l'existence de ses caractères primitifs, il peut nous servir de références et nous aider à mieux connaître certaines de nos adaptations, à comprendre les voies de l'évolution des Primates.

L'une des caractéristiques essentielles de l'ordre des Primates est une tendance à l'augmentation du volume relatif du cerveau, à l'élaboration d'un cortex cérébral.

On pense actuellement que ce développement s'est réalisé en liaison avec le développement de la vision. En effet, pour des animaux arboricoles, il est capital de posséder une vision précise, pour circuler au milieu des branches et calculer les sauts. L'œil devenant l'organe sensoriel primordial, l'appareil nerveux et les centres nerveux correspondants du cerveau se développent. Quand on suit l'évolution des Primates, et déjà dans le groupe des Lémuriens, on s'aperçoit que progressivement, les animaux devenant plus diurnes, la position des yeux sur le crâne se modifie et devient de plus en plus frontale, si bien que la vision en relief s'améliore : le Propithèque est capable d'effectuer des sauts d'une dizaine de mètres. Cette précision demande une possibilité d'analyse, de mémorisation et de comparaisons d'images visuelles qui nécessite un développement particulier du cerveau. Le Microcèbe, par sa petite taille, court moins de risques en cas de chute, mais on comprend que son cerveau soit déjà plus développé que celui d'un petit insectivore, qui vit au sol.

La progression de l'évolution de la fonction visuelle et des comportements qui en résultent, avec le perfectionnement parallèle du cerveau, peuvent être facilement suivis chez les Lémuriens. On peut ainsi étudier, dans ce groupe, des caractères archaïques (membrane nictitante), des adaptation primitives (vision nocturne) ou des caractères évolués (yeux frontaux) : la présence d'une troisième paupière au mouvement horizontal, la membrane nictitante, se constate chez les reptiles et les oiseaux : cette paupière protège l'œil du Aye-Aye des débris d'écorce et peut aussi atténuer les variations des intensités de lumière. Pour la vision nocturne, où l'animal se déplace sans repères éloignés et sous intensité lumineuse très faible, trois adaptations se sont développées : De grands yeux globuleux, en position légèrement latérale, qui permettent de capter le maximum de lumière et de voir au-dessus et sur le côté ; le "tapetum lucidum", tapis de cellules réfléchissantes, situé derrière la rétine, qui permet une double excitation des éléments photorécepteurs et un gain de sensibilité (il régresse chez les espèces diurnes) ; la fluorescence de certaines cellules de ce tapis, qui transforment l'ultra-violet et réémettent une lumière bleu-verdâtre, capable de stimuler les cellules de la rétine au maximum de leur sensibilité.

Tout ce dispositif perfectionné permet aux lémuriens nocturnes de se déplacer, et même de sauter en pleine nuit. Il est cependant évident que la qualité de la vision nocturne est inférieure à celle de la vision diurne ; en outre, les animaux nocturnes ne voient en général pas les couleurs, ils ont aussi une moins bonne vision des contrastes et la "fovea" (zone de vision précise) est un peu floue. Chez les diurnes, en revanche, la fovéa tend à se développer, par exemple chez le Propithèque et le Lémur catta.

La vision du relief (vision binoculaire) est une faculté essentielle pour les Primates. Elle existe déjà chez le Microcèbe. La frontalisation des yeux est surtout visible chez le Propithèque et l'Indri qui se déplacent de tronc en tronc. Avec l'enfoncement et la frontalisation progressive des yeux, on assiste à une limitation relative, de plus en plus nette, du champ visuel, c'est-à-dire à une vision plus localisée.Tandis que le cerveau se développe et la vision se perfectionne, on remarque un développement parallèle des possibilités de l'usage de la main, avec l'affinement de l'opposition des doigts. Par exemple, on observe sur le cerveau des Indri et des Propithèques un développement de la taille de l'aire primaire motrice pour les membres antérieurs. Les structures semblent donc prêtes pour le perfectionnement de l'analyse fine et précise se réalisent chez les espèces les plus évoluées, comme chez les Simiens, dont l'homme.

L'étude des Lémuriens peut nous apporter encore de nombreuses données sur le remarquable développement du cerveau des Primates, y compris sur l'homme actuel. On peut aussi se référer à la vie sociale des lémuriens qui passent de l'état presque solitaire et nocturne au groupe familial et diurne. D'autres facteurs peuvent aussi intervenir pour modifier le type social mais on ne peut que souligner l'importance de la vision, et donc de la communication, dans le perfectionnement des relations interindividuelles ; la vie sociale demande un contrôle de l'agressivité, un réseau de comportements qui ne peut être lié, à ce stade, qu'à un cerveau complexe.

Les lémuriens constituent donc un matériel exceptionnel, aujourd'hui gravement menacé par la disparition de son habitat, la grande forêt tropicale. Si l'on n'intervient pas pour sauvegarder ce milieu si précieux, la grande aventure des lémuriens connaîtra son terme avant l'an 2000. Et, lorsque les dernières forêts tropicales seront détruites, il sera trop tard pour nous rappeler que nous y avions des racines.

1

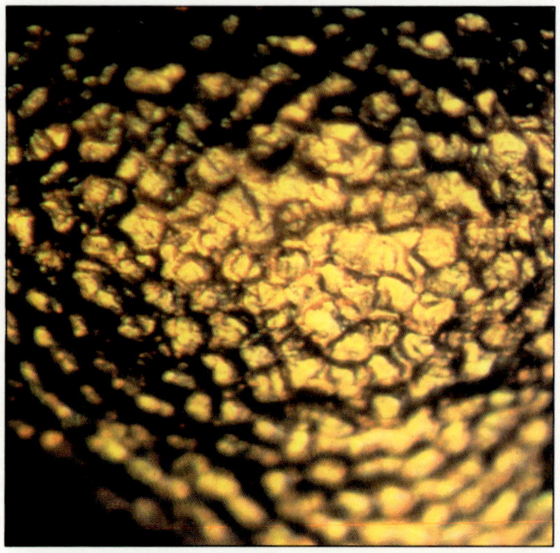
3

2

4

5

6

1. Avahi laniger
Ce petit lémurien, seul représentant nocturne de la famille des Indriidae, vit en groupe familial. Follivore, c'est l'un des plus primitifs, avec les microcèbes.

2. Microcebus murinus
Le plus primitif et le plus petit des lémuriens. Il se nourrit de tout, gommes, fruits, insectes. Nocturne, il passe la journée endormi dans des troncs d'arbre ou des nids. Ce sont sans doute des microcèbes de ce type qui ont traversé la mer, d'Afrique à Madagascar, sur des troncs d'arbres.

3. Tapetum lucidum
C'est la membrane située derrière la rétine qui, réfléchissant la lumière, lui permet de passer deux fois sur la rétine. Chez les Simiens, ce tapis est entièrement envahi de pigments noirs. On en trouve une survivance chez les chats, par exemple, lorsque la lumière des phares se reflète dans leurs yeux.

4. Aye-aye
Très rare aujourd'hui, il représente, par sa spécialisation, l'un des plus bel exemple d'adaptation morphologique chez les mammifères. Nocturne, il s'alimente de fruits, de gommes, de larves. Il peut percer avec les dents une noix de coco et en extraire le jus et la pulpe, grâce à son troisième doigt, très spécialisé, dont il se sert ici pour se gratter. Il s'attaque aussi aux écorces de troncs et plonge le doigt pour attrapper les larves. Ses griffes puissantes lui permettent en outre de grimper et d'adopter des positions acrobatiques pour capturer ses proies.

5.6. Propithèque
Représentant diurne de la famille des Indriidae, c'est un follivore, qui vit en famille et marque son territoire en se frottant contre les troncs qu'il imprègne de son odeur. Il se tient toujours, comme l'Avahi, en position verticale et il peut exécuter des sauts planés impressionnants. Sa forme la plus évoluée, l'Indri, verra la disparition d'une queue qui l'encombre.

Simultanément au développement du cerveau et de la vision, la taille s'accroît chez les mammifères. Cette évolution, pour des animaux arboricoles comme les Primates, entraîne une conséquence primordiale, l'adaptation au milieu terrestre. Une petite espèce, comme le Microcèbe, évolue au milieu des brindilles et des lianes, elle se faufile partout. Une espèce plus grande, comme le Lépilémur, ne peut plus se déplacer à l'extrémité des branches et voit sa liberté réduite. Quand la taille s'accroît encore, les animaux sont obligés de prendre le tronc pour support. Les sauts deviennent de plus en plus dangereux et coûteux en énergie : les Indris prennent appui sur leurs pieds pour sauter de base de tronc en base de tronc. Le corps reste vertical, et l'évolution se poursuit...
Cette évolution ne représente pas nécessairement la suite de l'évolution des lémuriens, elle peut se présenter chez d'autres groupes d'animaux qui vont devenir terrestres, car leur taille ne leur permet plus de se déplacer dans les arbres, ce qui ne les empêche pas d'y grimper parfois, pour chercher des fruits ou s'abriter.

3
Les esprits animaux : behaviorisme et éthologie

Nombre des connaissances acquises sur les mécanismes du cerveau humain nous viennent des recherches entreprises sur les cerveaux des animaux. Et beaucoup de nos idées sur le comportement humain nous viennent des études sur la psychologie animale. Mais la controverse reste vive : les animaux seraient-ils susceptibles de posséder un esprit ou, du moins, des états d'esprit ? Le cerveau exerce t-il une action réelle sur les manifestations de leur comportement ?

Existe-t-il un comportement acquis ?

Les racines historiques de l'étude des relations entre l'esprit, le cerveau et le comportement ne vont pas toutes dans le même sens. L'une des branches majeures de la psychologie dérive des idées d'Aristote : l'esprit humain serait, à la naissance, une page vierge et dépendrait totalement de l'acquisition des connaissances par l'expérience. Quelques siècles plus tard, René Descartes soutint l'inverse, c'est-à-dire que toute la connaissance humaine est déjà là, comme un paquet bien ficelé, dans le cerveau. Au cours de la deuxième moitié du dix-septième siècle, le mouvement du pendule balance à nouveau du côté d'Aristote, lorsque le philosophe anglais John Locke fonde l'école empiriste, pour qui toute connaissance est fondée sur l'apprentissage. Ce fut l'émergence d'une psychologie orientée vers l'étude des processus de l'apprentissage, qui présupposait un esprit, apanage exclusif de l'homme.

Le stade suivant fut l'entrée en scène de Charles Darwin qui plaça nettement l'homme dans le royaume animal. Quelques années plus tard, aux Etats-Unis, une autre école de psychologues avança l'idée que l'étude de l'apprentissage animal ne nécessite nullement que l'on fasse appel à des "idées" ou à des états mentaux : ce fut le behaviorisme.

Mais auparavant, il convient de se poser la question de ce que nous savons des comportements des organismes qui n'ont pas de cerveau.

Les comportements en l'absence de cerveau

L'un des comportements les plus élémentaires est celui de l'orientation, que l'on peut observer chez les plantes et les animaux fixes, sous l'effet d'une excitation extérieure. Il caractérise les *tropismes,* qu'a étudiés, au début du XXe siècle Jakob Loeb. Lorsque ces mouvements d'orientation s'accompagnent d'un processus de locomotion, on préfère parler de *taxie* (ou de tactisme). La taxie s'observe chez des organismes unicellulaires. Ces réactions à de nombreux facteurs (lumière, électricité, chaleur, substances chimiques, etc.) ne nécessitent ni système nerveux ni cerveau, puisque ces organismes en sont dépourvus. Mais on les observe chez des organismes plus évolués, comme les poissons. En 1929, le biochimiste allemand Richard Kuhn a proposé une classification des tropismes et des *cinèses* (réactions locomotrices non directionnelles, où la vitesse de réaction de l'animal est fonction de l'intensité de la stimulation).

L'existence de ces comportements élémentaires a suscité de nombreuses hypothèses et de farouches oppositions. A partir du concept de tropisme, Loeb a développé une théorie psychologique générale, dans sa "Conception mécanique de la vie", en 1912. Pour lui, toute la psychologie animale se résumerait à des sortes de tropismes. L'un de ses opposants, Jennings, mettra l'accent, lui, sur le caractère adaptatif des tropismes, l'animal n'étant pas soumis strictement à des réactions automatiques. La postérité lui a, semble-t-il, donné raison contre Loeb.

Behaviorisme et réflexes conditionnés

La théorie des tropismes a été abandonnée. Mais celle, plus générale, selon laquelle l'animal ne ferait que réagir plus ou moins automatiquement à des stimuli, sans qu'il y ait lieu de s'intéresser à ce qui se passe dans son cerveau, a été reprise par les behavioristes.

Les tableaux de l'orang-outan
Sydney, orang-outan de deux ans et demi, et son professeur Niall Ormond. Le premier tableau de Sydney fut vendu chez Sotheby le 29 juin 1985 pour la somme de 120 livres sterling ! Il est ici photographié par son gardien du zoo de Chester, Christopher Cormack.

1

Pour le fondateur du behaviorisme, John Broadus Watson, il s'agit de privilégier l'observation objective des comportements sans se référer aux faits psychiques individuels, qui ne peuvent être contrôlés. L'intention n'est pas de nier le concept d'esprit, mais de l'évacuer, comme non-opérationnel. Ce rejet de l'introspection mentale comme source d'information sérieuse sur notre manière de résoudre des problèmes, rejoint en partie l'idée actuelle des chercheurs qui ont constaté les limites de cette exploration, dans leur tentative d'obtenir une image assez juste du fonctionnement du cerveau. Il n'en reste pas moins vrai que toute théorie adéquate sur la manière dont le cerveau provoque telle ou telle action doit en fin de compte expliquer pourquoi nous pensons que ces actions sont précisément celles que nous voulions.

Le behaviorisme tire ses origines expérimentales des recherches de Pavlov sur les réflexes conditionnés. Le physiologiste et psychologue soviétique Ivan Petrovitch Pavlov avait été frappé par la joie manifestée par les chiens de laboratoires, sitôt qu'ils entendaient les pas du gardien leur apportant la nourriture. Au cours de diverses expériences, il mit en évidence le réflexe de salivation d'un chien au seul bruit d'un métronome, pour peu que l'on ait auparavant associé au don de nourriture le bruit du métronome. Pour Pavlov, à qui fut décerné le Prix Nobel de médecine en 1904, les phénomènes psychiques les plus élaborés, tels que les habitudes, l'apprentissage ou même la volonté, se réduisent à des enchaînements de réflexes conditionnés.

Les émules du behaviorisme ont dépassé leurs maîtres. L'un des points extrêmes fut atteint avec Burrhus F. Skinner. Skinner rejette tout recours à des constructions mentales s'opérant dans la conscience ou à des constructions physiologiques émanant des théories sur le cerveau. Il décrit le comportement en termes de comportement. Il se soucie essentiellement des facteurs qui interviennent dans les changements de comportement. Sa théorie s'organise autour de l'utilisation de systèmes de récompense ou de punition, pour modifier des comportements et en entraîner d'autres. Skinner a créé les modèles de conditionnement, dits "opérants", où l'animal est conditionné pour agir d'une certaine façon. Ainsi, un rat, enfermé dans un dispositif appelé "boîte de Skinner", appuiera-t-il sur une pédale pour réclamer ses aliments. De la même façon, on peut apprendre à un pigeon à envoyer des projectiles sur une cible déterminée.

Il est aussi possible de créer chez l'animal des névroses expérimentales. Un chat qui a appris à obtenir une boulette de viande en appuyant sur un interrupteur et qui soudain reçoit, en le faisant, un jet d'air, peut souffrir de troubles durables, par exemple se désintéresser des souris. Une observation de ce genre laisse penser que les processus pathologiques entretiendraient des rapports avec les réflexes conditionnés. Plusieurs psychologues considèrent d'ailleurs qu'il est possible de guérir certaines maladies mentales, en opérant une sorte de déconditionnement. C'est ainsi qu'ils peuvent punir ou frustrer des sujets dépressifs, au lieu de les plaindre, ce qui est parfois plus efficace.

2

3

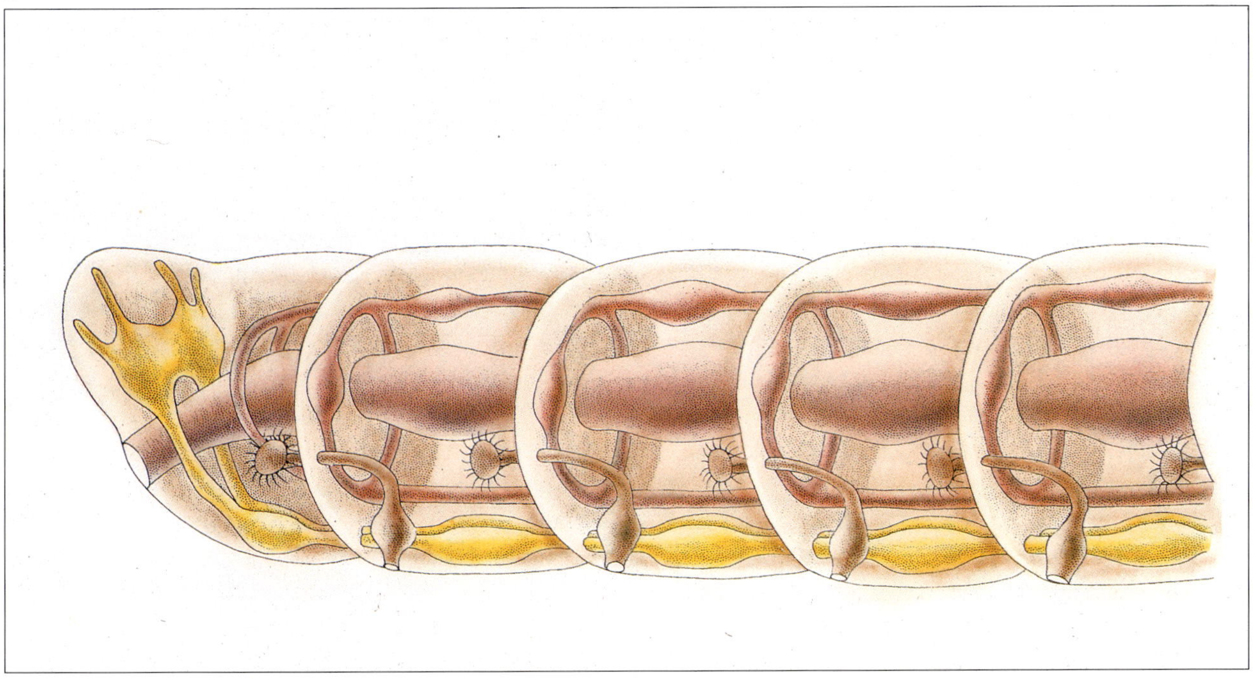

1.2.3. Systèmes nerveux élémentaires

L'hydre (1) est un petit polype marin, avec une couronne de tentacules autour de la bouche et un réseau mouvant de cellules nerveuses disséminées, comprenant une agglomération de structures neuronales au point le plus stratégique : la terminaison de la tête. Chez la pieuvre (2), le système nerveux s'organise en lignes et en anneaux. Les éléments nerveux sont relativement compacts, de telle sorte que les trajets de l'information interactive sont brefs et qu'une réponse prompte suit l'excitation du système. Quant au système nerveux du ver de terre (3), il s'organise par segments. Il commence par un ganglion de l'œsophage situé dans la tête ; sous l'intestin, se trouvent deux autres ganglions reliés à la chaîne ganglionaire centrale. Les paires de ganglions organisées par segments sont reliées à un système nerveux "en échelle" par des commissures transversales et des connexions longitudinales. Les cellules nerveuses sont concentrées dans les ganglions, de telle sorte que chaque paire ganglionnaire innerve les organes d'un segment.

1. Konrad Lorenz
Le fondateur, avec N. Tinbergen et K. von Frisch, de l'éthologie (c'est-à-dire de la discipline qui se consacre à l'étude du comportement animal) est né en 1903, à Vienne. Il a reçu en 1973 le Prix Nobel de médecine.

2. Le singe et le bébé lion
King, un chimpanzé de quatre ans, nourrit le lionceau Sandy, deux mois.

Les recherches de Skinner ont fourni une contribution importante à la psychologie moderne. Les thérapies comportementales, appliquées aux enfants perturbés, aux malades mentaux, aux fumeurs souhaitant abandonner la cigarette, aux personnes souffrant d'agoraphobie et d'autres peurs irrationnelles, ont secouru nombre d'entre eux. Mais ces recherches soulèvent aussi de nombreuses critiques, en particulier lorsque Skinner tente d'appliquer ses théories à l'apprentissage du langage humain. Pour lui, les enfants s'initient au langage dans la mesure où ils s'attirent des gratifications, telles que de la nourriture, des boissons ou l'affection de leurs parents, un peu comme le pigeon ou le rat dans sa cage, ce qui est en contradiction flagrante avec toutes les découvertes récentes sur la biologie du langage, telles qu'on les verra plus loin. Le danger serait évidemment de réduire l'être humain à un pur système de réponses aux stimuli de l'environnement et de négliger tous les aspects passionnants que révèle l'exploration du cerveau par les neurologues et les biologistes.

La richesse du comportement social : l'éthologie

L'émergence de l'éthologie, c'est-à-dire de l'étude du comportement des animaux dans leur milieu naturel, se situe à l'opposé du behaviorisme et privilégie l'idée d'un comportement inné. Les fondateurs de l'éthologie moderne, les deux Autrichiens Konrad Lorenz et Karl von Frisch, et le Néerlandais Nikolaas Tinbergen, lauréats du Prix Nobel de médecine en 1973, étaient à l'origine des zoologistes et non des psychologues. Konrad Lorenz s'est tout spécialement penché sur la notion d'*empreinte,* forme très intéressante de l'apprentissage, qui apparaît chez plusieurs espèces d'oiseaux. Les oiseaux nouveaux-nés ont des prédispositions génétiques, mais subissent l'effet de l'empreinte : ils suivent le premier être qu'ils voient à leur naissance (en général leur mère, mais quelquefois un être humain).

Un autre type de comportement inné correspond aux suites de comportements stéréotypés que l'on observe souvent dans un contexte donné. L'un des exemples étudiés par Tinbergen est le comportement d'accouplement de l'épinoche, avec une succession de comportements déterminés chez le mâle comme chez la femelle. Le mâle commence par se construire un territoire qu'il défend contre d'autres mâles. Il bâtit un nid dans le sable et, au même moment, son ventre se colore de rouge. Cette coloration indique à toute femelle portant des œufs qui passe par là qu'il est prêt à copuler et qu'elle peut déposer sa charge. C'est le début d'une sorte de mouvement de danse qu'amorce le mâle, incitant la femelle à bouger vers lui. Il se dirige vers le nid, elle le suit, le mâle se met à trembler et à piquer la queue de la femelle, ce qui entraîne la ponte.Lorsqu'elle a déposé ses œufs, la femelle repart et le mâle les fertilise, achevant cette "cour rituelle", typique de l'action fixe d'accouplement chez bien des animaux.

Des études récentes sur ces modèles d'actions fixes, réalisées par l'éthologiste américain Daniel Lehrman, ont commencé à montrer comment elles sont liées au fonctionnement du cerveau chez ces animaux. Lehrman a découvert que, outre l'expérience passée de l'animal et les stimuli sensoriels, des hormones contrôlant des mécanismes cérébraux intervenaient dans un modèle d'actions fixes assez élaboré, celui du comportement de reproduction des ramiers. La cour du mâle entraîne la croissance des ovaires de la femelle et la sécrétion d'hormones qui provoquent chez elle le comportement d'accouplement. L'apparition des œufs s'accompagne d'autres modifications hormonales, pour l'incubation et l'alimentation du petit. Le départ de l'oisillon entraîne d'autres modifications encore, si bien que le mâle présente à nouveau un comportement d'accouplement, et le cycle recommence.

Il est important de voir que l'interaction entre les partenaires coordonne un ajustement précis des événements nécessaires pour la reproduction et que les hormones jouent un rôle capital de liaison entre la fonction cérébrale et le comportement. Les travaux de Lehrman ont montré que des hormones appropriées, injectées directement dans le cerveau, suscitent en partie le comportement de reproduction. C'est ainsi qu'on a pu appliquer cette découverte à la préservation d'espèces menacées : John Philips et William Lasley de la société de zoologie de San Diego, ont implanté dans le cerveau de femelles iguanes l'hormone produisant la gonadotropine (stimulant des fonctions reproductrices). Trois jours plus tard, les mâles ont commencé à présenter un comportement d'accouplement. Etaient-ils sensibles à un changement du comportement des femelles, à une odeur ? On ne le sait pas.

Les éthologistes ont contribué à dresser une hiérarchie des comportements sociaux qui reposent sur les manifestations plus ou moins grandes de l'agressivité : conquête ou préservation d'un territoire, rituel d'apaisement à l'origine des relations amicales, ces manifestations participent d'un phénomène de reconnaissance individuelle et de rapports de force. L'agressivité peut être détournée par des parades rituelles, deux mâles pouvant éviter de s'attaquer de façon directe, mais accomplissant une série de mouvements parallèles, ce qui traduit l'existence d'un sens du symbolisme dans le monde animal.

Les stratégies du comportement

Ethologie et behaviorisme convergent dans les recherches que mène actuellement Edmund Fantino, qui fut un étudiant de Skinner et qui travaille aujourd'hui à l'Université de Californie à San Diego. Il applique les outils analytiques développés pour étudier le comportement en laboratoire à l'examen du comportement naturel, en particulier celui qu'entraîne la recherche de nourriture.

Les travaux de Fantino concernent les stratégies que déploient les oiseaux pour trouver et choisir leur nourriture, dans des circonstances diverses et naturelles. Il s'est penché tout particulièrement sur les facteurs qui influencent un choix. Quels facteurs influent sur notre décision d'accomplir tel ou tel geste plutôt qu'un autre ? Pour tenter de répondre à cette question, Fantino emploie une technique connue sous le nom de *chaînes concurrentes* (concurrent chains), qui fut développée pour s'assurer que le seul facteur qui influence un choix était l'attente d'une gratification. Dans l'expérience de Fantino, un pigeon peut choisir de becqueter deux lumières blanches. S'il choisit celle de droite, une lumière rouge apparaît et s'il donne un coup de bec à la rouge, il reçoit de la nourriture. Si l'oiseau commence par choisir la lumière de gauche, une lumière verte surgit et, si l'oiseau lui donne uncoup de bec, il obtient à manger, le délai changeant. A l'aide de ce système, il devient possible de déterminer dans quelle mesure le délai mis entre le coup de bec à la lumière colorée et la présentation de la nourriture intervient dans le choix de la lumière blanche.

Après des années d'observation, Fantino a énoncé l'hypothèse de la réduction du

1

2

Modèle animal
Les animaux sont souvent utilisés par les chercheurs des laboratoires pharmaceutiques, pour essayer des traitements. Ici, un rat qui souffre d'une lésion unilatérale de la substantia nigra et à qui l'on a injecté des médicaments antiparkinsoniens : il tourne et sa rotation est mesurée grâce à l'appareil que l'on voit sur la photo.

retard, selon laquelle le comportement de choix du pigeon sera affecté, selon des modalités spécifiques, par des changements spécifiques du délai à obtenir l'effet attendu. C'est ainsi que le choix de l'oiseau va se porter sur la lumière blanche qui permet d'obtenir plus rapidement la nourriture. Mais qu'est-ce que ce comportement, obtenu dans des conditions de laboratoires tout à fait artificielles, peut avoir de commun avec le comportement naturel des animaux ? Beaucoup de choses, selon Fantino, du moins pour certains types de comportements, comme se procurer de la nourriture. Les chercheurs qui ont observé les comportements d'approvisionnement estiment que les lois de la sélection naturelle ont fait que, si une proie devient moins abondante,un animal apprend à suivre d'autres sortes de proie, plutôt que de s'épuiser à trouver celle qu'il préfèrerait manger mais qui est devenue trop rare. Fantino considère que sa procédure de recherches en laboratoire (les chaînes concurrentes) devrait être utilisée pour étudier les mécanismes de ce choix, et soutient que son hypothèse de réduction du retard est analogue à celle du comportement optimal d'approvisionnement des évolutionnistes.

Le parallèle entre les deux procédures se situe, d'une part, entre le temps d'apparition de la lumière blanche et celui qu'un animal met à trouver sa proie et, d'autre part, entre le temps d'apparition de la lumière colorée et le temps que l'animal met à capturer et à consommer la proie. Selon ce parallèle, la théorie de la réduction du retard est en mesure de prédire que, plus le temps mis à trouver la nourriture augmente, moins l'animal sélectionne ce qu'il choisit. Elle peut aussi prédire qu'une sélectivité accrue est associée à un temps de capture plus long. Parfois, cependant, la théorie de la réduction du retard et celle de l'approvisionnement optimal conduisent à des prédictions différentes. Selon la dernière, s'il existe deux sortes de proies (l'une pouvant être plus attirante que l'autre), l'introduction d'une proie d'un troisième type, dont le temps de capture est bien trop long pour l'envisager, n'influera pas sur le choix entre les deux premières. Selon la théorie de Fantino, même si le troisième type de proie ne saurait être accepté, son apparition tendra à réduire la préférence manifestée par l'animal pour l'une des deux autres proies.

Toujours est-il que l'approche de Fantino peut se révéler intéressante dans la mesure où, si nous savons que certains comportements ont évolué pour préserver la survie des espèces, nous n'avons guère d'idées sur les facteurs qui ont agi sur le comportement animal au cours de l'évolution. Le behaviorisme peut donc contribuer à la compréhension des facteurs qui interfèrent pour influencer le comportement – patrimoine génétique, expérience acquise, circonstances du moment.

L'étude des comportements déborde, bien entendu, le cadre de l'éthologie ou de la psychologie. Récemment, McGuire a mis en évidence la corrélation entre le statut social de certains singes (cercopithèques vervets) et leur profil biochimique. C'est ainsi que le taux de sérotonine et celui de testotérone (hormone mâle) est plus élevé chez les mâles dominants et même que le changement de statut social au sein d'un groupe entraîne une variation du statut biochimique dans le même sens.

Même si des travaux récents, comme ceux désormais classiques de Marie-Claire King et d'Allan C. Wilson, ont établi que la différence entre l'homme et le chimpanzé n'est pas aussi grande qu'on le croit (1% du stock génétique), l'Homo sapiens garde sa singularité de comportement. L'espèce humaine reste la seule à avoir pu s'adapter à des milieux divers et hostiles, des déserts aux pôles, et à dominer les autres espèces vivantes.

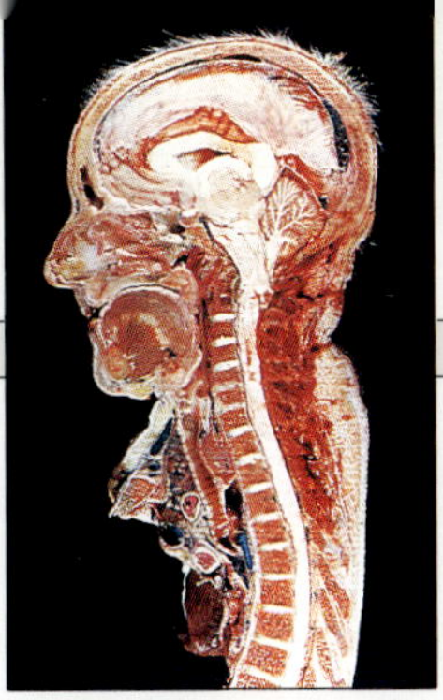

Le comportement amoureux du grillon et son cerveau,

par Franz Huber, Max-Planck-Institut pour la physiologie du comportement.

Au cours de la phylogénèse (transformation des espèces au cours de l'évolution), les organismes pluricellulaires ont développé des morphologies, des métabolismes et des stratégies comportementales différents, ajustés d'une manière optimale aux contraintes particulières de leur habitat. Ces organismes sont, comme le nôtre, pourvus de systèmes sensoriel, nerveux et moteur, ce dernier étant responsable de l'exécution du comportement. Souvent, des invertébrés, comme le ver de terre, l'écrevisse, les insectes ou les mollusques, sont qualifiés d'"organismes simples" parce qu'ils réalisent des comportements assez stéréotypés, avec peu ou pas d'apprentissage. De plus, leur système nerveux possède peu de neurones – de plusieurs milliers à quelques centaines de mille, au lieu des millions dont sont dotés les vertébrés et l'homme. Par ailleurs, le nombre des connexions entre les cellules nerveuses est plus faible. Mais le principal avantage que présentent ces organismes simples, à qui cherche à lancer un pont entre le comportement et les fonctions nerveuses, réside dans la possibilité que nous avons d'identifier chaque cellule nerveuse individuellement et de révéler son rôle dans une stratégie comportementale particulière. Qui plus est, ces invertébrés nous apprennent également les principes généraux du fonctionnement du système nerveux et du cerveau, et nous aident ainsi à développer des concepts et des méthodes qui, au bout du compte, peuvent guider notre approche de la connaissance de notre propre cerveau aux niveaux cellulaire et systémique.

On sait depuis l'Antiquité que les grillons communiquent entre eux par des signaux acoustiques émis par le mâle, qui lui permettent de rencontrer sa partenaire dans le cadre du comportement reproducteur. Les femelles sont attirées par ces signaux sonores et elles s'approchent des mâles qui chantent ; cette réponse est appelée "phonotaxie". Chaque espèce a son propre chant d'appel particulier, caractérisé par son spectre de fréquence et l'organisation temporelle de ses composantes (motifs et syllabes).

Cette stratégie est appelée "communication acoustique intraspécifique". Elle comprend l'émission de signaux spécifiques de l'espèce par un individu (l'émetteur) et leur réception, puis leur compréhension par un autre individu (le receveur). On peut étudier la relation émetteur-récepteur de deux manières :

a) en analysant les chants d'appel des mâles et en observant les réponses phonotaxiques des femelles – c'est une approche comportementale ;

b) en étudiant les cellules sensorielles, les cellules nerveuses et les muscles qui sont impliqués dans cette stratégie comportementale – c'est une approche neurobiologique.

Nous prendrons ici comme exemple le chant d'appel d'une espèce de grillon, le grillon champêtre d'Europe (Gryllus campestris), et la réponse de la femelle.

Le grillon mâle émetteur produit son chant d'appel en soulevant ses deux ailes antérieures, qui portent chacune une rape et une chanterelle. La rape d'une des ailes vient frotter sur la chanterelle de l'autre. Le son est produit par l'oscillation rapide des deux ailes. Le rythme ou la séquence des mouvements déterminent la structure temporelle du chant d'appel.

Dans le passé, des données ont été recueillies sur les mouvements des ailes et sur les muscles qui les accomplissent, sur les motoneurones qui contrôlent ces muscles, ainsi que sur les neurones cérébraux qui commandent le chant. Nous avons appris que les cellules nerveuses responsables, organisées en réseau dans les ganglions thoraciques, étaient commandées par des neurones cérébraux, c'est-à-dire situés dans le premier ganglion de la tête du grillon. Si l'on implante des fils métalliques fins dans diverses parties du cerveau, puis que l'on applique une stimulation électrique, le mâle commence à chanter et il continue sans interruption. Le chant, ainsi produit, ressemble au chant d'appel. L'activation induite par la stimulation électrique cérébrale est transmise par des neurones qui descendent vers les centres moteurs thoraciques, et là, un autre ensemble de neurones activé est responsable des mouvements rythmiques des ailes.

La femelle, de son côté, est muette ; ses ailes antérieures ne portent ni rape ni chanterelle. Mais elle entend le chant d'appel et y répond dans la mesure où son état hormonal la rend réceptive. Cette réponse nécessite la mise en jeu d'organes auditifs, "d'oreilles", qui chez le grillon sont localisés sur les pattes antérieures. Dans la nature, une femelle réceptive, lorsqu'elle entend le chant d'appel, marche en direction du mâle émetteur. Pour développer cette stratégie, la femelle doit résoudre deux problèmes d'égale importance : elle doit reconnaître que c'est bien là le chant d'appel de son espèce et le distinguer des autres sons qui lui parviennent (identification) ; puis il faut qu'elle localise le chanteur (émetteur) dans l'espace (orientation).

Un dispositif comportemental a été récemment mis au point, le compensateur de marche (un manège sphérique), où la femelle peut se déplacer librement et exprimer sa phonotaxie. En émettant des chants d'appel, enregistrés pendant que la femelle marche sur le manège, on a montré qu'elle détectait deux types de messages spécifiques de l'espèce, dans le chant d'appel : la bande de fréquence sonore (4 000 à 5 000 Hz) et la cadence des syllabes, variant entre 18 et 40 Hz.

Dans notre recherche pour identifier les cellules sensorielles et nerveuses impliquées dans ces fonctions, nous avons tout d'abord établi que l'oreille du grillon est particulièrement sensible aux fréquences caractéristiques du chant d'appel. Cependant, les cellules sensorielles auditives ne sont pas seulement spécialisées pour coder la séquence temporelle du chant, spécifique de l'espèce, et l'organe auditif ne peut être considéré comme une partie exclusive du dispositif d'identification.

L'information reçue par les deux oreilles, concernant la fréquence du chant, sa direction et son intensité, ainsi que sa structure, atteint ensuite le système nerveux central, au niveau du premier ganglion thoracique. Nous y avons trouvé plusieurs neurones qui traitent le message, uniques dans leur forme et dans leur fonction. Une paire de cellules disposées en miroir l'une de l'autre, appelées neurones Omega (en raison de leur forme qui rappelle la lettre grecque), permet de trouver la direction du chant, en traitant les informations venant des deux oreilles (audition binaurale). Chaque unité de la paire reçoit les afférences auditives d'une oreille seulement et elle est inhibée par les afférences venant de l'autre. Cette interaction inhibitrice a pour effet d'accentuer le contraste binaural et d'améliorer la perception de la direction. Ainsi les deux cellules Omega peuvent être considérées comme une partie et un corrélat nerveux du mécanisme d'orientation.

Cependant, les femelles ne présentent de réponse phonotaxique que si leur cerveau est intact, c'est-à-dire que l'information transmise par les neurones prothoraciques doivent impérativement atteindre le cerveau. Nous avons identifié des cellules nerveuses dont les axones montent jusqu'au cerveau. Celles-ci reçoivent aussi des afférences issues des organes auditifs, modulées par l'activité des neurones Oméga, ce qui indique

1

2

1. Grillon mâle
Mâle de grillon, avec les ailes antérieures soulevées pour produire le chant d'appel.

2. Grillon femelle
Surface du manège, sur laquelle marche la femelle du grillon. L'animal porte sur son dos une pastille (cercle fluorescent blanc) qui réfléchit la lumière infra-rouge, émise par un dispositif situé au-dessus du manège. La lumière réfléchie induit la commande des moteurs du manège et compense ainsi les mouvements de la boule.

3

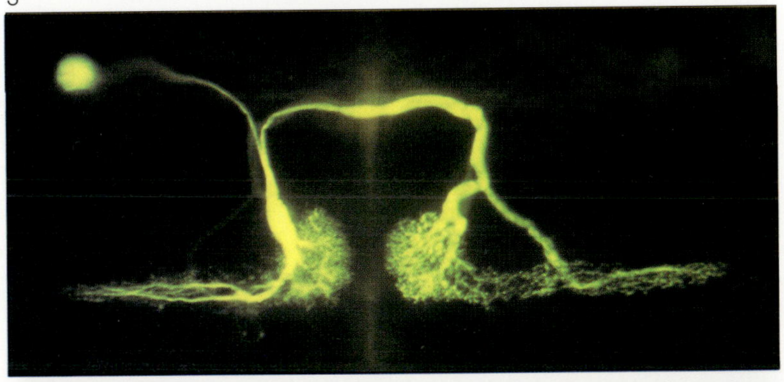

4

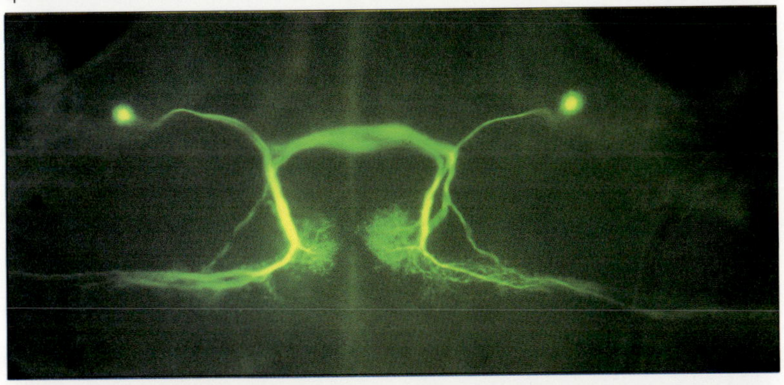

5

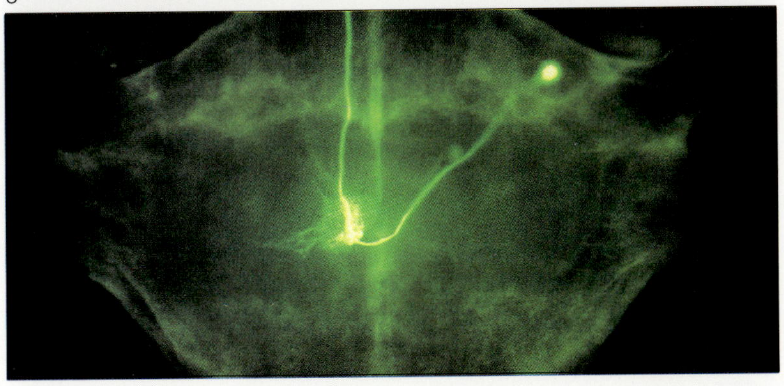

3. 4. Cellules Omega
La cellule Omega gauche (3), localisée dans le ganglion thoracique du grillon femelle, a été colorée par injection d'une substance fluorescente à l'intérieur de la cellule. Le corps cellulaire (cercle fluorescent) dans la partie supérieure gauche envoie un neurite (fibre fine) à la structure en forme d'Omega, au milieu de la figure. Cette cellule est activée par l'afférence auditive, venant de l'oreille gauche, c'est-à-dire de l'organe localisé dans la patte antérieure, du côté du corps cellulaire. Les fines arborisations du côté gauche recueillent l'information auditive et les impulsions nerveuses sont engendrées de ce côté, pour se propager ensuite de l'autre côté du ganglion. La ligne médiane du ganglion est marquée par un trait faiblement fluorescent, perpendiculaire à la fibre qui croise. Du côté contralatéral au corps cellulaire, les arborisations transmettent l'information à l'autre cellule Omega de la paire et l'inhibent. Le neurone Omega a une forme unique et il se trouve chez tous les grillons étudiés jusqu'ici (chez les mâles comme chez les femelles). Il sert à accentuer l'information binaurale pour la découverte de la direction. Ces cellules se disposent par paires, en miroir (4). Les deux cellules sont accolées l'une à l'autre, comme un sandwich. On les voit ici, chacune avec son corps cellulaire, le neurite et la structure en forme d'Omega. La cellule de gauche reçoit l'information auditive de la gauche, la cellule droite de l'oreille droite. Noter que les deux cellules ont des arborisations nerveuses recouvrantes, pour échanger l'information.

5. Ganglion prothoracique de la femelle
La ligne médiane du ganglion est marquée par une zone, dont la coloration est plus

que le cerveau est informé à chaque instant sur la position de la femelle par rapport à la source sonore.

Nous avons montré que les oreilles du grillon ne sont pas seulement spécialisées pour transmettre le chant d'appel spécifique de l'espèce. Aussi avons-nous recherché les mécanismes de l'identification du signal, au niveau des neurones d'ordre supérieur. De telles cellules ne peuvent jouer un rôle que si elles répondent à la bande de fréquence allant de 4 à 5 000 Hz, et, ce qui est plus important, si elles répondent particulièrement à la cadence des syllabes, dans la gamme de 18 à 40 Hz.

Récemment, nous avons réussi et nous avons trouvé, dans le cerveau du grillon, des cellules nerveuses répondant à ces exigences. Elles reçoivent l'information sur le chant par le canal des oreilles et des neurones prothoraciques. Nous avons trouvé certaines cellules cérébrales, avec des propriétés de bande passante telles qu'elles répondent de préférence à la cadence des syllabes entre 18 et 40 Hz, correspondant ainsi au champ de la réponse phonotaxique de la femelle, lorsqu'elle se déplace dans la nature ou sur le manège.

Le comportement amoureux du grillon, exprimé par le chant d'appel du mâle et par l'approche orientée de la femelle, exige l'intervention du cerveau en tant que partie importante du tissu nerveux, qui contrôle le chant et permet son identification.

soutenue. On voit un neurone, avec son corps cellulaire, situé du côté droit (partie supérieure) et un neurite qui descend vers le centre du ganglion, croisant la ligne médiane, où il se connecte à un petit champ d'arborisations denses, du côté contralatéral. De là, part une fibre nerveuse (axone), qui se termine dans la partie rostrale du cerveau. Ce neurone est particulièrement sensible à la fréquence du chant d'appel (4000 à 5000 Hz) et il en copie la séquence, mais il ne constitue pas une partie exclusive du dispositif d'identification du chant.

6

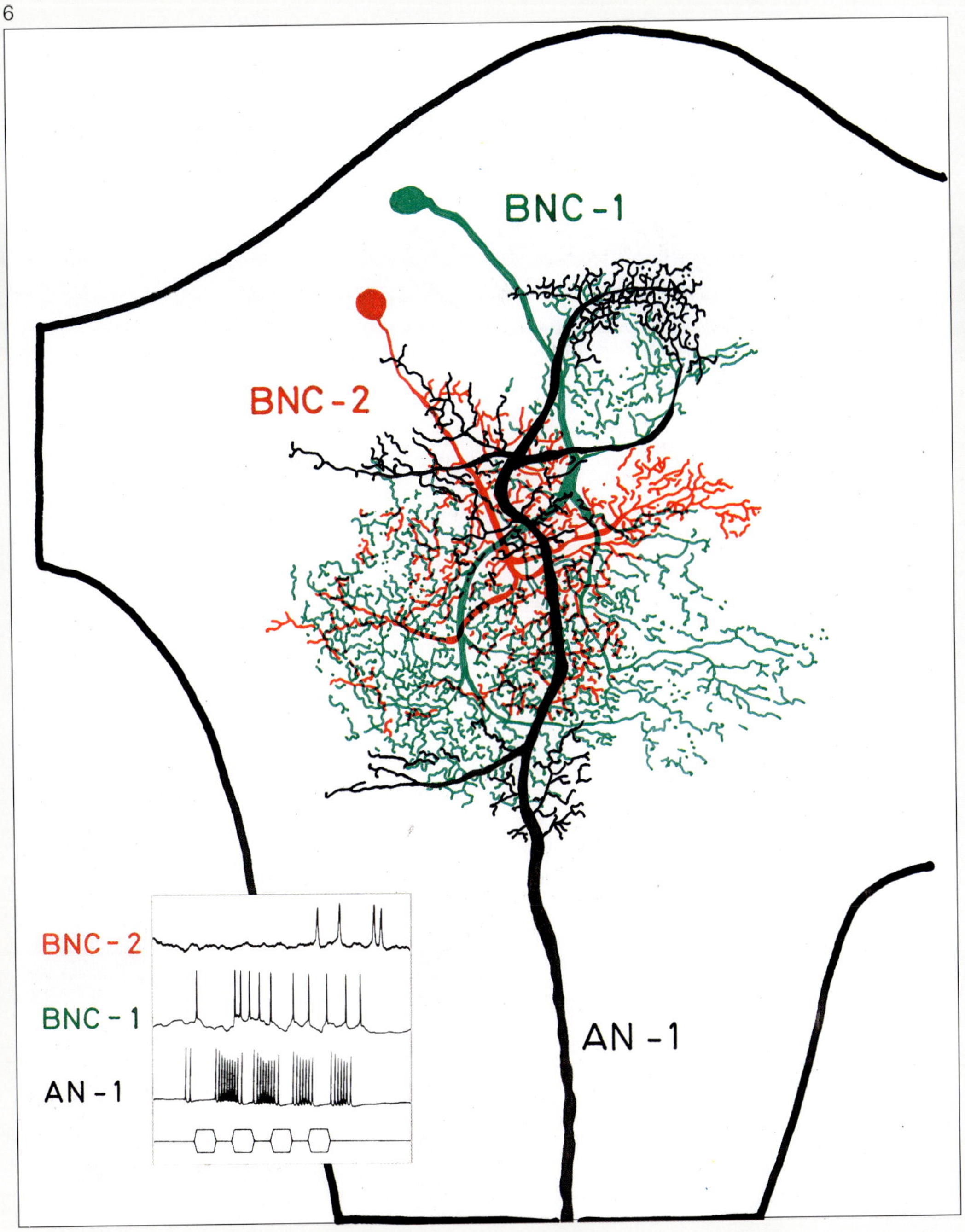

6. Le cerveau du grillon
Moitié gauche du cerveau du grillon (schématisé et entouré d'un trait noir). Trois neurones sont dessinés à l'échelle. En noir (AN-1), une partie de la cellule nerveuse ascendante 1 qui transmet l'information acoustique du ganglion prothoracique (l'oreille) jusqu'au cerveau. En vert, une cellule cérébrale (BNC-1), qui recouvre le champ de la cellule noire dans certaines de ses arborisations les plus dorsales. En rouge, une cellule cérébrale (BNC-2), dont les arborisations recouvrent celles de la cellule verte dans une zone plus centrale. On suppose que l'information circule de AN-1 à BNC-1 et, de là, à BNC-2. En bas, à gauche, tracé inférieur : motif du chant d'appel, avec quatre syllabes. Au-dessus, les réponses des trois cellules aux sons produits par un motif. Ces réponses sont les impulsions nerveuses des cellules : AN-1 copie la structure temporelle du motif, en répondant à chacune des quatre syllabes. BNC-1 montre une série d'impulsions nerveuses, étalées sur tout le motif, avec une faible représentation de chaque syllabe. BNC-2 répond avec une latence plus longue encore (temps entre le début du motif et la première impulsion nerveuse), par un petit nombre d'impulsions, qui ne montrent aucune relation temporelle avec chacune des syllabes. Toutes les cellules sont sensibles aux fréquences sonores du chant d'appel (4000 à 5000 Hz), mais seule la cellule BNC-2 est une partie du dispositif de reconnaissance.

165

4

Variations sur un thème : société, sexe, hérédité

Hormones
Les sportives des pays de l'Est ont souvent été soupçonnées de se soumettre à un traitement d'hormones masculines pour accroître leurs performances.

Il existe bien des différences évidentes entre les hommes et les femmes, la plupart d'entre elles étant liées aux fonctions de reproduction. Mais les différences de comportement sont-elles aussi évidentes ? Est-ce que les petits garçons jouent avec des voitures et des pistolets et les petites filles avec des poupées pour des raisons biologiques ou pour des raisons culturelles ? Les filles sont-elles plus douées pour la parole et les garçons pour les mathématiques ? S'il existe quelque bien-fondé à l'origine de ces affirmations, ne pourrait-on en trouver trace dans le cerveau ? Après tout, l'équilibre hormonal est différent entre les hommes et les femmes et, comme on l'a établi, les hormones exercent une influence puissante sur bien des organes du corps. Le cerveau des hommes et celui des femmes est-il différent ?

Aux Etats-Unis, Fernando Nottebohm, à l'Institut Rockefeller,a découvert que, chez le canari mâle, les parties du cerveau qui interviennent dans l'émission du chant sont plus importantes que les régions correspondantes chez la femelle. Chez les êtres humains, le cerveau masculin est en général plus volumineux que le cerveau féminin, mais cela n'implique pas un pouvoir mental plus élaboré. Il semble aujourd'hui, au fil des recherches, que les deux hémisphères du cerveau féminin fonctionnent d'une manière plus symétrique que ceux de l'homme, c'est-à-dire qu'ils seraient moins spécialisés. Chez la plupart des individus, l'hémisphère gauche domine pour le langage, le droit pour la maîtrise de l'espace. Or la zone responsable du langage, dans l'hémisphère gauche, est plus importante chez les hommes que chez les femmes, tandis que les amas de fibres nerveuses (corps calleux) qui transmettent les informations entre les deux hémisphères sont plus importantes chez les femmes, comme l'a montré Christine de Lacoste-Utamsing, de l'Université de Columbia. D.F. Swaab et E.Fliers, de l'Institut Hollandais des recherches sur le cerveau, ont pu mettre en évidence, chez les rats, une différencc dans la taille des cellules (2,5 fois plus grosses chez les mâles que chez les femelles) dans une aire de l'hypothalamus, centre de commande de nombreuses activités, et notamment du comportement sexuel.

Les récentes découvertes sur l'asymétrie cérébrale entraînent des conséquences théoriques intéressantes. Si l'on sait que l'hémisphère droit est plus impliqué que le gauche dans la vie émotive, et que l'asymétrie est moins importante chez l'homme, les femmes seraient susceptibles de dissocier moins bien le comportement émotionnel et l'analyse rationnelle d'une situation. Elles auraient, comme le dit Sandra Witelson, de l'Université d'Ontario, "une représentation bihémisphérique de l'émotion".

Les niveaux de quotient intellectuel et les évaluations globales de l'intelligence ne diffèrent pas de manière significative entre hommes et femmes. Est-ce à dire que la forme d'intelligence soit la même ? Sans doute pas. Un chercheur, L.F. Jarvik, écrit : *"Compte tenu des informations désormais disponibles, il serait aussi irréaliste de nier l'existence de différences intellectuelles entre les sexes que de contester leur dissemblance physique"*. (L. Jarvik : "Human intelligence sex differences", Acta Geneticae Medicae and Gemellologiae, 1975, vol. 24, 189-211).

L'une des principales différences concerne les aptitudes spatiales, c'est-à-dire la visualisation d'un objet en trois dimensions, sa rotation dans l'espace, etc. A peu près toutes les études, dans tous les cadres culturels (sauf peut-être chez les Esquimaux) l'ont confirmé. L'aptitude spatiale entretient des rapports étroits avec les capacités mathématiques. La faiblesse féminine en ce domaine a fait l'objet, au cours des dernières années, d'un nombre impressionnant d'études, d'articles et de livres. Deux psychologues de l'Université Johns Hopkins, à Baltimore, Camilla Persson Benbow et Julian C. Stanley ont étudié un échantillonnage de 40 000 Américains. Ils ont conclu que le nombre de garçons qui obtiennent de bonnes notes en mathématiques est bien plus important que celui des filles. Au fur et à mesure que l'on s'élève dans la hiérarchie, la proportion devient écrasante.

Une différence culturelle ?

La découverte de différences, même mineures, entre les cerveaux des femmes et des hommes suggère qu'il pourrait exister des différences culturelles entre les cerveaux. L'expérience, et tout particulièrement l'expérience acquise tôt dans l'enfance, n'affecte-t-elle pas la façon dont le cerveau s'organise ? Peut-on par exemple parler de différences nettes entre les cerveaux des Occidentaux et ceux des Orientaux ? Si des différences existent entre cerveaux de peuples de cultures différentes, comment est-il possible de déterminer si culture et biologie peuvent exercer l'une sur l'autre une action réciproque ? En un sens cette question revient à se poser celle de la nature biologique ou non de l'esprit, puisque la culture est un produit de l'esprit collectif d'une société. Durant des années, cette question qui concerne réellement l'évolution de l'esprit et de la culture a troublé les biologistes, les anthropologues et les sociologues. Nous sommes loin de détenir une réponse définitive, car nous sommes loin d'avoir une information sûre sur les fondements biologiques de l'esprit. Une fois encore la clé du progrès serait sans doute de trouver la bonne question à poser.

L'une des sources les plus intéressantes des nouvelles questions sur les relations qu'entretiennent l'esprit, la culture et la biologie, se situe dans une nouvelle discipline scientifique, la sociobiologie, fondée par Edward O. Wilson, biologiste de l'Université de Harvard. Wilson a tenté de développer une théorie susceptible d'expliquer les fondements biologiques du comportement social des animaux et des êtres humains. L'un des aspects les plus étonnants du comportement social est l'acte altruiste. Si quelqu'un cherche à se préserver d'un ennemi, sa motivation évidente est la survie. Si la mère d'un oisillon se met en danger elle-même pour sauver son petit, attaqué par un chat, Wilson justifie son comportement en notant qu'il favorise la survie de ses propres gènes, transmis à l'oisillon. Si la mère se préservait aux dépens de la vie de ses petits, ses propres gènes risqueraient de disparaître au sein de l'espèce, processus qui éliminerait dans la foulée les gènes responsables de son comportement égoïste.

Poussant la démonstration plus loin, Wilson avance que le comportement altruiste, tel que le cri poussé par un oiseau pour prévenir ses congénères de l'approche d'un faucon, a pour résultat de renforcer ses chances génétiques de survie. Le cri d'alarme augmente, pour celui qui le pousse, la probabilité d'être attaqué, mais aussi celle, pour ceux de sa race, de survivre. Et comme, parmi les autres oiseaux, il y a des parents de l'oiseau qui donnent l'alerte, quelques-uns des gènes qu'il partage avec eux vont subsister, même s'il meurt. La théorie de Wilson sur la préservation des gènes s'étend aux humains et, selon lui, explique les actes héroïques d'auto-sacrifice, commis au nom d'une loyauté à un groupe.

Wilson et Charles J. Lumsden, de l'Université de Toronto au Canada, ont tenté d'expliquer les interactions entre gènes, esprit et culture. Pour eux, les gènes contrôlent la formation du cerveau humain, le dotant du penchant de penser dans un certain sens et non dans un autre, d'accepter certaines pratiques rituelles ou sexuelles et d'en rejeter d'autres. Les comportements culturels qui en résultent influencent à leur tour l'évolution génétique, favorisant la survie des gènes qui sont à l'origine de certains comportements, éliminant les autres. Ce processus est continu, les gènes se modifiant selon l'évolution de nouveaux modèles cérébraux, conduisant à de nouveaux modèles de comportement, et ainsi de suite en un cycle sans fin.

L'hérédité et le milieu

La sociobiologie invite à mettre à nouveau l'accent sur le problème souvent débattu de l'hérédité et du milieu. Dans quelle mesure les divers attributs de psychisme humain (l'intelligence en particulier) résultent-ils de facteurs génétiques ou de l'environnement culturel ou social ? Pour départager les influences respectives de l'hérédité et de l'environnement, les spécialistes disposent traditionnellement de deux types de méthodes : celle qui consiste à observer les jumeaux et celle qui est fondée sur l'étude des enfants adoptifs.

Les études sur les frères jumeaux partent du principe suivant : certains jumeaux (monozygotes) proviennent d'un même œuf, scindé en deux lors du développement. Ils possèdent donc le même potentiel génétique. Si l'on étudie la vie de ces frères jumeaux, séparés à la naissance et élevés dans des milieux très différents, on observe des parallèles spectaculaires : certains sont morts au même moment, d'autres partageaient les mêmes goûts... Dans l'ensemble, les études en ce domaine concluent à l'importance des facteurs génétiques dans les variations individuelles. On l'évalue souvent, pour un caractère tel que l'intelligence, mesurée par les tests de quotient intellectuel, aux alentours de 80 %, ce qui ne signifie nullement que l'intelligence est héréditaire à 80 %, mais que les différences individuelles s'expliquent à 80 % par des facteurs génétiques *(héritabilité)*.

Le rôle des facteurs génétiques a été aussi mis en évidence dans des études sur la structure et la chimie du cerveau, le sommeil, le comportement, dans les domaines psychiatriques (schizophrénie, psychose maniaco-dépressive) ou criminologiques, etc.

Les sondes génétiques

Des travaux récents, fondés sur les connaissances accumulées dans le cadre des manipulations génétiques, ont abouti à la mise au point de sondes génétiques. D'abord utilisées en pathologie, pour détecter la thalassémie, elles ont permis de vérifier la présence d'autres tares héréditaires, notamment en ce qui concerne les maladies du système nerveux.

Les progrès réalisés dans ce domaine sont spectaculaires, en particulier dans le cas de la chorée d'Huntington, maladie grave qui ne se manifeste que chez les adultes. Les sujets perdent la mémoire, leur système nerveux dégénère et ils finissent par mourir vers l'âge de quarante ou cinquante ans. Cette maladie héréditaire tue inexorablement ceux qui en sont frappés, comme le chanteur américain Woody Guthrie. Si le malade a des enfants, ils ont une chance sur deux d'en être atteints, mais ils ne peuvent le savoir avant des années. Aussi James Gusella, de l'Université de Harvard, a-t-il mis au point une sonde génétique, permettant de le déterminer.

Gusella a découvert un bout d'ADN (le fragment G8) qui correspond à un segment du chromosome humain n° 4, très proche de celui qui est responsable de la chorée d'Huntington. En utilisant le G8, on peut sonder l'ADN d'un individu ou d'un fœtus : la sonde se colle au chromosome responsable et le “dénonce”. Cette méthode n'en est encore qu'à un stade expérimental, mais elle peut se révéler une arme de détection précieuse.

1

1. Parade des aigrettes avant l'accouplement
Le mâle fait le beau, la femelle ploie le cou en signe de soumission.

2

3

2.3. Symboles
Les petits garçons jouent avec des revolvers, les petites filles se pomponnent, telle est la conception traditionnelle de la différence des sexes, apparente dans ces dessins réalisés par des enfants souffrant de dysfonctions cérébrales mineures, étudiés par Katerina Michelsson à l'Université d'Helsinki. Cette attitude correspond-elle à une différence de structure du cerveau entre les hommes et les femmes ?

1. "Les deux moitiés" *Gravure de l'artiste allemand Uwe Brandi, intitulée "Zwei Halbe", ou les deux moitiés, et figurant sous une forme humoristique la spécialisation des hémisphères cérébraux.*
2.3. Bébés de Nobel *L'intelligence d'un Prix Nobel ou d'un donneur de génie peut-elle se transmettre... par insémination artificielle ? C'est le problème que pose la naissance du "bébé Nobel" californien Doron Blake (2). Ressemblera-t-il un jour à l'un de ces Prix Nobel célèbres (3) réunis en 1927, lors d'un congrès international Solvay à Bruxelles ? Les chercheurs restent sceptiques.*

1

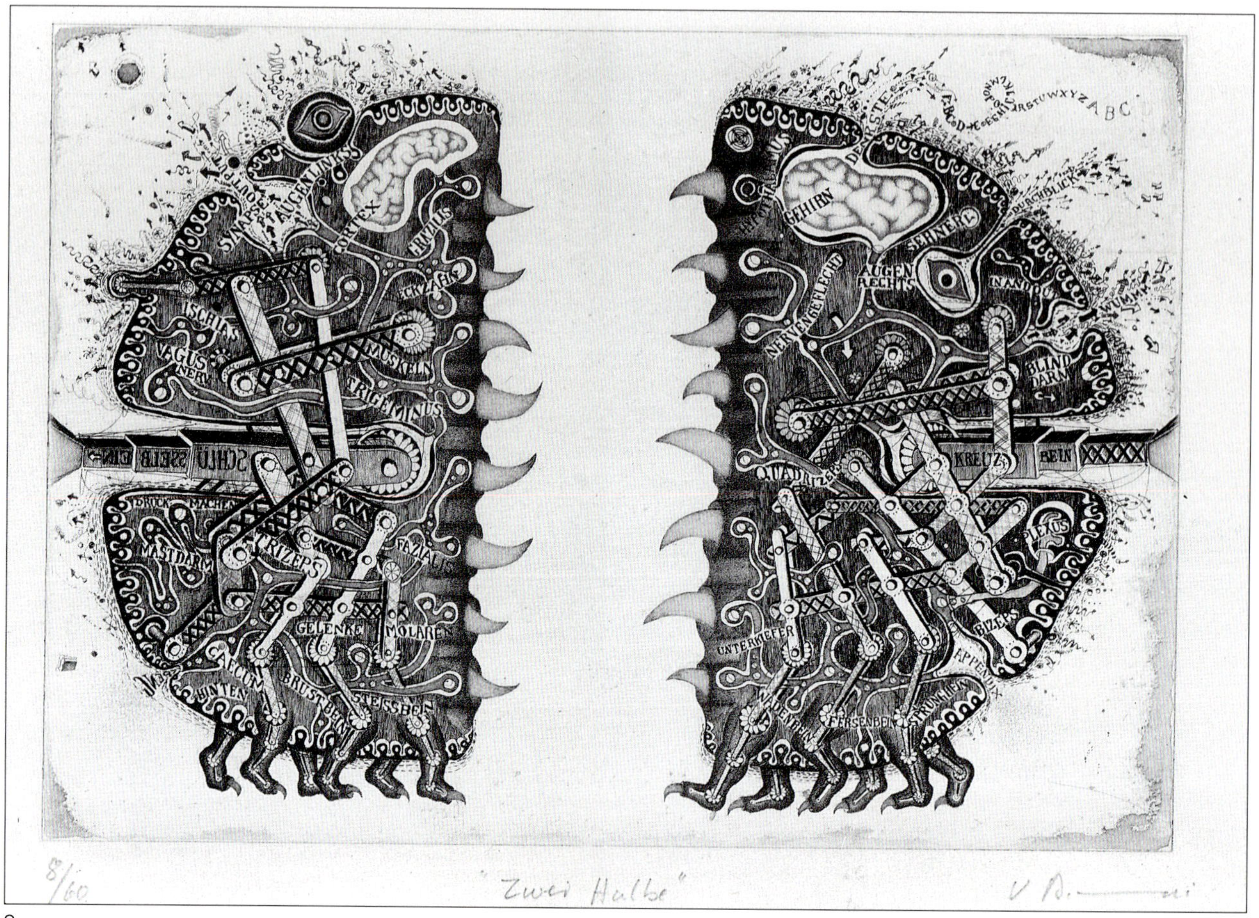

2

3

1

2

1.2. Le Samouraï et la Geisha
La différence de civilisation est-elle aussi représentée à l'origine dans le cerveau ? Peut-on parler, par exemple, d'un cerveau européen et d'un cerveau japonais ?

3. Les petits génies
L'école de Philadelphie, fondée par Glenn Doman, avec pour devise : "Tout enfant peut devenir un génie".

3

Yin et Yang
Le symbole ancestral chinois de la complémentarité du dualisme de l'univers : féminin et masculin, ombre et lumière, terrestre et céleste...La partie noire est le Yin, la rouge le Yang. Des contraires qui ne s'opposent jamais.

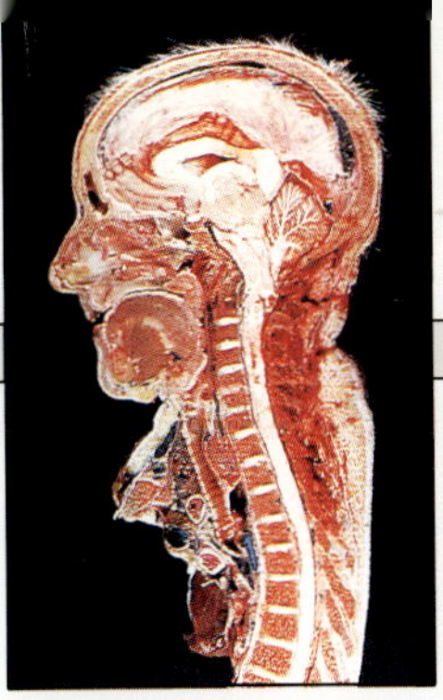

Le cerveau dans les médecines traditionnelles extrême-orientales,

par Jean-Claude de Tymowski, président de l'Alliance Médicale Internationale, directeur de l'Ecole Nationale d'Acupuncture.

De nombreux organismes vivants, animaux ou végétaux, ne possèdent pas de système nerveux, ce qui ne les empêche pas d'être extrêmement structurés et d'avoir un coefficient d'adaptation à l'environnement, extrêmement poussé.

Des données de la physiologie médicale orientale et en particulier de la médecine taoïste chinoise, qui considère que l'homme est la récapitulation de l'univers, tant dans l'espace que dans le temps, et que donc nos cellules ont gardé la mémoire de ce qu'elles avaient été à l'apparition de la vie sur la terre, il résulte que nos cellules et certains ensembles de nos cellules ont gardé la propriété d'une autostructuration de notre corps humain, indépendamment du système nerveux.

Dans la philosophie tibétaine, on retrouve avec beaucoup de netteté comment l'ontogénèse du corps humain est calquée sur l'ontogénèse de notre monde et reste gravée dans notre corps au niveau des différents segments et de nos différentes dents.

Le premier stade de la création, celui des forces cosmiques, correspond ainsi aux os des épaules et du bassin. Ce sont les premiers segments des membres et les premières dents : les incisives. Le deuxième stade de la création, celui des corps, correspond aux bras, aux cuisses et aux secondes incisives. Le troisième stade de la création, celui des plantes, va correspondre à l'avant-bras, à la jambe et aux canines. Le quatrième stade de la création, le sexe,correspond au carpe, au tarse et à la première prémolaire. Le cinquième stade, celui des animaux, correspond au métacarpe, au métatarse et à la deuxième prémolaire. Le sixième stade, celui de l'homme, va correspondre à la première phalange et à la première molaire. Le septième stade, le stade des esprits, correspond à la deuxième phalange et à la deuxième molaire. Le huitième stade de la création est appelé stade des trois principes : de la trinité, du divin et du sublime. Au niveau des membres, il correspond à la phalangette, la phalange du doigté, expression du sublime dans l'art. Sur le plan dentaire correspondant à la huitième dent, la dernière molaire est appelée dent de sagesse, aussi bien en Orient qu'en Occident. Ce qui montre que certains aspects des philosophies orientales, sont soit passés dans les traditions occidentales, soit y ont été retrouvés spontanément.

Cette cosmogonie retrace l'évolution de la vie et du monde. Les animaux apparaissent au cinquième stade, qui doit correspondre à l'apparition du système nerveux central et aux fonctions cérébrales. Pour la philosophie extrême-orientale, il y a donc eu possibilité de vie jusqu'à ce stade sans cerveau et c'est cette conception qui fait la différence entre la conception occidentale et la conception orientale.

Le cerveau et le système nerveux central représentent en médecine occidentale le symbole de la coordination de la vie, ils sont des organes essentiellement centralisateurs. Le cerveau est considéré comme étant également le siège de la personnalité individuelle. A tel point, qu'on en est arrivé à considérer que la vie cesse lors de la cessation de l'activité cérébrale et que la constatation de ce que l'on appelle un électro-encéphalogramme plat est le symbole de la mort clinique, même si toutes les autres fonctions vitales peuvent être maintenues.

En général, on peut dire que les médecines traditionnelles orientales ont une conception tout à fait différente. Elles admettent le rôle particulièrement important de certains de nos organes périphériques, et considèrent qu'ils jouent un rôle beaucoup plus important qu'il n'est admis en médecine occidentale. Chaque organe pouvant être le siège de ce que l'on appelle les "âmes végétatives" et ayant des propriétés émotionnelles ou représentant des traits de caractère ou des comportements que la physiologie occidentale rapporte au cerveau. Dans les médecines traditionnelles orientales, ces comportements sont rapportés aux cinq organes majeurs et le fait que toute une partie de l'organisation de la vie s'est produite bien avant l'apparition du système nerveux est gardé en mémoire.

Pour la conception orientale, la vie est perçue comme le résultat d'un principe actif fertilisateur engendrant le mouvement, appelé Yang et d'un principe matérialisateur, effecteur nommé Yin. Notre corps serait la matrice recevant l'incarnation d'entités, les shen, qui préexisteraient à notre naissance. C'est le cœur qui est le premier logement de ces shen. C'est-à-dire que c'est dans le cœur que résiderait le principe vital. D'ailleurs, embryologiquement, il semble que les fonctions rythmiques du cœur apparaissent extrêmement tôt. Si bien qu'une partie de nos sentiments liés en médecine occidentale au cerveau sont liés en médecine orientale à l'organe cœur qui serait le logis de l'âme. On voit d'ailleurs que cette notion se rapproche de la tradition populaire et ésotérique occidentale, où des expressions montrent comme certains sentiments sont liés à l'organe cœur.

La réflexion, la rumination de pensées, la sympathie, dont les excès peuvent prédisposer à l'anxiété, sont les prédispositions psychiques liées au couple rate-estomac et au plexus solaire. On comprend ainsi comment des dispositions psychiques peuvent entraîner des troubles somatiques de la sphère correspondante. Dans le cas de l'anxiété, elle peut engendrer un ulcère d'estomac.

Le chagrin, la tristesse, certains états névrotiques et dépressifs correspondent au couple poumon-gros intestin. Ce qui expliquerait l'expression "être constipé" qui correspond autant à un état physiologique qu'à un sentiment psychologique.

Le rein et son organe couple la vessie jouent un rôle prépondérant en médecine taoïque. Le rein est le siège de l'énergie "ancestrale" responsable de la reproduction (à rapprocher de la notion biblique "issu de mes reins" qui désigne la lignée).

L'étude plus approfondie de la physiologie orientale permet de distinguer un rein Yin et un rein Yang. Les fonctions du rein Yin sont semblables à celles qu'on lui connaît en médecine occidentale, celles de filtration, de réabsorption et de sécrétion. Les fonctions liées au rein Yang étant plus précisément celles de la reproduction et celles liées aux fonctions surrénaliennes.

Le rein donnerait à l'organisme sa solidité, tant physique que psychique. Il serait l'organe porteur de la volonté. Il est lié dans la physiologie orientale au système osseux et aux moelles.

Il faut savoir que sous le terme de "mœlle", la physiologie taoïque englobe non seulement la mœlle épinière, la mœlle des os, mais aussi le cerveau et le sperme (substances de constitution molle).

Ceci permet de comprendre les pratiques tantriques destinées à renforcer l'énergie dans la "mer des moelles", c'est-à-dire le rapport entre la sexualité et le cerveau, permet de comprendre aussi bien la pratique du Kundalini Yoga, que les exercices tantriques qui sont considérés comme réalisant une augmentation et une harmonisation des énergies du bas et du haut du corps, et de façon plus précise de la région Sui Hai, la mère des moelles.

Quelques références au Ling Shu (livre de médecine chinoise datant du 3ème siècle avant J.C.) nous permettent de confirmer ces notions. On y lit : "quand les essences ont ainsi parfaitement composé l'être, cerveau et mœlle sont produits, les os font l'armature". Dans un autre chapitre "la tête est le siège, ou l'atelier des essences. Quand elle est déséquilibrée, la vision s'affaisse, les essences, les esprits sont enlevés de force". Notions que l'on peut considérer comme communes avec la médecine occidentale.

La lecture du chapitre 33 du Ling Shu résume la conception chinoise de l'activité cérébrale dans le passé, citons : "le cerveau est la mer des moelles, ses points extrêmes sont en haut au dais (le vertex) et en bas au trou occipital. S'il y a excès de la mer des mœlles, on est alerte et l'on remplit largement le nombre d'années, mesurées pour chacun. Une insuffisance d'énergie de la mer des mœlles, et le cerveau tourne (vertige), les oreilles bourdonnent, les jambes sont impotentes (Jing Wei) et l'on a des troubles de la vue ; l'œil ne voit plus. On est lent et paresseux et on aime être couché tranquillement.

Le cerveau "mer des moelles" est traversé par des courants (MAI) qui le nourrissent, et des trajets d'énergie.

L'idéogramme NAO qui signifie le cerveau est formé de trois parties dont l'une est le symbole de l'eau qui coule, mais qui signifie également l'ondulation des cheveux. La médecine chinoise aurait-t-elle déjà pressenti l'existence des ondes cérébrales que l'on détecte aujourd'hui grâce à l'électro-encéphalogramme ? La deuxième partie de l'idéogramme montre une boîte, la boîte cranienne avec à l'intérieur une croix la divisant en deux. La troisième partie de l'idéogramme est controversée : pour les uns il s'agirait de la clef de la chair indiquant alors la substance gélatineuse cérébrale, pour d'autres il s'agirait de l'idéogramme d'homme.

Si les conceptions orientale et occidentale de l'activité cérébrale présentent des points communs, l'étude de la conception chinoise élargit son approche à l'homme tout entier.

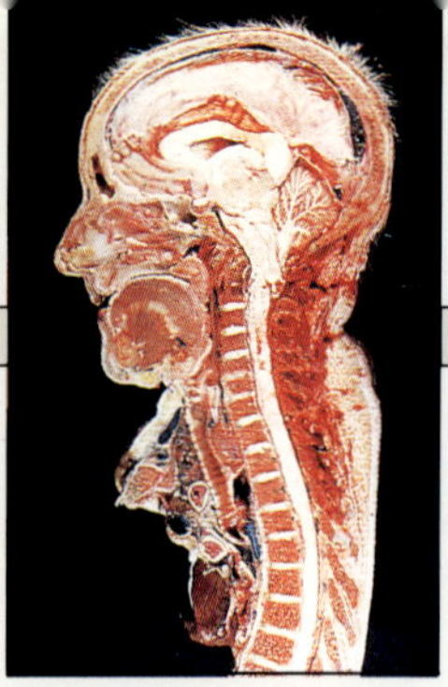

Hémisphères Japon/Occident,

par Tadanobu Tsunoda,
Université médicale et
dentaire de Tokyo.

Depuis une quinzaine d'années, et à partir des recherches que j'avais menées sur l'aphasie et les désordres du langage dues à des lésions corticales, je me suis consacré à des études comparatives des dominances cérébrales sur des Japonais et des non-Japonais. Et ce, sur des personnes dont le cerveau était sain, ce qu'il est important de préciser,car beaucoup d'études sur la latéralisation ont été réalisées sur des cerveaux dont les connexions entre la gauche et la droite avaient été sectionnées chirurgicalement, ce qui n'autorisait pas l'observation d'une région essentielle : celle où s'opère la commutation, facteur-clé de mes recherches.

On parle, rappelons-le de prédominance de l'hémisphère gauche pour le langage, le calcul, la logique, et de l'hémisphère droit pour la musique, la reconnaissance des formes et tout ce qui relèverait plutôt de l'analogie et des émotions. J'ai développé une nouvelle méthode, fondée sur un effet de rétroaction auditive, proche de ce que peut entendre de sa propre voix l'homme qui parle, et j'ai constaté des différences surprenantes entre les Occidentaux et les Japonais.

Pour comprendre ce qui suit il faut connaître une des particularités de la langue japonaise : une phrase complexe, au vocabulaire très fourni, peut s'exprimer en utilisant seulement des voyelles. C'est ainsi que le phrase "Ueo ui oio oioooi aioou ooi aioou aiueo" a un sens, et peut se traduire par "Obsédé par la faim et dissimulant son âge, il se lance à la poursuite de l'amour, cet homme à l'étoile solitaire".

Les individus, élevés dans la langue japonaise, ont donc l'habitude très spéciale d'utiliser des voyelles. Et que constate-t-on ? L'hémisphère gauche des Japonais capte, bien entendu, les sons du langage (y compris l'émotion de la voix), mais aussi les sons de structure similaire, comme le bruit des vagues, du vent et de la pluie, le murmure d'un ruisseau, tout ce qui dans la nature bruisse et murmure. Il capte les sons non-harmoniques, tandis que l'hémisphère droit, lui, prédomine pour les sons harmoniques. L'un des exemples les plus frappants est celui de la musique : c'est avec une dominance de l'hémisphère droit que les Japonais appréhendent les instruments de musique occidentaux, comme le piano, le violon et la contrebasse, et avec une dominance du gauche les sons tirés du shyo, du shichiriki, du biwa ou du shakukachi, qui sont des instruments traditionnels du Japon. Ce phénomène a pu être vérifié récemment par Y. Kikuchi et T. Tsunoda, qui ont utilisé une méthode électro-encéphalographique. Dans cette série d'expériences, il faut souligner que les sujets ne pouvaient reconnaître les instruments utilisés, les sons étant diffusés par fragments très brefs (entre 1/40e et 1/13e de seconde).

La commutation automatique entre les deux hémisphères est assurée principalement par le tronc cérébral, situé sous le cortex ; elle partage le cerveau entre cerveau harmonique (droit) et cerveau non-harmonique (gauche). Ce que ces expériences ont en outre révélé, c'est que la fonction de commutation est déterminée, jusqu'à l'âge de neuf ans, par la manière dont l'enfant est exposé aux sons du langage dans une langue déterminée : chez la plupart des non-Japonais (à l'exception des Polynésiens), les sons perçus par l'hémisphère gauche (le côté du langage) se limitent en réalité aux syllabes comportant des consonnes, alors que les voyelles, les bruits de notre environnement, les sons qui expriment une émotion(oh ! ah !...) sont perçus par l'hémisphère droit.

Plus généralement, on peut donc dire que l'émotion est perçue par l'hémisphère droit, chez les non-Japonais (qui utilisent beaucoup plus les consonnes dans leur langage), et par l'hémisphère gauche chez les Japonais (qui utilisent beaucoup de voyelles). De même, la prédominance cérébrale concernant le fonctionnement sexuel – élément extrême de l'émotion – semblerait localisée dans l'hémisphère gauche chez les Japonais, dans l'hémisphère droit chez les Occidentaux.

Il a été prouvé que les différences structurelles dans le cerveau sont provoquées par l'environnement et non par les différences raciales : la structure du cerveau, déterminée par "exposition" à la langue, reste à jamais la même après l'âge de neuf ans ; elle est liée à l'environnement culturel et au développement des sentiments, exprimés dans une langue déterminée. C'est ainsi qu'un enfant japonais, élevé en langue américaine et dans un environnement américain, aux Etats-Unis, jusqu'à l'âge de neuf ans, percevra désormais les émotions, après son retour au Japon, comme un non-Japonais, par l'hémisphère droit.

La méthode "par frappe" Tsunoda permet de tester la dominance pour les sons purs, dans une gamme qui va de 20 à 16 KHz. Elle a conduit à des recherches sur une gamme entre 20 et 200 Hz. Le système d'audition humain peut se diviser en deux parties : l'une traite les sons de 100 Hz ou plus, fréquence à laquelle appartiennent tous les sons verbaux, l'autre ceux qui sont inférieurs à ce seuil. Le test détaillé, utilisant les sons purs de 20 à 200 Hz, a pu montrer que le système auditif fonctionne différemment, selon ces deux catégories de sons purs (inférieurs ou supérieurs à 100 Hz). Pour le groupe des fréquences plus élevées, on a pu observer que l'oreille gauche était privilégiée, pour l'autre groupe, c'était l'oreille droite. Comme les sons de 99 Hz, ou moins, ont des fréquences trop basses pour constituer des sons verbaux, la réponse propre du système auditif à ces derniers pourrait indiquer une fonction biologique subcorticale.

Des inversions de dominance ont pu être observées – sans qu'on sache pourquoi – à des fréquences précises, dont le chiffre est un multiple de 40 et de 60 par un nombre entier (40 Hz, 60 Hz, 80 Hz, 120 Hz, 160 Hz, etc.). Autre phénomène de changement de dominance : cette inversion peut se produire pour un son dont la fréquence est égale à l'âge exact d'un sujet qui l'écoute ("système des cernes annuels"). Le résultat d'une enquête, conduite sur plus de trente sujets sains, a révélé, pour la plupart d'entre eux, que ce phénomène s'observait le jour même de leur anniversaire (et même, pour certains sujets, sur trois années consécutives). Le mécanisme de commutation est aussi en relations étroites avec la révolution de la terre, le mouvement de la lune, et peut-être d'autres activités cosmiques. Il est soumis à des modifications dont les causes sont pour l'instant mystérieuses. La liaison qui s'établit avec l'activité cosmique pourrait suggérer qu'il existe un cosmos miniature dans le cerveau humain. Si l'homme préhistorique était sans doute en mesure de le ressentir, c'est une capacité que nous avons perdue dans le branle-bas de la civilisation.

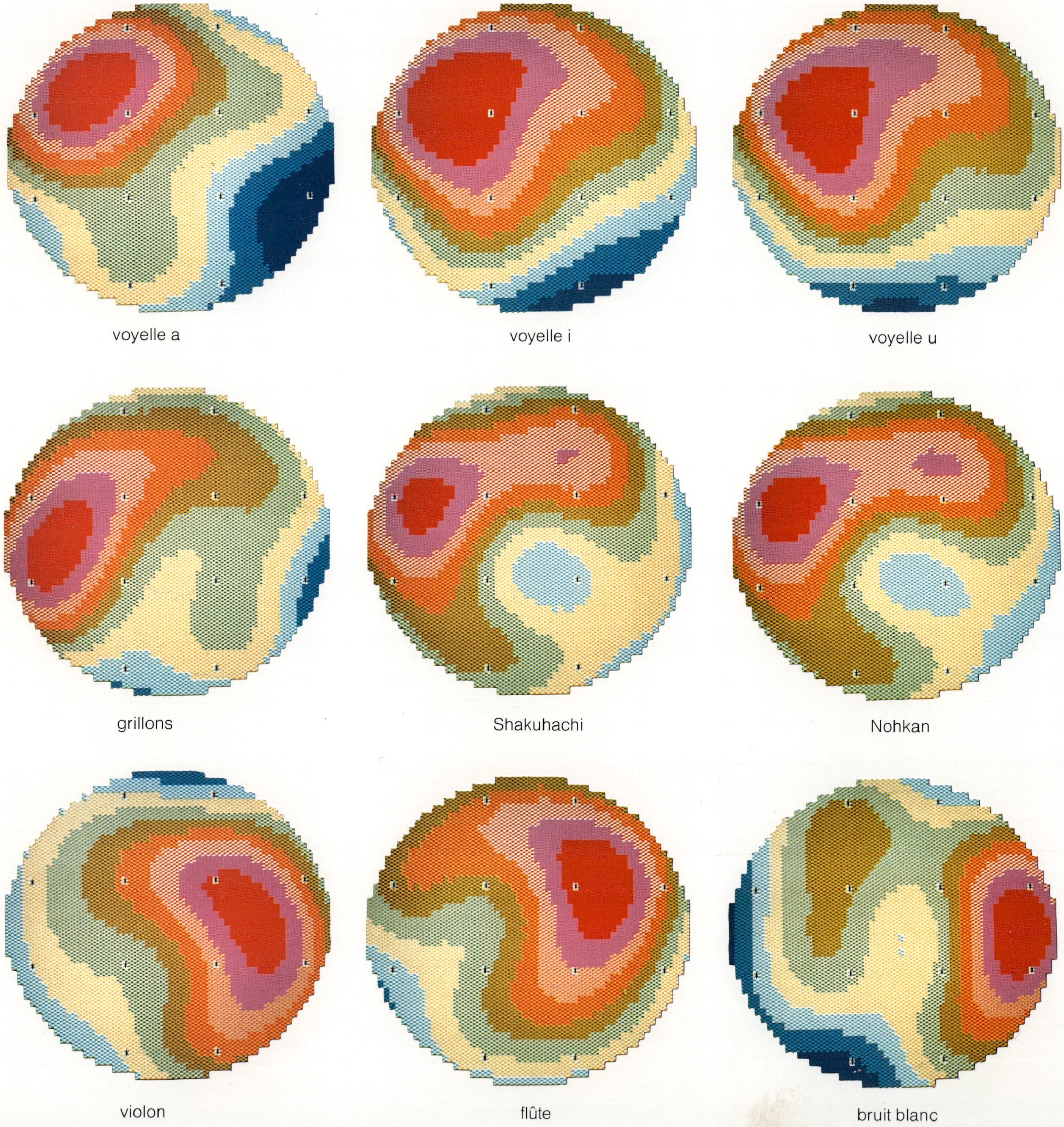

1. Japonais
Dominance de l'hémisphère gauche pour l'audition des voyelles a, i, u, de la stridulation du grillon, des sons du Shakuhachi (flûte de bambou), du Nohkan (autre instrument de musique japonais). Dominance de l'hémisphère droit pour le violon, la flûte et le bruit blanc.

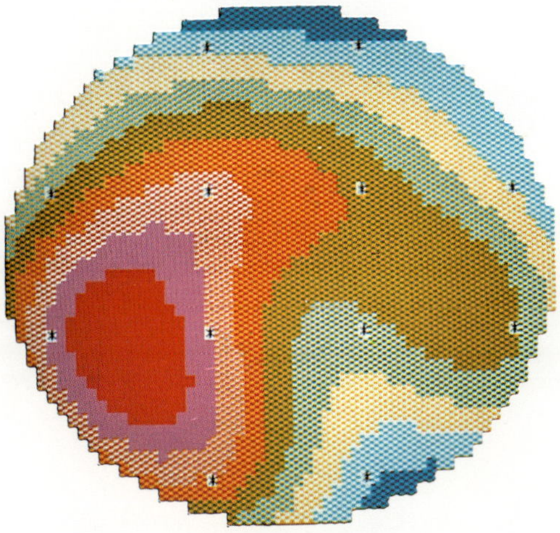

Syllabe “ga”

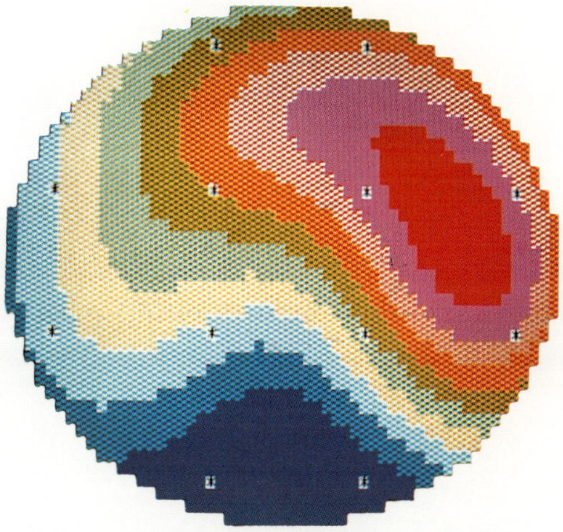

voyelle a

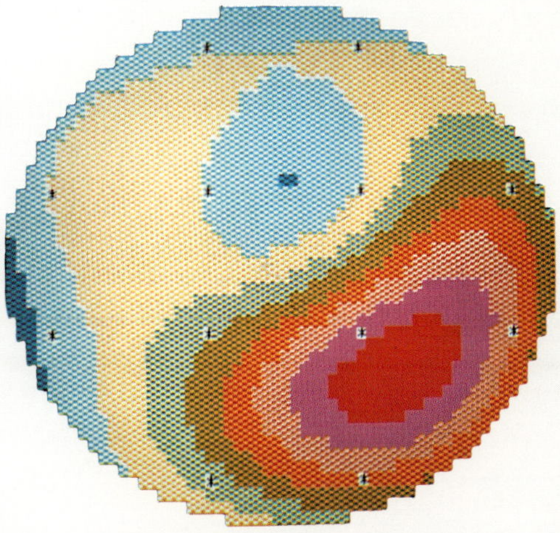

grillons

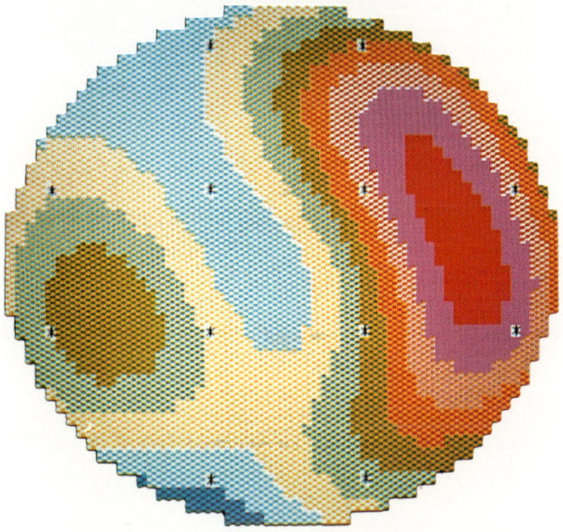

vache

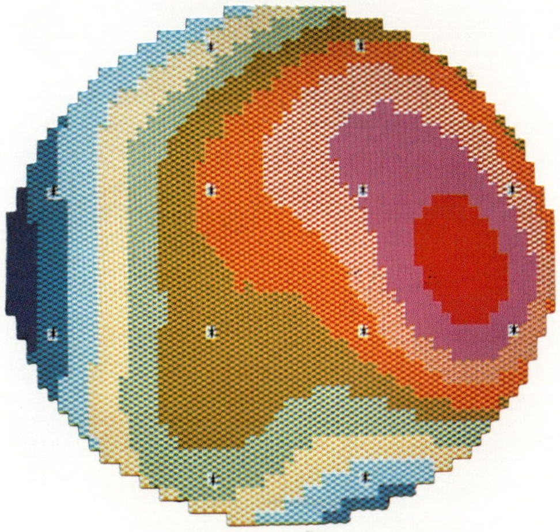

flûte

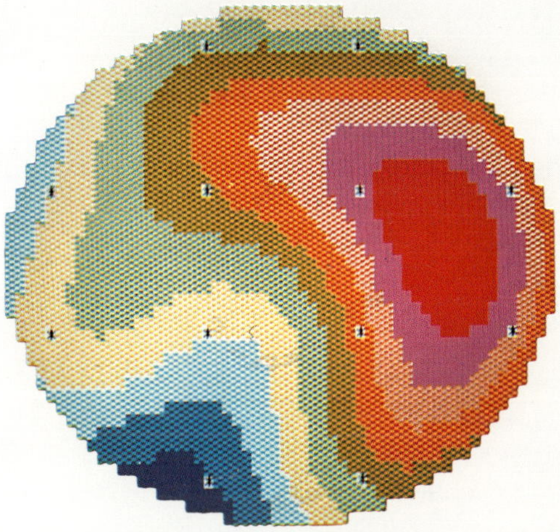

violon

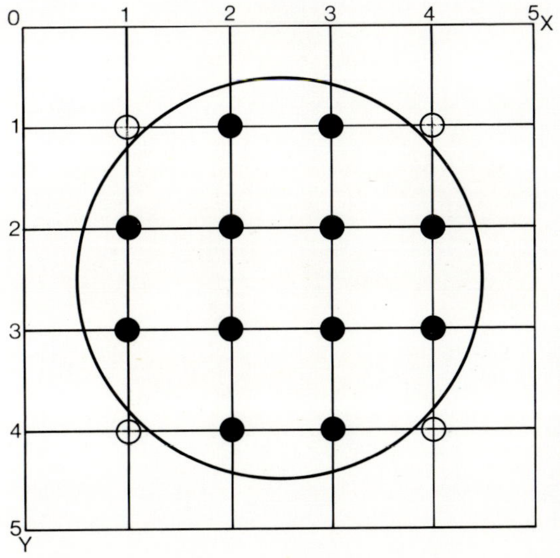

2. Non-Japonais
Dominance de l’hémisphère gauche pour la syllabe “ga”, mais dominance de l’hémisphère droit pour la voyelle a, la stridulation du grillon, le mugissement de la vache, les sons de la flûte et du violon.

Ces cartes topographiques de champs électriques, provoqués par l’audition de sons déterminés ont été calculés selon une méthode d’interpolation bidimensionnelle, à partir de 12 valeurs maximum d’amplitude. Les ronds blanc symbolisent les électrodes, les ronds noirs la moyenne des courants au voisinage des points de la grille.

Modèle japonais

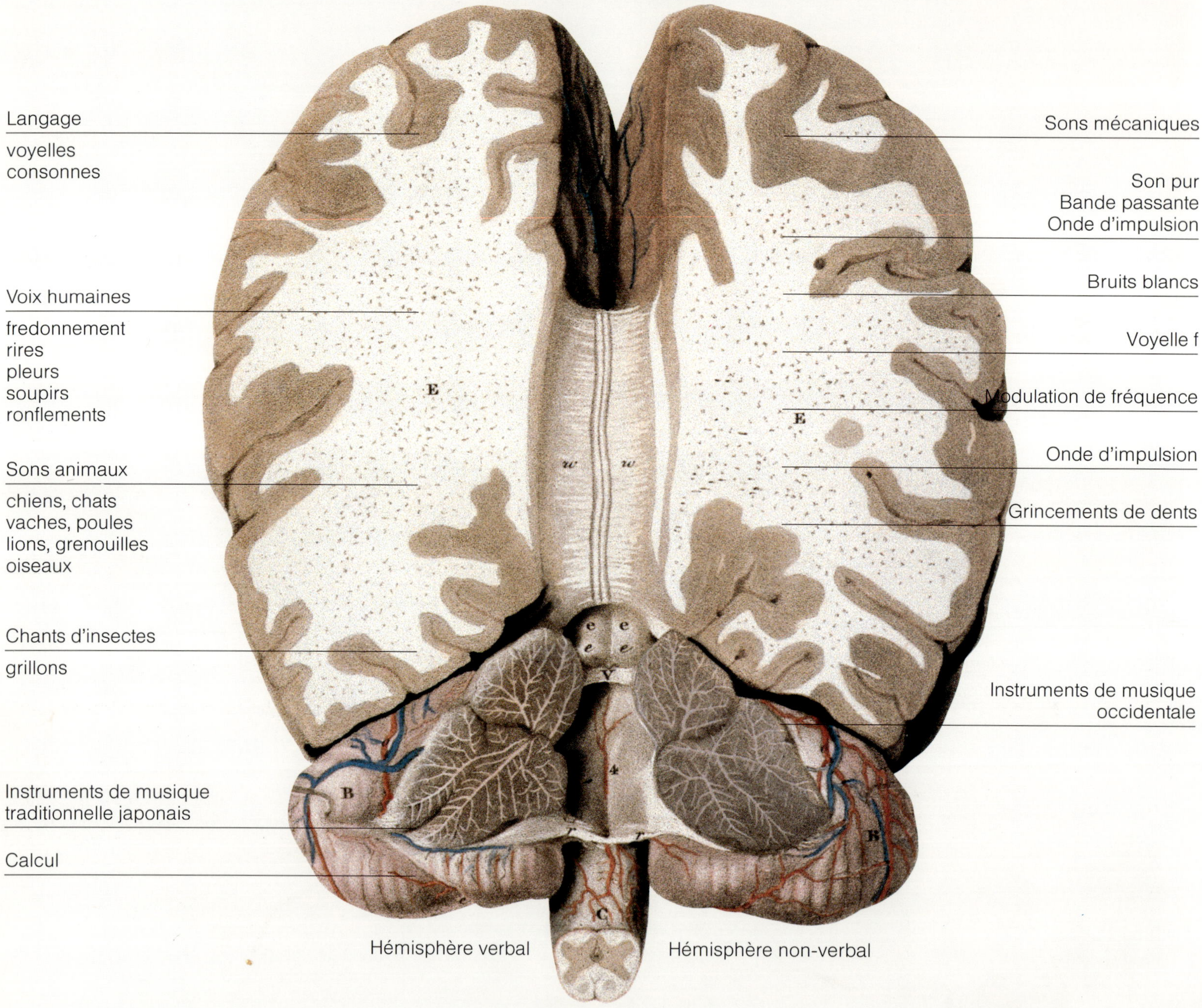

Modèle occidental

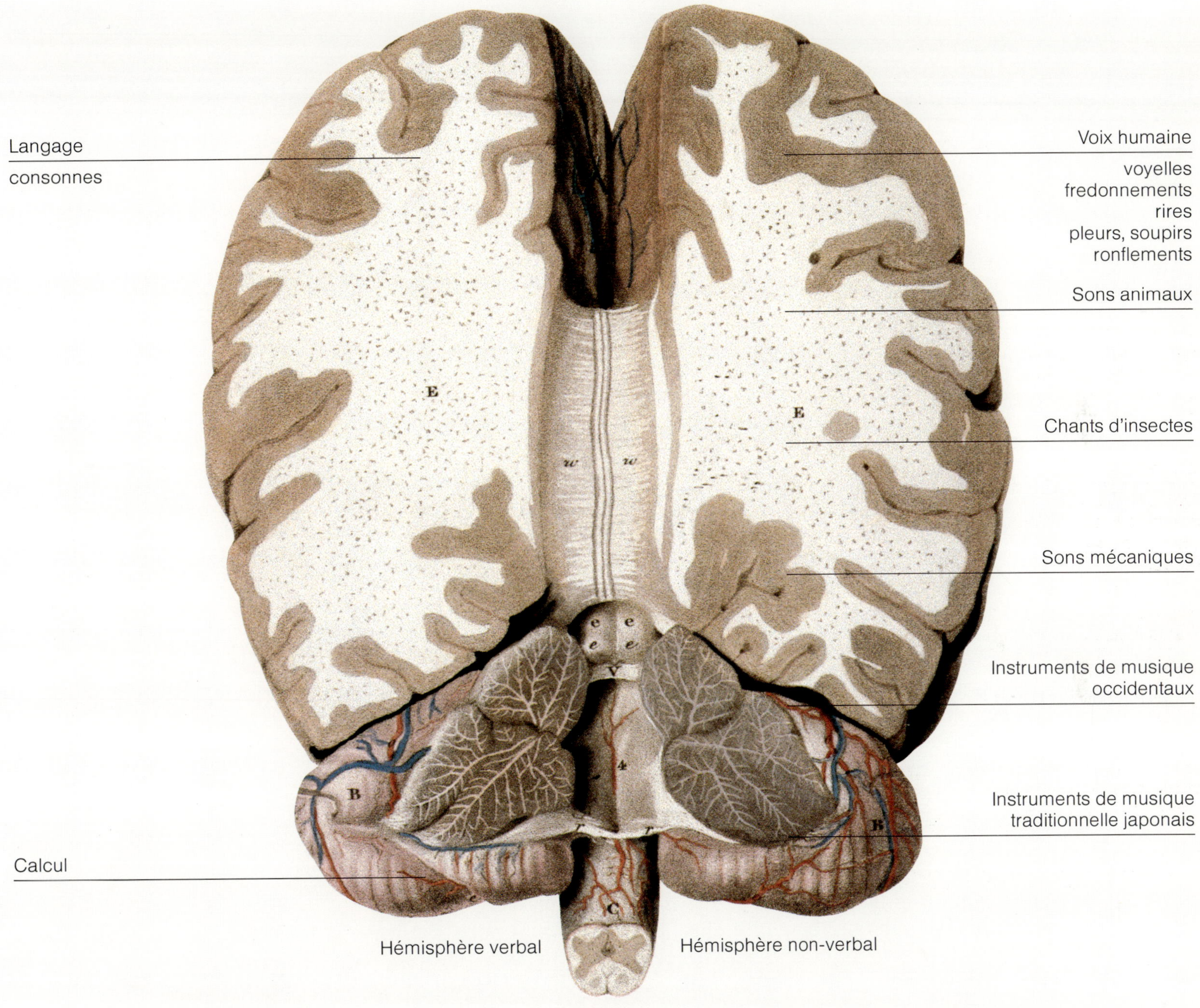

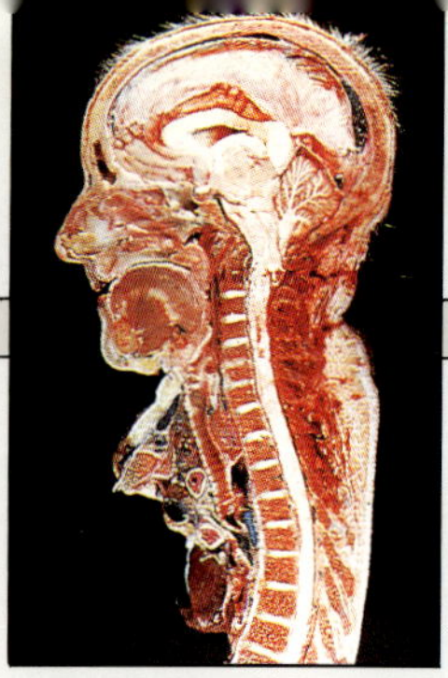

Hémisphères Homme/Femme,

par Doreen Kimura, Ph.D., Université du Western Ontario.

L'homme et la femme ont-ils une organisation cérébrale différente? Les recherches, concernant la nature de ces différences possibles, n'en sont qu'à leurs balbutiements. C'est seulement récemment que les travaux sur l'animal ont commencé à dévoiler des mécanismes cérébraux, qui ont pour siège l'hypothalamus, siège de la reproduction. Il y a, cependant, deux leçons à tirer des études effectuées sur l'animal. La première est que le développement, non seulement de la différenciation sexuelle génitale, mais aussi des mécanismes cérébraux qui contrôlent les conduites sexuelles appropriées, est déterminé par des hormones sexuelles, à un stade précoce de la gestation. La seconde (et c'est assez surprenant) est que la structure gonadique élémentaire, tout comme la régulation hypothalamique du comportement sexuel spécifique, est asymétrique.

Ces données viennent indirectement étayer l'hypothèse selon laquelle le cerveau humain est différencié en fonction du sexe. Il apparaît que l'organisation du cerveau de l'homme et de la femme diverge très tôt et que cette divergence est en partie déterminée par des hormones fœtales. Cette différenciation n'est d'ailleurs nullement limitée aux structures hypothalamiques. En effet, les études neuro-anatomiques du cerveau du fœtus humain donnent à penser que les disparités sexuelles intéressent l'ensemble de l'encéphale, encore que nous ne comprenions pas aujourd'hui toute leur signification. Toutefois, nous disposons d'indices sérieux, donnant à croire que les hormones sexuelles sont un facteur important de la supériorité que présentent statistiquement les hommes pour l'orientation dans l'espace. Il semble probable que l'action des facteurs hormonaux porte en partie sur une modification de la structure cérébrale elle-même.

Jerry Levy, il y a plusieurs années, a émis l'idée d'un développement préférentiel du côté gauche du corps (y compris l'hémisphère gauche du cerveau) chez la femme, alors que, chez l'homme, soit la primauté n'existait pas, soit le développement était plutôt à droite (y compris pour ce qui est des hémisphères cérébraux). Cette hypothèse visait à expliquer le développement plus précoce des facultés du verbe et de l'articulation chez les filles, facultés censées être essentiellement sous la dépendance de l'hémisphère gauche, alors que, chez les garçons, le développement des aptitudes spatiales (dépendant du droit) était supposé avoir la prépondérance.

A cette conception des différences sexuelles au niveau de la latéralisation cérébrale, succéda une autre hypothèse, selon laquelle le cerveau de l'homme présentait généralement une organisation plus asymétrique que celui de la femme. Les tenants de cette thèse professaient que les fonctions de verbalisation et les fonctions spatiales étaient plutôt organisées chez la seconde, alors que, chez le premier, elles dépendaient en priorité soit de l'hémisphère droit, soit de l'hémisphère gauche. Ce schéma avait pour but d'expliquer que les études sur la symétrie perceptive montraient, à l'occasion, que l'asymétrie était plus marquée chez les hommes, ce qui était attribué à une organisation cérébrale plus asymétrique chez eux que chez les femmes.

Cependant, quand on se penche sur les conséquences d'une lésion, affectant l'un des hémisphères cérébraux chez l'être adulte, il apparaît clairement que les troubles graves de la verbalisation (aphasie) ne sont pas plus fréquents chez les femmes que chez les hommes, dont l'hémisphère droit a été endommagé. Cette constatation va à l'encontre de l'opinion qui veut que les fonctions de verbalisations primordiales soient organisées de façon plus bilatérale ou plus diffuse chez la femme. Les chercheurs ont eu récemment la preuve que ces fonctions sont sous la dépendance de régions plus circonscrites de l'hémisphère gauche du cerveau féminin que ce n'est le cas pour le cerveau masculin, et que, par conséquent, elles sont organisées de manière plus focale (et non plus diffuse) chez la femme.

D'autres fonctions de la parole, qui vont au-delà de la simple faculté d'expression (par exemple, l'aptitude à fabriquer des mots commençant par une sonorité ou une lettre particulière), semblent être organisées de façon similaire chez les deux sexes. D'autres, plus abstraites, comme le vocabulaire (la définition du mot), témoignent effectivement d'un mode de représentation plus bilatéral chez la femme que chez l'homme. Il ressort des travaux qui se poursuivent actuellement que les fonctions "verbales" ne sont pas toutes organisées de la même manière. Selon la fonction intellectuelle que l'on étudie précisément, le cerveau de la femme peut être organisé de manière plus focale ou plus diffuse que celui de l'homme. Quant à l'organisation cérébrale des facultés spatiales, on en sait encore moins que sur celle des facultés verbales, mais nous sommes en droit de penser qu'elles obéissent à des principes analogues.

5

L'horloge du corps et les rythmes de la vie

Quelle relation pourrait-il y avoir entre les différentes phases du sommeil de l'homme, le fait que la température d'un individu tombe au plus bas vers quatre heures du matin et les nuées d'oiseaux qui s'envolent vers le sud à l'approche de l'hiver ? La réponse est simple : ces événements, comme bien d'autres phénomènes biologiques, mettent en jeu un sens assez précis du temps et des rythmes. Ces rythmes dépendent de ce qu'on a coutume d'appeler une "horloge biologique", système qui résulte d'une certaine activité du cerveau que, malgré des années et des années de recherches, personne n'a jusqu'à présent été en mesure de déterminer très précisément.

Il existe notamment des rythmes annuels (phénomènes d'hibernation ou de migration animales) et des rythmes circadiens, c'est-à-dire quotidiens. L'étude de tous ces rythmes biologiques constitue actuellement un vaste domaine de recherche, la *chronobiologie*. On sait, par exemple, que le pouls, la température, le métabolisme, les secrétions hormonales et bien d'autres fonctions varient de façon régulière suivant l'heure du jour. Mais les chercheurs ont aussi découvert que les médicaments présentent une activité différente selon le moment auquel ils sont absorbés, reflet de celle des variations de l'organisme : c'est ce qu'on a appelé la *chronopharmacologie*.

Chez l'homme, l'exemple le plus typique d'activité rythmique circadienne est l'alternance sommeil-éveil. Au cours des dernières années, les neurophysiologistes ont fait de nombreuses observations à ce sujet, grâce notamment à l'enregistrement de l'activité électrique du cerveau (électro-encéphalogramme ou EEG), mais aussi des mouvements musculaires (électromyogramme ou EMG) et oculaires (électro-oculogramme ou EOG).

Les stades du sommeil

La principale observation, faite dans le cadre de ces études, est la suivante : le sommeil ne constitue pas un tout homogène. Il comprend plusieurs phases. L'une d'entre elles est particulièrement étonnante. On doit sa découverte à deux pionniers, Nathaniel Kleitman et Eugène Aserinski, qui ont observé, au moment du sommeil profond, d'importantes variations de l'électro-oculogramme. William Dement, qui travaillait alors dans le laboratoire de Kleitman et qui devait devenir l'une des plus grandes autorités en ce domaine, montra par la suite qu'un dormeur, réveillé au cours de cette période, se souvient fréquemment avoir rêvé. On qualifia alors cette phase de *sommeil REM* (Rapid Eye Movement ou phase de mouvement rapide des yeux). Egalement qualifiée de sommeil paradoxal, cette période correspond à un véritable orage cérébral. Alors que le sujet ne présente d'autre mouvement corporel que celui des yeux sous les paupières closes, son cerveau est le siège d'une intense activité qui correspond précisément aux rêves.

Cette période est la plus spectaculaire de celles qui composent le sommeil, mais une nuit de repos normale comprend une succession de cinq phases distinctes.

La première phase est celle du stade intermédiaire entre veille et sommeil, d'assoupissement pourrait-on dire. Elle se traduit, au niveau de l'électro-encéphalogramme, par le remplacement des ondes alpha, caractéristiques de l'éveil, par des petites ondes rapides et irrégulières.

Au bout de quelques instants, apparaissent des ondes de plus grande amplitude ainsi que des ondes rapides et sporadiques. Les yeux sont immobiles et le tonus musculaire diminue encore. Il s'agit là du second stade, qui peut être considéré comme le début véritable du sommeil.

Lors du troisième stade, des séries d'ondes plus grandes et plus lentes surviennent, à raison d'une à quatre par seconde : ce sont les ondes delta. Lorsqu'elles représentent plus de la moitié des ondes enregistrées, le dormeur atteint le quatrième stade. Les deux derniers

Le mécano de l'espace
Pour évoluer dans l'espace, l'homme doit apprendre à réajuster les centres de l'équilibre et du mouvement.

1.2.3.4.5. Le sommeil et le rêve
Les œuvres artistiques reproduisent souvent différents états du corps, dans des états de détente, de réflexion, de vigilance ou de sommeil. Le docteur Fabienne Laffont, praticien hospitalier dans le service du professeur Cathala, au laboratoire des troubles du sommeil, à l'hôpital de la Salpêtrière, a reconnu dans ces œuvres certains de ces stades :
1. "La Nuit", détail du tombeau de Julien de Médicis par Michel-Ange, à l'église San Lorenzo de Florence : attitude de relaxation et de réflexion profonde.
2. "Le sommeil des apôtres", mosaïque du Dôme de Monreale, en Sicile (XIIe siècle) : Etat de sommeil profond qui suit l'endormissement.
3. "Le cauchemar quittant deux femmes endormies", de J.H. Füssli, 1870, Kunsthaus de Zürich : attitude typique du réveil brutal qui suit un cauchemar.
4. "Rêve causé par le vol d'une abeille autour d'une pomme une seconde avant l'éveil", S. Dali, 1944, Lugano-Castagnola :
5. "Vieille fileuse endormie", œuvre de G.F. Cipper, dit Todeschini, XVIIIe siècle : La perte de vigilance du cerveau chez les personnes âgées.

1

2

3

4

5

stades, caractérisés par les ondes delta, constituent ceux du sommeil profond. A partir de là, le dormeur peut refluer vers le deuxième stade puis vers le sommeil REM.

La nuit d'un sujet normal est faite d'une série d'alternances de sommeil REM et non-REM, par cycles d'environ quatre-vingt dix minutes chacun.

La chimie du sommeil

Parallèlement à ces enregistrements de l'activité électrique du cerveau, d'intéressantes recherches ont été menées sur le terrain de la biochimie. Depuis le début du siècle et les travaux du psychologue français Henri Piéron, a été émise l'hypothèse selon laquelle il existerait, dans le corps, des substances hypnogènes, susceptibles d'endormir normalement l'individu. Elles s'accumuleraient dans le liquide céphalo-rachidien (qui remplit les méninges et baigne le système nerveux central) lors de l'éveil.

D'abord qualifiées d'hypnotoxines, ces substances seraient des peptides (constituants des protéines) secrétés par l'hypothalamus, chef d'orchestre des secrétions hormonales de l'organisme. Elles inhiberaient le système d'éveil. En outre, un neuromédiateur (substance chimique assurant les communications entre cellules nerveuses), la sérotonine, synthétisée pendant l'éveil dans une partie du cerveau située au niveau du tronc cérébral (système du Raphé) interviendrait également dans la genèse du sommeil, puisque la destruction de ce système entraîne une insomnie de longue durée. Le rôle de la sérotonine pourrait être de déclencher la synthèse du peptide hypnogène.

Ces recherches présentent un intérêt important en médecine. En effet, si l'on a synthétisé de nombreuses substances capables d'augmenter l'éveil, on ne connaît pas encore d'hypnogènes naturels. Les barbituriques et les benzodiazépines utilisés à cette fin présentent en effet certains inconvénients. L'idéal serait de découvrir des inducteurs de sommeil naturels, possédant entre autres avantages la possibilité de ne pas déprimer la phase du sommeil paradoxal.

Glande pinéale et horloge interne

L'une des principales "pièces" du système temporel du cerveau est un petit organe connu sous le nom de glande pinéale, dissimulé sous les deux hémisphères du cerveau. Cette glande fut considérée par le philosophe René Descartes comme le siège de l'âme, surtout parce que c'est la seule partie du cerveau que l'on ne retrouve pas en double. Même si les notions de Descartes ne sont plus très en vogue aujourd'hui, nous n'en savons guère plus sur ses fonctions.

Certains gros livres de physiologie ne la mentionnent même pas. Elle intervient sans doute dans l'horloge biologique d'une manière assez importante, car elle produit une hormone, la mélatonine, plus abondamment dans le noir, plus faiblement à la lumière.

Son information sur la lumière, la glande pinéale la tire d'une manière assez étrange : grâce au système de la vision d'abord, mais aussi à deux faisceaux assez menus de fibres nerveuses qui plongent dans une région à la base du cerveau, l'hypothalamus, qui serait ainsi le lieu d'activité de l'horloge biologique, en même temps que des autres fonctions qu'il remplit (contrôle de la soif et de la faim ou de la température). Ce serait donc l'hypothalamus qui régulerait la production de mélatonine par la glande pinéale.

Une dose de mélatonine peut en effet produire une réaction d'assoupissement. Des expériences récentes, conduites par Joséphine Arendt et ses collègues de l'Université du Surrey, en Grande-Bretagne, semblent suggérer que la mélatonine pourrait aussi aider à "remonter" l'horloge biologique : des volontaires ont accepté, dans le cadre de ces expériences, d'aller en avion de Londres à San Francisco et de rester là deux semaines consécutives en s'adaptant à l'heure locale. Trois jours avant le vol du retour, certains des volontaires ont pris de la mélatonine à six heures du soir, les autres se voyant administrer des placebos d'apparence identique sans hormone. A leur retour les volontaires ont continué à prendre les pilules, juste avant de se coucher, pendant quatre jours encore. Selon toutes les observations, ceux qui avaient pris de la mélatonine ont souffert beaucoup moins que les autres du décalage horaire.

L'expérience n'est pas concluante, mais il est certain qu'elle ouvre des perspectives nouvelles.

Les docteurs Turek et Losee-Olson ont, pour leur part, observé l'activité circadienne de hamsters maintenus dans un environnement soit de lumière constante, soit d'obscucette illusion d'inversion ne se manifeste pas immédiatement, mais seulement quelques heures après le début de la mise en orbite, et elle peut persister pendant une période allant de quelques heures à quelques jours. Elle a souvent des effets pénibles, entraînant des symptômes liés à ce que l'on appelle le "mal du mouvement dans l'espace". Ce terme recouvre un ensemble de syndromes (très voisins du mal de mer) qui affectent approximativement 50 % des voyageurs de l'espace. Ils apparaissent normalement peu de temps après la mise en orbite et disparaissent en général dans les trois jours qui suivent. On note, parmi ces symptômes, des nausées, des vomissements, une perte d'appétit et des modifications de la circulation périphérique. Ces malaises sont fréquemment aggravés par les activités qui portent à son paroxysme le conflit entre les réactions des organes d'équilibration et les autres capteurs sensoriels. Ces mouvements de la tête provoquent un violent conflit entre les signaux émis par les canaux semi-circulaires, indiquant une rotation, et les organes d'équilibration, qui ne confirment pas ce changement d'orientation. Les signaux visuels s'il y en a, et les signaux "proprioceptifs" (émis par les muscles, les ligaments et les os), corroborent les informations en provenance du canal semi-circulaire. De même, des indices visuels insolites, comme de voir apparaître un coéquipier dans le vaisseau spatial la tête en bas ou d'apercevoir par le hublot le monde à l'envers, contribuent à renforcer ce conflit sensoriel. Certains médicaments ont été employés avec un succès relatif pour combattre ces symptômes (notamment, la scopolamine, associée ou non à des amphétamines, et un cocktail de prométhazine et d'éphédrine) mais aucun ne les a complètement prévenus. Les astronautes qui ne souffrent pas de ce mal ne sont pas nécessairement ceux qui sont réfractaires au mal de mer ou qui ont passé victorieusement les tests au sol. Le traitement fonctionnel de ces symptômes comporte, entre autres, la réduction du conflit, en limitant le plus possible les mouvements de la tête et en gardant, si possible, les yeux fermés, en se créant des indices d'orientation à partir de repères tactiles aléatoires. La dissipation des illusions d'orientation spatiale et des symptômes du mal du mouvement dans l'espace, au bout des premiers jours de vol orbital, suggère qu'il existe un phénomène d'adaptation centrale qui pourrait se traduire, entre autres, par une réinterprétation des messages d'équilibration et une importance accrue prise par d'autres informations sensorielles, y compris tactiles et visuelles. Les tests de réponses au mouvement uniforme de larges champs visuels donnant la sensation que l'on se déplace soi-même (vection), confirment ces observations. La "vection" circulaire et la "vection" linéaire sont plus accusées en apesanteur que sur la terre. C'est sans doute une preuve que le système nerveux fait davantage appel aux informations visuelles et tient de moins en moins compte des informations d'équilibration, désormais inadéquates, qui pourraient entrer en conflit avec les réponses visuelles et les inhiber. L'asymétrie, couramment observée, de l'oscillation rythmique des mouvements oculaires, lorsque les yeux suivent un champ visuel étendu et mouvant, est apparemment modifiée, en situation d'apesanteur, quand les organes d'équilibration ne ressentent plus la gravité.

Le cerveau paraît donc prendre des mesures d'adaptation, appropriées à l'altération des messages sensoriels qu'il reçoit, en apesanteur. Cette adaptation, qui peut impliquer un changement de l'importance accordée aux données sensorielles, intervient en gravité nulle, mais elle est la source de diverses sensations inadéquates, peu après le retour sur terre. L'instabilité de l'équilibre et les illusions qui suivent un vol dans l'espace, peuvent même persister, de quelques heures à quelques jours.

محوطه را زودتر
ترک می کنند

6

Le cerveau viscéral, siège des émotions

L'étude scientifique des émotions constitue un champ de recherches particulièrement difficile, dans la mesure où une large part de l'expérience émotionnelle est subjective et intériorisée. Nous pouvons cependant établir certaines associations entre ce que nous tenons pour des émotions et la manière dont les animaux (leur cerveau étant plus accessible évidemment à l'expérience) se conduisent dans des situations "émotionnelles" susceptibles de déclencher des actes que nous associons avec l'expression de la rage ou de la peur. Mais tenter d'extrapoler ce que nous savons du comportement émotionnel des animaux à celui des humains comporte des risques. Comme l'a noté le neurophysiologiste espagnol José M.R.Delgado, spécialiste du comportement agressif, *"le comportement du chat qui tue les souris a fort peu à voir avec le crime organisé"*. (The Behavioral and Brain Sciences 5, 426, 1982).

Les recherches neurologiques sur les émotions ont, pour la plupart été effectuées sur des animaux. Elles ont permis d'identifier les parties du cerveau liées à des émotions primaires, comme la rage ou la peur. Mais les émotions plus "humaines", telles que l'amour ou le chagrin, restent difficiles à étudier scientifiquement.

Biologie des émotions

Les investigations éthologistes et évolutionnistes ont contribué dans une large mesure à la compréhension des phénomènes émotifs. En effet, si nous éprouvons les émotions comme des "sentiments" internes, la plupart d'entre elles s'accompagnent de comportements spécifiques. Or, si nous admettons que les animaux ressentent des émotions qui seraient en quelque sorte les ancêtres, sur le plan de l'évolution, de celles de l'homme, il peut devenir intéressant d'étudier les chats et les rats. Car, s'il est difficile d'avoir accès à l'esprit des animaux, nous pouvons du moins observer les comportements qui sont, chez eux, associés aux émotions.

Le comportement émotionnel des animaux, comme tout autre comportement, s'est développé en fonction des lois de la survie. Il n'est donc pas étonnant que le théoricien de la sélection naturelle fasse, en ce domaine aussi, figure de précurseur. Dès 1872, Charles Darwin a mis en relief l'importance de l'expression émotionnelle, dans un livre qui anticipe sur l'éthologie humaine, "L'expression des émotions chez l'animal et l'homme". Cette expression relève d'un processus évolutif, puisqu'on peut en suivre les manifestations à travers les lignées animales (on connaît en particulier le sens des mimiques émotives utilisées par les singes). Réaction d'adaptation, ainsi que l'avaient vu Charles Darwin et John Dewey, l'émotion est aussi un mode de communication. Chez les plupart des peuples, la peur, la joie, le dépit, la surprise, la tristesse ou la colère se lisent de la même manière sur les visages.

L'éthologue autrichien Irenaüs Eibl-Eibesfeldt, qui fut un élève de Konrad Lorenz, s'est attaché à montrer le caractère inné de certaines réactions émotionnelles, relatives en particulier au sourire : non seulement tous les êtres humains sourient à peu près de la même manière, mais les enfants aveugles de naissance (et par conséquent incapables de voir leurs parents) sourient également. Et ils le font même dans le cas où, victimes par exemple de la thalidomide, ils ne peuvent toucher la bouche de leur mère et sont ainsi dépourvus de possibilités d'apprentissage. Selon Eibl-Eibesfeldt, il s'agit là d'un comportement stéréotypé qui apparaît après un certain seuil de maturation, en réponse souvent à des stimuli, mais n'étant pas déterminés par ces derniers.

R.B. Zajonc, de l'Université Ann Arbor du Michigan, a remis à l'honneur une théorie avancée dès 1906, celle d'Israël Waynbaum, auteur d'un livre, "Physiologie humaine : son mécanisme et son rôle social". Selon ce médecin français, l'expérience subjective de l'émotion suivrait, plutôt qu'elle ne précéderait l'expression faciale : les muscles faciaux contri-

Psychologie des foules
Cette discipline, qui se trouve en germe dans l'ouvrage de Freud "Malaise dans la civilisation", a été développée en particulier par le français Gustave Le Bon.

bueraient par leurs mouvements à contracter les vaisseaux sanguins de la face, entraînant une régulation du flux sanguin qui conditionnerait la sensation subjective. Pour Zajonc, la neurophysiologie moderne pourrait bien se rallier à cette idée, en montrant l'effet des variations du flux sanguin sur le psychisme, comme l'illustre le cas de la migraine. Les travaux de Paul Ekman et Wallace V. Friesen, à l'Ecole de Médecine de l'Université de Californie à San Francisco, et ceux de Robert W. Levenson, à l'Université d'Indiana à Bloomington vont dans ce sens : ils ont vérifié que, chez des acteurs, des mimiques faciales volontaires peuvent modifier un certain nombre de paramètres physiologiques, tels que la fréquence cardiaque. Si l'hypothèse de Zajonc se révèle exacte (et la pratique du yoga et de diverses techniques de méditation iraient dans ce sens) l'expression des émotions ne serait pas sans influence sur la santé mentale.

La théorie des trois cerveaux

Les émotions ont fait l'objet d'études anatomiques poussées. Elles dépendent de centres nerveux précis, ainsi que l'avait entrevu James W. Papez, un demi-siècle plus tôt, et leur siège se situe dans le système limbique (ou cerveau viscéral), apparu très tôt au cours de l'évolution. Le système limbique aurait évolué d'une façon différente de la partie plus récente du cerveau et cette constation est à l'origine de la théorie des trois cerveaux, émise par Paul McLean et rendue célèbre par l'écrivain Arthur Kœstler. McLean insiste sur la cœxistence (pas toujours pacifique) sur le plan neurophysiologique d'un cerveau "ancien", que l'on trouve déjà chez les reptiles et d'un autre, plus récent, hérité des mammifères, avec un néo-cortex de primate évolué, résolument plus moderne. C'est du premier que relèvent les conduites agressives et irrationnelles, du dernier notre faculté de raisonner. Mais, si le néo-cortex s'est ajouté au cerveau ancien, il n'en a pas pris le commandement, comme en témoignent certaines attitudes où la colère, par exemple, prend le pas sur une approche rationnelle de la situation. McLean écrit : *"Pour parler allégoriquement de ces trois cerveaux dans le cerveau, on peut imaginer que le psychiatre qui fait étendre un patient lui demande de partager le divan avec un cheval et un crocodile".*

La partie la moins évoluée du cerveau cœxiste avec la partie la plus perfectionnée, mais ne s'y soumet pas, ce qui inquiète Arthur Kœstler lorsqu'il dit que nous fabriquons des bombes atomiques avec notre néo-cortex, mais que nous risquons de les employer avec notre cerveau reptilien. Mais il pourrait tout aussi bien relever la marque d'un processus d'évolution normal : pour survivre, nos ancêtres ont eu besoin de faire preuve d'intelligence, certes, mais surtout d'agressivité et de réactions de survie primitives mais efficaces.

Le stress

Le stress, s'il n'est pas toujours souhaitable, illustre l'utilité des réactions émotionnelles pour la survie de l'individu, même si ce que le mot recouvre n'est pas très précis. Son inventeur, le physiologiste canadien Hans Selye, l'a défini comme une réponse non spécifique donnée par le corps à toute demande qui lui est faite : *"La mère à qui l'on apprend que son fils unique vient d'être tué au combat reçoit un choc mental terrible. Si, des années plus tard, l'atroce nouvelle étant fausse, le fils surgit devant elle, elle éprouve un bonheur indéfinissable. Les résultats spécifiques de ces deux événements, désespoir et joie, sont totalement différents et cependant leur effet de stress peut être identique".* (H. Selye : "Stress sans détresse", Les Editions de la Presse, Ottawa, 1974, p.29).

Cet effet de stress se traduit dans l'organisme à des niveaux différents. Au niveau périphérique, les glandes surrénales (coiffant les reins), jouent un rôle essentiel. Elles secrètent une substance, l'adrénaline, qui passe dans le sang, accélère le rythme et l'amplitude des battements cardiaques, élève la tension artérielle. Les muscles et le cerveau sont mieux irrigués et mieux parés à la décision urgente, attaque ou fuite, par exemple. L'adrénaline agit aussi sur le foie (en produisant des corticoïdes) pour assurer à l'organisme le sucre nécessaire à des dépenses d'énergie supplémentaires.

Cette activité hormonale des glandes surrénales est dirigée par le cerveau : la synthèse, par exemple, des corticoïdes dépend d'une hormone de l'hypophyse, l'ACTH (adréno-corticotropine), dont la production dépend, elle-même,d'une autre hormone du cerveau, le CRF (facteur de productionde la corticotropine), secrétée par l'hypothalamus. Parallèlement, le CRF active d'autres neurones, qui accélèrent les battements du cœur et les décharges d'adrénaline.

La question qui reste posée est de savoir comment la simple vue de quelque chose de menaçant, par exemple, active les cellules de l'hypothalamus (qui envoient le CRF à l'hypophyse). Des investigations nouvelles permettent de tracer les connexions établies entre les neurones et révèlent que les cellules secrétant le CRF reçoivent des signaux, émis par des cellules du système limbique. Mais s'il existe un siège de l'émotion, ce serait plutôt dans l'hypothalamus qu'il se situerait, puisque ce dernier joue un rôle-clé dans toutes sortes de comportements liés aux émotions, faim, désir sexuel, peur ou fureur. L'activation électrique de certaines régions hypothalamiques semble produire des réactions de plaisir chez les animaux, si l'on en juge par leur empressement à presser une pédale pour les recevoir. Un phénomène analogue a été relevé chez l'homme, lorsque, pour des raisons médicales, des patients ont reçu une stimulation électrique dans cette région.

Diverses échelles du stress ont été dressées pour établir une relation précise entre les événements stressants de la vie d'un individu et ses conséquences pathologiques, le "Life Change Events" de T.H. Holmes et R.H. Rahe, ou la "College Schedule of Recent Life Experience", d'Anderson, revue par Marx. De telles échelles n'ont que des valeurs statistiques. Mais elles ont fait leur preuve pour avertir de l'approche d'un seuil fatidique auquel, par exemple, il faut s'attendre à une maladie dans les deux ans à venir. Il n'en reste pas moins vrai que le stress exerce une fonction biologique importante et que, selon Hans Selye, *"l'absence de stress, c'est la mort"*.

1

2

1. Ronald Reagan
"Il faut rire avant d'être heureux, de peur de mourir sans avoir ri", disait l'écrivain français Jean de La Bruyère...

2. Expressions
"Les mécanismes de la physionomie humaine ou analyse électrophysiologique de l'expression des passions", de G.B. Duchenne de Boulogne, 1876.

7
L'esprit à l'épreuve

Les désordres de l'esprit fournissent aux chercheurs des aperçus fascinants sur la manière dont l'esprit et le cerveau "jouent" ensemble. De page en page, au cours de ce livre, le sentiment se précise que nos impressions sur ce que fait le cerveau sont de bien piètres guides pour comprendre ce qui se passe réellement. Aussi devons-nous être encore plus circonspects lorsque nous parlons des fonctions cérébrales associées aux troubles mentaux. La personne malade est moins capable encore qu'une autre de rapporter ce qu'elle vit. Et ceux qui ont tendance à se livrer à des interprêtations trop personnelles risquent de construire des théories qui ne sont pas toujours très scientifiques. Nous connaissons si peu de choses sur les origines de la schizophrénie, de la dépression, des phobies et autres désordres, que les traitements efficaces sont extrêmement rares. D'aileurs les opinions sur les bonnes thérapies sont aussi diverses que variées : médicaments ? psychanalyse ? thérapies comportementales ? sociales ?

L'angoisse

Pour l'angoisse, expression courante du stress, des tranquillisants assez efficaces ont été synthétisés ; leur histoire remonte à une trentaine d'années, avec l'apparition des anxiolytiques. Le premier en date, le Décontractyl (méphénésine), a été étudié dès 1946. Il exerce une action relaxante sur les nerfs et, par voie de conséquence sur les muscles ; il apaise les manifestations de l'anxiété, sans effet soporifique. Son successeur, l'Equanyl (méprobamate) a été découvert en 1952, la même année que le neuroleptique le plus célèbre, la chlorpromazine. Malgré les réticences de la Food and Drug Administration américaine, il conquiert tous les marchés. Ce n'est que vers le début des années soixante qu'apparaît une nouvelle génération de tranquillisants, les benzodiazépines (Librium, Valium, Tranxène, Urbanyl, etc.), qui révolutionnent la prescription médicale. Et pourtant, leur découverte faillit passer inaperçue. Celui qui les découvrit, le chimiste Sternbach, étudiait quarante dérivés d'une substance chimique, mais négligea l'un des derniers composés. Un an plus tard, un pharmacologue de chez Hoffmann-La Roche, Randall, l'examina. Le 27 juillet 1957, il nota : *"Le produit a des propriétés hypnotiques, sédatives, et antagonistes de la strychnine, chez la souris"*. Bref, il était actif et correspondait à une toute nouvelle famille chimique de médicaments. Trois ans plus tard, le Librium était vendu en pharmacie.

En 1977, deux chercheurs danois, Richard F.Squires et Claus Braestrup, découvrirent dans le cerveau des rats des récepteurs aux benzodiazépines. Cette découverte fut confirmée par l'étude de cerveaux humains (post-mortem, évidemment). Nous posséderions donc des benzodiazépines endogènes ou des molécules remplissant les mêmes fonctions. Cette découverte, jointe à celle de "morphines" du cerveau, invite à penser que le médicament ne serait pas un corps étranger introduit dans l'organisme, mais une manière de pallier la déficience anormale d'une substance interne chez le malade.

Les dépressions

Les dépressions, qui ne sont pas sans lien avec l'angoisse, peuvent aller jusqu'à l'extrême mélancolie et au suicide. La psychose maniaco-dépressive constitue une forme particulière de la dépression, au cours de laquelle alternent périodes d'abattement et de manie, c'est-à-dire d'agitation psychomotrice intense avec exaltation, logorrhée, conduites insensées, libération instinctive, etc. Il s'agit de l'une des maladies mentales dont le déterminisme génétique apparaît le plus clairement : si son frère en est atteint, un vrai jumeau a de 70 à 95 % de risques d'en souffrir aussi.

Les recherches sur la biochimie de la dépression ont beaucoup progressé au cours des dernières années. Il a ainsi été possible de montrer que des neuromédiateurs (en particulier la sérotonine) était impliqués. En outre, les recherches thérapeutiques ont permis de

Vaudou
La transe, la méditation, les manifestations de phénomènes parapsychiques restent une énigme pour les chercheurs.

mettre en vente de nombreux médicaments anti-dépresseurs assez efficaces, les plus classiques étant les tricycliques. Les sels de lithium et l'électrochoc conservent cependant une valeur thérapeutique indéniable. Par ailleurs certains médecins recourent à des thérapeutiques dites "comportementales", visant à conditionner le malade pour qu'il cesse d'être déprimé ou adopte une vision plus positive de lui-même.

La schizophrénie

La schizophrénie est une maladie d'une extrême gravité, caractérisée par une évolution progressive vers la déchéance mentale et une dissociation des éléments constitutifs de la personnalité. C'est Eugène Bleuler, psychiatre de Zürich, qui a forgé ce mot en 1911, pour regrouper des altérations du psychisme comportant surtout *"une rupture des associations normales, d'où fonctionnement dysharmonique, apparemment étrange et incohérent, de l'esprit et du comportement"*. Le terme lui-même signifie d'ailleurs "esprit scindé". Le malade est en proie à des hallucinations, il entend des voix, "un serpent habite son corps", "on lui vole sa pensée". Nulle maladie mentale n'a autant frappé l'imagination des poètes et des romanciers. Antonin Artaud écrit : *"Savez-vous ce que c'est que la sensibilité suspendue, cette espèce de vitalité terrifique et scindée en deux, ce point de cohésion nécessaire auquel l'être ne se hausse plus, ce lien menaçant, ce lien terrassant?"* (A. Artaud : "Oeuvres complètes", Gallimard). Il s'agit en outre d'une affection relativement fréquente si l'on songe que, passé l'âge de 55 ans, un individu sur cent est schizophrène.

La schizophrénie est-elle une mystérieuse altération de la pensée et du comportement, a-t-elle même une valeur "révolutionnaire" comme l'ont soutenu les anti-psychiatres ? Ou a-t-elle une origine biologique clairement définie? Malgré des années de recherches, personne n'a obtenu de réponse définitive. Mais s'il s'agit, comme on le sait maintenant, d'une affection génétiquement déterminée, il existe, de toute évidence, une base biologique à ce désordre mental. Il semble également que la schizophrénie s'accompagne de désordres biochimiques, en particulier d'une surproduction de dopamine. Cette théorie se trouve étayée par le fait qu'un médicament, utilisé pour soigner la schizophrénie, présente une parenté chimique avec la dopamine. Il s'agit de la chlorpromazine, découverte dans les années cinquante par deux chercheurs français, Henri Laborit et Pierre Deniker. Ce neuroleptique, et d'autres qui ont suivi, ont introduit pour la première fois l'idée de psychiatrie biologique. C'était une révolution : on entrevoyait la possibilité de traiter des désordres mentaux comme des maladies du corps.

Un autre argument plaide en faveur de l'hypothèse d'une surproduction de dopamine : les amphétamines, qui augmentent l'activité des systèmes dopaminergiques dans le cerveau, entraînent des épisodes psychotiques qui s'apparentent aux symptômes de la schizophrénie.

Il existe bien d'autres hypothèses relatives à l'origine de la schizophrénie. Pour les uns, il s'agirait d'un dérèglement immunologique, pour les autres d'une infection virale, pour d'autres encore les schizophrènes convertiraient de la nourriture en une drogue hallucinogène, semblable à la mescaline. Encore ne s'agit-il là que de quelques-unes des hypothèses émises, mais les chercheurs se heurtent toujours à une difficulté majeure : aucun être vivant, autre que l'homme, étudié à ce jour, ne développe de schizophrénie. Ils ne disposent donc d'aucun modèle animal.

Démence sénile et maladie d'Alzheimer

Le vieillissement cérébral, avec la démence sénile et l'une de ses formes les plus célèbres, la maladie d'Alzheimer, sont devenus des priorités de la recherche. Aux Etats-Unis, le Président Reagan a même accepté de se soumettre aux tests susceptibles de déceler la maladie d'Alzheimer. Dans ce pays, 1,2 million de personnes seraient atteintes de cette maladie, dans la population qui se situe entre 40 et 60 ans, ce qui coûterait près de 26 milliards à la société américaine.

La maladie d'Alzheimer ne peut être diagnostiquée avec certitude ... qu'au moment de l'autopsie du corps, lorsque l'on peut détecter au microscope des paquets de neurofibrilles caractéristiques, dans le cortex cérébral. En 1986, Peter Davies et ses collègues du collège de médecine Albert Einstein de New York ont découvert chez les malades une protéine spécifique (A-68) qui pourrait aider à un diagnostic sur le sujet vivant. Pour préciser l'origine de la maladie, les chercheurs suivent plusieurs pistes. L'une des plus connues est celle des médiateurs du cerveau. L'acétylcho-

1

2
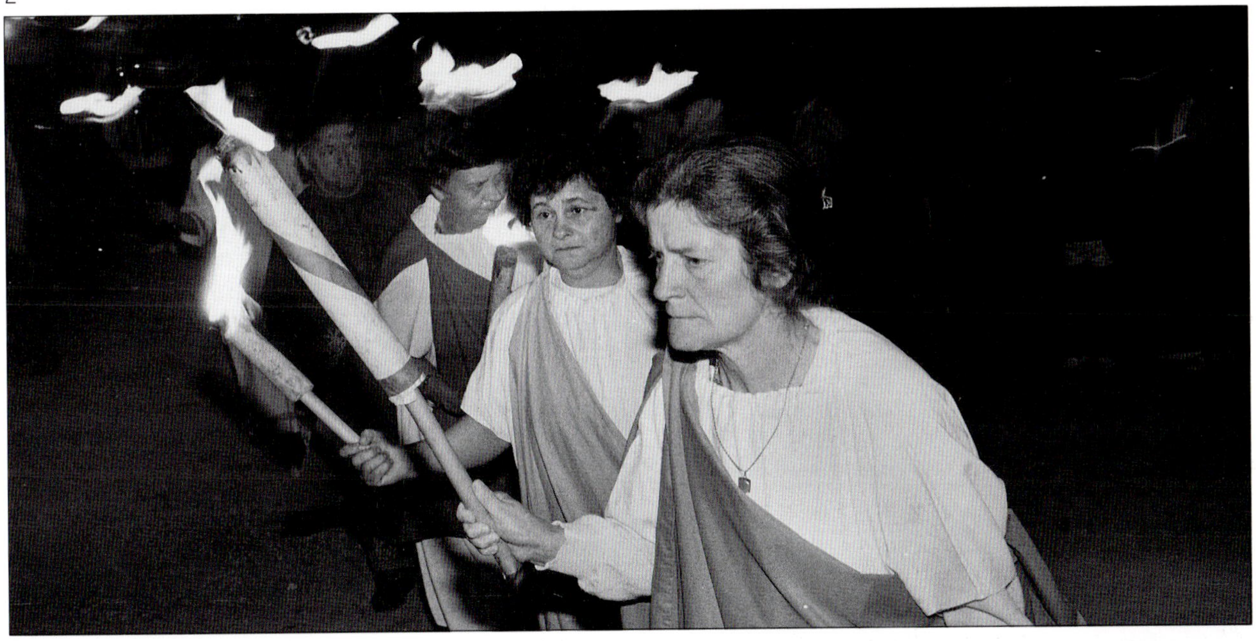

3
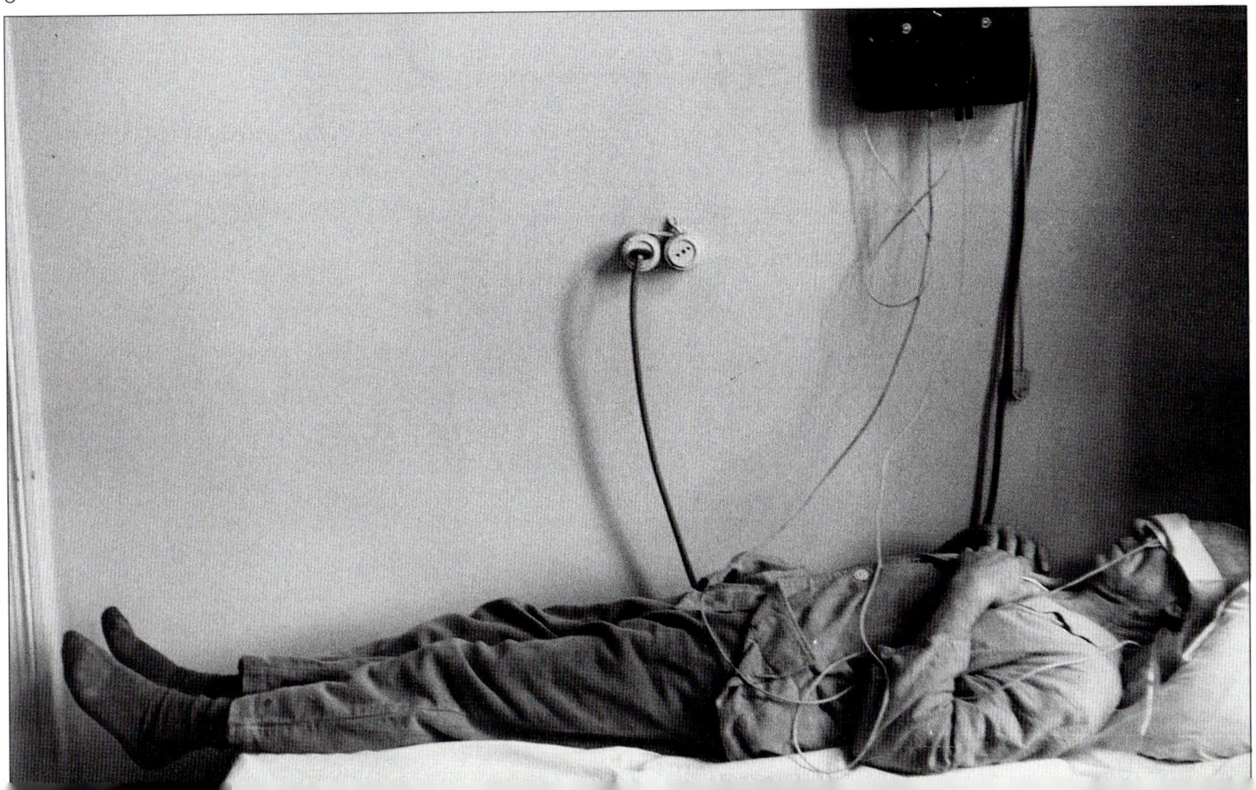

1. Chat
Dessin d'aliéné.

2. Psychiatrie ouverte
Dans le petit village français d'Alise Sainte Reine, en Bourgogne, la fête annuelle à laquelle participent les malades mentaux de l'hospice ouvert : la procession au cours de laquelle on célèbre la légende d'Alise.

3. En Russie
Le célèbre hôpital Kaschenko à Moscou.

2

1

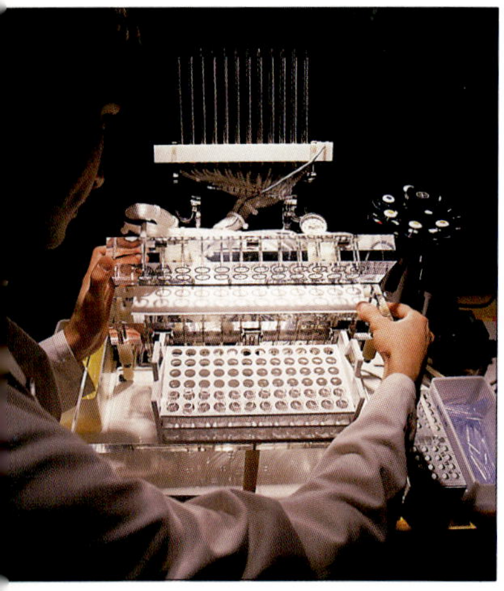

3

1. Récepteurs dans le cerveau
Cet équipement permet d'étudier la biochimie des récepteurs de médicaments dans le cerveau animal : les chercheurs isolent des membranes des cellules cérébrales de rats auxquelles ils attachent des étiquettes radioactives. Ils mesurent ainsi la liaison plus ou moins importante qui s'effectue entre récepteur et médicament.

2. Distribution des récepteurs dans le cerveau
Carte électronique de la répartition des récepteurs dans le cerveau animal ou humain, grâce à des étiquettes moléculaires radioactives.

3. Pharmacologie et ordinateur
Mesure des réponses tissulaires aux médicaments ou aux neurotransmetteurs. Les réponses à six préparations de médicaments test sont stockées par un microordinateur, qui détermine aussi leur séquence.

line serait impliqué au premier chef, et les neurones cholinergiques seraient de préférence détruits. Pour des chercheurs comme Peter Davies, la maladie d'Alzheimer serait d'abord une maladie de l'acétylcholine (plus précisément de l'enzyme choline acétyltransférase), comme la maladie de Parkinson manifeste un déficit en dopamine. Quelle en est la cause ? Il faut sans doute la chercher en partie dans la génétique : il existe quelques familles où l'on rencontre plusieurs cas d'Alzheimer. On a surtout récemment identifié un gène en rapport avec la maladie. Un facteur viral serait aussi impliqué.

Quel virus ? En ce domaine, les investigations rejoignent une autre voie de la recherche, tout aussi énigmatique, celle sur les prions. Chez certains malades ont été détectées des particules protéiques infectieuses, des sortes de sous-virus, les prions, qui intéressent les biologistes moléculaires par la simplicité de leur structure, mais aussi les neurologues. Ces derniers pensent que les prions sont impliqués dans la "tremblante" qui afflige les moutons et dont l'équivalent humain serait le kuru des cannibales de Nouvelle-Guinée, où l'on a mis en cause l'intervention de virus lents.

Observés par les cytologistes, les prions présentent une certaine ressemblance avec un autre objet d'études de la gérontologie, la substance amyloïde, que l'on trouve dans le cerveau des victimes d'Alzheimer, mais aussi du kuru et de la maladie de Creuzfedt-Jakob. Ainsi se trouvent rapprochées différentes affections, auxquelles il faut rattacher le mongolisme. Il semble en effet que les mongoliens présentent une démence de type Alzheimer, qui apparaît de façon précoce (on considère d'ailleurs souvent le mongolisme comme une maladie du vieillissement accéléré). Plusieurs études ont mis l'accent sur la déficience en choline acétyltransférase, aussi bien chez les mongoliens que chez les victimes d'Alzheimer, tandis que d'autres soulignent des modifications de facteurs de croissance des nerfs (Nerve Growth Factor) dans les deux affections.

Tous les laboratoires du monde cherchent des thérapeutiques efficaces à la maladie d'Alzheimer. De gros espoirs ont été soulevés par l'apparition de produits dérivés de la choline ou de la lécithine, mais les bons résultats ne sont pas totalement convaincants.

1

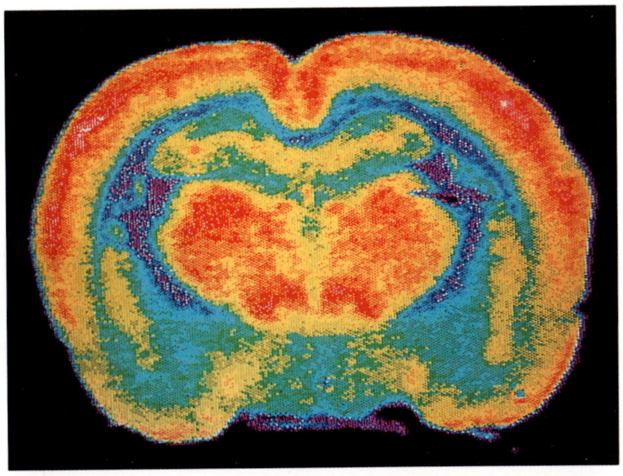

2

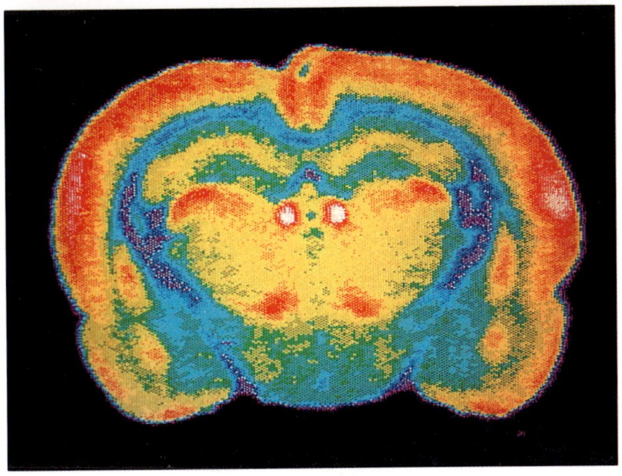

1.2. Neuroleptiques
Les effets de l'administration d'un neuroleptique (une drogue antipsychotique) sur le métabolisme cérébral : Le cerveau consomme l'énergie qu'il tire principalement du glucose transporté par le sang. Le métabolisme du glucose dans le cerveau est très hétérogène selon les zones et il se modifie lorsque l'activité des neurones est altérée. Aussi Louis Sokoloff et ses collègues du National Institute of Health de Bethesda, aux Etats-Unis, ont-ils développé une technique qui combine l'autoradiographie et l'utilisation d'un analogue du glucose marqué par de la radioactivité et qui permet la visualisation à l'échelle microscopique des modifications du métabolisme du glucose. Comme les drogues psychoactives modifient précisément l'activité neuronale, il peut en résulter des modifications du métabolisme du glucose dans certaines zones spécifiques du cerveau. L'analyse de ces altérations peut permettre de comprendre quels sont les circuits du cerveau impliqués dans l'action de ces drogues. Sur ces photos, on étudie l'action de l'halopéridol sur une section du cerveau du rat : en haut, le rat n'a pas été traité, et l'on peut voir que l'activité métabolique est élevée, par exemple dans le thalamus où l'on décèle bien les deux structures rondes et rouges, au milieu de la section. En bas, il s'agit d'un animal traité à petites doses : le métabolisme du glucose dans le thalamus a sérieusement décru, il est passé du rouge au jaune. Mais il faut noter que deux structures symétriques, plus haut, sont passé du rouge-jaune au blanc, indiquant une sérieuse élévation à cet endroit du métabolisme du glucose. Ces deux structures correspondent à un noyau du thalamus qui est un important carrefour des transmissions de messages venus du noyau caudé (sur lequel les neuroleptiques sont censés agir). Aujourd'hui, cette technique, modifiée, et coordonnée avec l'utilisation de scanners PET permet de visualiser ce même métabolisme dans des cerveaux vivants, sans dommage pour l'homme.

1.2.3.4. Plaques séniles
L'évolution des plaques séniles dans la maladie d'Alzheimer : en haut à gauche, la plaque au premier stade, sous la forme d'une zone sphérique : pas encore d'amyloïdes ni de neurites pathologiques. En haut à droite, une plaque précoce, caractérisée par des dépôts amyloïdiques dispersés mêlés à des formes neuritiques minces argyrophiles (arcs). En bas à gauche, la plaque sénile classique avec un noyau central d'amyloïde compact entouré d'une couronne de neurites anormaux. En bas à droite, un stade assez tardif de l'évolution des plaques séniles caractérisé par un amas sphérique d'amyloïde sans neurites pathologiques.

1

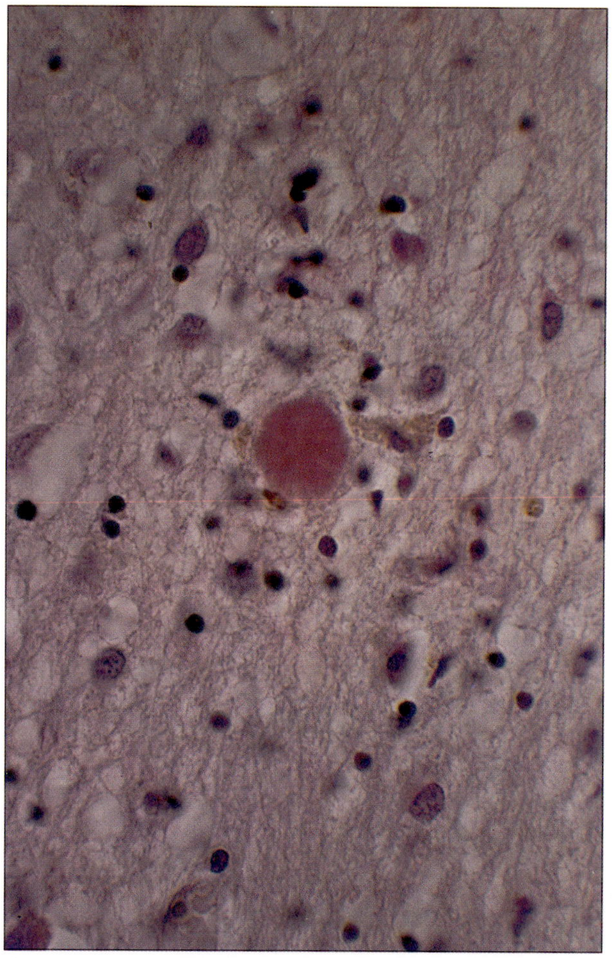

2

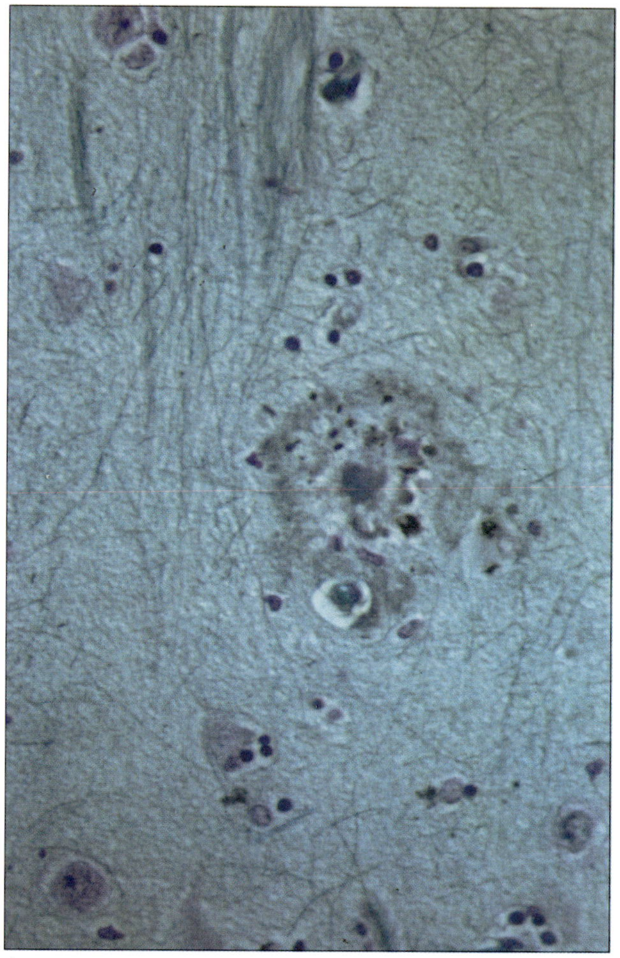

3

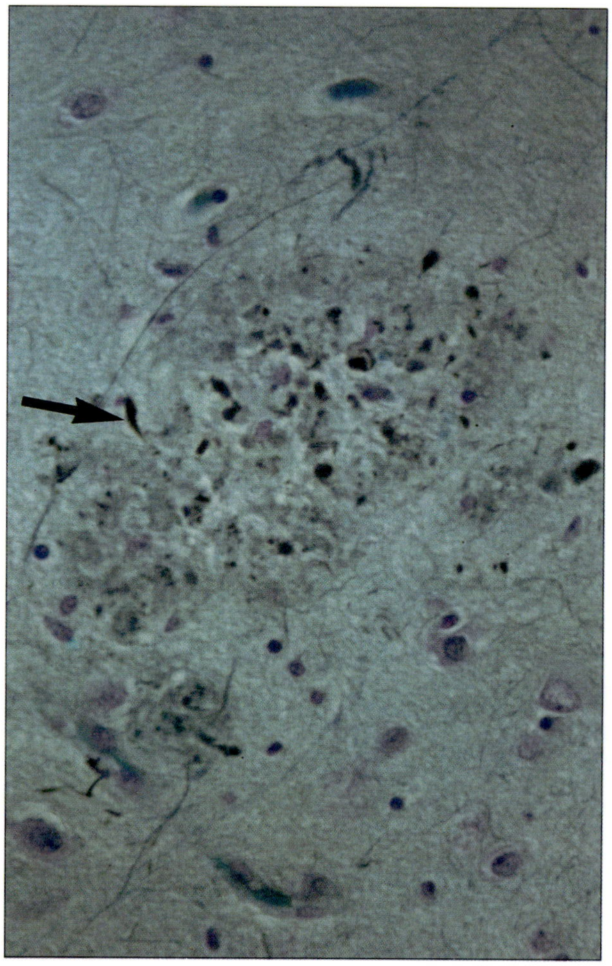

4

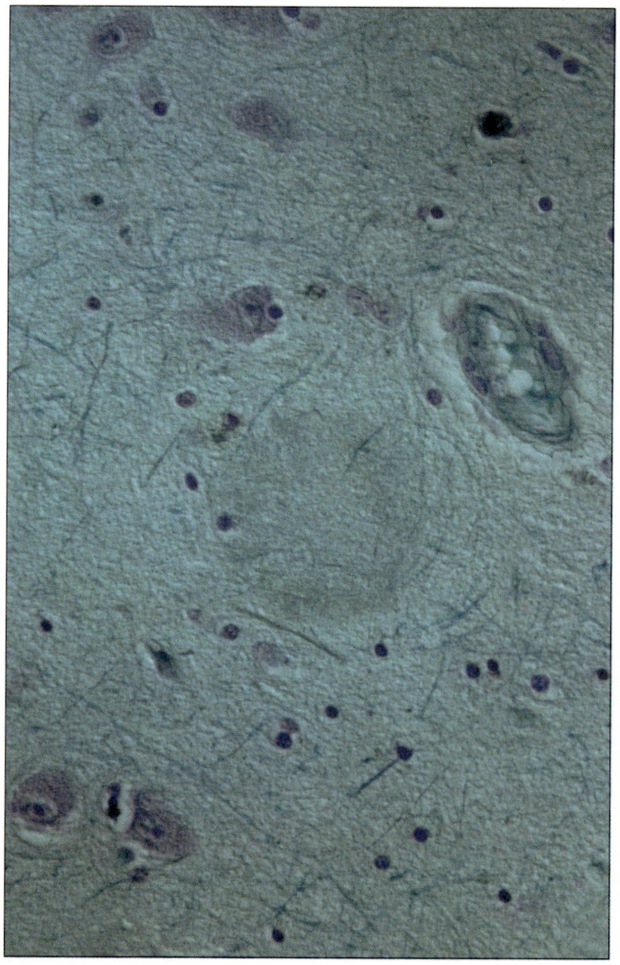

D'autres altérations de l'esprit

L'une des découvertes importantes dans l'histoire des drogues (bonnes ou mauvaises) qui affectent le cerveau fut la découverte d'un écran de sécurité moléculaire, la barrière du sang dans le cerveau. On savait depuis longtemps déjà que le cerveau n'accepte que très sélectivement certaines substances chimiques et refoule les autres, ce qui semble logique, puisque le fragile équilibre chimique du cerveau peut se rompre et mettre en danger l'individu. Mais c'est dans les années soixante que les progrès du microscope électronique permirent de démontrer que cette barrière de protection était formée par des cellules qui tapissent les parois de capillaires dans le cerveau et par les réseaux extrêmement fins des liaisons que ces cellules établissent autour des voies de passage du flux sanguin.

A part les altérations de la conscience provoquées par des drogues, il existe bien d'autres moyens d'altérer la vigilance de quelqu'un et sa perception du monde. L'un d'entre eux est l'hypnotisme, un phénomène qui a peu suscité d'attention de la part des chercheurs. Un autre est la méditation transcendentale. Comme il s'agit d'un phénomène qui relève plutôt du domaine mental que du comportement, il est difficile à étudier, mais quelques essais ont été amorcés dans ce sens.La méditation est, comme la religion, un défi pour tout chercheur, si l'on considère qu'elle relève du même type de phénomènes que les miracles religieux et se situe par delà toute explication scientifique, il n'y a pas lieu d'en parler ici. Mais quelques scientifiques, qui explorent le cerveau, ont tenté de comprendre ce qui se passe chez un être en proie à la transe. Peter Fenwick, de l'hôpital Saint-Thomas, à Londres, a poursuivi des efforts dans ce sens. Il a en particulier enregistré l'activité électrique du cerveau d'un maître Zen et constaté une modification de celle-ci au niveau de l'hémisphère droit, ce qui a été confirmé par la suite sur d'autres sujets plongés dans la méditation. Apparemment cette activité n'est pas analogue au sommeil. Mais tant que nous n'en saurons pas davantage sur la conscience et ses liens avec le cerveau, ce type d'exploration a peu de chances de livrer des résultats aisément interprétables.

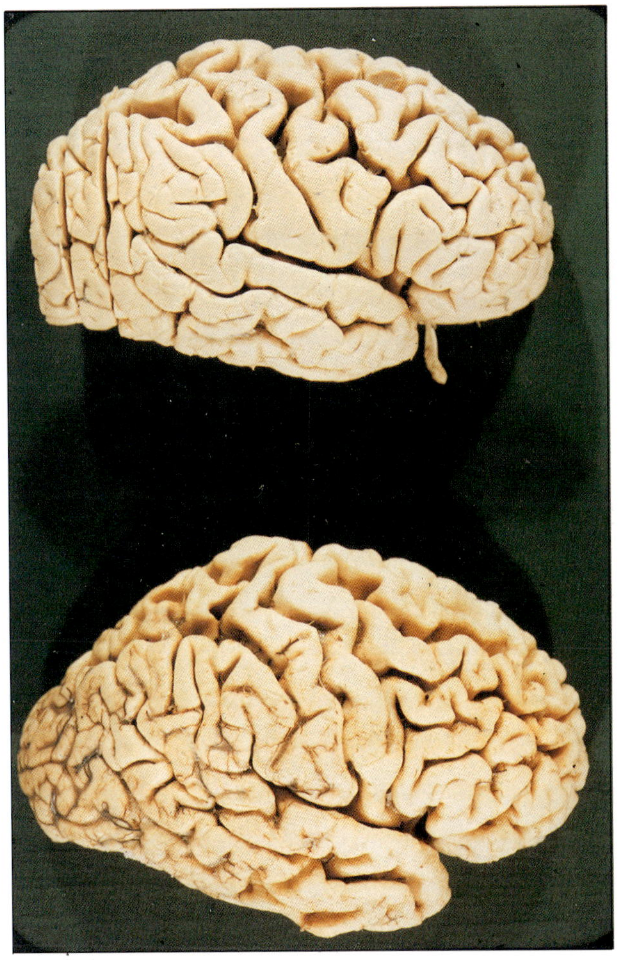

Alzheimer
Maladie d'Alzheimer familiale de la forme présénile sur deux générations : en haut le cerveau de la mère, en bas celui de son fils. Les deux cerveaux présentent l'atrophie caractéristique à prédominance temporo-frontale.

1

2

3

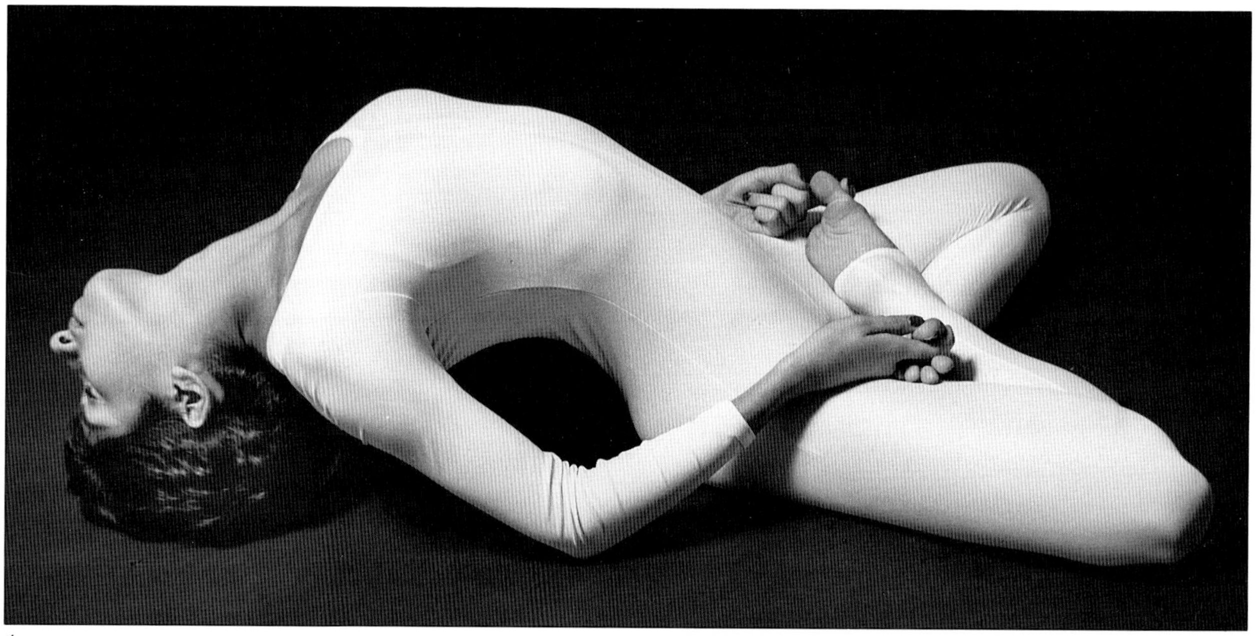

4

5

1.2.3.4.5. Le Yoga et son influence sur le cerveau

Les techniques de méditation entraînent des changements de rythme des ondes cérébrales. Peut-on parler d'un état modifié du cerveau, et dans quelle mesure ? Rares sont les chercheurs qui se consacrent à élucider ce phénomène et il faut reconnaître que pour l'instant leurs travaux sont peu avancés.

L'une de ces techniques parmi les plus célèbres en Occident est celle du Hatha Yoga, ou "yoga de la force". Elle a pour but, à l'issue d'une discipline de mise en condition graduelle et d'exercices précis, d'obtenir une maîtrise des fonctions du corps, en particulier de la respiration, en relation avec les systèmes musculaires et nerveux. Il s'agirait ainsi de réveiller le pouvoir dormant de la "kundalini" (pouvoir du serpent), situé à la base de la colonne vertébrale, et de faire remonter cette énergie par des centres de force neuro-psychique (chakras) jusqu'au centre suprême du pouvoir psychique, situé dans le cerveau.

Yoga, à l'origine, signifie "jonction". Le Yoga (ou plutôt les Yogas, car il existe bien des techniques différentes), a pour but l'ajointement de l'esprit, libéré de son enveloppe corporelle, et de l'univers qui l'entoure. C'est vers cet accomplissement que tendent les techniques du Hatha Yoga et les diverses postures que nous présentons ici, avec l'aide d'Eva Ruchpaul, spécialiste française en la matière.

Pour susciter, entretenir, assister la méditation, les Indiens ont cherché une architecture somatique dans de nombreuses postures dont la plus célèbre reste celle du Lotus (1) : que l'on accepte ou non le principe de la circulation d'énergie le long du canal rachidien, il n'en reste pas moins que, dans une certaine position d'allonge verticale, la modulation respiratoire joue de façon idéale. Tout se passe comme si, par la juste position du sacrum (rendue inévitable par la fixation de l'ouverture des hanches), l'arbre vertébral se trouvait fléché vers le haut, ses surfaces articulaires légèrement décompressées, ce qui communique une sensation de soulagement. La respiration peut progressivement se régulariser, réduisant ses phases avec un minimum de déplacement thoracique. Elle peut même atteindre une pulsion à peine notable, qui semble accompagner certains rythmes cérébraux modifiés, comme on a pu l'observer sur des sujets en méditation. Il est possible que le maintien de cette position intervienne sur la régulation cérébrale par d'autres voies que la seule modulation respiratoire : en plaçant ses jambes dans un état d'inertie, le yogi traditionnel ne cherchait-il pas à supprimer le principal support physique de l'agitation mentale ?

Une autre posture, celle de l'Appui Arrière (2), se tient le temps d'une suspension de souffle non forcée, après une inspiration naturelle. Elle prend appui sur la partie haute des talons, genoux tendus. La musculature abdominale est étirée sur une contraction (volontaire) et la cage thoracique est maintenue dans une amplitude maxima. Cet exercice a des effets de stimulation, pour récupérer une certaine rapidité de réflexes après une séance de Yoga.

La posture du Poisson Renversé, elle, (5) exerce une action immédiate sur les sécrétions du larynx et l'accélération circulatoire de l'oreille profonde et de la zone cervicale dans son ensemble. Elle permet d'unifier les tensions et de ressentir un effet d'allègement. Tout en conservant les avantages de la même posture dans sa version simple, la formule complète (3) comporte en supplément les effets dûs à la ligature des jambes, et surtout des gros orteils. La deuxième phalange du gros orteil est utilisée en médecine traditionnelle indienne comme lieu des effets réflexes de certaines constrictions digestives. La compression de cette zone semble provoquer un dégagement de la circulation dans le petit bassin. Quant à la pince latérale (4), elle s'effectue en apnée expiratoire, avec flexion latérale du torse, compression au niveau digestif et crochetage du gros orteil.

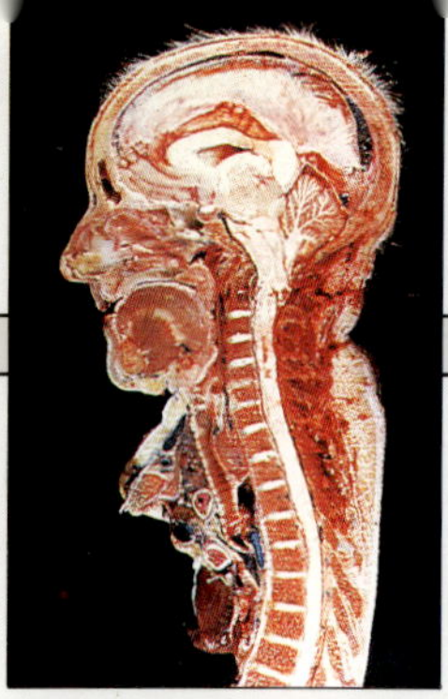

Une approche du traitement de l'anxiété,

par W. Haefely, H. Möhler, J.G. Richards, Hoffmann-La Roche.

Les quelques dix milliards de cellules nerveuses (neurones) qui constituent le système nerveux central (SNC) de l'être humain, c'est-à-dire le cerveau et la mœlle épinière, reçoivent des informations du monde extérieur et de toutes les parties du corps, et donnent des ordres aux muscles striés (par le truchement des neurones moteurs). En outre, elles régularisent l'activité glandulaire, l'activité non volontaire des muscles lisses (par exemple, dans les vaisseaux sanguins et l'intestin) et du cœur. L'écrasante majorité des neurones centraux a toutefois pour tâche de traiter l'information qui arrive et de coordonner les ordres donnés aux tissus et organes périphériques. Par ailleurs, ils accomplissent des fonctions mentales (pensée, apprentissage, mémorisation) et leur activité détermine les émotions (amour, peur, anxiété, etc.) et les "états d'âme".

La complexité du SNC humain tient au nombre colossal de neurones qu'il comporte, à l'énorme diversité de leur morphologie comme de leur composition chimique et, en particulier, à l'extraordinaire richesse de leur interconnexions. Les terminaisons fines du neurone établissent d'infimes jonctions (les synapses) avec le corps ou les dendrites d'autres cellules. C'est par l'intermédiaire de ces synapses que le neurone "parle" à sa cellule cible. Les mots de ce langage sont, en fait, des substances chimiques agissant à la manière de signaux, les neurotransmetteurs, synthétisés et stockés au niveau des terminaisons nerveuses, et se diffusant dans l'interstice synaptique, à la suite d'un ordre lancé par la cellule, sous la forme d'une impulsion électrique. Les récepteurs reconnaissent le neurotransmetteur et le bloquent en vertu du principe de la serrure et de la clé. Le récepteur transforme le message, dont la substance-signal est porteuse, en modifiant les propriétés de la membrane ou des composants intracellulaires. Nous dirons, en simplifiant à outrance, que les messages, nés de l'association neurotransmetteur-récepteur, peuvent être de nature soit positive (excitateurs), soit négative (inhibiteurs). Le message excitateur invite le neurone à réagir, à émettre vers d'autres neurones cibles, le message inhibiteur, en revanche, à ne pas répondre aux signaux excitateurs qui lui parviennent.

Le neurone, en effet, reçoit en permanence des signaux, dont le contenu est en partie contradictoire. Il additionne et soustrait constamment des instructions positives et, si le résultat se solde par une excitation qui dépasse un certain seuil, une réaction explosive se déclenche dans le corps du neurone, à savoir une brève décharge électrique émise par la membrane et qui se propage jusqu'aux terminaisons nerveuses, déterminant l'entrée en action du neurotransmetteur.

Le SNC pourrait théoriquement fonctionner avec deux neurotransmetteurs, un neurotransmetteur excitateur et un neurotransmetteur inhibiteur. Mais, pour des raisons qui n'ont pas encore été élucidées, il fait appel à plusieurs substances-signal, positives et négatives. En plus de ces neurotransmetteurs, qui agissent comme des substances-signal d'une durée ultrabrève (entre 1/1000 et 1/100 de seconde), les neurones émettent d'autres substances-signal auxquelles on a donné le nom de neuromodulateurs parce qu'elles ne jouent pas par elles-même, en général, un rôle de médiation entre message positif et message négatif, mais modifient la sensibilité des neurones cibles aux neurotransmetteurs excitateurs ou aux neurotransmetteurs inhibiteurs, ou aux deux.

1

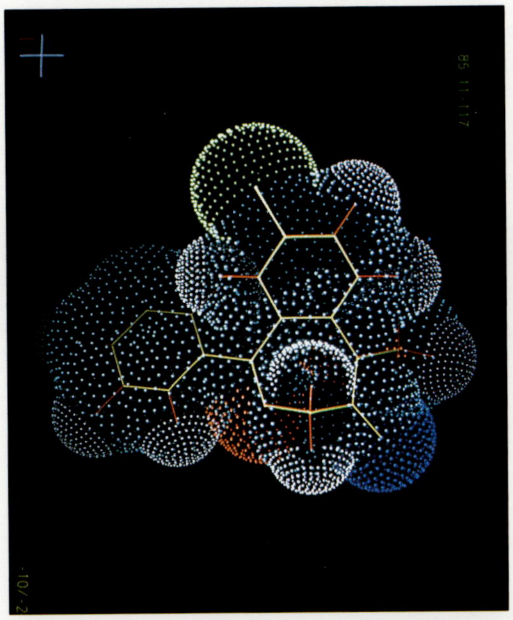

1. Modèle d'une molécule de diazépam
Les traits désignent la structure chimique traditionnelle d'une molécule de diazépam, un tranquillisant de la famille des diapézines. Un ordinateur a permis la modélisation en trois dimensions de la structure externe de la molécule.
Grâce à des modèles de ce genre, les chercheurs peuvent développer de nouveaux médicaments.

2. Récepteur des benzodiazépines.
Distribution régionale du récepteur des benzodiazépines dans le cerveau d'une souris (radiohistochimie). Ils sont visibles, grâce à une injection intraveineuse de benzodiazépines marquées radioactivement et à l'exposition de sections cerébrales sur un film très sensible. Les densités les plus fortes sont représentées en rouge, les moyennes en jaune et en vert, les plus faibles en bleu.

2

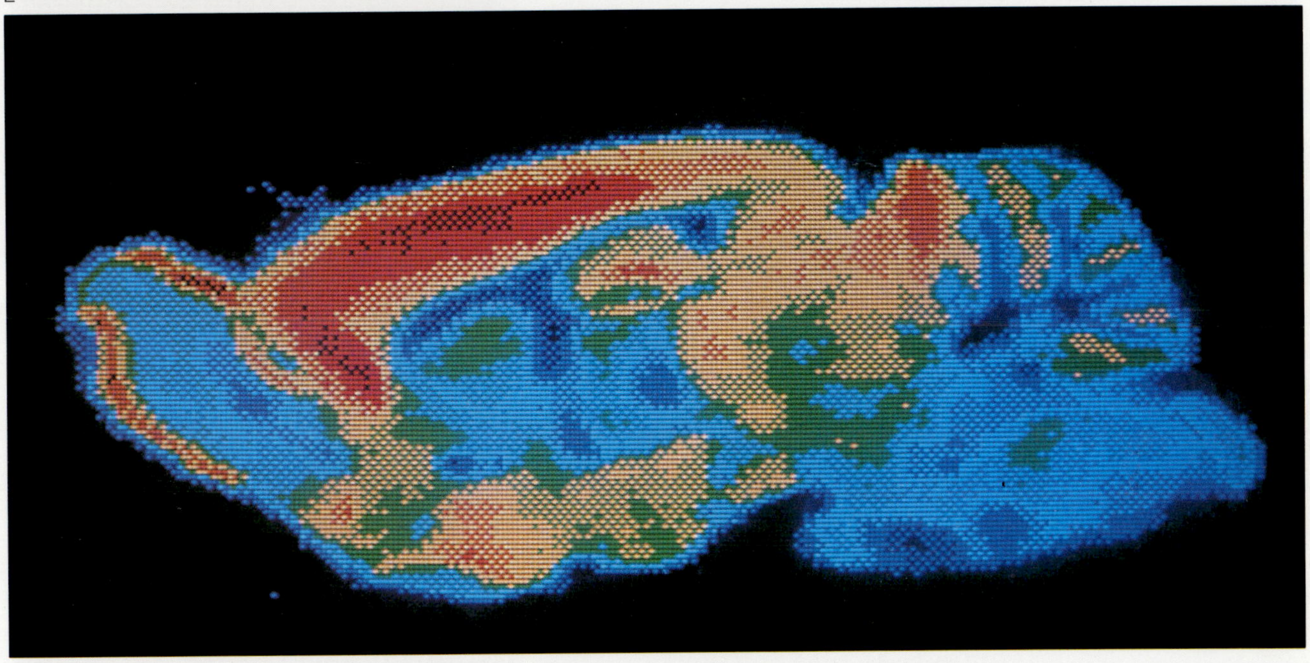

3

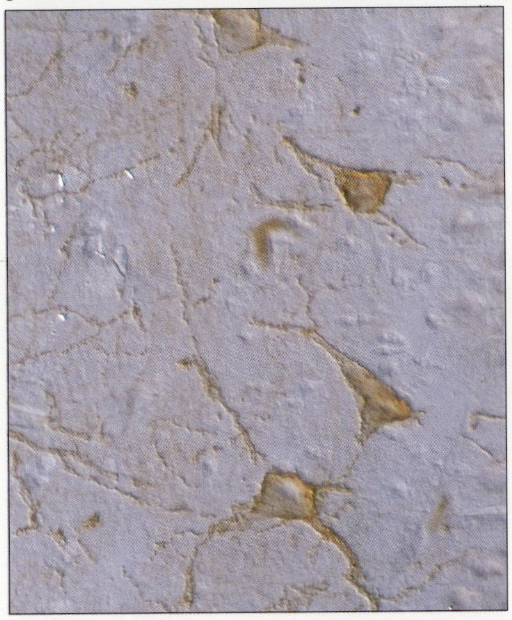

3. Chez les bovins
Distribution cellulaire des mêmes récepteurs dans le cerveau d'un bœuf (immunohistochimie) : des sections de cerveau sont placées en incubation avec un anticorps dirigé contre le récepteur des benzodiazépines. Sur cette image, quatre neurones se colorent de brun, indiquant la présence de récepteurs de benzodiazépines à leur surface.

Le neurotransmetteur inhibiteur le plus important du SNC des mammifères est l'aminoacide-γ-aminobutyrique (GABA). Environ le tiers des synapses cérébrales utilisent, pense-t-on, le signal GABA. Ces neurones à GABA représentent en quelque sorte le "dispositif de freins" interne du cerveau. Ce puissant système inhibiteur est indispensable, en raison de l'extrême sensibilité du SNC aux moindres messages en provenance du monde extérieur. Le SNC est incessamment bombardé d'informations par les organes sensoriels. Faute de ce système, nous serions incapables de nous concentrer sur telle ou telle activité ou de nous reposer, accaparés que nous serions par ce flux continu d'informations, captées par le cerveau. Un affaiblissement modéré de la biosynthèse, de la libération ou de l'activité du GABA entraîne un état de nervosité, l'anxiété, des contractures musculaires, des convulsions et peut finalement aboutir à la mort.

Cette substance inhibe l'activité neuronale, en agissant sur une protéine spécifique de la membrane, le récepteur du GABA, associé à un canal. Lorsque le GABA active son récepteur, ce canal s'ouvre et permet de neutraliser les effets des neurotransmetteurs excitateurs. Le récepteur du GABA et le canal associé peuvent être bloqués par un certain nombre d'agents qui réduisent l'inhibition, induite par le GABA, et provoquent une hyperactivité incontrôlée de la plupart des régions du SNC.

En 1956, deux chercheurs de la filiale américaine de Hoffmann-La Roche, le chimiste Sternbach et le pharmacologue Randall, ont découvert le premier membre actif d'une importante famille de corps chimiques, les benzodiazépines. Ce composé (commercialisé sous le nom de Librium) et son dérivé le plus célèbre (le Valium) ont révélé un profil d'activité très large et très utile: ils apaisent l'anxiété, la tension, l'agitation, la nervosité, atténuent ou préviennent les convulsions et la tension musculaire anormale, facilitent le sommeil. Administrés à plus fortes doses, ils peuvent aussi réduire l'attention et la conscience et oblitérer le souvenir d'événements vécus quand on était sous leur influence: aussi sont-ils des adjuvants appréciés pour les interventions chirurgicales bénignes et le traitement des patients transportés en urgence.

En dépit de la multiplicité de leurs indications, ces composés présentent une non-toxicité tout à fait remarquable. L'industrie pharmaceutique a procédé à une exploration intensive des benzodiazépines. Il en existe à l'heure actuelle une cinquantaine de dérivés, tranquillisants, anticonvulsifs, sommifères.

Malgré l'acharnement mis à élucider les modalités d'action des benzodiazépines, ce n'est qu'en 1974 qu'un groupe de chercheurs bâlois de Hoffmann-La Roche et un de leurs collègues du National Institute of Health de Washington ont émis l'hypothèse que ces produits renforçaient l'efficacité de la transmission nerveuses utilisent le GABA. Deux ans plus tard, on identifiait leurs présumés récepteurs, par marquage radioactif des benzodiazépines. Ces récepteurs sont présents dans tout le SNC. Toutefois, leur densité est variable selon les régions. Leur distribution épouse étroitement celle des récepteurs du GABA (identifiés par marquage radioactif).

L'état actuel des recherches permet d'établir que les benzodiazépines accroissent l'efficacité de la synapse GABA ergique et font office de servomécanisme pour les "freins" que contient le cerveau. Puisque les benzodiazépines n'augmentent pas l'effet d'inhibition maximale que le GABA est susceptible de provoquer, ces remèdes, administrés aux doses d'usage, n'affaiblissent pas l'activité cérébrale plus profondément que ne peuvent le faire les neurones GABA naturels (c'est-à-dire physiologiques), dans le sommeil, par exemple.

La recherche en ce domaine a été grandement stimulée par les découvertes mentionnées plus haut. En 1980, on découvrit des substances qui se liaient spécifiquement avec le récepteur aux benzodiazépines, mais produisaient des effets entièrement différents de ceux des tranquillisants benzodiazépines classiques. Une classe de ces composés, n'avaient peu ou pas d'effet, lorsqu'on les administrait seuls, mais pouvaient bloquer, de façon très spécifique, ceux des tranquillisants benzodiazépines. On les baptisa benzodiazépines *antagonistes,* pour les distinguer des benzodiazépines tranquillisantes. L'autre classe découverte produisait des effets exactement inverses de ceux des *agonistes :* ils provoquaient l'anxiété, les convulsions, l'insomnie et augmentaient la tension musculaire. Ceux-là reçurent le nom d'*agonistes inverses.* Alors que les agonistes facilitent la fonction du récepteur du GABA et que les inverses l'affaiblissent, les antagonistes ne l'affectent pas, mais bloquent seulement l'accès du récepteur aux benzodiazépines aux agonistes et aux agonistes inverses.

Les recherches n'ont pas seulement abouti à nous faire comprendre avec précision le mécanisme de l'action des benzodiazépines : elles nous ont aussi éclairés sur le rôle des récepteurs du GABA, tant dans les états anormaux que normaux du cerveau. Toutefois, l'énigmatique question de savoir si le cerveau produit ou non une benzodiazépine endogène demeure sans réponse définitive.

Les antagonistes du récepteur des benzodiazépines se sont révélés extrêmement utiles pour traiter des overdoses ou la dépression induite par des benzodiazépines employées en chirurgie.

La compréhension de ces événements moléculaires a permis la mise au point "à la demande" de substances combinant les propriétés des agonistes et des antagonistes. Comme la densité des récepteurs des benzodiazépines varie selon la nature des fonctions que remplissent les cellules nerveuses, on peut espérer que des molécules hybrides de ce genre (agonistes partielles) pourront un jour exercer une activité anti-anxiété ou anticonvulsions, sans entraîner au même degré lassitude ou relâchement des muscles. En outre, l'expérimentation animale a montré que ces agonistes partiels n'entraînent pas (ou très peu) d'accoutumance.

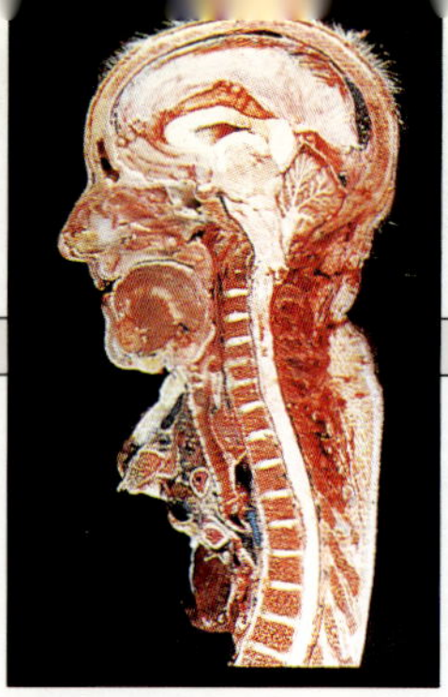

Les approches thérapeutiques de la démence sénile,

par J.M. Palacios, Sandoz.

La découverte, due à Hornykiewicz et à ses collègues, d'un déficit neurochimique patent (une baisse marquée du neurotransmetteur dopamine) dans le cerveau des victimes de la maladie de Parkinson, a conduit au premier traitement rationnel des affections cérébrales. Il s'est révélé possible en administrant aux parkinsoniens la L-DOPA (précurseur métabolique de la dopamine) de pallier l'absence du neurotransmetteur et d'améliorer nettement l'état clinique des malades. La découverte, il y a dix ans, d'un spectaculaire déficit du neurotransmetteur acétylcholine dans le cortex et l'hippocampe des patients atteints de la maladie d'Alzheimer (démence sénile), et dont la mort était fatale, a été suivie de nombreuses tentatives cliniques, visant à compenser le manque d'acétylcholine dans l'espoir de faire régresser les symptômes manifestés par ces sujets. De multiples approches ont d'ores et déjà été tentées. Aucune n'a malheureusement produit de résultats similaires à ceux obtenus avec le traitement de substitution par la L-DOPA dans la maladie de Parkinson.

Pour comprendre le principe d'une thérapeutique de la maladie d'Alzheimer fondée sur l'emploi d'agents cholinergiques, il est nécessaire d'avoir des données relatives aux synapses cholinergiques, c'est-à-dire au site de communication entre des neurones qui utilisent l'acétylcholine comme messager. Leurs axones innervent différentes aires du cerveau.

Un groupe de ces neurones "cholinergiques", dont les corps cellulaires, sont localisés à la base du cerveau antérieur (septum et nucleus basalis de Meynert) envoient leurs axones dans le cortex et l'hippocampe. Ces neurones fabriquent de l'acétylcholine, à partir d'un précurseur, la choline, et avec le concours d'une enzyme, la choline - acétyltransférase. Les impulsions nerveuses ont pour effet de libérer l'acétylcholine dans la synapse où elle diffuse pour être reconnue par et associée avec les protéines spécifiques des récepteurs cholinergiques postsynaptiques. La liaison entre l'acétylcholine et ses récepteurs provoque une cascade d'effets, tant biochimiques que physiologiques, permettant la transmission du message synaptique. L'acétylcholine libérée est désactivée par une enzyme, l'acétylcholinestérase, qui dissocie l'acétylcholine pour produire de la choline. Cette choline peut être récupérée et recyclée par le neurone cholinergique grâce à un mécanisme de recapture.

Dans le cerveau des patients souffrant de démence précoce, et pour des raisons qui nous sont encore inconnues, les neurones cholinergiques situés à la base du cerveau antérieur dégénèrent, ce qui induit un déficit au niveau de la communication véhiculée par les synapses cholinergiques ; ce phénomène, selon les indications dont nous disposons, entraîne un affaiblissement des fonctions d'apprentissage et de mémoire. L'expérimentation sur l'animal et sur des "cobayes" humains volontaires en bonne santé a montré que des agents (la scopolamine, par exemple), qui bloquent la transmission cholinergique en empêchant l'acétylcholine d'agir sur ses récepteurs, induisent une amnésie. Pour tenter de rétablir la transmission cholinergique, on peut essayer d'intervenir pharmacologiquement à l'un des trois niveaux suivants de la synapse :

a) au niveau présynaptique, c'est-à-dire de la terminaison nerveuse, en stimulant la production d'acétylcholine par les neurones survivants ;

b) au niveau synaptique, c'est-à-dire à celui de la fente synaptique, en empêchant l'acétylcholinestérase de détruire l'acétylcholine libérée ;

c) au niveau postsynaptique, en agissant directement sur les récepteurs postsynaptiques au moyen d'agonistes artificiels (composés qui stimulent le récepteur, comme le fait l'acétylcholine).

Ces trois approches ont été maintenant cliniquement testées. La première est celle qui présente le moins de difficultés. L'administration, à très fortes doses, de choline ou de son précurseur, la lécithine, n'a pas amené d'amélioration significative chez les malades atteints de démence sénile. Beaucoup de raisons peuvent être avancées pour expliquer l'échec de la "thérapie du précurseur" : la première est que, contrairement à ce qui se passe avec le système dopaminergique, la quantité du précurseur dans le neurone cholinergique ne contribue pas à limiter la synthèse d'acétylcholine. Une autre raison pourrait être qu'il n'y a plus suffisamment de neurones survivants pour faire face à la déficience du transmetteur.

On a obtenu des résultats meilleurs ou, du moins plus prometteurs, avec les inhibiteurs de l'acétylcholinestérase. A l'inverse de la choline et de la lécithine, ces agents sont plus malaisés à manipuler, du fait de leurs effets toxiques. Dans le cas d'un certain nombre d'expérimentations cliniques, on a administré de la physostigmine à des malades et l'on a pu constater à maintes reprises une amélioration des symptômes de la maladie d'Alzheimer. Toutefois, l'emploi de ce remède est limité en raison de la brièveté de sa durée d'action. On mène actuellement des recherches sur de nouveaux inhibiteurs de l'acétylcholinestérase plus spécifiques et dont l'action est plus longue.

Enfin, la troisième approche, à savoir l'attaque directe des récepteurs muscariniques postsynaptiques par des agonistes, a fait, elle aussi, l'objet d'études cliniques. La condition nécessaire pour que ces médicaments soient efficaces est que leurs sites d'action, les "récepteurs", existent dans le cerveau des malades atteints de démence sénile. Il ressort de la plupart des recherches portant sur la présence de récepteurs muscariniques, dans le cerveau de ces patients, que l'affection ne semble pas avoir d'incidence sur le nombre des récepteurs cholinergiques postsynaptiques.

Divers composés ont été examinés dans la maladie d'Alzheimer : oxotrémorine, arécoline, dérivé RS 86 de spiro-pipéridyle. Le premier est l'un des plus puissants agonistes muscariniques connus. Son administration à des patients provoque de nombreux effets secondaires gênants qui en interdisent toute utilisation clinique. Le second a une durée d'action trop courte, bien qu'il ait été démontré qu'il "muscle" la fonction d'apprentissage chez les jeunes sujets volontaires normaux et améliore les facultés cognitives des patients souffrant de la maladie d'Alzheimer. L'agoniste muscarinique le plus largement expérimenté est le RS 86. Jusqu'à présent, les résultats de l'expérimentation clinique de ce remède mettent en évidence une nette amélioration chez une minorité de malades. Comme il en va des autres agents, ses effets secondaires intempestifs, comme la salivation et la sudation, gênent l'expérimentation clinique de ce composé.

Il est évident que tous les agents cholinergiques étudiés à ce jour présentent de sérieuses limitations pour la vérification définitive de ce que l'on appelle l'"hypothèse cholinergique" de la démence sénile. Il faudra mettre au point de nouvelles substances plus sélectives et ayant, espérons-le, moins d'effets secondaires, avant que l'on puisse tenir pour acquis l'utilité de la substitution cholinergique. Les progrès récents accomplis dans la compréhension des mécanismes cholinergiques, tels l'existence de différentes classes de récepteurs cholinergiques dans différents organes et différentes aires cérébrales, sont à l'heure actuelle pris en compte dans cette perspective. Le défi auquel sont confrontés les chercheurs ne se réduit pas à la seule guérison de la maladie d'Alzheimer, ce qui, déjà, n'est pas en soi un mince objectif: il s'agit, aussi, d'élucider des problèmes scientifiques fondamentaux comme celui de la base moléculaire des fonctions intellectuelles supérieures, l'apprentissage et la mémorisation.

1

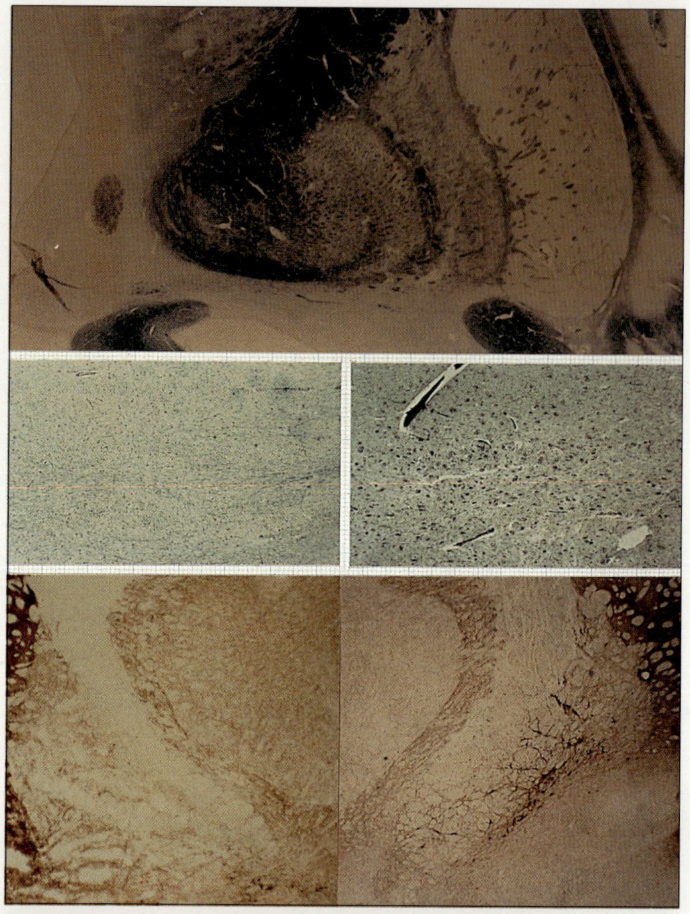

2

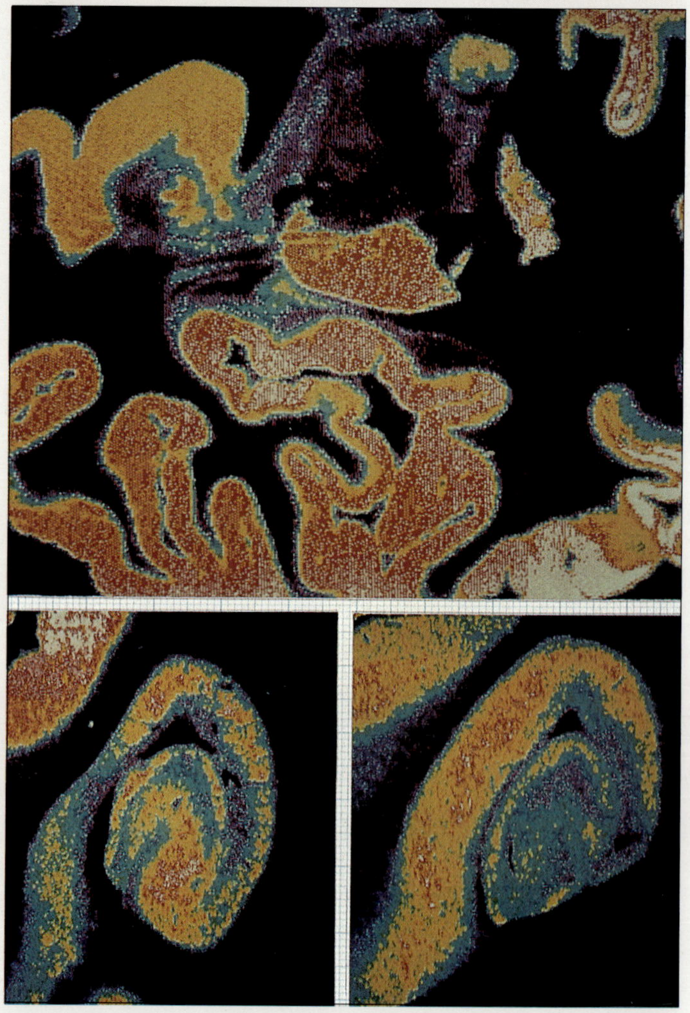

1. Dégénération des neurones
La photo du haut montre la localisation du noyau basal de Meynert qui contient les corps cellulaires des neurones cholinergiques, innervant le néocortex. Ces neurones, d'abord sains (photo centre droit), dégénèrent dans la maladie d'Alzheimer (photo centre gauche). Ces lésions pathologiques peuvent être reproduites, en expérimentation animale, par l'injection localisée d'une neurotoxine. On peut voir en bas, grâce à l'histochimie, les cellules du noyau basal du rat (à droite), avec des lésions induites (à gauche).

2. Récepteurs muscariniques
Ces autoradiogrammes, artifiellement colorés, figurent la localisation des récepteurs cholinergiques muscariniques dans le cerveau humain. Les zones de forte densité en récepteurs apparaissent en blanc ou en rouge, celles de faible densité en bleu ou violet. En haut, distribution de ces récepteurs dans la partie antérieure du cerveau, avec localisation du noyau basal. Les photos du bas montrent la localisation des récepteurs cholinergiques dans l'hippocampe humain: à gauche, cerveau sain, à droite, dément profond. On observe, chez le second, une perte sérieuse en récepteurs cholinergiques.

1

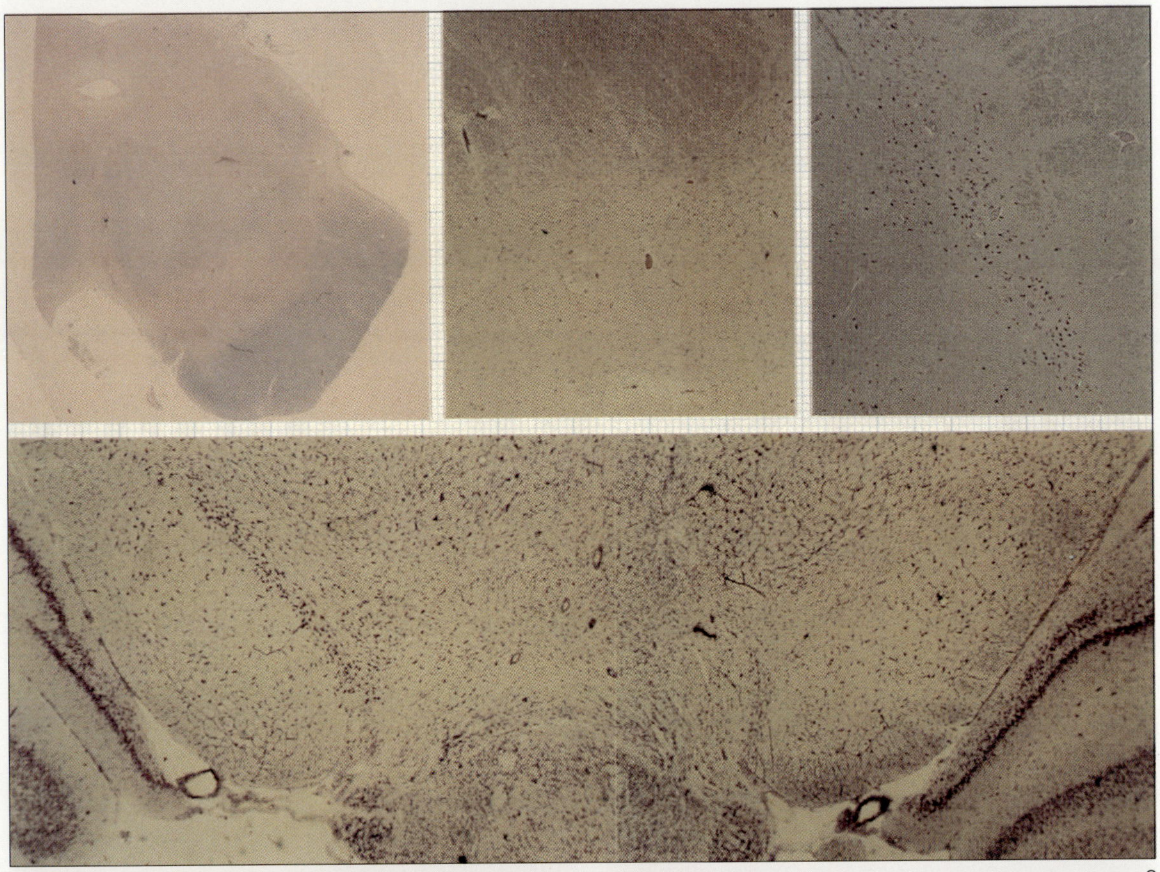

1. La substance noire
Les trois photos du haut montrent la localisation de la substance noire dans le cerveau moyen de l'homme. Dans la maladie de Parkinson (centre), les cellules dopaminergiques colorées en sombre (droite) dégénèrent, entraînant un sérieux déficit en dopamine. Cette lésion est induite chez le rat, par injection dans la substance noire d'une toxine (la dopamine-6-OH). En bas, on peut voir une section du cerveau moyen du rat. La perte en cellules dopaminergiques, produite par la toxine, peut être observée à droite.

2

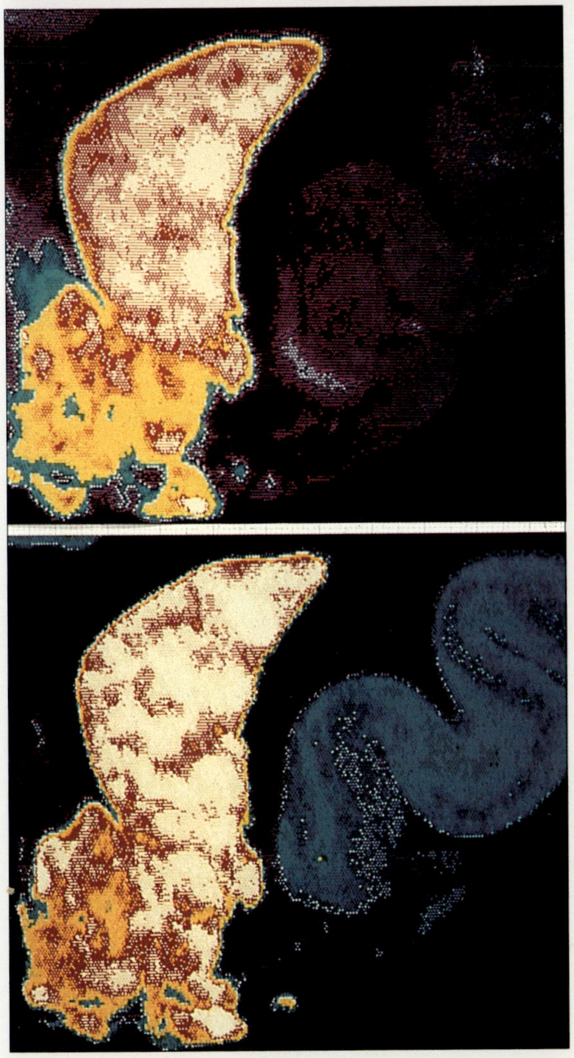

3

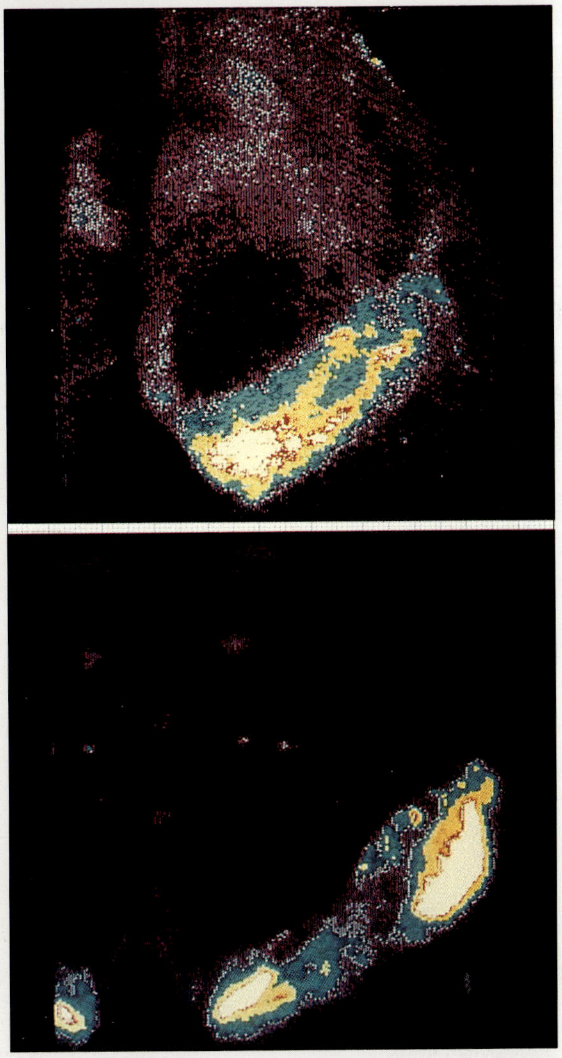

2. Récepteurs dopaminergiques
Récepteurs dopaminergiques dans le cerveau du chat.

3. Dopamine
Récepteurs dopaminergiques dans le cerveau humain. Ils existent aussi, en haute densité, dans les noyaux caudés et le putamen de l'homme.

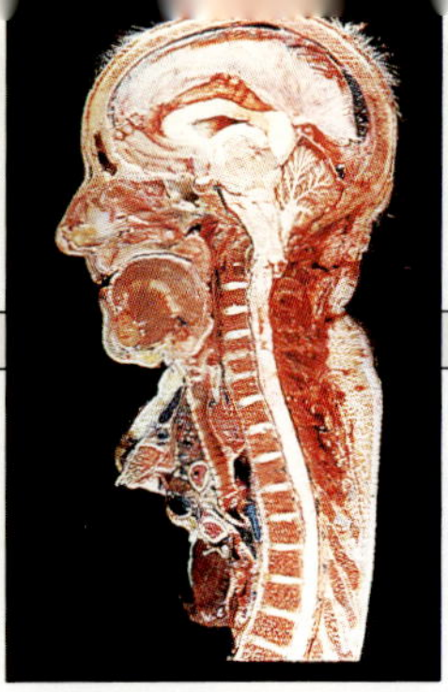

Les toxines, clés de la communication cérébrale,

par James W. Patrick,
Institut Salk.

Le traitement de l'information par le système nerveux central exige une capacité très grande de communication entre neurones et, pour bien fonctionner, le cerveau dépend de façon cruciale de la fiabilité de ces mécanismes. Or de nombreuses espèces, tant végétales qu'animales, ont développé des toxines qui bloquent ou altèrent la communication interneuronales. Les effets des toxines végétales vont de l'hallucination et de l'euphorie, dans le cas du LSD ou de la cocaïne, à des états convulsifs et à la mort, dans le cas de la strychnine. Chez les animaux, diverses neurotoxines, élaborées par les serpents, entraînent la paralysie et la mort.

Les toxines bloquent la communication interneuronale, en déréglant des mécanismes moléculaires spécifiques. Pour ceux d'entre nous qui s'interrogent sur la façon dont les signaux passent d'un neurone à l'autre dans le cerveau, ces toxines constituent des outils précieux, pour la détection et l'analyse de ce processus capital. Elles peuvent servir à déceler de nouveaux mécanismes de communication et il est souvent possible de purifier les molécules concernées, du fait de leurs interactions réciproques. Un excellent exemple est celui de certaines neurotoxines, qui provoquent la paralysie en bloquant la communication entre les neurones moteurs et le muscle. Dans ce cas, la communication repose sur la diffusion, par le nerf, d'une petite molécule (acétylcholine), en direction d'un récepteur de l'acétylcholine, situé dans une cellule du muscle. La neurotoxine du reptile inhibe le récepteur, ce qui a pour effet d'empêcher d'une part l'interaction entre celui-ci et l'acétylcholine, d'autre part l'excitation du muscle. La toxine en question "étiquette" au niveau moléculaire le récepteur de l'acétylcholine.

Le récepteur de l'acétylcholine a été le premier, pour les neurotransmetteurs, à être purifié, en partie grâce à cette toxine, en partie, aussi, parce que la nature l'a créé en abondance. L'électricité de certaines variétés d'anguilles et de poissons torpilles est produite par l'activation simultanée d'un très grand nombre de récepteurs de l'acétylcholine, présents dans un organe électrogène spécialisé. L'un des tout premiers problèmes posés par la purification du récepteur était de savoir si la molécule purifiée était effectivement la molécule réceptrice. Comme la fonction du récepteur est, chez ces animaux, de provoquer un évènement électrique dans la cellule musculaire, il était nécessaire d'imaginer un processus analogue pour le reproduire en laboratoire. Après bien des années de travail, on est parvenu finalement à introduire le récepteur purifié dans une membrane artificielle, dont on pouvait mesurer la fonction. Une fois acquise la preuve que c'était bien le récepteur qui avait été purifié, il était désormais possible d'étudier sa structure et son action.

Le récepteur de l'acétylcholine est composé de quatre molécules protéiques différentes (alpha, bèta, gamma, delta). L'acétylcholine active le récepteur en se fixant aux deux sous-unités alpha. On a observé que le récepteur traversait la membrane de la cellule et que l'interaction avec l'acétylcholine provoquait un changement dans sa structure : l'ouverture d'un canal dans la membrane. C'est en traversant ce canal que les particules électriquement chargées induisent des évènements électriques dans la cellule musculaire. Mais les détails de la structure du récepteur et de ses modalités d'action demeuraient obscures.

Les travaux se sont orientés non pas sur la protéine elle-même, mais sur le matériel génétique spécifique de sa structure. Cette approche originale, visant à comprendre comment s'opère la communication au sein du système nerveux, à transformé notre conception de l'étude du cerveau.

Cette démarche nouvelle fait appel à la technologie de la recombinaison de l'ADN, pour isoler l'information génétique qui détermine la structure des sous-unités du récepteur. Une fois isolée, cette information peut-être reproduite. L'élucidation des divers stades de la formation de l'ADN a rendu possible la création de modèles de récepteurs permettant de prédire de façon spécifique comment l'altération de certaines parties de la cellule pouvait affecter la fonction réceptrice.

L'isolement de molécules d'ADN recombinées, porteuses du code génétique des sous-unités du récepteur de l'acétylcholine, nous a également fourni le moyen de vérifier nos théories sur le récepteur. A partir de ces molécules d'ADN recombinées, nous sommes désormais en mesure de traduire les messages dont sont porteuses les molécules médiatrices d'ADN, qui gouvernent directement la production de protéines. On peut injecter cet ADN dans les cellules d'un œuf de grenouille, où il assure la synthèse d'une molécule réceptrice de l'acétylcholine fonctionnelle.

Nous sommes donc en mesure de comprendre la fonction du récepteur en utilisant des techniques physiologiques simples ou, répétons-le, en observant ses interactions avec les neurotoxines de reptiles. Cependant, ce qui est intéressant c'est non seulement de produire un récepteur, mais aussi de pouvoir, désormais, modifier l'information génétique et, par conséquent, créer de nouvelles molécules acétylcholinoréceptrices. Nous pouvons aussi, en choisissant quelles parties de la molécule on altère, produire des récepteurs dont les fonctions seront modifiées. Cela nous permet, enfin, d'étudier les relations entre la structure de la molécule et sa fonction, en tant que récepteur de signaux en provenance des cellules nerveuses.

Un autre avantage majeur, qui résulte de la possibilité d'isoler ces molécules d'ADN recombinées, vecteurs du récepteur de l'acétylcholine de l'organe électrogène, est la possibilité d'isoler d'autres gènes de molécules réceptrices plus rares. Au début, cette technique avait servi simplement à isoler les clones, codant pour le récepteur, dont la présence avait été identifiée au niveau de la jonction neuromusculaire chez la souris, le veau et l'homme. On découvrit par la suite, que ce récepteur présentait beaucoup d'analogies avec celui situé à la jonction neuromusculaire. Plus récemment, il est devenu possible d'isoler les clones des récepteurs de neurotransmetteurs qui favorisent la communication interneuronale dans le cerveau. L'étude de ces clones nous a appris que le cerveau recèle toute une famille de récepteurs de neurotransmetteurs, apparentés à celui que l'on avait trouvé au niveau de la jonction neuromusculaire. Tous sont, semble-t-il, des descendants d'une molécule plus primitive qui aurait évolué pour jouer des rôles divers dans le système nerveux. Cette découverte pourrait avoir une valeur considérable pour les travaux que nous menons, afin de comprendre comment les neurones du cerveau communiquent entre eux.

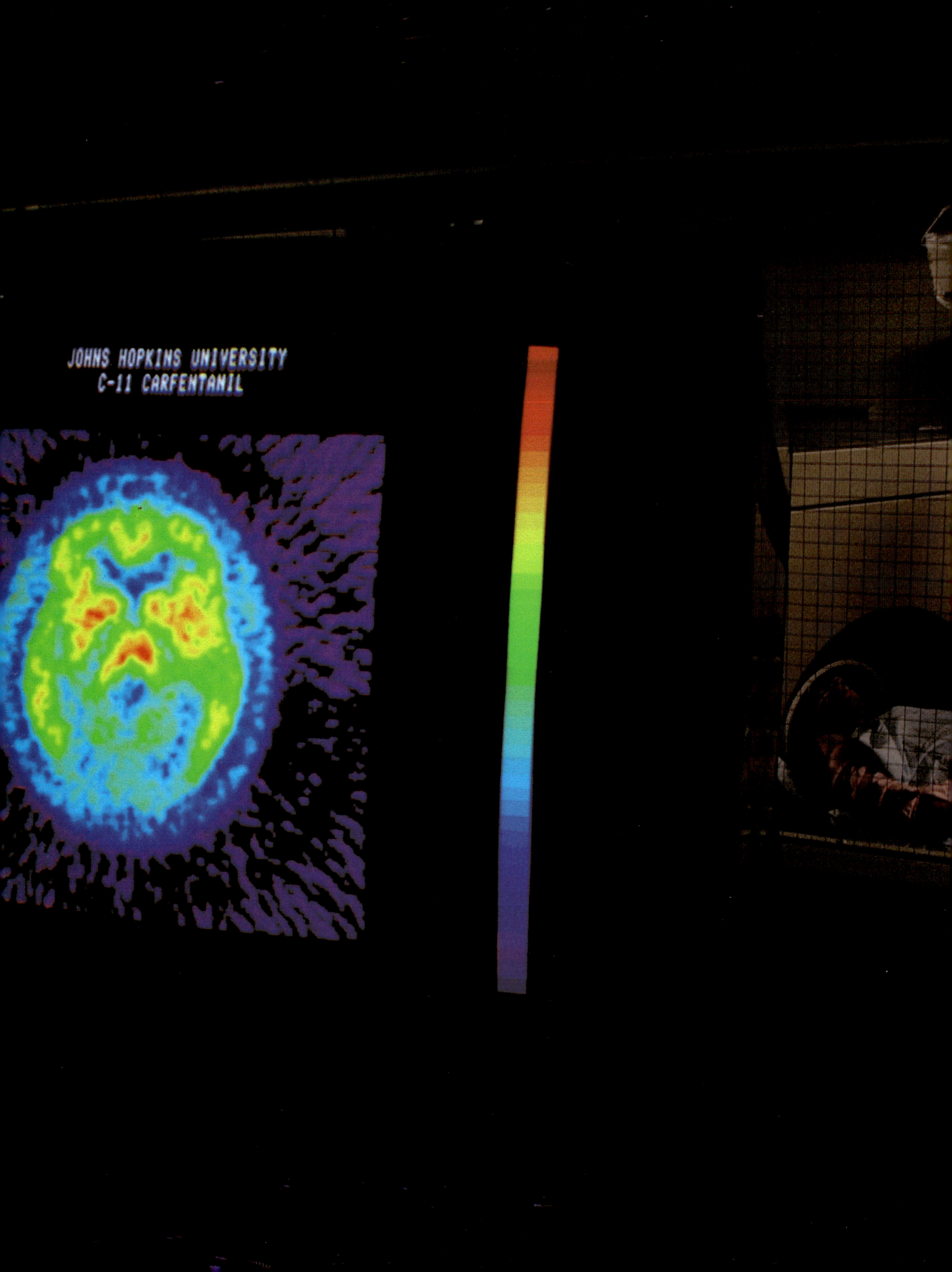
JOHNS HOPKINS UNIVERSITY
C-11 CARFENTANIL

II
LES PROPRIÉTÉS DU CERVEAU

Lorsque l'on passe en revue les diverses possibilités pour aborder les mystères de l'esprit, la discussion devient souvent abstraite ou philosophique. Des idées qui paraissent,de prime abord, solides et pratiques conduisent facilement à la brume et à la confusion. Où se situe la substance de l'esprit ? Nous sentons bien que c'est dans une relation avec le cerveau et la manière dont il fonctionne. Et si nous voulons chercher à comprendre ce fonctionnement, nous devons examiner de plus près la "machinerie" physique et chimique qui le constitue. Nous pénétrons alors un royaume bien moins abstrait que celui de l'esprit, mais, comme il apparaît rapidement à l'explorateur en herbe, d'une extrême complexité. Et,malgré les efforts déployés par des centaines de scientifiques de talent, nous ne connaissons même pas toutes les parties du cerveau ni, pour nombre d'entre elles, le rôle exact qu'elles jouent dans l'organisme. Elément positif en ce domaine, les voies d'approche se multiplient et les outils de recherche s'affinent. Il n'est désormais plus aussi désespéré de croire pouvoir s'orienter dans les méandres du cerveau.

Scanner à émission de positrons
Un instrument irremplaçable pour l'étude du cerveau. Un tube à rayons X tourne autour de la tête du patient et découpe son cerveau "en rondelles". Les images, traitées par ordinateur, permettent de déceler des détails invisibles à la radiologie classique, en particulier les tumeurs.

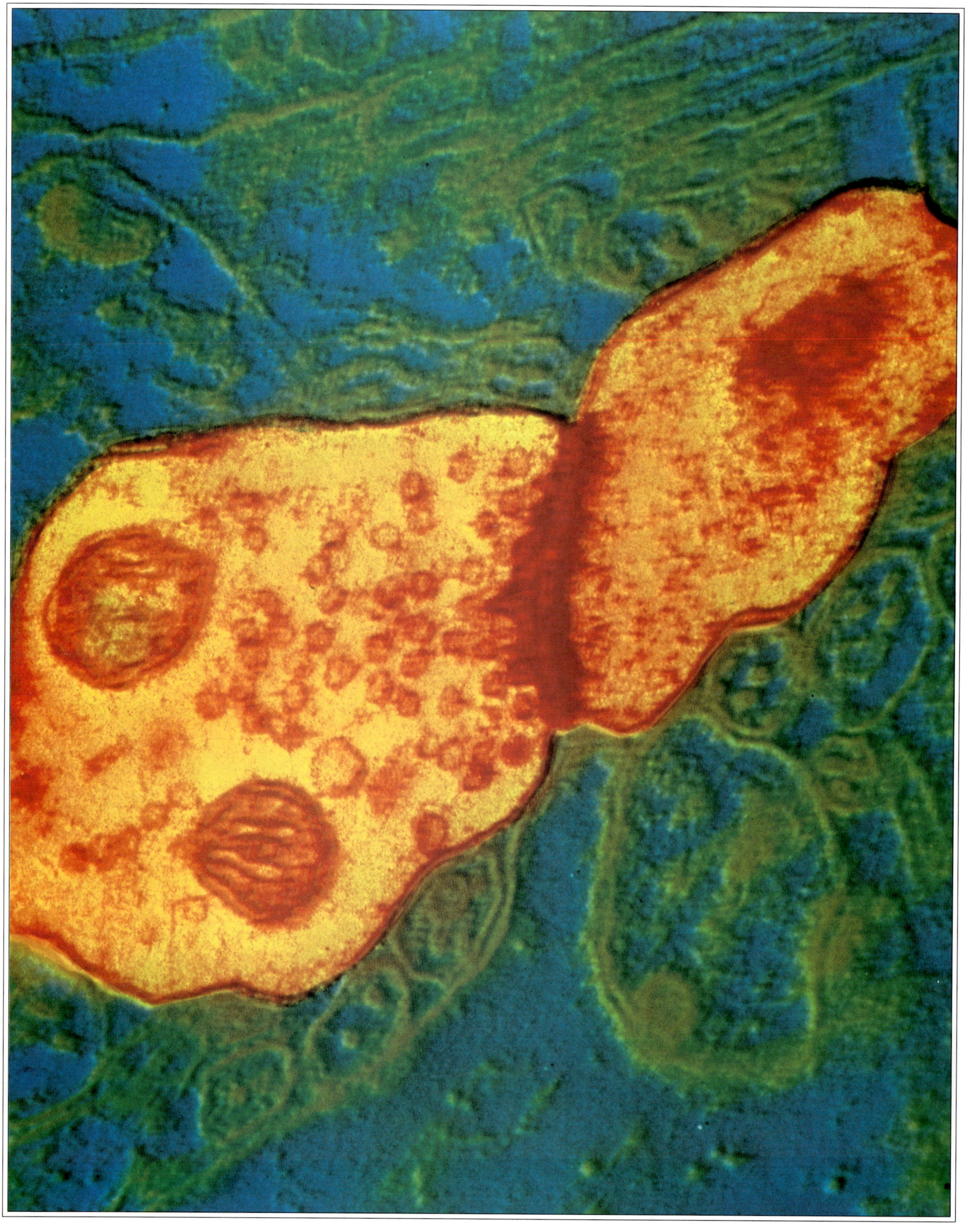

8

Excursions dans le cerveau : cartes pour explorateurs

Synapse
Une synapse est un point de contact entre neurones, où la chimie prend le relais de l'électricité, avec l'intervention des neurotransmetteurs.

Le paysage du cerveau évoquerait assez bien celui de la terre ou de la lune, avec ses collines ou circonvolutions (gyrus) et ses vallées ou sillons (sulcus), et bien d'autres repères qui peuvent permettre de s'orienter. Dresser la carte du cerveau fut, au XIXᵉ siècle, une passion scientifique, qui ne fut concurrencée que par la rage de repérer géographiquement les régions inconnues d'Afrique. Les explorateurs de l'époque étaient avides de donner leur nom à des régions du cerveau. Cette frénésie fut à son comble avec l'invention de la phrénologie par Francis Joseph Gall. L'un des titres "modestes" qu'il choisit pour l'une de ses œuvres en témoigne : *"Sur les fonctions du cerveau et de chacune de ses parties : avec des observations sur la possibilité de déterminer les instincts, les penchants et les talents, ou les dispositions morales et intellectuelles des hommes et des animaux, d'après la conformation externe du crâne et de la tête".*

Lorsque se fit jour une attitude plus nettement scientifique, les régions du cerveau étaient légions. Le neurologiste allemand Korbinian Brodmann est à l'origine d'une idée qu'il développa en 1909 et qui est encore en vogue aujourd'hui pour délimiter un territoire de recherches. C'est ainsi qu'un chercheur pourra dire à un collègue : *"Je travaille sur l'aire 17a" aussi aisément qu'il pourrait dire : "Je suis de Lyon ou de Kyoto".* Une carte des aires de Brodmann est couverte de chiffres, chaque morceau numéroté correspondant à une aire plus ou moins distincte, en termes de structure microscopique et parfois de fonction.

Vous pouvez tenir en main un cerveau humain et l'examiner, un peu comme une carte par satellite, et identifier ses continents. Si vous regardez de plus près les "continents" du cerveau, vous pouvez les mettre en relation avec quelques-unes des principales fonctions connues : la vision se situe vers l'arrière, l'ouïe au sud des grandes vallées sur les côtés. Vous pouvez aussi découper le cerveau en tranches ou, pour parler en termes plus scientifiques, en sections, les placer sous un microscope et découvrir les structures arborescentes des cellules nerveuses, entourées par des *astrocytes,* qui sont des cellules de support taillées en étoiles et dont la fonction n'est à ce jour pas bien connue. Et vous pouvez dresser des cartes, en montrant comment les cellules sont interconnectées, à la manière des composants électroniques d'une télévision ou d'un ordinateur. Ces cartes, comme nous allons le voir, peuvent se révéler fort pratiques pour trouver son chemin, et ne sont pas très différentes des plans dont on dispose pour se repérer dans une ville.

Vous pouvez enfin placer un morceau de cerveau sous le microscope électronique et pénétrer à l'intérieur des cellules nerveuses elles-mêmes, comme si vous entriez à l'intérieur d'une des maisons de la ville dont on vous aurait donné les clés. A l'aide du microscope électronique, il est possible de voir les "meubles" qui garnissent la cellule, certains d'entre eux familiers, si l'on connaît la structure d'autres cellules de l'organisme, d'autres spécifiques, comme les amas chimiques connus sous le nom de *vésicules synaptiques,* utilisés par les neurones pour communiquer entre eux.

La neuroanatomie n'est pas plus impressionnante que la visite d'une contrée exotique. La "vue par satellite" nous découvre d'abord deux hémisphères cérébraux, le *cervelet,* le *tronc cérébral,* la *moelle épinière* et le *système nerveux périphérique.* Cerveau et moelle épinière constituent un "centre de traitement de l'information", qui reçoit les dites informations du monde extérieur grâce au système nerveux périphérique. Les nerfs sensoriels envoient des messages à partir des organes des sens, disséminés à la surface du corps vers l'intérieur de l'organisme. Les nerfs moteurs transmettent les commandes du cerveau aux muscles.

Les unités d'opération

L'examen du cerveau lui-même révèle certaines de ses principales unités d'opération. Le *cortex cérébral* semble être le centre de traitement de l'information du plus haut niveau.Il atteint son point le plus élaboré de développement chez l'homme. Il intervient dans la pensée, la planification, la perception de détail de l'information sensorielle et la transmission des commandes aux muscles. Tous les sens, sauf l'odorat, envoient leur information au cortex, par l'intermédiaire du *thalamus,* au centre du cerveau. Les commandes sont transmises aux muscles par l'intermédiaire d'amas de fibres motrices qui sont en liaison avec la moelle épinière, mais c'est le *cervelet* qui semble jouer le rôle déterminant pour le contrôle et la régulation de ces ordres.

Un autre système, connu sous le nom de *noyaux gris centraux,* intervient aussi dans le contrôle moteur. Ses effets se remarquent lorsqu'il est victime d'un mauvais fonctionnement, comme dans la maladie de Parkinson.

D'autres éléments essentiels du cerveau sont l'*hippocampe,* critique pour la mémoire (il répertorie les souvenirs), le *système limbique,* à la source des émotions, et l'*hypothalamus* qui orchestre les activités vitales, telles que manger, boire, se reproduire, maintenir le corps à une certaine température. Il existe évidemment bien d'autres éléments du cerveau, comme l'*hypophyse,* qui préside à la vie hormonale et dirige l'activité des glandes endocrines.

Actuellement, si l'on identifie des zones motrices et sensitives, des aires en rapport avec la parole et l'écriture (aire de Broca), des centres de signification des mots écrits et parlés (aire de Wernicke) et d'autres aires en rapport avec d'autres fonctions, d'éventuelles localisations corticales psychiques sont la source de bien des discussions. Des chercheurs comme Karl Lashley et A.R. Luria pensent tout simplement que les fonctions psychiques ne seraient pas localisables. McFie, quant à lui, estime que les principales fonctions cognitives (verbale, spatiale, numérique, mnésique et constructive) pourraient être localisées assez précisément, dans la mesure où tout déficit précis entraîne un désordre déterminé (aphasie, apraxie, alexie, agnosie, acalculie, agraphie, amnésie).

Le système nerveux autonome

Indépendamment du système nerveux central, un système nerveux "autonome" innerve les viscères et coordonne de nombreuses fonctions vitales, telles que le métabolisme, la température corporelle, la circulation du sang, la digestion, etc. Ce système nerveux végétatif n'est en général pas soumis au contrôle de la volonté et se différencie anatomiquement du système nerveux central : le corps cellulaire des nerfs qui le composent se situe en dehors du cerveau et de la mœlle épinière, dans des ganglions. Il se compose de deux systèmes, orthosympathique et parasympathique qui exercent souvent des effets opposés sur les organes (cœur, poumons, glandes salivaires, vessie, rectum...) qu'ils innervent.

Les cellules nerveuses

Les éléments de base du système nerveux sont les cellules nerveuses ou neurones. Cha-

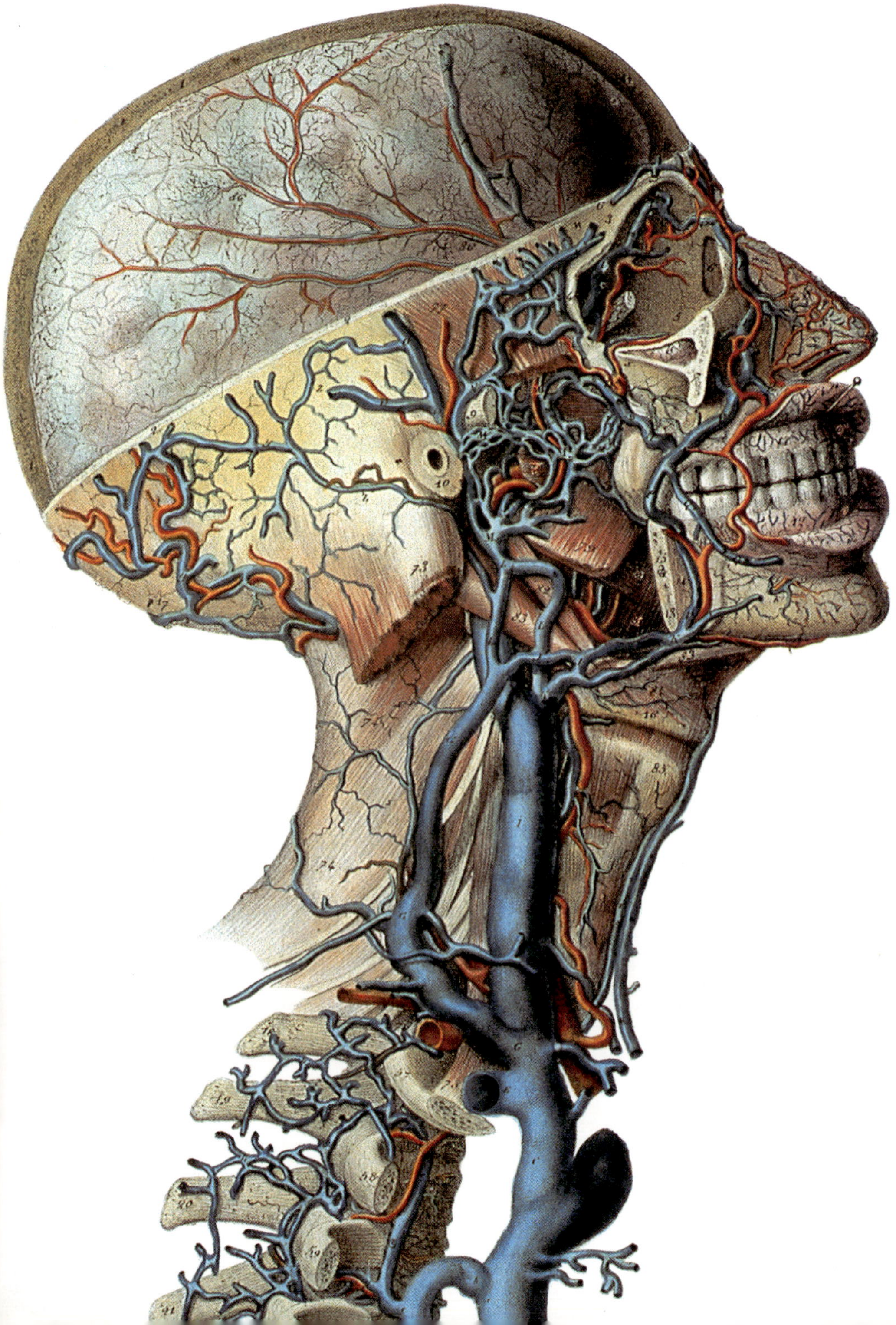

Le sinus de Breschet

Gilbert Breschet (1783-1845) s'intéressa plus particulièrement au système veineux des os quand il fut nommé chef de travaux d'anatomie à l'Hôtel Dieu. Il s'attacha à la réalisation d'un grand atlas en couleurs que le procédé de reproduction lithographique, nouvellement mis au point à l'époque, rendait possible, et demanda au peintre Antoine Chazal d'en exécuter les dessins. Cette planche représente ce que l'on a appelé prendant près d'un siècle le "Sinus de Breschet", système vas-

que cellule est une petite usine biologique en soi, et un système de réception et de transmission de l'information. Un neurone se constitue d'une extrémité de réception (les *dendrites* en forme de branche) et d'une autre de transmission (l'*axone*). Lorsqu'un neurone est activé par d'autres neurones, il émet une brève impulsion électrique, d'un millième de seconde, de l'axone vers d'autres neurones ou vers un organe. Les molécules qui participent aux relations cellulaires, les *médiateurs,* sont relâchées au niveau de la synapse et se lient aux récepteurs de la cellule suivante qu'ils activent à son tour. Dans le cerveau, un neurone peut recevoir des signaux de milliers d'autres neurones et émettre des messages vers des milliers d'autres. Comme il existe près de mille milliards de neurones dans le cerveau, le nombre des connexions qui s'établissent entre eux est proprement inimaginable.

Pister les messages

Walle J.H. Nauta, du Massachusetts Institute of Technology, a été l'un des premiers à relever le défi : il a développé des méthodes permettant de suivre à la trace les connexions qui s'établissent entre des cellules spécifiques du cerveau et à tracer un chemin dans ce labyrinthe. Les neuroanatomistes savaient déjà colorer chimiquement les corps cellulaires dans des coupes cervicales placées sous le microscope, pour les rendre visible. Mais ces "étiquettes chimiques" ne révèlaient pas les fibres nerveuses, chargées de la transmission de l'information.

La technique que Nauta mit au point avec quelques autres chercheurs permit de pister les axones dans deux directions, celle qui va de la cellule à d'autres cellules, mais aussi de la terminaison vers l'intérieur de la cellule. On peut "étiqueter" l'intérieur du noyau qui reçoit par exemple les signaux de la rétine, et suivre les axones de ces fibres à la trace jusqu'au cortex visuel, où ils établissent des connexions avec d'autres cellules (*anterograde tracing*). Dans le sens inverse, on peut "étiqueter" une aire du cortex visuel où les cellules semblent répondre particulièrement au mouvement : on peut alors suivre le trajet de corps cellulaires et identifier la source de l'information motrice dans l'aire visuelle du cortex primaire (*retrograde tracing*). Ces "étiquettes" ne sont plus colorées, elles correspondent à des substances chimiques spécifiques présentes dans les cellules nerveuses et fournies par les moyens de plus en plus puissants de la biologie moléculaire. L'un d'entre eux, l'immunocytochimie, utilise les capacités du système immunologique de fabriquer des anticorps, capables de cibler des molécules précises dans la "soupe chimique". Il est désormais possible d'extraire une substance chimique telle qu'un neurotransmetteur ou un récepteur et de l'injecter dans un lapin ou tout autre animal de laboratoire. Comme toute substance étrangère, la molécule injectée va entraîner la production, par le système immunologique de l'animal, d'une grande variété d'anticorps.

A l'aide de techniques de pointe, on peut désormais obtenir,par culture de cellules, une batterie d'anticorps spécifiques, ou *anticorps monoclonaux,* capable de pister les différentes substances cérébrales. L'application de ces anticorps monoclonaux à des sections de cerveau peut alors permettre de localiser exactement les endroits où se situent le transmetteur, le récepteur, l'enzyme ou toute autre molécule-cible. Si l'on songe à la grande diversité des transmetteurs potentiels qui sont en train d'être découverts dans le cerveau, l'immunocytochimie se révèle un outil essentiel d'exploration du cerveau.

Savoir "où est quoi" est important, certes, mais cela peut conduire sur des voies trompeuses lorsqu'on tente de trouver "quelles cellules font quoi". Les cellules gliales, par exemple, pourraient bien ne pas fabriquer un neurotransmetteur donné, mais engranger des quantités de transmetteurs fabriqués par des neurones du voisinage ou même éloignés. Les chercheurs s'aventurent donc prudemment dans les explorations permises par les techniques nouvelles, telles que la recombinaison génétique. Mais quelles questions, d'un genre nouveau, leur apprennent-elles à poser ?

Le cerveau de l'escargot marin

L'un des moyens de contourner les problèmes que pose l'extraordinaire complexité du cerveau humain est d'étudier le cerveau des insectes ou d'autres organismes relativement simples. Le cerveau de ces créatures ne compte que quelques milliers de neurones, dont chacun peut être vu et identifié. Mieux encore, le modèle des connexions établies entre ces neurones semble identique d'un animal à l'autre. L'espoir des chercheurs est que la nature soit conservatrice lorsqu'elle dessine le schéma d'un cerveau, et que ce que nous pou-

culaire régulateur du drainage du sang cérébral, dont l'étude a été reprise à l'heure actuelle par Roger Saban, au cours de ses recherches en paléontologie. Il a pu montrer, à l'aide de moulages endocrâniens, la complication progressive du réseau : on assiste, au cours de cette évolution, à la mise en place de ce système vasculaire chez l'Australopithèque, puis à sa complication à partir des Picécanthropes, afin d'atteindre chez l'homme moderne un véritable quadrillage vasculaire couvrant toute la surface pariétale. Seuls les Néandertaliens montrent de manière constante la présence de la grande veine antérieure (sinus de Breschet) qui dans nos formes actuelles paraît une résurgence occasionnelle d'un caractère archaïque. (Commentaires de Roger Saban).

1. Phrénologie
Caricature anglaise du début XIXe siècle, sur la phrénologie, méthode inventée par le médecin allemand Franz Gall, et qui consiste à étudier les fonctions du cerveau d'après la forme des crânes.

2. Dissections de la tête
D'après l'ouvrage de J-F Gautier d'Agoty, "Anatomie de la tête en tableaux imprimés", publié en 1748.

3. Cervelet
Imprégnation, selon la méthode de Cajal.

1

2

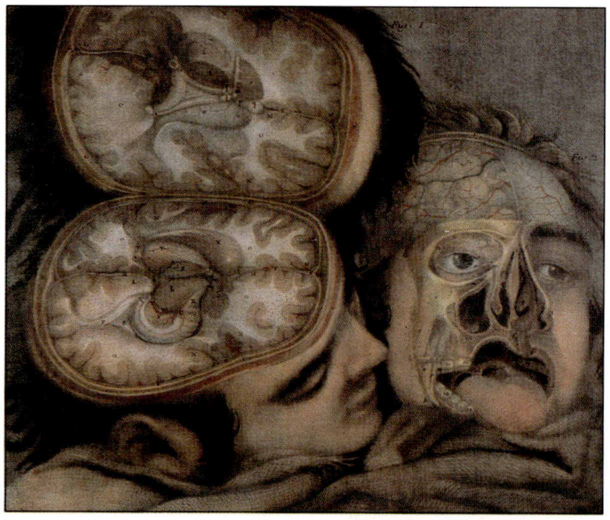

3

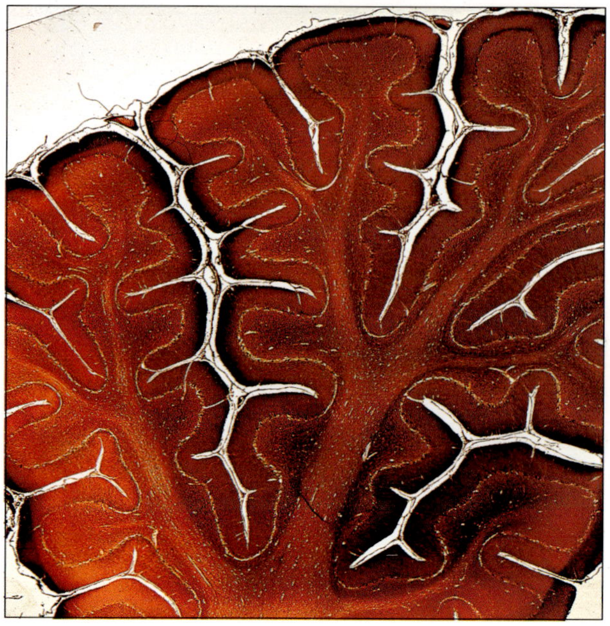

vons apprendre sur ces systèmes nerveux simplifiés pourrait s'appliquer au cerveau humain.

Depuis environ vingt ans, les chercheurs se sont mis à étudier un escargot marin, l'aplysie, dont le système nerveux présente l'avantage considérable de ne posséder que quelques milliers de cellules, la plupart d'entre elles étant assez grosses pour être appréhendées à l'œil nu. L'un des pionniers dans ce secteur de la recherche, Eric Kandel, de l'Université de Columbia, a été l'un des premiers à démontrer en quelle mesure les modifications de la fonction des cellules nerveuses interviennent dans l'apprentissage.

Depuis des années, les chercheurs pensaient qu'au moment de l'apprentissage, c'est-à-dire de la réponse particulière qui est apportée à plusieurs reprises à un stimulus spécifique, les liens entre cellules nerveuses et cellules musculaires ou sensorielles se renforçaient. Mais Kandel et son équipe ont pu dresser une carte complète des cellules impliquées dans une réponse apprise et étudier les modifications subies par ces cellules au cours d'une expérience d'apprentissage.

Dans un système nerveux qui contenait environ 20 000 cellules, il a été pour la première fois possible de "disséquer" le processus de mémorisation. L'aplysie n'est pas un animal connu pour son intelligence, mais il peut présenter trois formes fondamentales d'apprentissage : l'accoutumance, la sensibilisation et le conditionnement classique. L'un des comportements les mieux étudiés par Kandel et ses collaborateurs est un réflexe de défense : quand on l'agresse, l'animal réagit par une rétraction de ses branchies. Mais, si on le stimule de manière répétée, il finit par ne plus réagir. C'est ce qu'on appelle l'accoutumance. Comme chez les vertébrés, Kandel a pu mettre en évidence chez l'aplysie un processus qui dépend de la mémoire à court terme et un autre qui implique la mémoire à long terme. Une dizaine de stimulations suffisent pour provoquer une accoutumance à court terme qui disparaît rapidement. Pour déterminer une mémoire à long terme, il faut des stimulations répétées. Ce que Kandel et ses collaborateurs ont pu montrer à partir de ce système expérimental, c'est que la mémorisation s'accompagnait effectivement d'un renforcement (qui dépend de la quantité de neurotransmetteur libéré) mais aussi de la liaison synaptique entre les cellules sensorielles et motrices.

Selon Kandel, il existe dans le cerveau des voies synaptiques prédéterminées. Mais l'entraînement peut les inhiber ou les activer. Et il écrit : *"Si cette constatation pouvait s'appliquer au cerveau humain, ceci signifierait que lors des contacts sociaux les plus simples (par exemple quand deux personnes parlent), la machine neuronique de l'un des deux interlocuteurs pourrait avoir une action directe et peut-être durable sur les liaisons synaptiques modifiables du cerveau de l'autre personne".* (Eric Kandel : "Les petits systèmes de neurones", Pour la Science, novembre 1979, n° 25, p 46).

1

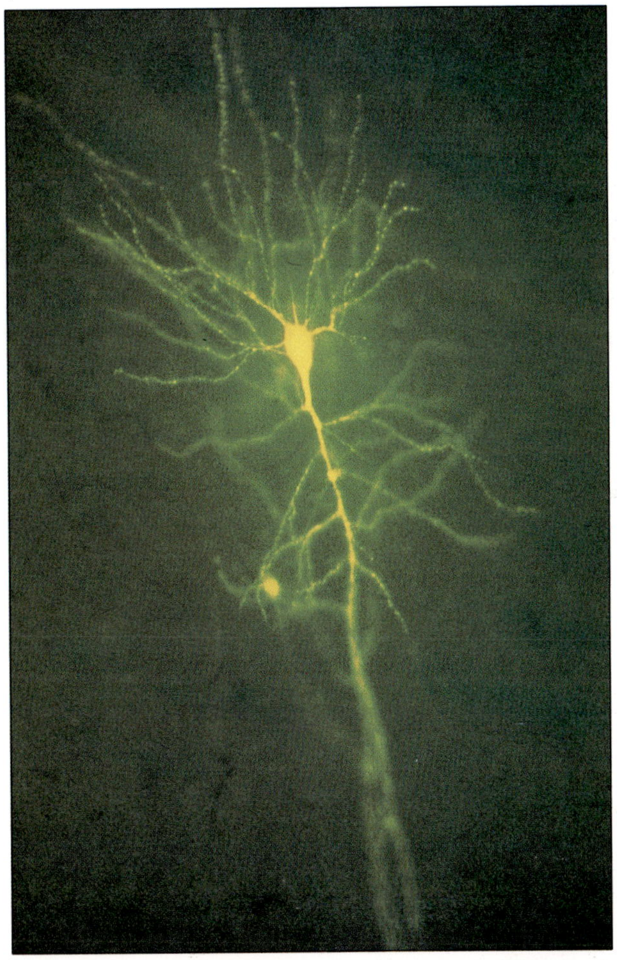

2

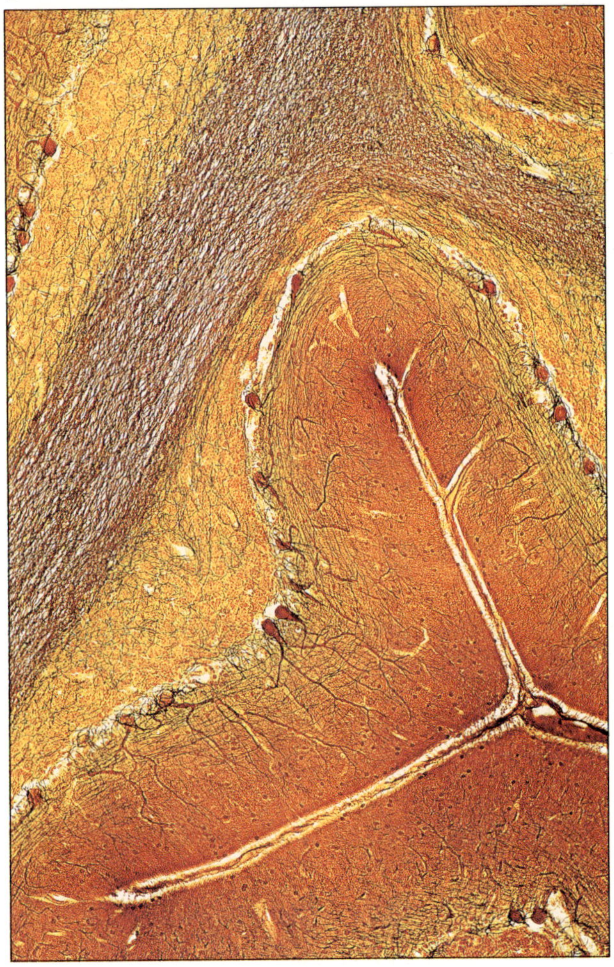

1.2. Neurones
La cellule nerveuse avec son extrémité à branche unique (axone) et l'extrémité étoilée (dendrites). Les cellules nerveuses possèdent dans l'organisme la propriété unique d'établir des liaisons entre elles (en moyenne 10 000 contacts par cellule).

1. Bulbe (myélencephale)

2. Protubérance annulaire (métencéphale)

3. Pédoncule cérébral (mésencéphale)
(tronc cérébral = 1 + 2 + 3)

4. Thalamus (diencéphale)

5. Hémisphère cérébral droit
(télencéphale)

6. Cortex du lobe temporal (T)

7. IIIe ventricule

8. Ventricule latéral droit (corne-frontale)

9. Pilier antérieur du trigone

10. Corps calleux

11. Scissure inter-hémisphérique

12. Scissure de Sylvius

13. Ventricule latéral droit (corne
temporale)

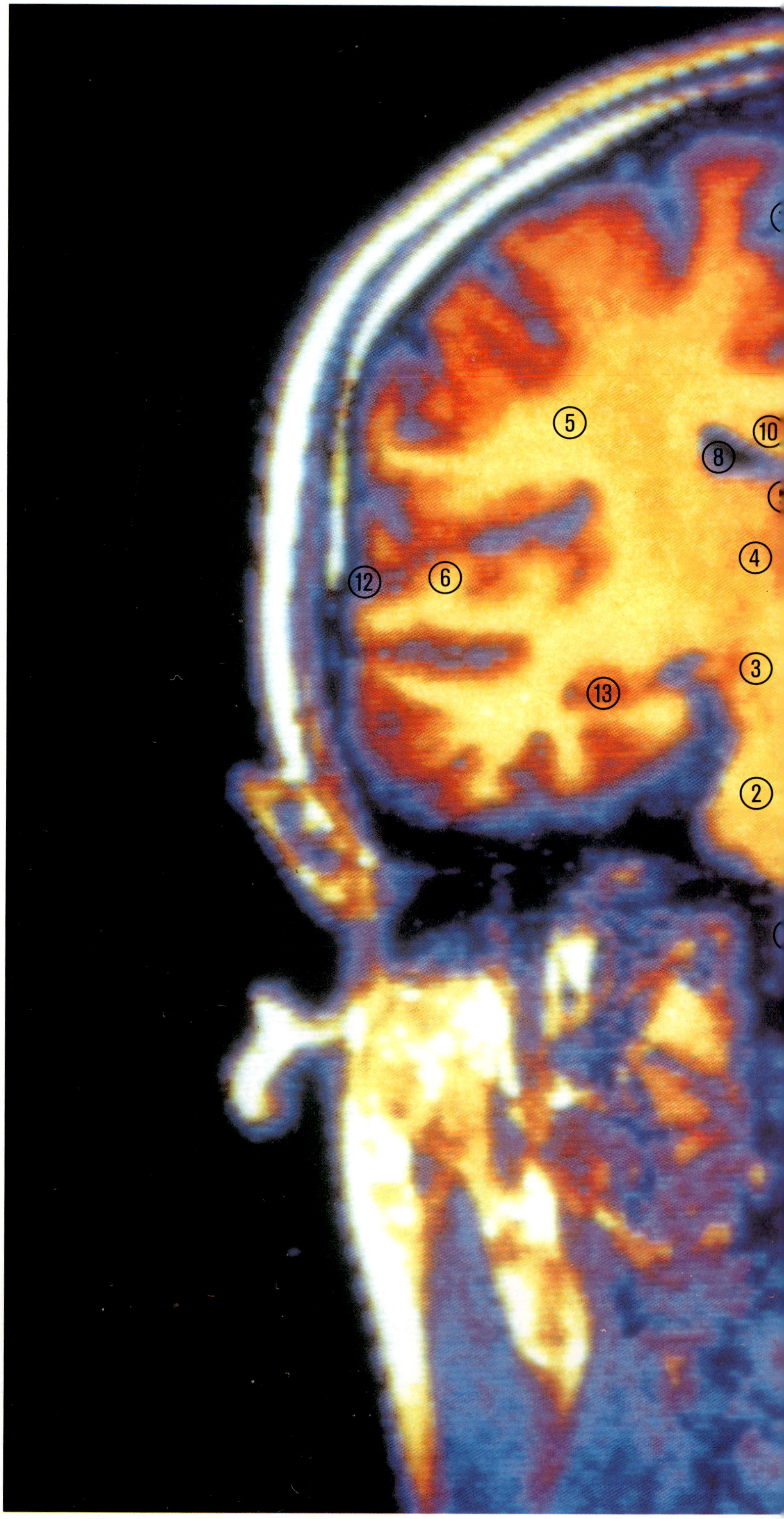

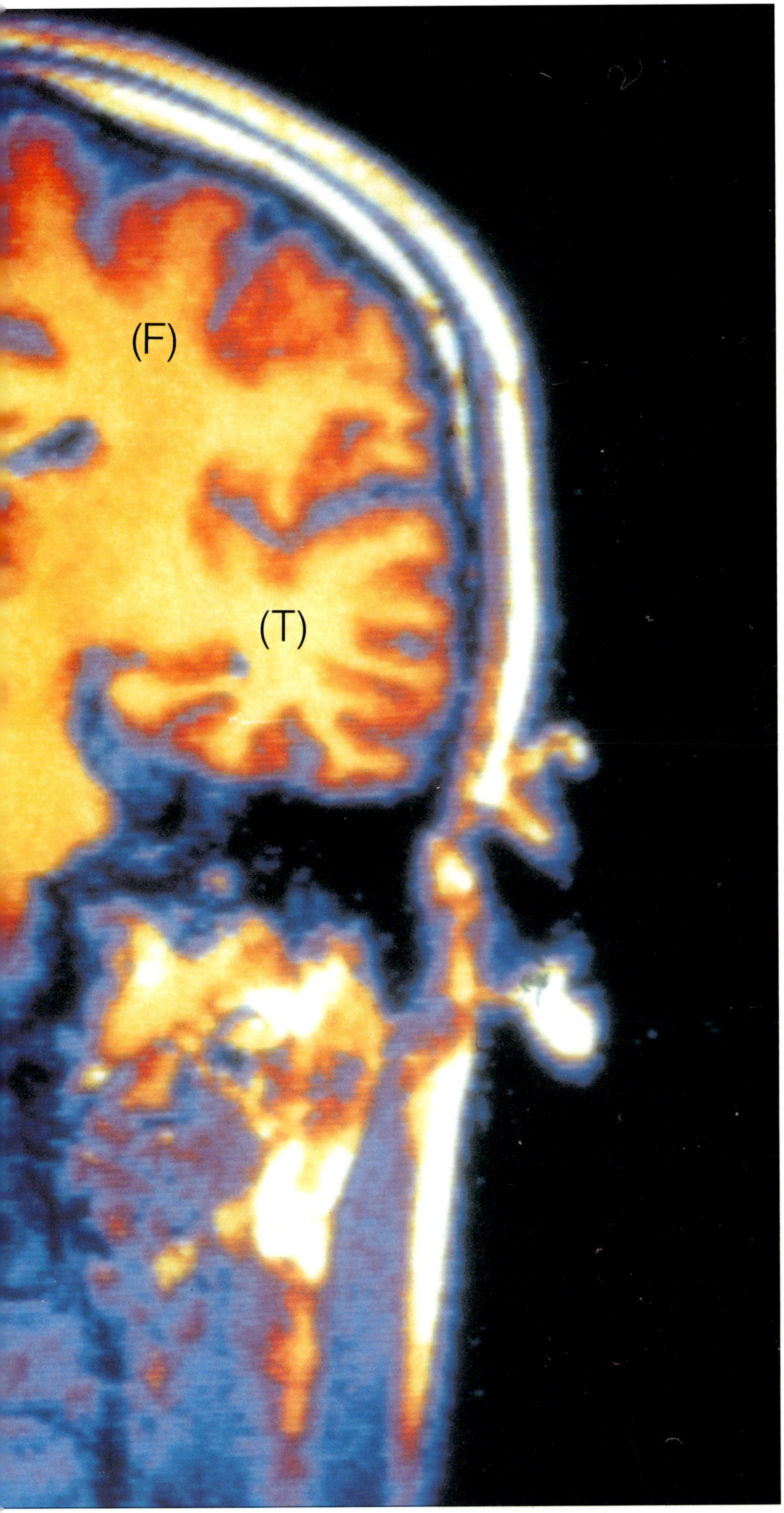
(F)
(T)

1. Moëlle épinière cervicale

2. Bulbe (myélencéphale)

3. Protubérance annulaire (métencéphale)

4. Pédoncule cérébral (mésencéphale)
(tronc cérébral = 2 + 3 + 4)

5. Cervelet

6. IVᵉ ventricule

7. Aqueduc de Sylvius

8. IIIᵉ ventricule et commissure inter-thalamique (diencéphale)

9. Hypothalamus

10. Hypophyse

11. Chiasme des nerfs optiques

12. Corps calleux

13. Trigone

14. Cortex occipital et aires visuelles

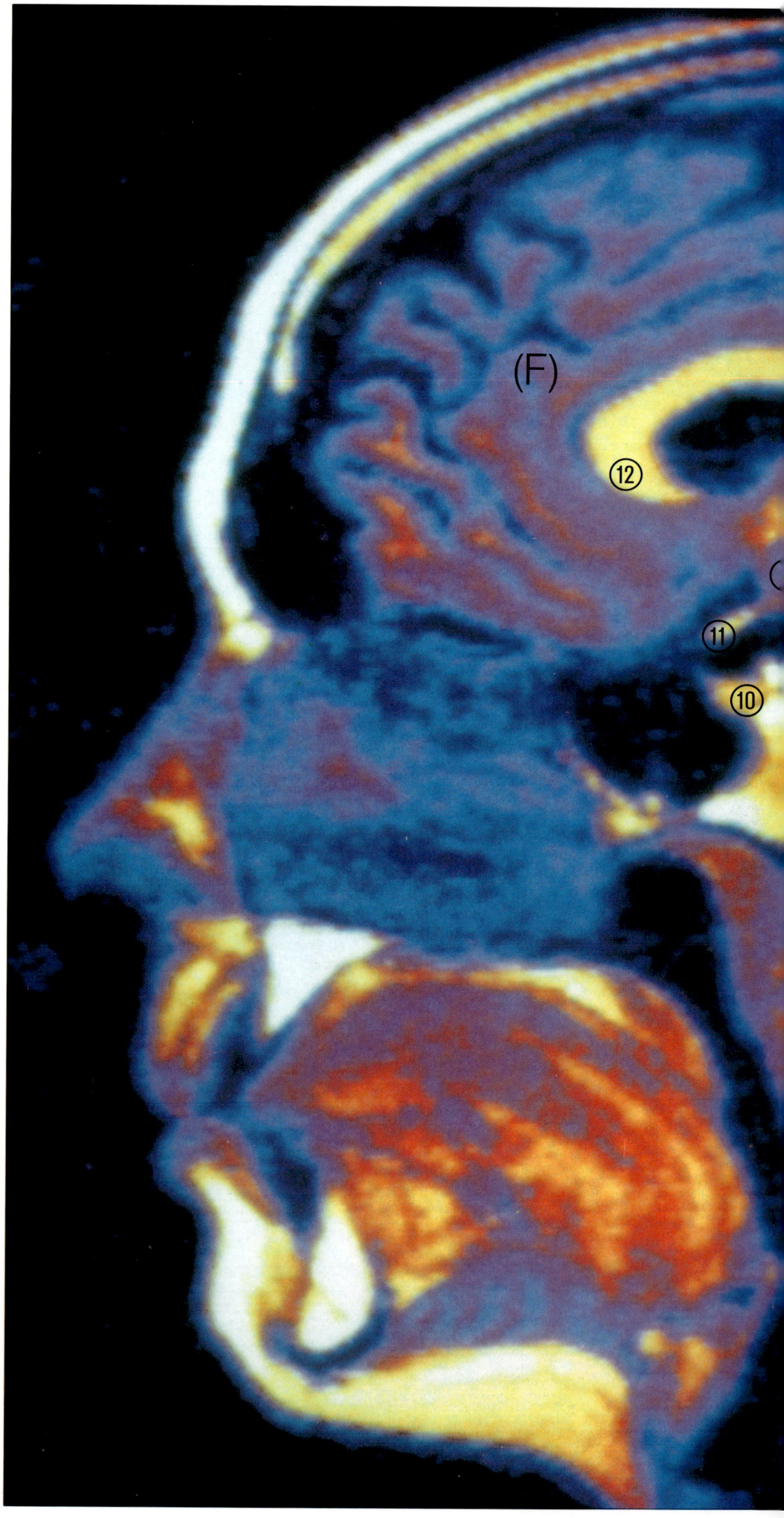

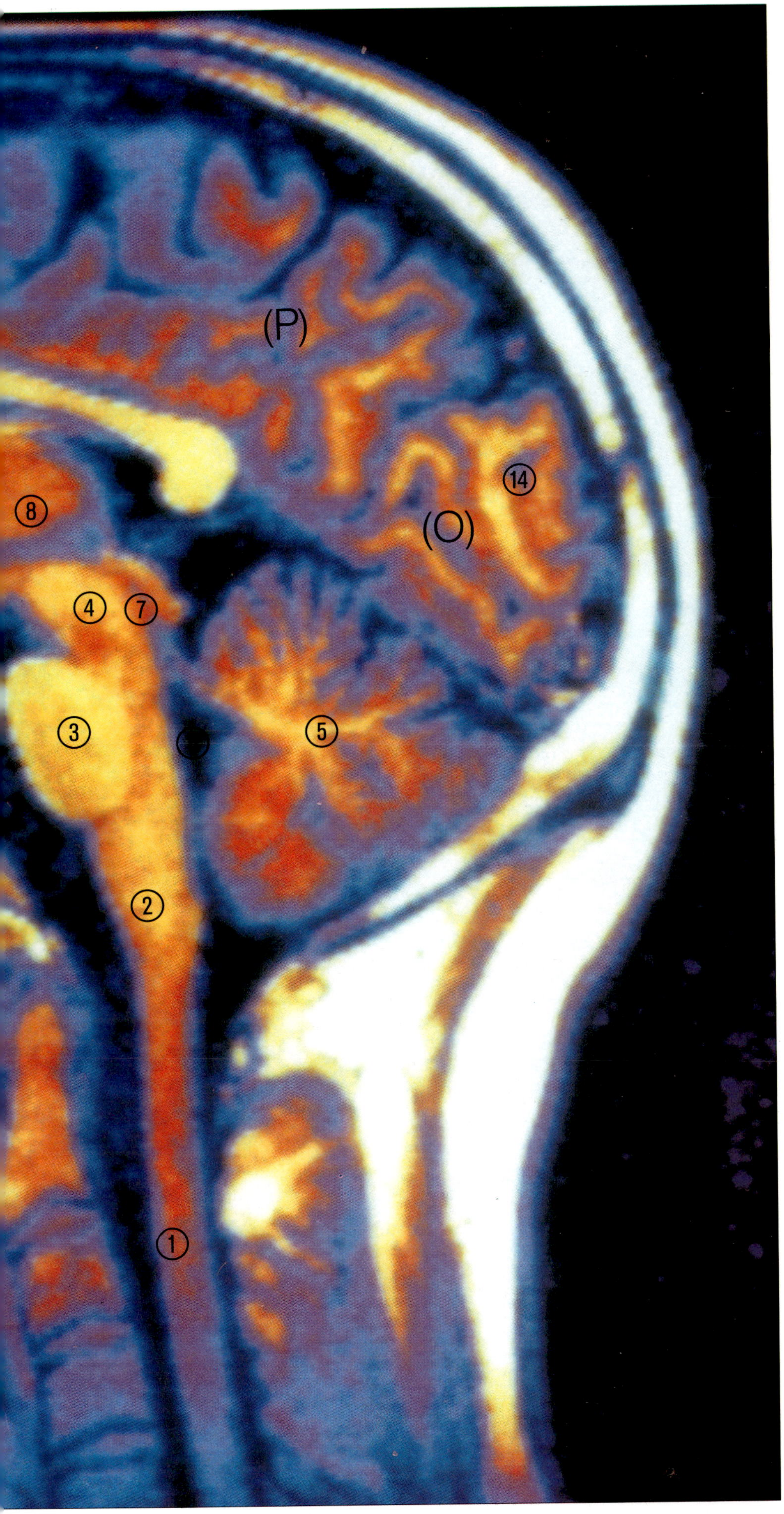

Coupes frontale (p. 112-113) et sagittale médiane de la tête, in vivo, en Imagerie par Résonance Magnétique (IRM), avec affichage coloré. Les lettres F, P, O, T représentent respectivement les lobes : frontal, pariétal, occipital et temporal.
Le cortex moteur se situe dans la région frontale, le cortex sensoriel dans la région pariétale, le cortex visuel dans la région occipitale.
Pour plus de détails sur la nature et les fonctions des différents organes du cerveau, comme sur la localisation d'autres fonctions cérébrales, invisibles sur ces coupes, consulter le glossaire, en fin de volume.

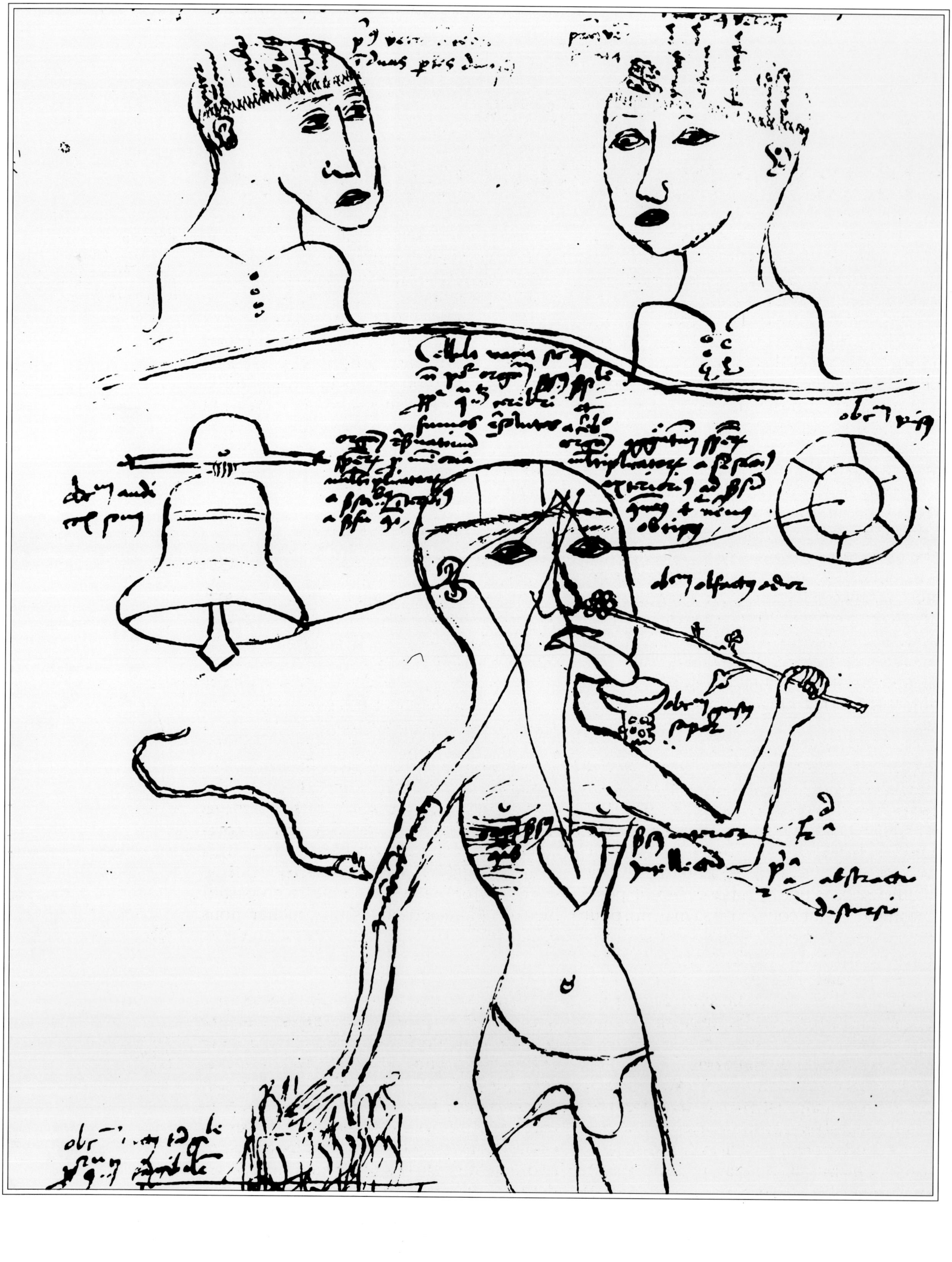

9

Les sens et notre perception du monde

Notre cerveau est "branché" sur le monde grâce aux sens, qui ne se contentent pas de capter une partie du réel, mais permettent, grâce au cerveau, de lui donner un sens. "Fenêtres étroites", selon l'expression de Guy Lazorthes, ils ne nous livrent cependant pas l'intégralité du réel : le monde est pour nous fonction, non pas de ce qu'il est – à supposer qu'il existe un monde en soi – mais de ce qu'enregistre ce que Konrad Lorenz appelle le *Weltbildapparat,* l'appareil qui fournit une image du monde.

Notre dispositif sensoriel n'indique que ce qui nous est utile. Ainsi sommes-nous par exemple incapables de percevoir les rayonnements électromagnétiques très longs (ondes hertziennes) ou très courts (rayons cosmiques) ou encore les ondes lumineuses extrêmes (infra-rouges et ultra-violettes), pas plus d'ailleurs que les ultra ou infrasons.

D'autres espèces animales, les insectes notamment, perçoivent des couleurs, des formes, des informations que nous ne captons pas.

Le célèbre biologiste allemand Jacob von Uexküll a fort bien décrit à cet égard ce que peut représenter, dans des milieux différents la tige d'une fleur sauvage, pour une jeune fille qui cueille des fleurs, pour la fourmi qui va chercher sa nourriture dans les pétales de la fleur, pour la larve de cigale qui perce le canal médullaire de la tige et l'utilise comme poste de pompage pour construire sa maison, pour une vache qui arrrache feuilles et tiges pour s'en nourrir. Et von Uexküll conclut : à chacun son *Umwelt,* son univers chargé de sens, qui ne saurait se confondre avec la composition physico-chimique de l'environnement.

La voie des sens

Le dispositif sensoriel est toujours construit selon un même shéma général. Des corpuscules sensibles constituent autant de capteurs, collectant l'information, le message est ensuite transmis au cerveau par une succession de neurones : le premier (protoneurone) peut se situer dans une muqueuse (olfaction) ou dans les ganglions des nerfs (goût, toucher). Le message est transmis au second (deutoneurone) qui l'achemine par la mœlle épinière jusqu'au thalamus. Plusieurs protoneurones informent un même deutoneurone : ainsi les 850 000 fibres de nerfs sensitifs ne passent de relais qu'à 100 000 fibres au niveau de la moelle. Le troisième neurone (dont le noyau se situe dans le thalamus ou les corps genouillés) va jusqu'à l'écorce cérébrale, où l'information est interprétée, grâce à l'activité d'aires spécialisées du néo-cortex.

La sensibilité tactile

Le sens du toucher présente bien des points de ressemblance avec l'ouïe, si ce n'est que les organes sensoriels qui le caractérisent sont disséminés à la surface du corps et non pas rassemblés, comme dans l'oreille interne. Comme pour l'olfaction, nous n'avons pas encore résolu le puzzle de l'identification des sensations spécifiques sur la peau. Il existe un grand nombre de récepteurs présents dans la peau et des chercheurs ont avancé que certains étaient capables d'identifier la chaleur (corpuscules de Ruffini) ou le froid (récepteurs de Krause), mais aussi les vibrations lumineuses, les pressions appuyées (corpuscules de Meissner, corpuscules de Paccini) ou légères (corpuscules de Golgi-Mazzoni). Même si c'est sans doute vrai (du moins en partie) bien des caractéristiques du toucher nous échappent encore. En particulier la douleur.

La douleur

L'une des questions les plus troublantes qui se pose à propos de la douleur est peut-être celle de sa nature propre. La perte d'un être cher provoque une relation fort différente de celle que l'on ressent à toucher une braise. Et même si on se limite au problème de la douleur physique, tout n'est pas si clair. Depuis une centaine d'années, des physiologistes ont pensé qu'il existe des récepteurs spécifiques de la peau réagissant à la douleur, ce qui sem-

Epitomé
Dessin à l'encre, dans "Epitomata" de G. de Hardewyck, publié à Cologne en 1496.

Chauve-souris
Les chauve-souris, comme d'autres animaux ont des sens qui manquent à l'être humain, tels que la perception des ondes sonores.

blait se confirmer lorsqu'un chirurgien coupait un membre malade et que la douleur disparaissait. Le point de vue opposé fut aussi avancé : la douleur résulterait de diverses informations traitées par le cerveau, à partir de ce qu'enregistrent différents récepteurs de la peau, et tout se passerait "dans la tête" de celui qui a peur de souffrir. C'est une théorie qui semble confirmée par les résultats obtenus par l'hypnose ou l'acupuncture. A l'heure actuelle, les découvertes de la physiologie moderne tendent à réfuter cette thèse : Edward R. Perl, de l'Université de Caroline du Nord, a démontré sans ambiguïté l'existence de récepteurs de la douleur sous la peau. Mais il existe aussi des récepteurs au niveau du tissu qui entoure les muscles et les os, les viscères et d'autres organes. Ils répondent à des coupures, des chocs ou des substances chimiques. Parmi ces dernières, figure la prostaglandine E2, dont la synthèse est bloquée par l'aspirine, ce qui explique l'efficacité de ce médicament.

Une fois perçues, les sensations douloureuses sont transmises au cerveau par la mœlle épinière. Les neurones de la douleur de la mœlle épinière libèrent un médiateur, appelé substance P, une sorte de molécule de la douleur : la morphine agit en inhibant sa synthèse, comme d'ailleurs les endorphines et peut-être l'acupuncture. D.S. Meyer a mis en évidence la sécrétion d'endorphines ("morphines du cerveau") sous l'influence des aiguilles. Il semble que ce soient le système limbique et le cortex préfrontal qui donnent à la douleur sa coloration émotionnelle. Des malades ayant subi une lobotomie (ablation d'un morceau de la partie antérieure du cerveau) disent souvent qu'ils sentent la douleur mais n'en sont pas gênés.

D'une façon générale, la perception de la douleur varie très largement d'un individu à l'autre et même parfois d'un groupe ethnique à l'autre. Pourquoi ? On ne le sait pas très bien. Patrick D. Wall (University College de Londres) et Ronald Melzack (McGill University) ont suggéré que la douleur se transmet en passant par des portes nombreuses, contrôlées par les messages venant du cerveau et par ceux qui y sont envoyés (ainsi qu'aux fibres sensorielles), avant d'arriver au cerveau. Cette théorie expliquerait l'efficacité de la stimulation nerveuse électrique transcutanée (TENS) et de la vibration mécanique pour interrompre la douleur. Selon eux, la stimulation électrique ou mécanique activerait des fibres nerveuses larges, à transmission rapide, et des signaux voyageant à travers la moelle épinière, où elles bloqueraient les messages de douleur qui s'achemineraient, eux, par des fibres plus minces, à conduction lente. Ils soulignent aussi le rôle probable que jouent les enkephalines, présentes dans la moelle épinière,dans ce "contrôle des portes".

Patrick Wall résume l'impact de la théorie des portes en ces termes : *"L'étude des mécanismes de transmission sensorielle montre qu'elle est dominée par des mécanismes de contrôles de portes rapides et des contrôles de connexions lentes, ce qui permet la sélection des évènements autorisés à influencer le comportement. En tant que personnes douées de conscience, nous ne sommes pas piégés dans nos têtes, par un mécanisme rigide de flot continu de toutes les informations possibles. Au contraire nous ressentons les événements à travers une série d'univers sensoriels créés par nos explorations et sélectionnés à travers tout ce qui nous est fourni. L'exploration du monde extérieur entraîne une information sensorielle, soumise aux lois du tri de ce qui est nécessaire à l'évolution des comportements. Cette théorie des sens unifie esprit et corps en une simple entité subtile, plutôt que de privilégier une vision dualiste où un mécanisme trivial qui traînerait à sa suite un esprit, glorieusement intelligent, mais dépendant d'un mécanisme stupide".* (Clive Warwick Coen : "Functions of the brain", ed. Clarendon Press, Oxford, 1985, p 64).

La vision

Les chercheurs se sont si bien penchés sur les connexions des neurones dans le système visuel et soucié de leurs réponses à la lumière que nous savons assez bien comment cette partie du cerveau fonctionne. Mais nous sommes loin encore de pouvoir répondre à la question toute simple : comment voient les gens ?

S'il est difficile d'établir comment les cellules du cerveau humain nous permettent de voir, des recherches entreprises sur la psychologie de la vision nous fournissent à l'heure actuelle des indices pour savoir dans quelle direction chercher. Vilayanur S. Ramachandran, à l'Université de Californie à San Diego, a déve-

Vision
Un système de stimulation de la lumière est ici placé sur un patient et un scanner à positrons (PET) mesure l'activité des zones reliées, dans son cerveau, à la vision.

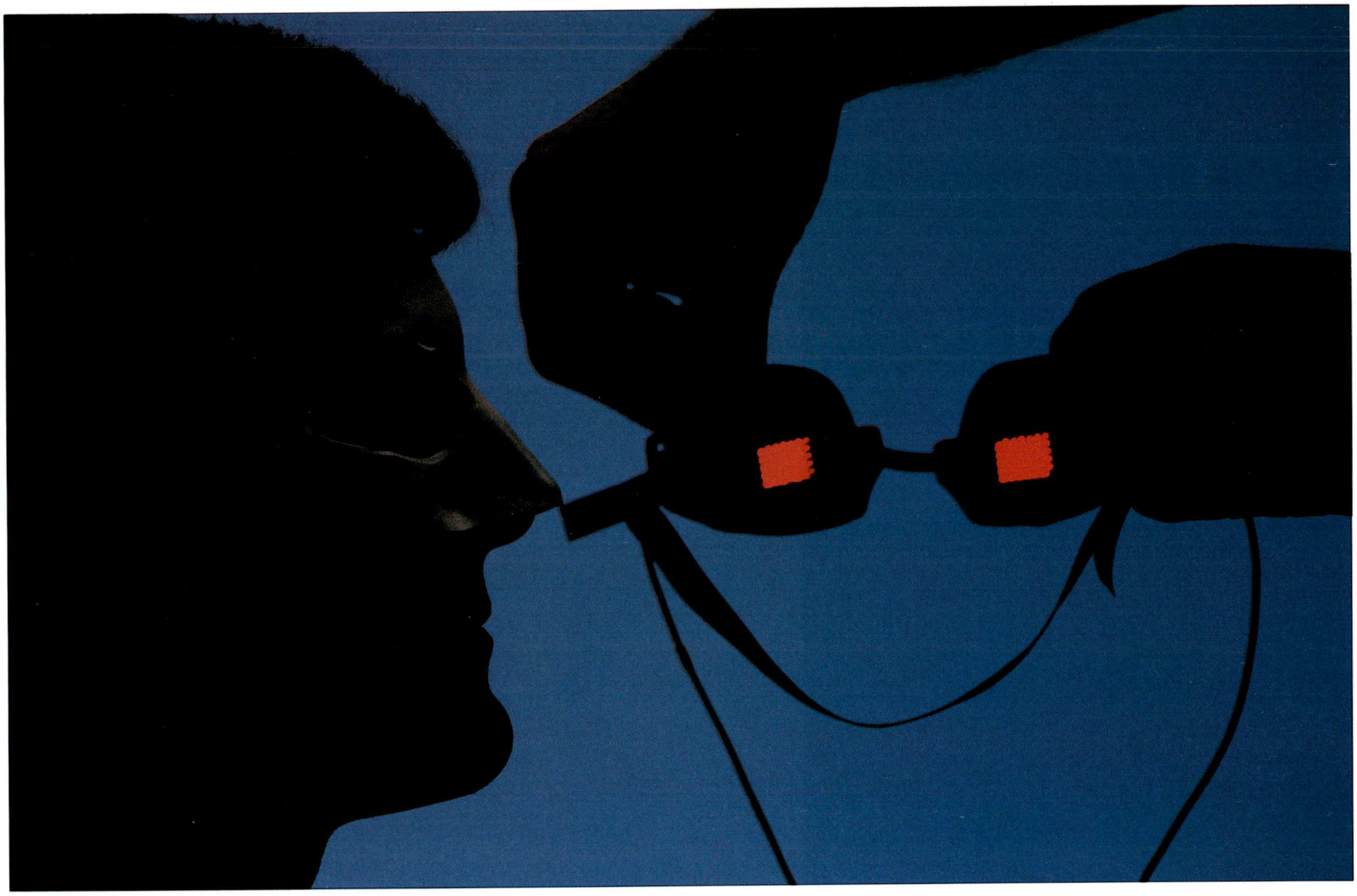

loppé ce qu'il appelle "la théorie utilitaire de la perception". Selon lui, le système visuel des êtres humains a acquis "un sac de trucs" au cours de l'évolution et cela lui permet de prendre certains raccourcis pour pêcher, dans le monde visible, les informations qui lui sont utiles. C'est ainsi que pour les animaux à l'état sauvage, se nourrir et éviter de se faire manger sont essentiels à la survie, et tout ce qui bouge est candidat au rôle de proie ou de prédateur. On peut donc se dire que certains des trucs qui se sont révélés utiles à la survie pourraient être associés à la détection rapide du mouvement. Tout va si vite dans une succession d'images qu'il doit, selon Ramachandran, exister un système qui établit rapidement une correspondance entre les images successives et associe cette correspondance à quelque chose qui bouge. Ce n'est pas affaire de réflexion. Toute créature qui mettrait un temps infini à comprendre que l'ombre qui se glisse à travers les arbres est un léopard ne serait pas très douée pour survivre.

Les recherches sur la vision ont été dominées, au cours des dernières années, par les travaux de deux chercheurs américains, David Hubel et Torstein Wiesel, Prix Nobel de médecine 1981. Ils ont montré qu'au niveau du cortex, les cellules impliquées dans la vision étaient sensibles à un type précis et unique de stimulation. Elles répondent spécifiquement à des lignes d'orientation particulière – oblique, verticale, horizontale –. Chaque stimulation simple entraîne au niveau du cortex une activation relativement complexe, complexité qui tient à ce que le cerveau (avec sa surface bidimensionnelle) doit se représenter plus de deux dimensions. Pour Hubel et Wiesel, "le cortex tout entier n'est vraisemblablement qu'un pavage répétant un module élémentaire". Les recherches récentes sur la vision indiquent que certaines cellules enregistrent

Toucher
Gabrielle d'Estrées, maîtresse d'Henri IV, immortalisée avec l'une de ses sœurs par un peintre de l'École de Fontainebleau, à la fin du XVIe siècle.

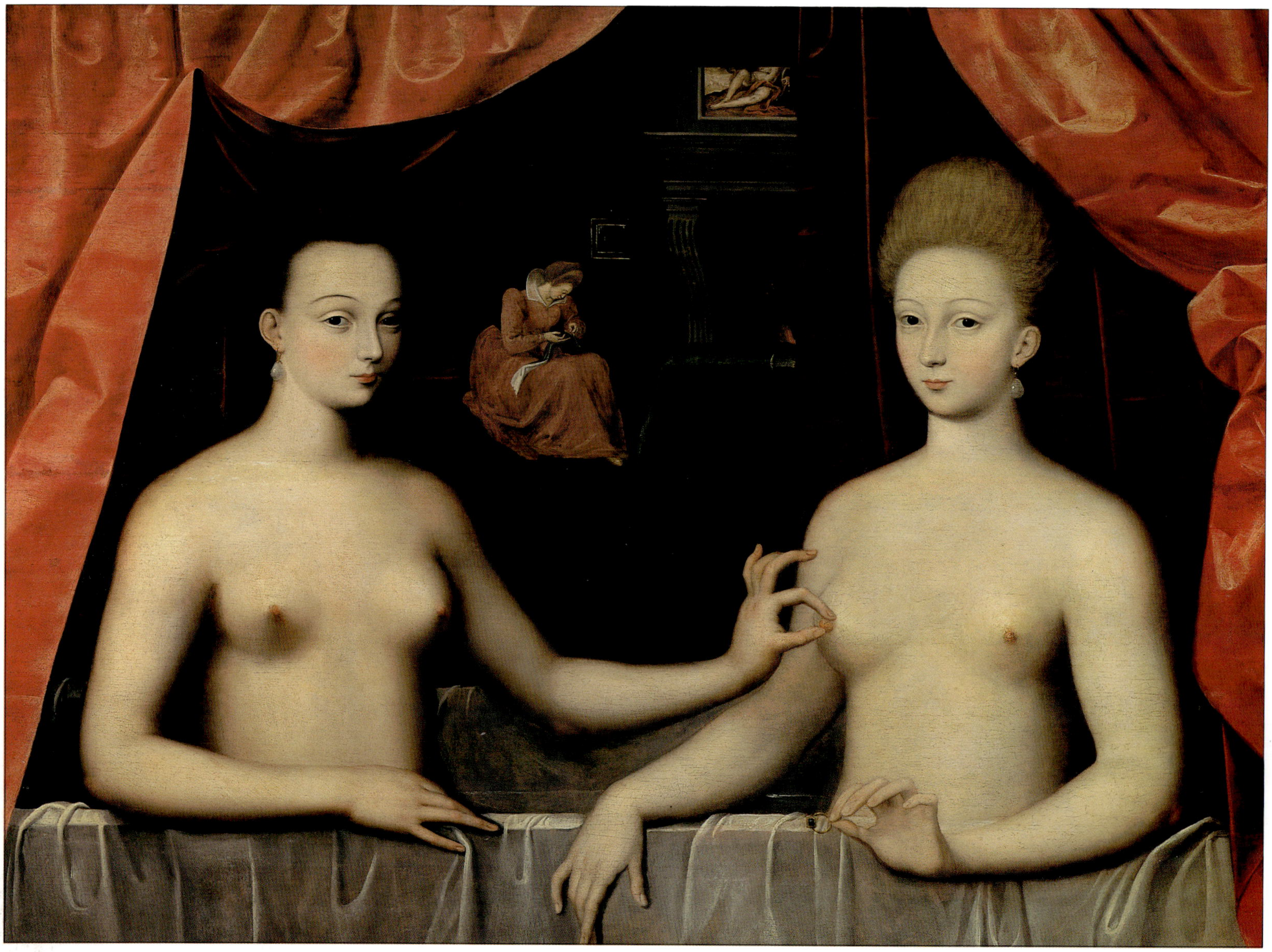

le mouvement, que d'autres sont sensibles aux couleurs et à des détails plus fins comme les angles ou la fin des lignes.

L'organisation fonctionnelle de la vision existe dès la naissance, avant toute expérience visuelle, ce qui confirme l'importance de la détermination génétique. L'environnement peut cependant intervenir, notamment en cas de traumatisme. Par exemple, lorsqu'on coud l'œil d'un animal à la naissance, l'autre œil utilise tous les circuits menant au cortex. Si on libère l'œil, l'animal reste borgne, si la privation a été réalisée dans la période critique qui va de trois semaines à six mois après la naissance. Autrement, il ne présentera pas d'altérations. Il existe donc une certaine plasticité cérébrale qui permet la sélection de potentialités génétiquement déterminées.

L'audition

C'est le sens le plus récemment apparu, puisqu'il coïncide avec la vie à l'air libre, bien que les poissons possèdent une ligne latérale qui détecte les vibrations. L'appareil auditif humain comprend l'oreille externe (avec la membrane du tympan qui vibre sous l'effet du son), l'oreille moyenne (avec la chaîne des osselets qui amplifie les vibrations) et l'oreille interne (transformant le son en influx nerveux et contenant l'appareil récepteur de l'équilibration).

Ce sont des cellules spécialisées de l'oreille interne, les *cellules ciliées,* qui transforment les vibrations en signaux, reconnus par les neurones qui transportent l'information au cerveau. Le processus semble simple, mais garde bien des secrets. Comment pouvons-nous, par exemple, déterminer la différence entre deux notes de musique qui provoquent dans notre oreille interne des mouvements similaires ?

Une fois que les signaux nerveux sont parvenus à l'oreille interne, ils passent par des

Odorat
Des spécialistes des parfums, communément appelés des "nez".

1

2

1. Hallucinations
Jeune fille souffrant d'hallucinations auditives, à la Salpêtrière. Collection Charcot.

2. Test de vision
Des canes, de deux espèces différentes, l'une sauvage et l'autre domestique, sélectionnent les photos du canard mâle qui correspond pour chacune à son espèce. Cette épreuve de discrimination visuelle est fondée sur des techniques de conditionnement, mises au point par la compagnie américaine Animal Behavior Enterprises. Il s'agit de comprendre la structure visuelle de ces volatiles.

relais, comme d'autres signaux sensoriels. Nous savons que certains d'entre eux nous aident à déterminer l'origine d'un son, en détectant les différences que met ce son pour arriver à l'oreille droite et à la gauche. D'autres processus nous aident à distinguer un son de haute fréquence d'un son de basse fréquence. Mais nous ne savons pas du tout comment nous arrivons à reconnaître une voix ou à évaluer la différence entre deux sons agréable et désagréable.

Dans le sens de l'équilibre intervient l'audition mais aussi la vue. La sensibilité, qui vient de divers éléments de notre appareil locomoteur, renseigne sur les tensions, pressions et positions. Mais c'est le vestibule de l'oreille interne qui contient le dispositif le plus spécialisé, avec ses deux cavités et ses trois canaux semi-circulaires. Les cavités sont pleines d'un liquide où flottent des cristaux qui, en se déplaçant, stimulent des cellules sensorielles. C'est grâce à ces cellules que l'organisme est tenu informé de l'équilibre statique du corps. Les canaux semi-circulaires, eux, orientés suivant trois plans différents, sont sensibles aux déplacements.

Les vols dans l'espace (avec l'absence de gravité) mettent à l'épreuve notre sens de l'équilibre. C'est pourquoi les spationautes ressentent une perturbation de l'équilibre et du mouvement, un mal de l'espace et des modifications de la circulation sanguine : cerveau et cervelet manquent alors d'informations, du fait de cette situation nouvelle qu'est l'apesanteur.

L'odorat

L'homme n'a qu'un sens de l'odorat très atténué. Il ne possède qu'environ six millions de cellules olfactives contre deux-cent millions par exemple pour le chien de chasse ! L'information qui nous vient du nez parvient au cerveau selon des voies assez différentes de celles des autres organes des sens. Elle a un accès privilégié au cerveau, en un sens, puisque les neurones qui sont dans le nez vont directement au cortex. L'odorat est un sens qui est apparu assez tôt au cours de l'évolution, à une époque où il était essentiel à la survie des êtres vivants. Mais certains chercheurs pensent que c'est ,même aujourd'hui, un sens plus important que nous ne le croyons et certains anthropologues vont jusqu'à suggérer que le baiser a commencé par un reniflement de reconnaissance pour détecter ce que l'ensemble complexe des odeurs du corps de l'autre pouvait nous révéler de cette personne. Tout cela reste évidemment difficile à évaluer.

L'organisation des parties du cerveau qui interviennent dans l'odorat est fascinante et curieuse, car elle n'obéit pas aux lois standard. Dans les yeux et les oreilles, des cellules spécifiques sont chargées de convertir la lumière ou le son en signaux que reconnaissent les cellules nerveuses. Dans le nez, les fibres nerveuses primaires qui vont au cerveau sont exposées au monde extérieur. Les substances chimiques qui transmettent les messages des odeurs les activent directement. Plus étonnant encore, ces fibres nerveuses primaires vont droit au cortex, dans une région connue sous le nom de *bulbe olfactif*. Les fibres nerveuses transportent l'information olfactive de cette zone spécialisée au cortex olfactif primaire et la transfèrent, de façon surprenante, au thalamus et à d'autres chemins qui les relient au système limbique, centre de régulation des émotions.

Les recherches sur l'odorat ont récemment connu une certaine vogue, à cause du défi qu'elles représentent. Quelques chercheurs considèrent que les récepteurs olfactifs pourraient bien se révéler aussi diversifiés que ceux du système immunologique, capables de se lier comme clé et serrure à virtuellement toute molécule qui passe. Cette vue est étayée par le fait que l'odorat n'aurait que fort peu (sinon pas) de capacité préprogrammée pour identifier des odeurs et pour tirer leçon de l'expérience. Il est aussi clair que le système olfactif (comme virtuellement tous les systèmes sensoriels) envoie des informations du cerveau à la périphérie, mais de quelle information s'agit-il et quel rôle joue-t-elle dans la perception ? Mystère.

Il serait peut-être un jour possible de tirer parti de l'accès direct privilégié du système olfactif au nez pour traiter différentes sortes de désordres mentaux. Ou peut-être qu'étant donné l'accès facile du système olfactif au système limbique, les odeurs pourraient aider à améliorer l'humeur, la productivité ou les performances mentales.

Le goût

Le sens du goût n'est évidemment pas sans lien avec celui de l'odorat. Tous deux sont de nature chimique : la sensation gustative résulte de l'action de molécules sur des récepteurs qui se trouvent dans la bouche,

3. Le goût
Les terminaisons nerveuses de la langue sont les plus fines du système neuro-végétatif. Leurs limites sont mal définies.

les bourgeons du goût, sortes d'oignons formés d'une vingtaine de cellules et situés dans les papilles gustatives. Alors que les nouveaux-nés ont la bouche tapissée de papilles gustatives, les papilles de la langue subsistent seules, après la naissance. Il semblerait que chaque saveur soit perçue par une zone particulière de la langue, le sucré vers la pointe et les bords intérieurs, l'amer sur le dos, l'acide sur les bords et le salé sur une assez large étendue.

Un sixième sens ?

Un sixième sens s'ajouterait-il aux autres ? L'idée n'est pas neuve, mais récemment les expériences de Robin R. Baker, zoologue de l'Université de Manchester, ont ouvert de nouvelles voies. Selon lui, nous possèderions, comme certains animaux, un sens de l'orientation fondé sur les champs magnétiques terrestres. Robin Baker a placé des étudiants, les yeux bandés, dans un car, les a transportés à plusieurs kilomètres de l'université et leur a demandé de repérer la direction de l'université. Ceux qui avaient un bandeau oculaire y parvenaient mieux que d'autres. Un aimant placé au-dessus de leur tête perturbait cette capacité. Mais le sixième sens reste encore un mystère.

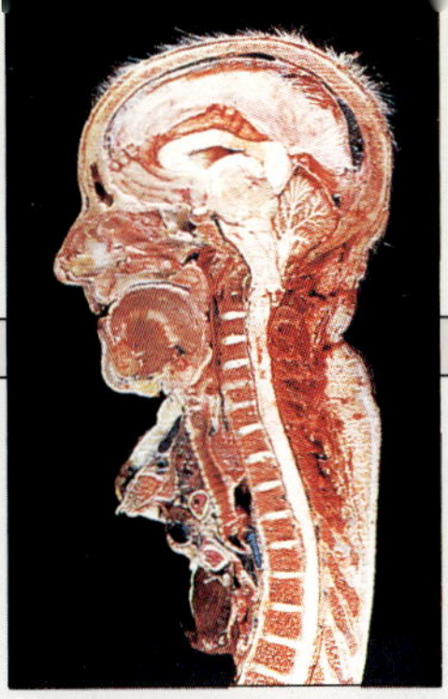

Le substrat neuronal de l'olfaction,

par Eric Barrington Keverne, Université de Cambridge.

L'odorat n'a jamais fait l'objet de recherches scientifiques aussi poussées que les autres sens, la vision en particulier. Et pourtant, la prédominance d'une communication de nature chimique s'est montrée, sous bien des aspects, capitale pour la survie de nombreuses espèces de mammifères. Des comportements comme l'alimentation, la parade nuptiale, les conduites maternelles ou les conduites défensives dépendent dans une large mesure de la possibilité de capter des signaux olfactifs.

Si la plupart des mammifères se servent de tous les organes sensoriels dont ils sont dotés pour prendre la mesure de leur environnement, certains font plus appel que d'autres à l'olfaction, pour recueillir les informations qui leur sont nécessaires, particulièrement pour la reproduction. Ainsi les souris identifient le sexe de leurs congénères à l'odeur. De surcroît, leurs mécanismes physiologiques de reproduction, sont largement déterminés par des signaux de nature chimique, les *phéromones*.

Les souris entrent de toute évidence dans la catégorie des mammifères "macrosmatiques" – c'est-à-dire que leur odorat est très développé. En revanche, les primates (l'homme inclus) se caractérisent par un développement optimal de la totalité de leurs sens et, grâce à l'évolution de leur cortex, ils ont la capacité d'assimiler et d'intégrer rapidement et simultanément les informations transmises simultanément par toutes les voies sensorielles. Le comportement de l'individu ne dépend pas de la dominance d'un sens sur les autres : tous interviennent pour fournir un maximum d'informations sur l'environnement.

La neuroanatomie a traditionnellement classé les primates sous l'étiquette de "microsmatique", ce qui signifie qu'une partie relativement restreinte de leur cerveau est sensible aux messages olfactifs et que les récepteurs périphériques sont en nombre plus réduit que chez les espèces dites "macrosmatiques", telles que la souris ou le lapin.

En vérité, un examen, même superficiel, du cerveau révèle des différences anatomiques convaincantes entre ce que l'on peut considérer comme les vecteurs du sens olfactif chez la souris et le singe, par exemple. Les bulbes olfactifs de la première occupent une part importante de la cavité crânienne alors que ceux du second, presque entièrement subordonnés au néocortex, sont à peine visibles. De même, les cellules réceptrices de la muqueuse olfactive des espèces macrosmatiques sont plus nombreuses que chez le singe (cent millions de récepteurs chez le lapin, dix millions chez le singe).

Si la réception et l'interprétation des messages olfactifs dépendaient exclusivement des données anatomiques, les primates pourraient être considérés définitivement comme microsmatiques. Or, deux découvertes importantes ont porté un coup mortel à cette méthode de classification. En premier lieu, les enregistrements effectués sur des récepteurs olfactifs isolés sont maintenant devenus possibles, et l'on s'est ainsi aperçu que ces récepteurs n'étaient pas étroitement limités à la perception de telles ou telles odeurs particulières mais, au contraire, qu'ils étaient susceptibles de réagir à toute une gamme d'odeurs différentes. Ce qui conduit à privilégier l'idée qu'un récepteur olfactif serait sensible à une rafale d'éléments olfactifs qu'il décode, plutôt que l'hypothèse selon laquelle chaque récepteur ne capterait que des odeurs isolées et distinctes. La seconde découverte fut que les projections neuronales du système olfactif aboutissent au néocortex par le canal du thalamus.

Le fait que l'information olfactive soit un complexe codé, nécessitant pour être décrypté des moyens de reconnaissance d'un ordre supérieur, signifie que l'animal qui dispose d'une infrastructure neuronale plus importante est en mesure de reconnaître une gamme élargie et plus diversifiée d'informations olfactives. Que ce potentiel soit ou non pleinement utilisé, la question demeure posée. Mais se borner à établir la comptabilité des neurones n'explique pas la manière dont ils fonctionnent et n'apporte aucune indication quant aux capacités de perception du sujet.

La plupart des mammifères, à l'exception des primates supérieurs (y compris l'homme), possèdent deux types de récepteurs olfactifs : d'une part, les cellules chimiosensibles de la muqueuse olfactive de la cavité nasale, en relation directe avec le bulbe olfactif ; d'autre part, les récepteurs de l'organe "voméronasal", en liaison avec le bulbe olfactif accessoire. Les communications centrales des deux bulbes (principal et accessoire) demeurent distinctes, celles de l'accessoire allant directement aux amygdales du cerveau limbique, celles du principal au cortex pyriforme, lui-même relié au néocortex par l'intermédiaire du thalamus, et qui se ramifie dans le cerveau limbique (cloison nasale, amygdales, hypothalamus). Le système olfactif accessoire, lui, n'est en liaison qu'avec les amygdales et, à partir de là, avec les régions du cerveau limbique, qui commandent les comportements motivés et la fonction neuroendocrinienne. C'est, répétons-le, au niveau de la fonction de reproduction que l'on peut le mieux déceler une distinction significative entre les deux systèmes : si le système olfactif principal provoque la stimulation sexuelle, l'accessoire met la femelle en état d'ovulation et de nidation, et favorise la sécrétion des testostérones gonadales chez le mâle. Les projections corticales diffuses permettent une certaine souplesse dans la réponse aux stimulants olfactifs, mais la projection limbique directe déclenche une réponse neuro-endocrinienne univoque.

La perte du système olfactif accessoire chez les primates peut être considérée comme faisant partie du processus de l'évolution, qui a contribué à libérer en partie l'être humain de son environnement physique. Par exemple, sa fonction reproductrice est indépendante des saisons, elle n'est pas photopériodique. De même, l'ovulation, chez la femme, n'est pas une réponse réflexe à une stimulation tactile et rien n'indique l'intervention d'un phénomène phéromonal. C'est, de façon patente, l'un des niveaux de hiérarchisation qui distinguent l'homme des autres mammifères. Cependant, chez l'être humain, le système olfactif principal est relié à la partie du cerveau qui régit les émotions, le cerveau limbique. Cette liaison, ainsi que la pauvreté des connexions entre système olfactif et néocortex (cortex associatif notamment) pourrait permettre de dire que l'odorat influe peut-être sur notre jugement, comme en témoigne l'effet persuasif, sur le consommateur, des produits odoriférants que l'on ajoute aux détergents et aux savons de toilette. Il n'est pas jusqu'aux fruits et aux légumes dont on ne tente de renforcer les arômes pour attirer le chaland. La faveur dont jouit l'industrie des cosmétiques ne tient pas à une analyse rationnelle du marché, mais à la prise en compte du comportement hédoniste de la clientèle.

Les neurones olfactifs se renouvellent continuellement, tous les trente jours environ. Comme un récepteur donné n'est pas spécifiquement accordé à une odeur précise, mais qu'il est seulement un élément de tout un dispositif de propagation mettant en jeu de nombreux récepteurs, ce dispositif tout entier doit, lui aussi, être en état de changement continuel. Cependant, il y a une convergence considérable des récepteurs dans le glomérule synaptique du bulbe olfactif et, par conséquent, une considérable redondance du système. On ne sait pas dans quelle mesure cette convergence vient à bout des problèmes provoqués par ce renouvellement des neurones olfactifs, mais il est clair que la modification de la distribution des types de récepteurs est susceptible d'avoir un retentissement sur la mémorisation des odeurs. C'est ainsi que nous sommes incapables d'évoquer les odeurs et de les remémorer, comme nous le faisons pour les images visuelles. Une odeur peut rappeler une image visuelle, mais l'inverse n'est pas possible. La raison pour laquelle notre mémoire olfactive est si médiocre vient peut-être de ce que des odeurs complexes peuvent ne subsister que pendant la vie active d'une population donnée de récepteurs. Faute de fréquentes expositions à ces odeurs, leur souvenir peut disparaître, au fur et à mesure que se renouvelle la population des récepteurs.

L'odorat est un sens hautement subjectif, la perception personnelle des odeurs pouvant varier, dans de larges proportions, au sein de la population. Même des corps chimiquement purs (par opposition aux combinaisons moléculaires) peuvent être olfactivement perçus de manière différente par ceux qui les respirent. Un stéroïde comme l'androstérone (hormone sexuelle mâle) peut avoir un arôme agréable et musqué pour certains, une déplaisante odeur d'urine pour d'autres et il est totalement inodore pour environ 20 % de la population. Quand plusieurs odeurs nous sont simultanément présentées, nous sommes souvent dans l'incapacité d'identifier les composants de la mixture, tout comme nous sommes dans l'impossibilité de distinguer les diverses longueurs d'onde qui constituent la lumière blanche. C'est que le faisceau des récepteurs de propagation, excités par chaque odeur, se perd sans le dispositif global, mis en action par un faisceau complexe d'odeurs. Certes, les parfumeurs qualifiés (les fameux "nez") peuvent analyser des mixtures odoriférantes, mais c'est plus vraisemblablement parce qu'ils ont appris à reconnaître les ensembles complexes que provoquent tel ou tel mélange d'odeurs que parce qu'ils auraient une mémoire susceptible de distinguer les variantes qui les composent.

Chez l'homme, la détection de ces codes olfactifs semblerait être une fonction avant tout hédoniste, complémentaire de l'appréciation des vins et des parfums, alors que la discrimination chimiosensorielle acquise nous permet d'identifier de nombreux composés artificiels (dont certains toxiques ou explosifs), qui ont été introduits dans l'environnement. Ainsi, bien que peut-être le développement du néocortex ait permis la survie de l'espèce indépendamment des sens biochimiques, il a parallèlement autorisé des "nez" bien entraînés à porter une appréciation hédoniste et cognitive sur les odeurs.

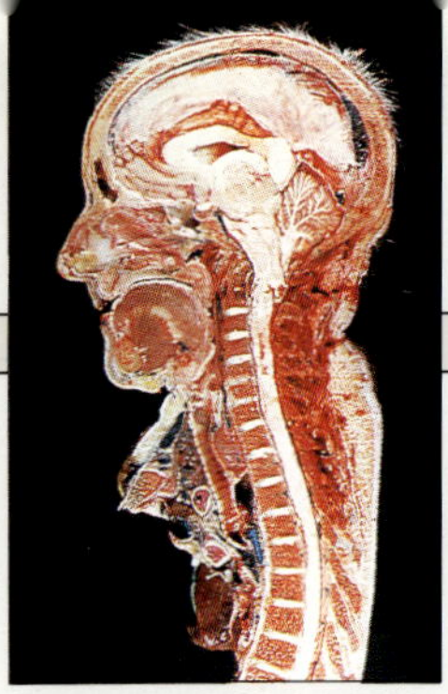

Les amours porcines,

par W.D. Booth,
Agricultural and Food
Research Council, G-B.

Est-il nécessaire de rappeler que le porc est un animal malodorant? Mais, si l'on se penche de plus près sur l'association immémoriale qui s'est établie entre le porc et les odeurs désagréables, un certain nombre d'aspects intéressants de la biologie de ce quadrupède commencent à se faire jour. Nous sommes tout aussi responsables que lui des remugles agressifs, émanant de la porcherie, dans la mesure où nous avons obligé, pour des raisons d'élevage intensif,cet animal intelligent à vivre dans un confinement relatif. Il existe cependant, enrobées dans cette pléthore de fumets, certaines odeurs secrétées par des glandes spéciales qui jouent un rôle important au plan de la communication olfactive (ou "langage des odeurs") définissant le statut individuel ou sexuel du porc.

Le porc, comme la plupart des mammifères fouisseurs et chasseurs, possède un odorat bien développé, contrairement à l'homme. Une procédure expérimentale utile, pour déterminer l'importance du sens de l'odorat, consiste à le neutraliser (anosmie) chirurgicalement en pratiquant l'ablation des bulbes olfactifs du cerveau. Le porc est normalement très ombrageux à l'égard de ses congénères, mais après cette bulbectomie olfactive, il admet plus volontiers la présence d'individus étrangers auprès de la mangeoire ou, dans le cas de la truie, accepte plus aisément de nourrir les petits d'une autre truie. Chez la femelle la bulbectomie olfactive retarde la puberté et, chez l'animal pubère, elle dérègle le cycle œstral normal (de trois semaines), pendant de longues périodes, en été.

On est apparemment en droit de considérer que le verrat est quelque peu "macho". La bulbectomie olfactive n'affecte pas outre mesure sa maturation sexuelle. Qui plus est, ses gonades ne produisent pas seulement du sperme et des hormones mâles mais aussi, en prime, un aphrodisiaque naturel (les phéromones stéroïdes, 3-androsténol et 5-androsténol) à l'odeur musquée, que l'on trouve seulement en petites quantités chez la truie. Les phéromones sont concentrées dans la graisse et les glandes épithéliales du verrat, et particulièrement dans les glandes salivaires sous-maxillaires, sexuellement dimorphiques, ainsi que dans la salive, accompagnées d'une protéine de liaison spécifique. Quand un verrat est excité par la présence d'une truie en chaleur ou d'autres verrats étrangers, il salive abondamment. Cette salivation écumeuse amplifie l'excrétion des phéromones qui rappellent à la truie en rut qu'elle est en état de se faire couvrir, ou signalent à l'autre mâle que le défi est porté à son maximum. L'exposition de la truie sexuellement immature aux phéromones et autres stimuli du verrat, pendant au moins vingt minutes par jour, accelère son accession à la puberté.

On sait peu de choses sur les mécanismes qui interviennent au niveau du cerveau des porcidés, après que l'épithélium olfactif ait capté une odeur. On peut, en extrapolant à partir des recherches faites sur les rongeurs et le mouton, supposer que des connexions neuronales entre les bulbes olfactifs et le centre intégrateur primaire du cerveau, l'hypothalamus, jouent aussi un rôle majeur en ce qui concerne les sécrétions hormonales et les comportements normaux du porc.

L'importance que revêtent les phéromones porcines pour l'être humain a largement de quoi nourrir nos réflexions. N'a t-on pas ajouté du 5-androstérone dans la formule de certains produits cosmétiques féminins? Toutefois, aucune expérience sérieuse n'a permis de détecter chez l'être humain des effets comparables à ceux que cette substance provoque chez la truie.

1

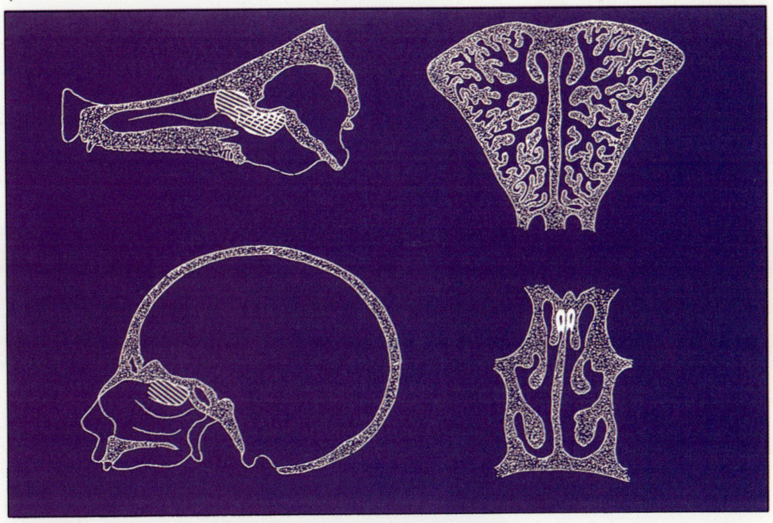

2

1. Comparaison de l'épithélium olfactif du porc et de l'homme.
En haut, coupe du cerveau de l'homme, en bas, du porc. L'épithélium olfactif entoure tout le labyrinthe du porc alors que, chez l'homme, il se limite à la petite section en forme d'U représentée.

2. Phéromones
Verrat mature secrétant une salive écumeuse chargée de signaux odorants (phéromones).

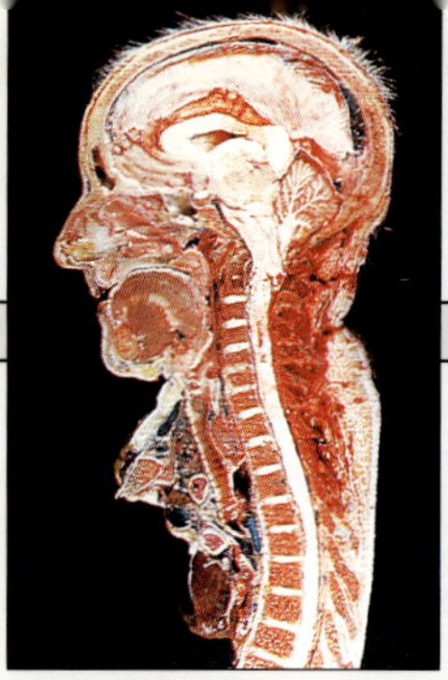

L'audition,

par Nelson Yuan-sheng Kiang, Massachusetts Eye and Ear Infirmary.

Le système auditif chez l'homme est le produit final d'une longue évolution, au cours de laquelle se sont développés des appareils capables de déceler des perturbations mécaniques de l'environnement. A un stade précoce de l'évolution, les organismes unicellulaires réagissaient déjà à des stimuli d'ordre mécanique, et des cellules sensibles à ce type de perturbations étaient apparues chez les organismes pluricellulaires. Ces cellules étaient associées à des muscles ou à d'autres cellules qui émettaient des réponses aux stimulations, soit directement, soit par le truchement de cellules intermédiaires, ayant pour vocation de transmettre des informations, parfois sur de longues distances. On peut ainsi identifier les éléments de base d'un appareil auditif chez les invertébrés primitifs : des cellules sensorielles spécialisées, qui diffusent des transmetteurs chimiques lorsqu'elles sont mécaniquement excitées ; des neurones primaires, qui émettent, quand ils sont stimulés par les transmetteurs que libèrent ces cellules sensorielles ; des chaînes de neurones activées par les neurones primaires ; des neurones moteurs ou autres neurones répondant aux stimulations.

Ce qui précède est valable pour tous les sytèmes dits à "cellules ciliées" qui comprennent des organes latéraux en ligne (sensibles aux mouvements de l'eau) chez les poissons et les amphibiens, des organes vestibulaires (qui détectent les mouvements de la tête et l'orientation de la gravité) chez les vertébrés, et des détecteurs de sons qui équipent non seulement les vertébrés mais aussi certains invertébrés, comme de nombreux insectes chez lesquels est apparue toute une panoplie d'adaptations à la détection des sons portés par l'air. Ainsi, l'appareil auditif humain n'est-il rien d'autre qu'un système mécanorécepteur particulier, qui a acquis une importance spéciale en raison de la dépendance de l'homme envers les sons portés par l'air, véhicules de l'information entre individus. Il n'est pas exagéré de dire que la communication par l'échange de paroles a été un facteur capital du développement des relations de groupe, du langage et de la culture, dans les sociétés humaines telles que nous les connaissons.

L'appareil auditif des mammifères

Remonter à la source des signaux appropriés, tout au long des chaînons successifs de l'appareil auditif des mammifères, peut nous permettre de comprendre ce système. L'un des maillons critiques, nous l'avons vu, est la cellule sensorielle à laquelle est dévolue la fonction importante d'assurer la transmission des sons. Les stimuli mécaniques ont pour effet de recourber les cils vibratiles de la cellule. Cette courbure, dont le mécanisme nous est encore inconnu, ouvre le passage aux atomes d'électricité, quelque part vers le sommet de la cellule. Les modifications électriques, que subissent ces cellules, suivent si fidèlement le stimulus mécanique ou sonore qu'on les appelle "tensions microphoniques", car elles ressemblent par leur profil aux ondes électriques produites par un micro qui capte des sonorités. Ces modifications de la tension électrique des cellules s'opèrent sous l'effet de signaux adressés aux mécanismes de diffusion chimique, situés du côté opposé de la cellule. Des transmetteurs chimiques (que nous n'avons pas encore identifiés) sont libérés et agissent sur la membrane des terminaisons nerveuses, localisées à la base des cils, de sorte que lorsqu'ils s'inclinent dans une direction, leur "portée de tir" augmente, et qu'elle diminue lorsqu'ils s'inclinent dans l'autre sens.

Les cellules ciliées sont un élément essentiel de l'appareil auditif, mais le site où s'exerce leur domaine d'action a été l'objet de profondes transformations. A la partie externe, un organe sensoriel spécial, l'oreille, a évolué afin de transmettre plus efficacement les sons aux dites cellules ciliées. Sa partie la plus visible, l'oreille externe, prend une forme d'entonnoir, pour véhiculer les sons vers l'oreille moyenne. Ce pavillon est souvent modelé de façon à absorber certaines fréquences. Du fait de leur disposition asymétrique, nos oreilles externes sont capables de distinguer les sources de sons complexes qui se trouvent devant nous de celles qui se trouvent derrière nous. La chose est encore possible lorsque les sources sonores sont à égale distance et que les intensités relatives, ainsi que le moment de l'arrivée du son aux oreilles, sont identiques. Beaucoup de mammifères peuvent même orienter leurs oreilles pour explorer leur environnement ou suivre une source sonore qui se déplace.

L'élément prédominant de l'oreille moyenne des mammifères est le chaînon des trois osselets montés en série : le marteau, l'enclume et l'étrier. Ce dispositif sert à transmettre le son à l'oreille interne. L'oreille moyenne des mammifères comporte également deux muscles lisses, le tenseur tympanique, relié au marteau, et le stapédien, relié à l'étrier. Ces muscles ne se contractent pas seulement à la manière réflexe, en réponse à des sons de forte intensité : ils le font aussi avant et pendant la vocalisation, lorsque l'on déglutit ou, plus généralement, lorsque l'on a une réaction de surprise. Dans l'ensemble, les mammifères sont plus sensibles aux sonorités de haute fréquence que les autres vertébrés. De ce fait, les contractions des muscles de l'oreille moyenne freinent la transmission des sons graves, avant qu'ils ne parviennent à l'oreille interne, sans avoir d'effet comparable sur les aigüs. Comme la plupart des bruits de l'environnement sont des graves, l'action des muscles de l'oreille moyenne permet la perception des sons de haute fréquence, en occultant les bruits de fond. Elle peut avoir également un effet protecteur, en assourdissant les sonorités aiguës qui seraient susceptibles d'endommager l'oreille.

Au niveau de l'oreille interne, une structure complexe, le *colimaçon,* a évolué de façon à porter au maximum la sensibilité des cellules ciliées, en les mettant davantage en résonance avec des vibrations de fréquences spécifiques. Ces cellules ciliées sont liées par des cellules de soutien épithéliales, qui occupent la partie supérieure d'une membrane entourée de part et d'autre par des canaux contenant un liquide. Cette membrane, qui tapisse le colimaçon, est mince et rigide à la base, flasque et évasée au sommet. Les liquides, emplissant les cavités du colimaçon, sont dissemblables et les différences de tension électrique entre elles peuvent être importantes. Ces spécialisations, pense-t-on, augmentent la sensibilité aux sons graves. Les dimensions des cellules ciliées varient régulièrement de la base au sommet. Tous ces caractères morphologiques accroissent, en se combinant, la sensibilisation et la finesse de résonance de chaque cellule ciliée et des neurones qui leur sont associés. Les cellules du sommet sont plus sensibles aux basses fréquences et celles de la base aux hautes fréquences. Les sons complexes, où hautes et basses fréquences se combinent, peuvent être criblés par le colimaçon, puisque les cellules ciliées sont toutes accordées sur un éventail de fréquences déterminées. Cette analyse mécanique du son, outre la sensibilité fine qu'elle provoque, détermine des découpages spatio-temporels, définis par la fréquence des stimuli sonores : l'innervation des cellules ciliées de l'oreille interne est, en effet, si ponctuelle que leurs modalités d'activité sont distribuées dans le faisceau de neurones constitutifs du nerf auditif, fournissant ainsi au système nerveux central des informations relatives au stimulus sonore.

Le nerf auditif véhicule des messages qui, sortant du colimaçon, parviennent au cerveau. Ce sont des vibrations électriques (tensions d'action) fonctionnant selon le principe du tout ou rien, qui se propagent sans perte d'amplitude. Ces signaux peuvent être transmis sur de longues distances, combinés, comparés et manipulés, afin de produire ce qu'il est convenu d'appeler une intégration fonctionnelle. Plus simplement, le choix de la réponse motrice appropriée se fonde sur la signification des données acoustiques, issues des impulsions transmises par le nerf auditif et interprétées par le cerveau.

Les mécanismes, grâces auxquels les messages sont analysés dans une unité centrale, reposent, pour une part, sur une représentation méthodique des signaux dans l'espace. A chaque palier neuronal, il y a des faisceaux de neurones disposés selon une configuration qui leur permet de recevoir les projections en provenance des sites longitudinaux des cellules ciliées innervées. Plus précisément, les fibres du nerf auditif pénètrent dans le noyau cochléaire du colimaçon (le premier site où les modalités d'action peuvent être modifiées), et sont transformées et redistribuées pour atteindre des localisations plus centrales dans le cerveau. Les terminaisons de chacune de ces fibres sont réparties de manière ordonnée. Les cellules accordées aux mêmes fréquences peuvent avoir des réactions fort différentes. Certaines cellules, par exemple, n'agiront qu'au départ des sons, alors que toutes les fibres du nerf auditif, elles, fonctionneront aussi longtemps que le stimulus interviendra, à condition que les fréquences composantes appropriées soient présentes. L'activité de certaines cellules traduira exactement la succession cyclique du stimulus, alors que d'autres n'auront pas la même cohérence temporelle. Certaines cellules auront aussi une sensibilité beaucoup plus dynamique que les fibres du nerf auditif à la cadence des impulsions. Les projections centrifuges de certaines cellules de ce type tendent à se grouper en faisceaux, aboutissant à des noyaux spécifiques, logés en différents points du tronc cervical. Les propriétés d'à peu près toutes les parties de l'appareil auditif peuvent être modifiées par l'action du système nerveux central. On a émis l'hypothèse que ce contrôle des nerfs qui vont du centre à la périphérie du système peut jouer un rôle dans certains comportements, comme l'attention sélective, ou pour protéger l'oreille d'une hyperstimulation.

Les troubles de l'audition

Maintenant que nous avons une idée d'ensemble de la nature de l'appareil auditif des mammifères, nous pouvons voir comment cette connaissance nous aide à comprendre les défauts de l'ouïe. La portée du concept selon lequel la cellule ciliée est un maillon clé du système saute immédiatement aux yeux. Il est difficile de provoquer la surdité totale, sans porter atteinte au colimaçon ou au noyau cochléaire. Des déficiences se manifestant à des niveaux plus périphériques n'ont d'influence que sur la transmission des sons ; il est rare qu'elles puissent être totalement abolies. L'amplification du son ou la modification chirurgicale des voies de transmission sonore sont généralement susceptibles d'améliorer l'audition, quand sa détérioration est due au blocage du son. De même, il est peu fréquent que des déficiences neurologiques affectent toutes les voies auditives, une fois que les signaux ont franchi le noyau cochléaire. En revanche, des tumeurs centrales, des insuffisances vasculaires ou des dégénérescences ont toutes les chances d'avoir des conséquences irréversibles.

Des déficiences de la cellule ciliée ou de niveaux plus centraux, déterminent une perte de l'audition et sont plus difficiles à traiter que des anomalies concernant l'appareillage conducteur. Des sons d'intensité très élevée, des drogues toxiques pour l'oreille, des lésions vasculaires et des tares génétiques sont quelques-unes des causes susceptibles d'endommager les cellules ciliées. Les tentatives récentes, visant à rétablir des capacités auditives acceptables par stimulation électrique, en "court-circuitant" les canaux cochléaires inutilisables, se sont révélées encourageantes. Ce type de prothèses ("implants cochléaires") sert, à tout le moins, à compléter l'information recueillie par la lecture sur les lèvres. Les messages vocaux, par exemple, dépendent de facteurs non décelables visuellement, mais que la stimulation électrique fournit aisément. Certains patients, équipés de façon adéquate, sont capables de distinguer les mots et de soutenir une conversation dans des conditions raisonnablement satisfaisantes, en particulier s'ils pratiquent aussi la lecture sur les lèvres. Pour l'heure, les sourds profonds, qui ont appris le langage gestuel, hésitent à accepter la solution de l'appareillage, car ils ont adapté leur mode de vie à leur infirmité. Cependant, s'agissant d'enfants atteints de surdité congénitale et qui éprouvent des difficultés à développer des aptitudes au langage, il conviendrait d'examiner sérieusement les avantages qu'il y aurait à les équiper très jeunes d'implants cochléaires. Le perfectionnement de ces prothèses semble devoir favoriser une généralisation grandissante de leur emploi. Savoir comment les signaux acoustiques sont codés dans l'audition normale est d'un intérêt capital pour l'amélioration des futurs implants.

Les méthodes modernes d'enregistrement de l'activité électrique de l'oreille et du cerveau nous mettent en mesure de diagnostiquer les troubles de l'audition, aussi bien chez l'enfant en bas âge que chez l'adulte, et de déterminer si ces troubles viennent à l'origine de l'oreille ou du cerveau. A mesure que ces procédures gagnent en finesse et que des procédés d'imagerie modernes viennent les compléter, on est en droit d'espérer que beaucoup de variations individuelles, encore inexplorées, des capacités de traitement des messages auditifs sont imputables à des problèmes spécifiques d'origine organique. Les recherches en ce sens donneront une impulsion nouvelle aux études portant sur l'interactivité du cerveau dans le traitement de l'information auditive.

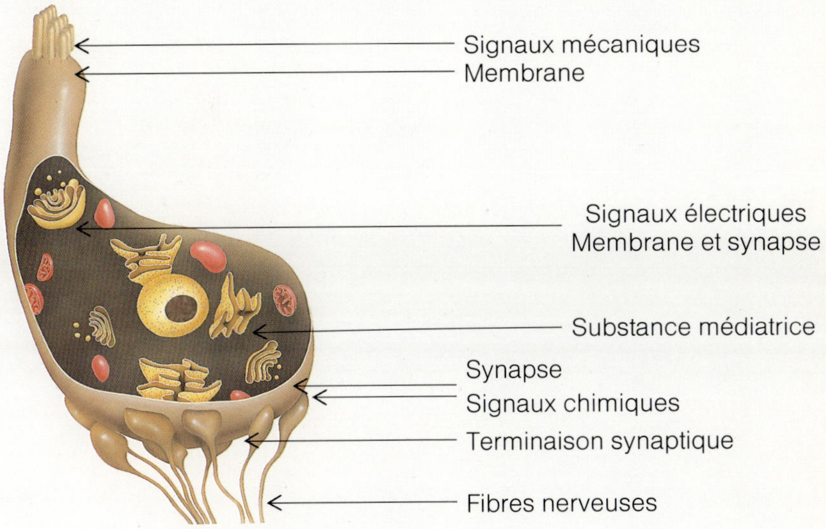

Cellule ciliée
Coupe longitudinale d'une cellule sensorielle, appartenant au groupe des cellules ciliées internes de l'appareil auditif du mammifère : en haut, les cils vibratils et, en bas, le mécanisme de diffusion des transmetteurs chimiques. Le mouvement des cils a pour effet de dépolariser la cellule et de libérer les transmetteurs qui, à leur tour, dépolarisent les terminaisons du nerf auditif, produisant ainsi des tensions d'action. Les voies empruntées par les signaux sont indiquées par des flèches en gras précisant la nature du signal.

10
L'harmonie du geste

Judo
La "voie de la souplesse". Le principe de cet art martial est de détourner la force de l'adversaire tout en ménageant la sienne.

Comment le cerveau provoque-t-il et coordonne-t-il l'action des muscles ? Des recherches déjà anciennes sur le système nerveux ont rapidement révélé comment fonctionnent les réflexes et éveillé l'espoir que l'on pourrait bientôt répondre à cette question. Comprenant en effet le mécanisme du réflexe, les scientifiques ont commencé par avancer l'hypothèse que tous les mouvements, même les plus complexes, tels que jouer du piano, ne seraient qu'une cascade en chaîne de réflexes. Aujourd'hui, nous savons que ce n'est pas le cas, mais c'est avec lenteur que la nature réelle du contrôle du mouvement commence à être élucidée.

Contrairement aux systèmes sensoriels, qui peuvent être nettement compartimentés en vue, odorat, etc., les systèmes moteurs ne se décomposent pas facilement en parties. Il est difficile aussi d'établir ce que le cerveau contrôle lorsqu'il dirige un mouvement, par exemple celui de saisir un crayon ou de jeter un ballon. Est-ce la position finale de la main que vise le cerveau ? Il guiderait alors le mouvement de la main vers le crayon, un peu comme on téléguide un missile à tête chercheuse. Ou envoie-t-il un ordre qui enjoint au bras de se déployer en arc pour lancer le ballon à un certain moment ? Les deux paraissent plausibles.

Il est désormais probable qu'une activité électrique précède, dans le cerveau, une décision consciente de bouger, nous l'avons vu au cours du débat sur la conscience. Il est donc possible que le cerveau prépare le mouvement, en décidant peut-être d'appliquer un plan et de déclencher l'activité de toutes sortes de muscles différents qui coordonneraient leur action dans un but précis : saisir un crayon ou donner un coup de volant pour éviter une voiture. Comment pénétrer plus avant ce processus ?

Apostolos P. Georgopoulos, de l'Université Johns Hopkins, a dressé des singes à se diriger vers une lumière qui doit apparaître quelque part à la surface d'une sphère qui les environne. Il enregistre les signaux électriques émis par les cellules nerveuses dans la région du cortex, responsable du début des contractions musculaires. Or l'activité de certaines de ces cellules démarre avant même que le singe ne se dirige vers la lumière. De fait, l'activité de différentes cellules s'intensifie lorsque le singe s'oriente dans cette direction spécifique et s'atténue lorsqu'il s'en détourne. Si l'on dessine un graphique tridimensionnel, avec une flèche qui indique la direction privilégiée par chaque cellule nerveuse, et dont la longueur corresponde à l'activité plus ou moins élevée des cellules, Georgopoulos a découvert que, si l'on fait la moyenne de ces flèches, la flèche résultante s'oriente précisément dans la direction vers laquelle le singe va bouger. Le cerveau semble donc se livrer à des calculs pour obtenir une moyenne quantitative de l'activité d'un groupe de cellules et en tirer la direction du mouvement à accomplir.

Des expériences similaires sont menées par Hiroshi Asanuma à l'Université Rockefeller. Ses singes à lui doivent atteindre une boulette de nourriture, posée devant eux, dans le trou d'une roue en rotation. Asanuma enregistre aussi l'activité électrique des cellules dans le cortex moteur primaire. Il note que les colonnes de cellules de cette région envoient toutes leurs signaux vers une région musculaire, très localisée, et en reçoivent aussi leur information, en une sorte de système en boucle. Il note aussi que 10 % des cellules dont il enregistre l'activité commencent à émettre une fraction de seconde avant le début du mouvement. Au même instant, de tout petits seuils d'activité électrique se manifestent dans la région du muscle, suggérant qu'il se prépare à agir. Mais lorsque Asanuma bloque le chemin des informations qui vont du muscle au cerveau, l'activité électrique précédemment enregistrée disparaît et le singe ne peut plus accomplir sa tâche.

Les mouvements des organismes simples

Comme dans bien d'autres secteurs de recherches neurologiques, pour saisir la com-

1

2

3

1.2.3. Karaté et Haïkido
Le Karaté (1), ou "la voie des mains vides venue de Chine", a été développé dans l'île d'Okinawa au XVIIe siècle lorsque l'occupant japonais interdit le port des armes. Pour le Haïkido (2 et 3), la vitesse d'exécution peut être vertigineuse : comme tout art martial, karaté et haïkido tendent à un accord des mouvements avec l'énergie universelle.

plexité des liens entre le système nerveux et le mouvement, certains ont choisi de se pencher sur des organismes plus simples, avec l'espoir d'en tirer des réponses plus simples. L'étude en laboratoire du vol des sauterelles ou de la marche des tritons nous a appris quelques petites choses sur le contrôle moteur, mais, comme il arrive souvent, la réponse apportée soulève d'autres problèmes. Pour des mouvements assez complexes exécutés par des organismes simples, le système nerveux de l'animal fournit une sorte de programme, presque au sens informatique du mot. Mais dans le cas qui nous occupe, le rôle du programme n'est pas de calculer la comptabilité d'une compagnie, mais de diriger la contraction et la détente des muscles d'un organisme simple. Quelle est la nature de ce programme et comment a-t-il été écrit ?

Un programme moteur doit fournir des instructions qui entraînent la contraction ou le repos d'un muscle, dans la mesure que requiert l'accomplissement d'une fonction déterminée. Un peu comme une partition qui indique à un instrument de jouer ou de cesser à un moment précis et à un niveau précis pour l'harmonie de l'exécution globale d'un morceau. L'existence de tels programmes fut découverte dans les années soixante au cours des recherches sur les mouvements d'organismes simples, comme des sauterelles ou des écrevisses : ces mouvements étaient, semble-t-il, enregistrés dans le système nerveux comme sur une bande magnétique.

L'une des expériences les plus élégantes en la matière fut accomplie par Donald N. Wilson à Stanford. Il montra que les deux paires d'ailes de la sauterelle s'agitent, en réponse à des décharges d'impulsions électriques produites par un groupe de cellules nerveuses du ganglion thoracique. Une vingtaine de fibres nerveuses s'acheminent de ce ganglion à chaque aile et les décharges sont minutées de telle sorte que les muscles faisant battre les ailes vers le haut et vers le bas sont activés en alternance. Les signaux persistent même si l'on isole le ganglion thoracique des signaux émis par toute autre partie du système nerveux de l'insecte ; la bande magnétique continue à marcher. Il faut avouer que jusqu'à ce jour les chercheurs ignorent ce qui la met en marche.

Mais que peuvent nous apprendre les programmes moteurs des sauterelles sur le mouvement des hommes ? Il existe bien d'autres découvertes sur ces signaux "pré-enregistrés" qui contrôlent l'activité musculaire. Par exemple chez les tritons quand ils marchent, comme l'a montré G. Szekely, à l'Ecole de Médecine de l'Université Debrecen en Hongrie, ou chez les chats lorsqu'ils avalent, comme l'a montré Robert W. Doty, à l'Ecole de Médecine de l'Université de Rochester.

Un programme moteur chez les humains ?

Il semble bien que les êtres humains aient aussi de tels programmes dans leur système nerveux. L'une des conséquences pratiques pourrait en être d'agir sur ce programme moteur pour activer électriquement la moelle épinière de malades qui souffrent d'une affection de cette partie du corps. Ce n'est pas un

4

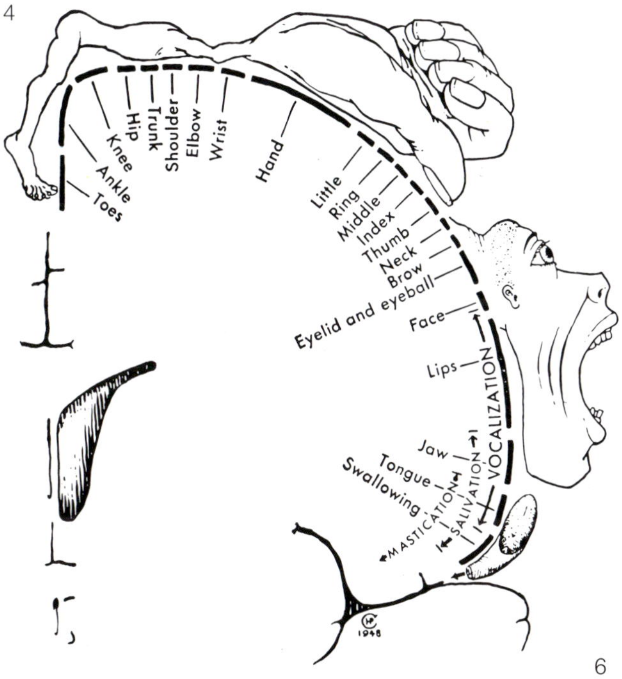

4. L'homuncule moteur
La zone motrice du cortex cérébral avec la taille relative des zones représentant diverses parties du corps selon leur dextérité relative.

5. Un pacemaker dans le cerveau
Expérience pour pallier les troubles moteurs.

6. La danse ou l'harmonie du geste
La vedette légendaire des Ballets russes, Vaslav Nijinski, qui sombra dans la folie.

5

6

problème simple, on s'en doute. Même les sauterelles ont besoin d'informations sur la vitesse du vent, la force à mettre en jeu pour s'élever dans l'air et la direction de l'horizon pour gouverner leur vol. La même chose est probablement vraie pour un "programme de marche" du système nerveux humain. Et comme l'information qui vient des yeux et des organes de l'équilibre est isolée de cet hypothétique programme moteur chez les patients qui souffrent de lésions de la mœlle épinière, il faudrait trouver une manière de fournir la stimulation appropriée aux muscles requis.

Ce que nous savons aujourd'hui du contrôle moteur chez les humains vient, la plupart du temps, d'observations cliniques sur des individus qui souffrent de lésions du système nerveux. Elles ne nous confirment qu'une seule chose : le contrôle moteur est un processus d'une extraordinaire complexité. Nous avons à apprendre quelles sont les questions cruciales auxquelles nous pourrions répondre avec les instruments dont nous disposons à l'heure actuelle. C'est l'un des secteurs les plus mystérieux de la recherche sur le cerveau, mais lever un coin du voile peut nous aider à établir quelques principes généraux (demain, peut-être, remis en cause) du contrôle exercé sur nos muscles par le cerveau.

La recherche clinique directe sur le centre de contrôle majeur du mouvement, le cortex moteur, a commencé avec les travaux du neurochirurgien canadien Wilder Penfield. Il fut un pionnier. Il utilisa des courants doux pour stimuler différentes régions du cerveau de patients qui devaient subir une opération du cerveau : ils n'avaient reçu qu'une anesthésie locale et ils étaient éveillés. L'activation électrique de régions du cortex moteur déclencha des mouvements de parties du corps localisées dans la partie opposée à celle de la stimulation, les fibres nerveuses efférentes allant du côté opposé. Il eut la surprise de constater que le mouvement se produisait sans que le patient eût le sentiment d'avoir joué le moindre rôle. On ne sait toujours pas très bien aujourd'hui si les mouvements volontaires sont provoqués par le cortex moteur. Des chats, privés expérimentalement de cortex moteur, peuvent exécuter, apparemment sans problème, leurs tâches journalières. Ils peuvent même donner naissance à des chatons et s'en occuper. Le cortex moteur joue sans doute un rôle important dans le mouvement, mais des centres nerveux, situés plus bas, peuvent aussi exécuter quelques actions par eux-mêmes.

L'un des problèmes les plus difficiles à résoudre est que les systèmes de contrôle moteur dans le système nerveux semblent constitués de couches empilées de boucles rétroactives : le mouvement d'un muscle renvoie des signaux au système nerveux, pour l'informer de ce qui arrive. Ces messages à leur tour entraînent le système nerveux à modifier le signal qu'il envoie au muscle. C'est un peu la boucle fourneau-thermostat : quand la température tombe au-dessous des instructions du thermostat, ce dernier allume le fourneau. Le fourneau chauffe la pièce jusqu'à ce qu'elle atteigne une température qui dépasse les instructions du thermostat, et le thermostat éteint le fourneau, jusqu'à ce que la température tombe trop bas, et ainsi de suite.

Une boucle de ce genre existe si vous tentez de placer votre doigt sur une tache mobile de l'écran de télévision. Vous déplacez rapidement votre main sur l'écran et quand vos yeux disent à votre cerveau que votre doigt est tout près du point, votre cerveau ralentit les mouvements musculaires, les ajuste jusqu'à ce que la distance entre votre doigt et le point devienne nulle. Mais à l'intérieur de cette boucle large entre vos yeux et les muscles qui activent les doigts, il existe des boucles dans des boucles à l'intérieur d'autres boucles encore du système de contrôle. Le système devient si complexe que le seul espoir de comprendre ce qui peut bien se passer viendra sans doute des outils des systèmes de contrôle de l'ingénierie. Il s'agit en effet de modèles informatiques énormes, puissants et complexes, capables d'analyser des systèmes (comme celui du fonctionnement économique d'une nation) où interviennent une foule de composantes interactives.

Les composantes majeures du système moteur humain sont assez faciles à identifier et ont été longuement étudiées. Les détails fonctionnels des composantes individuelles et leur interaction qui détermine nos mouvements dans un but précis restent toutefois mystérieux. Le cortex moteur semble la source évidente de l'origine du mouvement. Mais cela ne suffit pas à tout expliquer. En effet, le début d'un mouvement dépend d'une raison de bouger, fonction qui relèverait plutôt du système limbique. Des mesures de flux sanguin cérébral chez les êtres humains mon-

1

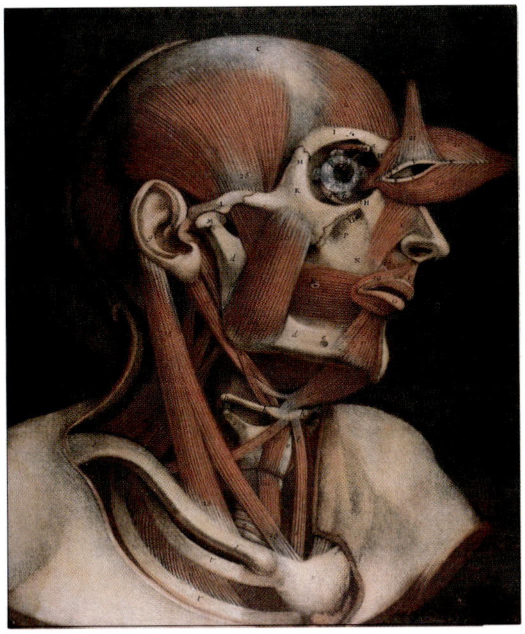

2

3

1. Ecorché
Estampe avec les muscles de la tête, par J.F. Gautier d'Agoty, 1748.

2. Singe drogué au MPTP
En juillet 1982, un drogué de 42 ans est hospitalisé à San José, en Californie : il présente des symptômes de parkinsonisme, ce qui intrigue les médecins, étant donné son âge. On ne tarde pas à découvrir que ces symptômes sont provoqués par une drogue dont on parvient à isoler l'agent néfaste, le MPTP. Cette découverte va permettre l'étude sur les animaux du parkinsonisme, pour mettre au point des médicaments efficaces.

3. Ajointement
Les filaments nerveux et leurs terminaisons motrices.

trent que les régions corticales situées en face du cortex moteur sont activées avant l'exécution d'un mouvement volontaire. Le cortex moteur, lui, ne devient actif que lorsque le mouvement s'accomplit.

Outre la motivation, le mouvement demande un programme interne pour être produit, des détonateurs sensoriels pour être déclenché, des directives fournies par l'information qui vient des organes des sens. C'est le cervelet qui joue un rôle majeur dans ce dernier cas. D'autres parties du système de contrôle moteur, les *noyaux gris centraux,* semblent impliqués dans la sélection et la production de sous-composants primitifs qui fournissent la structure de base des mouvements. Et toutes ces parties interagissent entre elles pendant que nous bougeons pour produire le résultat final, qui nous paraît si simple.

Des années de recherches et de travail ont révélé qu'il existe une sorte de subdivision fonctionnelle des systèmes de contrôle moteur dans le cerveau. Le cortex moteur et le paquet de fibres nerveuses qui acheminent l'information du cortex à la mœlle épinière contrôlent principalement les mouvements subtils des doigts. Des masses de neurones sphériques, qui portent le nom de "noyaux rouges" (et qui sont en fait plutôt roses), situées dans les profondeurs du mésencéphale, ont pour tâche de contrôler le mouvement des membres. Les organes de l'équilibre, dans l'oreille interne, innervent, par l'intermédiaire de leur propre réseau nerveux, les muscles impliqués dans la posture. Le cervelet, comme les ganglions basaux sont reliés à ces trois subdivisions du système moteur, pour la bonne raison que virtuellement tout mouvement est un jeu soigneusement orchestré de variations dans la position des membres, des doigts et de la posture.

Nous connaissons bien des détails sur les liens qu'entretiennent les cellules nerveuses du cortex, du cervelet, des noyaux gris centraux et d'autres parties du système moteur, à la fois entre elles et avec d'autres parties du cerveau. Mais nous ne comprenons pas très bien comment elles parviennent à accomplir le travail subtil et précis d'élongation et rétractation musculaires. Nous savons que, dans le cas du parkinsonisme, les neurones dopaminergiques d'une partie des noyaux gris centraux dégénèrent. Mais nous savons très mal aider le patient à pallier l'incapacité qui en résulte de produire des programmes moteurs.

Marc Jeannerod, de l'Université Claude Bernard à Lyon, écrit : *"Si l'action est souvent* réponse *à l'environnement, elle est en revanche toujours* question *sur lui"* (M. Jeannerod : "Le cerveau-machine. Physiologie de la volonté", Fayard, 1983). Une idée de ce genre est à l'origine de nombreuses expériences énigmatiques. Il y a plus d'un siècle Helmholtz avait déjà utilisé des lunettes prismatiques, à travers lesquelles les objets paraissaient déplacés. Mais, après quelques échecs, l'organisme opérait un ajustement et l'on pouvait s'en saisir. Privé de ses lunettes, l'individu devait à nouveau s'adapter. Plus récemment, H. Dolezal a répété l'expérience sous une autre forme : muni de lunettes qui renversaient la vision du monde (pour saisir un objet qu'il voyait en haut, il devait tendre son bras vers le bas), il parvint aussi à s'adapter.

Les travaux de R. Held ont permis de mieux comprendre ces résultats. Il a montré que, pour parvenir à des mouvements efficaces dans des conditions inversées, il est impossible de s'adapter si l'on passe régulièrement de la vision normale à la vision déformée. En outre, la nouvelle coordination ne s'installe que si le sujet exécute lui-même le mouvement. Avec Hein, Held a mis au point un système qui permet de mettre en évidence ce processus : deux chatons tournent autour d'un même axe dans une sorte de manège. L'un des deux marche et, par son mouvement, entraîne le second qui, lui, se trouve dans une nacelle. Les deux animaux, qui portent une collerette les empêchant de se voir, reçoivent les mêmes stimulations visuelles. Ils peuvent regarder le même paysage. Mais seul l'un d'eux reçoit une information visuelle directement liée à son propre mouvement. Lui seul se développera normalement, le second présentera, dès l'âge de quatre semaines, un déficit grave des réactions visuello-motrices. Le mouvement participe donc de façon très précise au développement. Il contribue à apporter des informations à l'organisme qui est alors en mesure de maîtriser son environnement.

Désordres du mouvement

La maladie de Parkinson est le type même d'affection qui correspond à une dégénérescence d'une partie du système nerveux. Elle a été décrite dès 1817 par James Parkinson, et chacun connaît les tremblements qui la caractérisent. Relativement fréquente, elle touche un homme ou une femme sur quatre-cents

1

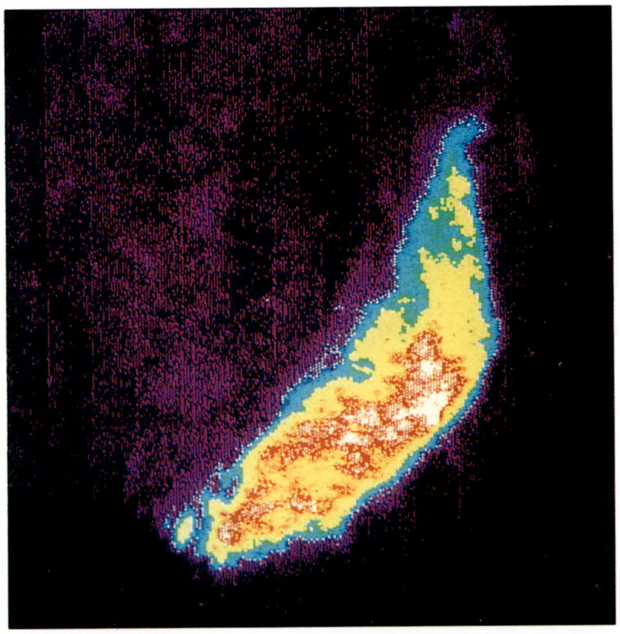

3

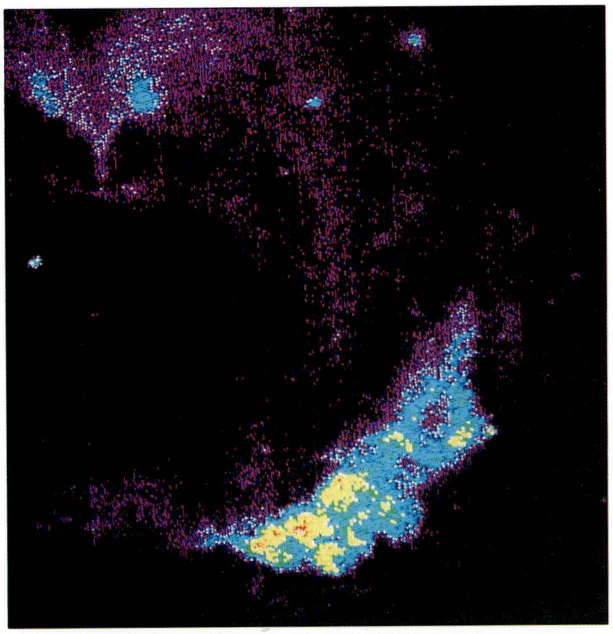

3

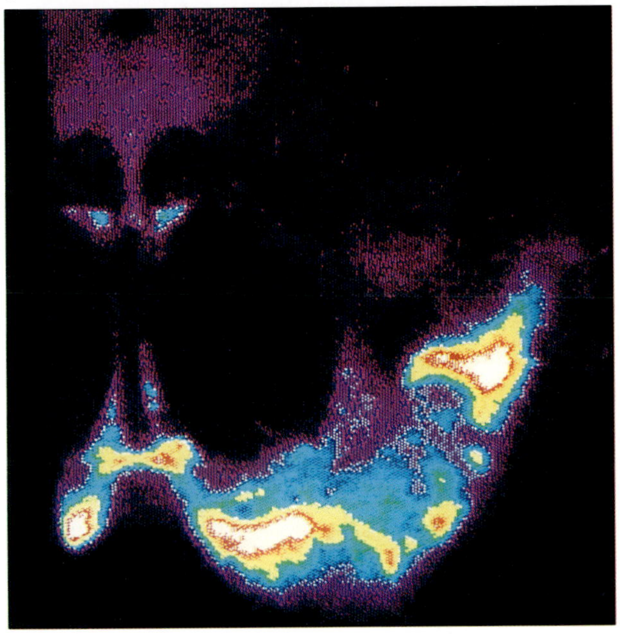

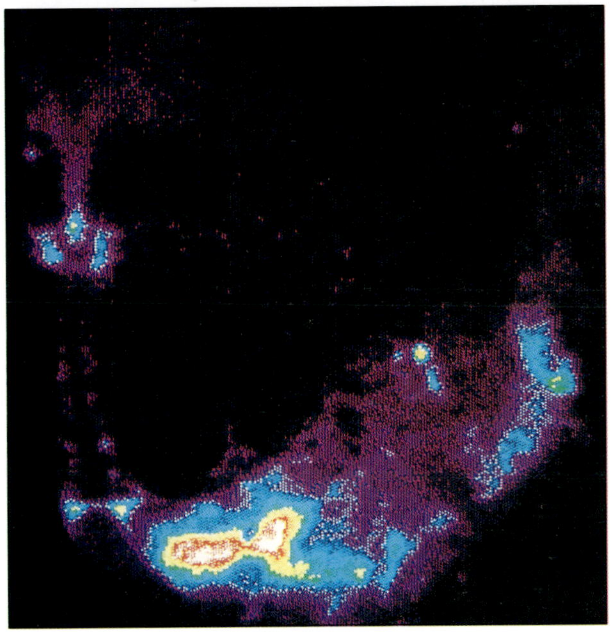

1.2.3.4. Parkinsonisme
Avec l'âge, le nombre des récepteurs des neurotransmetteurs décroît, avec la maladie de Parkinson ils subissent de graves altérations. On compare ici des récepteurs de dopamine dans la substantia nigra chez un petit garçon de 8 ans (1) et chez un homme de 65 ans (2). Sur ces photos,colorées selon un code informatique déterminé, on peut observer la différence de densité des récepteurs. L'échelle est celle du spectre de la lumière, les zones blanches représentant la plus forte concentration en récepteurs, les couleurs rouge, jaune, verte, indiquant par ordre décroissant une moins forte concentration, le bleu, le violet et les zones sombres indiquant les zones où les récepteurs sont en très faible nombre ou absents. La forte densité de récepteurs chez le petit garçon contraste avec la bien plus faible densité chez l'adulte vieillissant dans la substantia nigra(centre de l'activité dopaminergique). Mais, si l'on compare un cerveau sain (3) et un cerveau parkinsonien (4), on peut voir que la perte en neurones dopaminergiques dans la substantia nigra s'accompagne d'une disparition marquée de récepteurs de neurotensine.

(un sur deux-cents après l'âge de quarante ans). Elle correspond à une lésion du locus niger et, sur le plan biochimique, à une perturbation du métabolisme d'un neuromédiateur, la dopamine. Un médicament, la L-Dopa, permet de corriger efficacement le déficit en dopamine. La découverte de cette substance constitue un véritable roman. Tout commence en 1911, avec la synthèse d'une molécule, puis l'isolement deux ans plus tard d'un de ses composés (la L-Dopa) par Guggenheim. En 1957, le pharmacologue suédois Carlsson trouva que la L-Dopa permettait de faire disparaître une catalepsie chez les rat, ce qui donna l'idée à Hornykiewicz de voir s'il existait un rapport entre dopamine et maladie de Parkinson. En 1961, Birkmayer et Hornykiewicz, à Vienne, et Barbeau, à Montréal, essayaient la L-Dopa pour cette affection. En 1967, le produit était adopté.

Récemment, à l'Université de Lund, Anders Björklund et Fred Gage ont mis en évidence la possibilité de greffer des cellules surrénaliennes dans le cerveau des rats, mais aussi d'hommes atteints de parkinsonisme.

Il existe de nombreuses autres maladies dégénératives du système nerveux qui se traduisent par des désordres du mouvement. L'une des plus connues est la sclérose en plaques, affection au cours de laquelle la gaine de myéline qui enveloppe les nerfs se trouve progressivement lésée. Cette maladie, relativement fréquente en Europe, aboutit à une paralysie. On connaît mal son origine, bien que l'on soupçonne l'intervention de virus ou de phénomènes immunologiques.

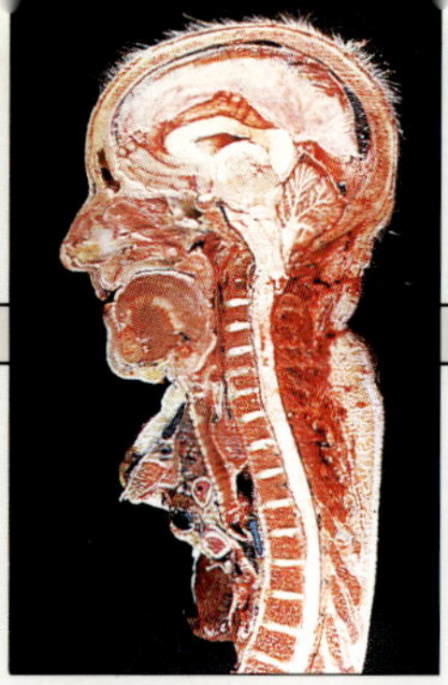

Le cerveau et le contrôle moteur,

par Emilio Bizzi,
directeur du département cerveau et science cognitive, MIT.

Les mouvements multi-articulaires coordonnés posent des problèmes cinétiques et dynamiques. Le problème cinétique est celui de la trajectoire, qui comprend le parcours suivi par la main allant d'un point à un autre de l'espace et la vitesse à laquelle elle accomplit ce parcours. Pour programmer la trajectoire d'un déplacement du bras, le système nerveux central (SNC) doit résoudre des calculs complexes. Dans les mouvements multi-articulaires, par exemple, la torsion nécessaire pour bouger une articulation dépend de la position des autres articulations. Il existe, en outre, des effets articulaires réactionnels, dus au fait que les muscles chevauchent les jointures.

Et, pour compliquer encore un peu plus la situation, lorsqu'il s'agit de calculer la trajectoire du mouvement du bras, force est au SNC de tenir compte des torsions que provoquent les forces d'interactions. Sur la figure 1A, si l'articulation est soumise à une rotation dans le sens indiqué, la deuxième articulation subira une réaction de torsion, et vice-versa. La figure 1B illustre, quant à elle, la torsion d'interaction centripète. Le segment 2 a pivoté autour de l'articulation 2. La force centripète, appliquée à la masse, provoque une force de réaction (proportionnelle au carré de la vitesse angulaire de l'articulation 2) qui agit sur l'articulation 1 par l'intermédiaire du segment L. L'intensité de ces forces interréactionnelles est fonction de la trajectoire particulière du bras et peut souvent être très importante. Si ces effets d'entraînement n'étaient pas compensés, le mouvement affectant une articulation désorganiserait d'autres articulations, ce qui entraînerait des erreurs, dans les mouvements de la jointure et de la main.

Le programme trajectorial est-il spécifié dans les coordonnées articulaires ou est-ce un programme cartésien qui détermine le parcours de la main ? Comment sont définies les torsions nécessaires ? Sont-elles caculées en temps réel ou a-t-on recours à la mémoire ?

Pour tenter de parvenir à une meilleure compréhension du problème posé par les mouvements multi-articulaires du bras, les neurologistes ont mis au point diverses méthodes : enregistrement physiologique de l'action de neurones isolés chez les animaux qui effectuent des tâches simples ; études cinétiques systématiques des mouvements du bras ; études portant sur la façon dont le SNC contrôle et utilise les propriétés mécaniques des muscles.

Les enregistrements physiologiques de l'activité de cellules isolées des aires du contrôle moteur (un secteur de recherche inauguré par Edward Evarts il y a une vingtaine d'années) ont apporté des informations sans prix sur un point crucial : le temps de décharge d'une cellule pendant l'accomplissement d'une tâche motrice. Un certain nombre de corrélations intéressantes ont, par ailleurs, été établies entre l'activité neuronale et divers paramètres, tels que l'amplitude, la vitesse et la direction du mouvement. Malheureusement, cette technique a ses limites : elle ne saurait nous aider à comprendre les problèmes de calcul, liés à l'exécution d'un mouvement.

Les recherches cinétiques, en rapport avec les mouvements du bras, ont apporté quelques éclaircissements sur la programmation. Le tracé des trajectoires du bras a permis deux découvertes : en premier lieu, le parcours que la main effectue est en général rectiligne ou légèrement incurvé. L'intérêt de cette observation réside en ce que les mouvements en ligne droite de la main sont la résultante des effets de rotation des deux

1. Illustration schématique de torques d'interaction
Un bras horizontal formé de deux segments (A) est fixé par une extrémité à un mur, au moyen de l'articulation A1. Le second degré de liberté est fourni par l'articulation A2. Si l'on fait pivoter A1 dans la direction indiquée, un torque réactionnel provoque le mouvement de A2. On peut voir le mouvement imprimé à A2 par le torque d'interaction centripète en B. (Extrait de Bizzi and Abend : "Motor control mecanism in health and disease, 1983).

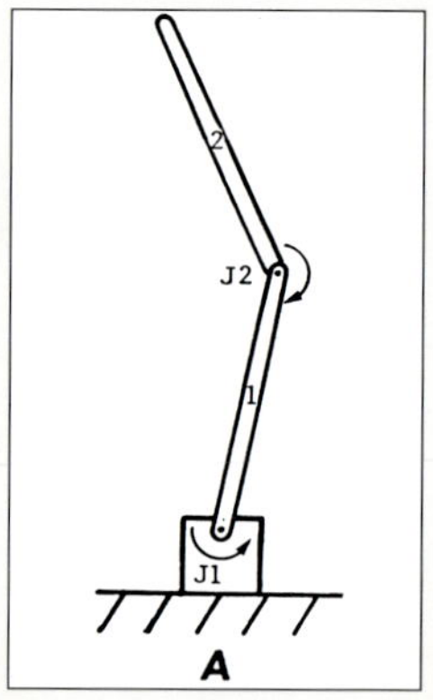

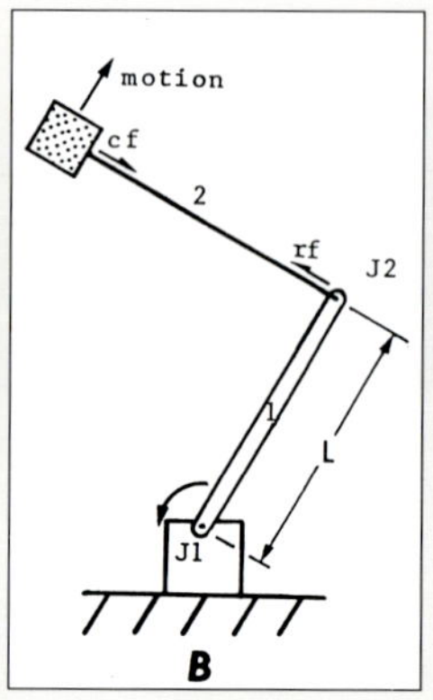

articulations. Ils seraient curvilignes s'il n'y avait pas coordination parfaite des deux degrés de liberté. Cette tendance à la rectilinéarité suggère donc qu'il doit y avoir une programmation du parcours.

Seconde constatation, relative à trois mouvements accomplis dans des régions différentes de l'espace : les tracés, représentant la position et la vitesse de déplacement de la jointure, varient fortement d'un mouvement à l'autre, alors que celui qui représente la vitesse de déplacement de la main affecte toujours un profil pour ainsi dire en cloche, même quand les vitesses angulaires de l'articulation sont complexes. L'indépendance entre l'espace où s'effectue le mouvement et de la vitesse de la main confirmerait l'hypothèse selon laquelle le SNC programme un mouvement en fonction de la cinématique de la main, pour transformer ensuite le programme en coordonnées articulaires.

L'étude neurophysiologique des processus qui déterminent le passage de la programmation du mouvement de la main à l'exécution d'un mouvement bien coordonné du bras est un passionnant secteur de recherche. Une stratégie prometteuse fait intervenir l'étude des propriétés géométriques et mécaniques du muscle. Cette approche se fonde sur le postulat que le système de contrôle neuronal ne se bornerait pas à régir l'interaction des muscles et des os, mais qu'il en tirerait aussi parti.

Feldman a ouvert la voie à cette approche vers 1974 en étudiant les propriétés élastiques du bras humain. Les muscles se comportent comme des ressorts, où la force mise en jeu est fonction de l'ampleur et du niveau de l'activation neuronale. Des recherches récentes ont souligné que nous sommes en mesure de comprendre l'organisation des mouvements volontaires, en examinant comment les propriétés mécaniques du système neuromusculaire imposent des contraintes au contrôle moteur.

Mussa-Ivaldi, et d'autres, ont admirablement mis en évidence à quel point le système neuromusculaire se comporte comme un ressort (1985). Ils ont démontré que, lorsque la main quitte une position d'astreinte donnée et se maintient à vitesse nulle, les muscles du bras entraînent une force de restauration qui, une fois le membre libéré, ramène la main à sa position initiale, d'une façon absolument conforme à ce que l'on pourrait attendre d'un système de ressort. En relevant les réactions provoquées par des déplacements d'amplitude et de direction variables, ils sont parvenus à définir le champ de la force d'élasticité, associé à la main. Quelle que soit la position de celle-ci, ce champ est caractérisé par une forme, une ampleur et une orientation déterminées. En outre, le champ de rigidité, associé à la position de la main, varie dans des proportions substantielles, selon la situation qu'occupe cette dernière dans l'espace observé.

Ces études récentes, qui s'ajoutent à des expériences antérieures, visant à déclencher visuellement des mouvements de la main et du bras de singes entraînés à cet exercice, ont montré que la position du membre correspond à un point d'équilibre entre les faisceaux de forces opposées. Cette observation a conduit à formuler l'hypothèse que les mouvements sont représentés comme des déplacements graduels de la position d'équilibre des membres. Les résultats des recherches effectuées par Bizzi et d'autres (1982) suggèrent l'existence d'un signal de contrôle, qui se modifierait progressivement, quand l'avant-bras passe d'une position d'équilibre provisoire à un point d'équilibre définitif. Pendant ce passage de la position initiale à la position finale, l'activité moto-neuronale alpha détermine une série de positions d'équilibre transitoires, constituant une trajectoire dont la terminaison est la position finale désirée. La valeur et l'importance de ces expériences tiennent à ce qu'elles suggèrent que le SNC pourrait programmer les mouvements, en partant du champ de rigidité du maillon terminal de la chaîne (la main). Le balayage graduel des diverses positions d'équilibre faciliterait la coordination du mouvement multi-articulaire et réduirait les problèmes de contrôle.

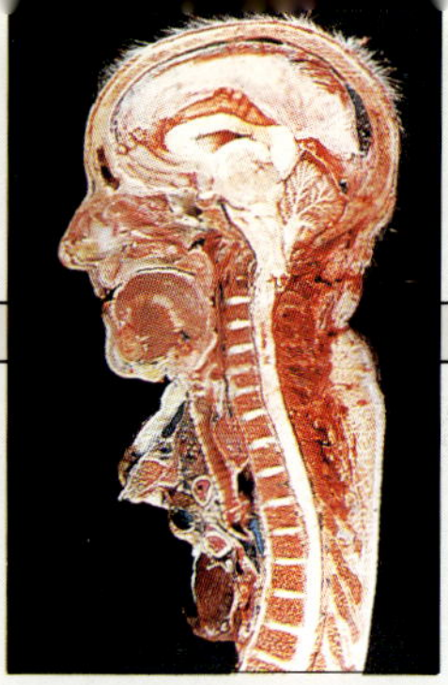

Les mécanismes subcorticaux et la théorie moderne des systèmes de contrôle,

par Masao Ito, Université de Tokyo.

Le contrôle moteur qu'exerce le cerveau sur le corps humain peut être comparé aux contrôles indispensables à tout véhicule moderne hautement sophistiqué – vaisseau spatial, par exemple. Les centres d'activité réflexe de l'organisme (une centaine) sont aussi nombreux que les valves et les clapets, situés en des points précis, et chargés d'assurer la régulation des indicateurs de niveau, de pression, de température, etc., dans un vaisseau spatial. A l'instar du pilote de vaisseau spatial, qui a la haute main sur les systèmes de contrôle locaux de l'engin, c'est le cortex cérébral qui assure le contrôle de la motricité volontaire. Mais, si nous n'étions équipés que de ces seuls dispositifs, notre contrôle moteur serait frappé d'inefficacité, exactement comme le pilote d'astronef serait dépassé par la multitude des tâches de contrôle à effectuer : pour résoudre ce problème, il dispose d'un puissant ordinateur. Les systèmes de contrôle moteur de notre organisme doivent être asservis à un moyen de supervision analogue. Il semble que ce rôle soit dévolu au cervelet et aux ganglions de la base.

Le cervelet représente à peu près dix pour cent de la masse totale de l'encéphale. La neurologie et la neurophysiologie classiques donnent à penser que le coulé et la précision de nos mouvements tiennent aux facultés d'apprentissage de cet organe. Ce serait grâce au cervelet que nous acquérons le savoir-faire qu'implique tout mouvement, ce qui est évident pour l'activité sportive ou pour jouer d'un instrument de musique. En conséquence, il y aurait lieu d'attribuer cette faculté d'apprentissage aux circuits neuronaux du cervelet. Le cervelet contient les multiples éléments de cette "machine à apprendre", chacun d'entre eux étant relié à un arc réflexe ou à un système de contrôle volontaire.

Nous nous sommes évertués, nous-mêmes, à étudier l'apport effectif d'une de ces unités du cervelet à un réflexe contrôlant les mouvements des yeux. Ce dernier, le réflexe vestibulo-oculaire horizontal, est déclenché par des messages provenant des canaux semi-circulaires horizontaux de l'oreille interne et il engendre des mouvements des yeux qui compensent ceux de la tête. C'est ce réflexe qui nous permet de lire dans un train en marche : quels que soient les mouvements de la tête, il assure la constance des images rétiniennes. L'arc réflexe vestibulo-oculaire horizontal est sous la dépendance d'une petite région du cervelet, le *flocculus,* qui réagit aux signaux émis par le canal semi-circulaire, en émettant à son tour les messages périphériques, déterminant l'arc réflexe. Des signaux visuels, représentant les défauts de stabilisation des images rétiniennes, parviennent aussi au flocculus ; ils modifient la réactivité des circuits neuronaux flocculaires aux messages vestibulaires. Aussi, l'hypothèse d'une amélioration progressive du réflexe par la modification des erreurs (qui se solderait par une proportion d'erreurs rétiniennes réduite au minimum) en agissant sur les circuits flocculaires, a-t-elle été avancée. Une modification notable du réflexe vestibulo-oculaire horizontal est susceptible d'être induite par le port de lunettes à prismes, qui inversent l'axe gauche-droite du champ visuel comme l'ont démontré Gonshor et Melvill Jones (Figure 1). Le réflexe est graduellement atténué et il y a même inversion de sa polarité. L'expérimentation animale a conforté cette hypothèse, en montrant que l'adaptabilité du réflexe vestibulo-oculaire disparaissait à la suite d'une lésion du flocculus et que les messages neuronaux dont il est le réceptacle se transformaient parallèlement à la modification du réflexe vestibulo-oculaire.

Il en découle schématiquement, sur le plan du contrôle des réflexes par le cervelet, que, du fait de ses facultés d'apprentissage, le cervelet étalonne en permanence les réflexes pour assurer leur souplesse et leur fiabilité. Il conviendrait de poursuivre les recherches afin de déterminer comment est exactement utilisée une unité du cervelet, de telle sorte qu'elle assiste le contrôle des mouvements volontaires. En attendant, il est intéressant de se référer aux remarquables progrès, récemment réalisés dans la technologie du contrôle actif des engins par des ordinateurs de configuration. Dans un avion de ce type, les instruments de pilotage sont associés à un ordinateur dont les capteurs de mouvements périphériques émettent des signaux rétro-actifs, afin de réaliser un contrôle optimal. Le résultat majeur de ce nouveau système de contrôle est qu'il offre six degrés de liberté. Normalement, ils sont au nombre de quatre : la poussée, la pente, le tangage et le roulis. Les deux supplémentaires sont les translations latérales directes et les translations de haut en bas. Considérant que nos membres possèdent une grande variété de degrés de liberté (environ trente pour l'avant-bras, y compris les doigts de la main), une telle "augmentation de contrôle" serait essentielle pour que l'on ait un contrôle moteur satisfaisant. L'idée de base, selon laquelle le cervelet serait avant tout un organe assurant cette augmentation du contrôle semble être un concept général utile pour appréhender la notion de contrôle moteur.

Les ganglions de la base sont un amas de masses neuronales proéminentes. L'hypokinésie (diminution des mouvements) et l'hyperkinésie (augmentation excessive des mouvements), qui se manifestent l'une dans la maladie de Parkinson et l'autre chez les malades atteints de chorée d'Huntington sont des symptômes provoqués tous deux par des lésions des noyaux gris centraux. Ces pathologies suggèrent que l'un des rôles essentiels des noyaux gris centraux serait la stabilisation des systèmes moteurs : une stabilisation exagérée peut causer l'hypokinésie et une perte de stabilisation entraîner l'hyperkinésie. La stabilisation est la condition préalable au fontionnement de tout système complexe sur une grande échelle et l'"accroissement de la stabilisation" est l'une des grandes préoccupations de la technologie moderne du contrôle. Elle nécessite une stratégie différente de celle mise en œuvre pour l'accroissement de la stabilisation du contrôle de la motricité, alors que le cervelet est, quant à lui, spécialisé dans l'accroissement du contrôle. Les données dont nous disposons actuellement sur les structures des circuits et les signaux neuronaux ne suffisent pas pour vérifier cette suggestion dans l'immédiat, mais elle pourrait orienter les travaux à venir, pour déterminer la raison d'être fonctionnelle de noyaux gris centraux dont nous n'avons encore qu'une idée des plus vagues.

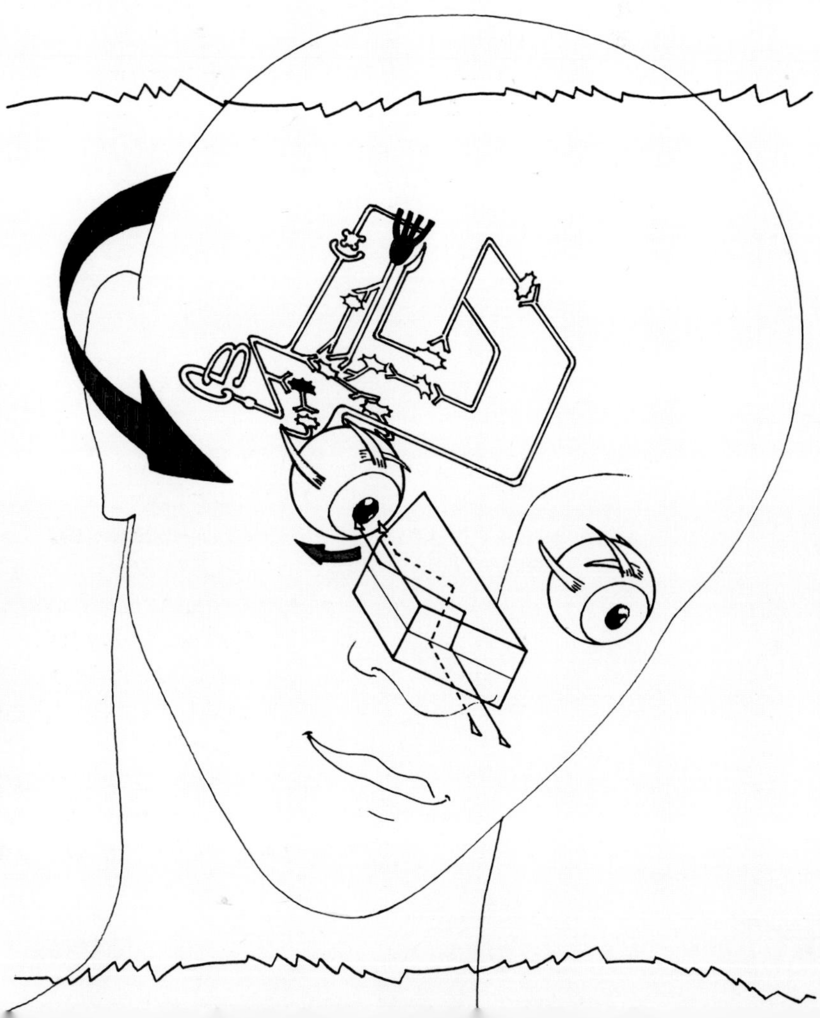

11
Du berceau à la tombe

Comment se forment les milliards de cellules du cerveau, à partir des quelques cellules primitives de l'embryon, et comment établissent-elles les bonnes connexions avec d'autres cellules ? Cette question rejoint celle, plus générale, de la différenciation cellulaire, qui reste un mystère non résolu : pourquoi, alors que chaque cellule possède le même patrimoine génétique, certaines se mettent-elles à fabriquer de la peau,d'autres à transporter le sang, d'autres à constituer le système nerveux ? Cette spécialisation intrigue depuis des années les biologistes, impuissants à l'expliquer.

Dans le cas de la genèse du cerveau, un autre phénomène étrange se produit : le nouveau-né possède plus de cellules et de connexions qu'il n'est utile d'en avoir. Pour la plupart des autres organes, les divisions cellulaires jouent un rôle important après la naissance de l'enfant, mais pour le cerveau, c'est la mort des cellules et la diminution des connexions qui paraissent un phénomène critique.

Le développement du cerveau

Le développement de l'embryon commence par la formation, à partir de l'œuf, d'un amas cellulaire qui se différencie en trois couches, externe, interne et médiane. C'est au sein de la couche de surface de l'embryon que se forme la *plaque neurale,* qui se creuse par la suite en gouttière ou *tube neural.* Depuis le début des années vingt, les chercheurs savent que ce processus de différenciation, ou induction nerveuse, est déclenché par une interaction entre la couche externe et la couche médiane.

Grâce à diverses techniques de marquage, les scientifiques ont pu suivre l'évolution des cellules et tracer des "cartes du destin" (biologique). Durant la formation du tube neural, le nombre des cellules (environ 125 000) ne change guère, mais juste après sa fermeture se produisent de multiples divisions cellulaires. Il semble que ce soit durant cette période de division cellulaire que les cellules acquièrent leur "adresse" définitive, qui ne sera effective qu'après d'importantes migrations cellulaires.

Les migrations cellulaires jouent un grand rôle dans le développement de l'embryon, car de nombreuses cellules, notamment celles qui interviennent dans la reproduction, naissent à distance de leur lieu d'habitation normal. Les cellules nerveuses peuvent migrer sur des distances importantes. Nicole Le Douarin, professeur au Collège de France, a pu reconstituer ce phénomène en réalisant des chimères poulet-caille. Les cellules de chacune de ces deux volailles peuvent être distinguées au microscope. Si l'on enlève un fragment du tube neural d'un embryon de caille et qu'on le greffe à un poulet de même âge, on peut suivre le cheminement des cellules greffées : selon l'emplacement de la greffe, les cellules vont se placer à un endroit déterminé, pour synthétiser un médiateur correspondant à leur position géographique. La localisation des cellules est donc un phénomène essentiel dans la genèse du système nerveux.

Lors de leur cheminement, les cellules empruntent un itinéraire défini, balisé par une molécule caractéristique, la fibronectine. Lorsqu'elles parviennent à destination, elles produisent pour s'agréger un facteur particulier (N-CAM ou Neural-Cell Adhesion Molecule), sorte de colle qui assure la cohésion de l'amas. La reconnaissance entre cellules dépend de molécules de surface que les nouveaux moyens de recherche (par exemple les anticorps monoclonaux) permettent mieux d'étudier.

Puis les neurones immatures se différencient et forment leurs prolongements (certains le font même avant la migration). La phase suivante du développement concerne les connexions entre neurones. Elles ne s'effectuent pas au hasard, mais selon un schéma prédéterminé : des nerfs sectionnés auront tendance à retrouver leur point normal d'intersection. Le Prix Nobel américain Roger Sperry l'a démontré au cours d'expériences étonnantes, consistant à retourner ou à transplanter des yeux de grenouilles.

Un bébé sans problème
Le développement du cerveau de l'embryon est l'un des mystères qui fascine le plus intensément les chercheurs. Quelques énigmes commencent à être levées.

1.2.3.4.5. Genèse du cerveau

L'augmentation du cerveau anticipe la croissance du corps et des autres organes. Tôt dans le développement de l'embryon, prédominent les structures des tubes neuraux. La taille définitive du cerveau est atteinte, chez l'homme, entre les âges de six et de huit ans.
Au début de la quatrième semaine de grossesse (1), l'embryon, qui atteint la taille d'environ 1,9 mm, montre une plissure marquée de l'ectoderme (feuillet externe dont dérivent l'épiderme et le système nerveux) dans la partie qui correspond au cerveau. Chez l'embryon de 22 mm (2), le tube neural est encore partiellement ouvert. L'embryon de 34 mm se différencie de plus en plus (3) ; en jaune, on peut distinguer le tube neural, les proéminences de la cervelle et les premiers nerfs. Au début du deuxième mois de grossesse (4), l'embryon atteint la taille de 4,2 mm. On remarque à ce stade la prééminence de la tête, la croissance des nerfs du cerveau et les yeux. A la fin du deuxième mois de grossesse (5), les sections du cerveau et les yeux sont nettement différenciés.

1

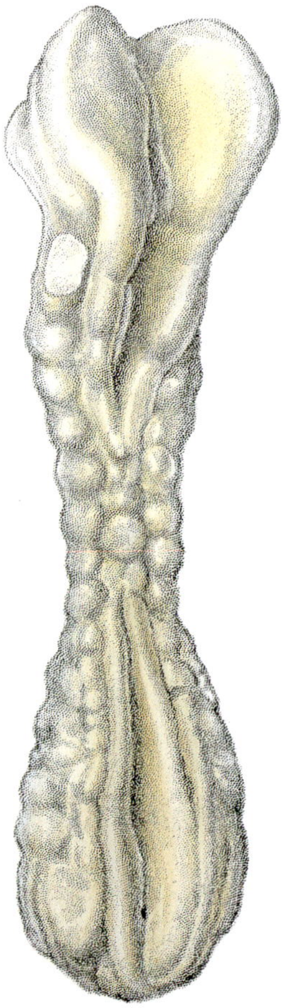

2

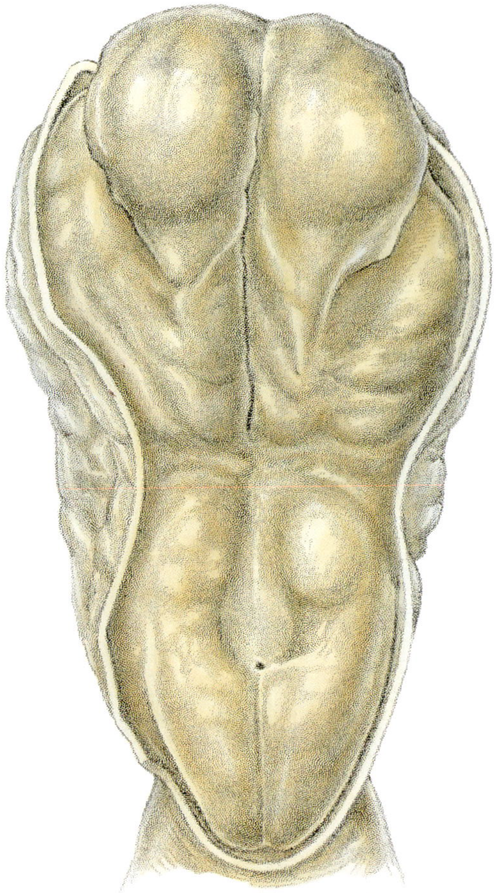

3

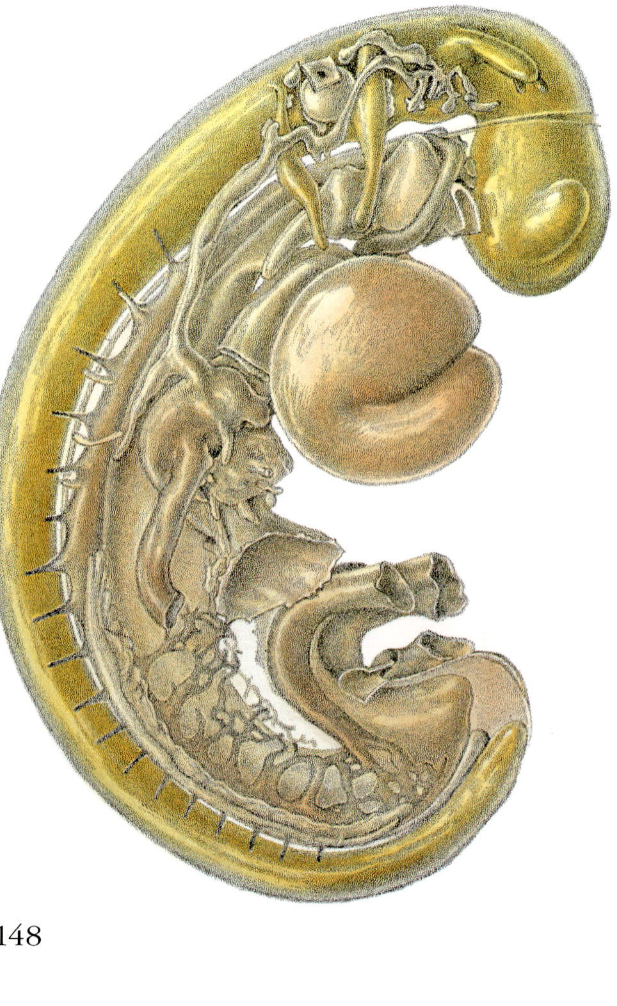

4

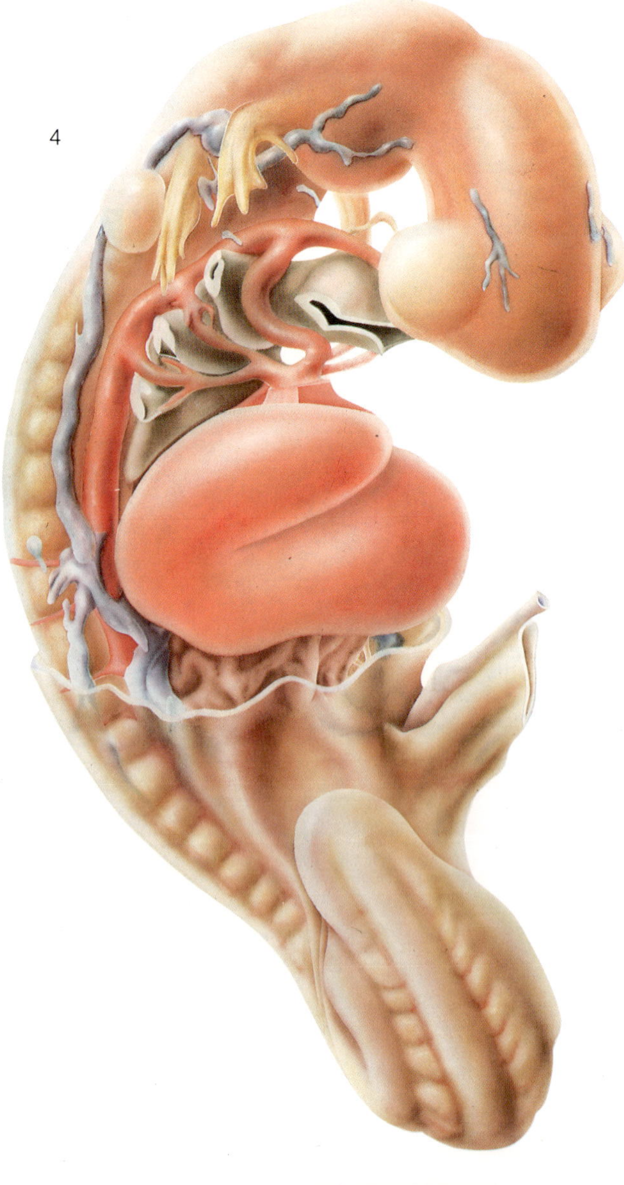

5

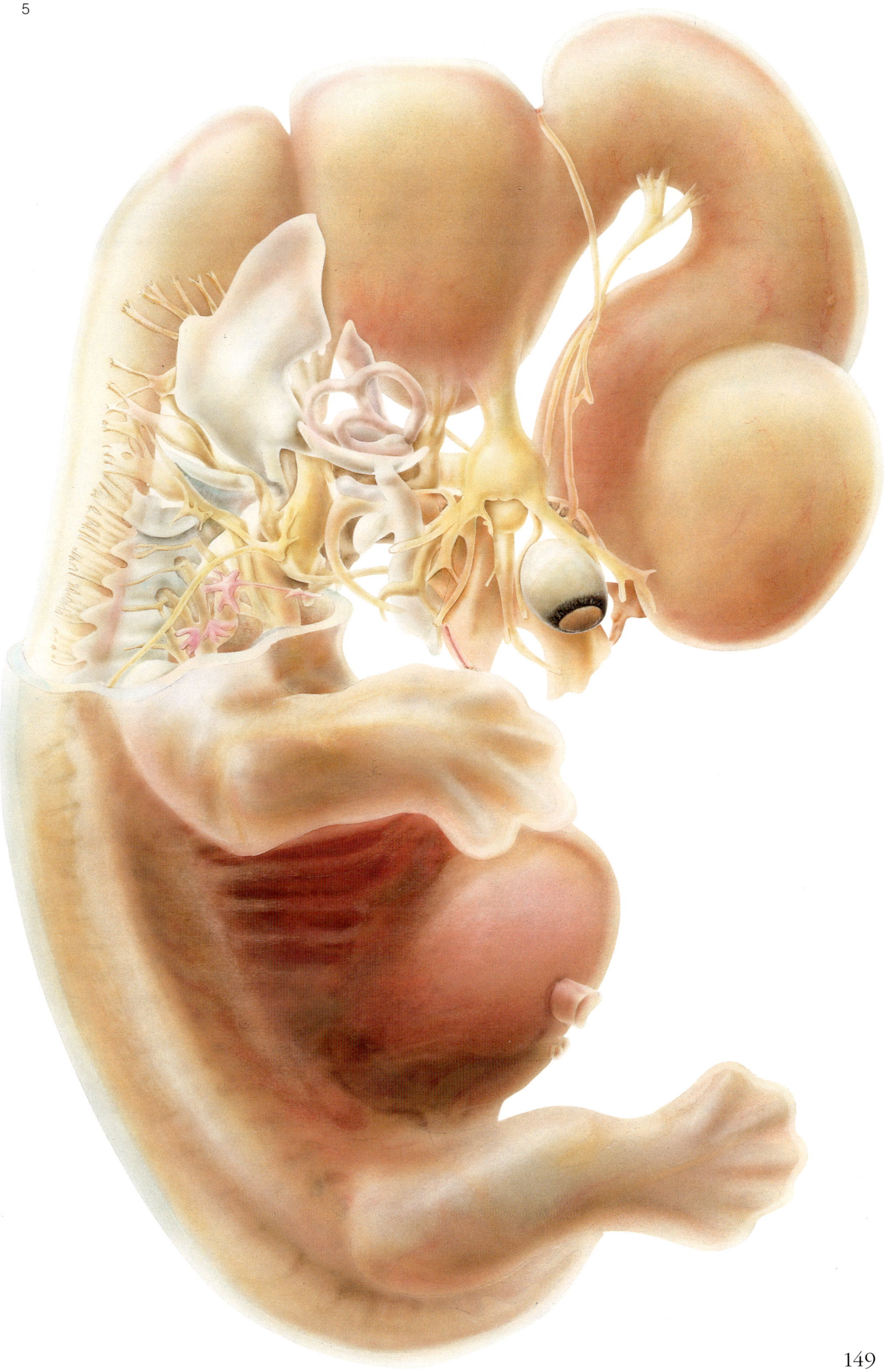

La mort des cellules et les facteurs de croissance

C'est à Saint-Louis,Missouri, peu après la Deuxième Guerre mondiale, que quelques grands traits de la carte chimique du cerveau ont commencé à être tracés. Rita Levi-Montalcini (Prix Nobel 1986) et Viktor Hamburger ont été parmi les premiers à remarquer que, dans la genèse du cerveau, la mort est étroitement associée à la croissance. Il semble qu'après l'établissement des connexions synaptiques, 15 à 85 % des neurones disparaissent et que de nombreuses connexions soient éliminées. Selon Rita Montalcini, pour survivre, les cellules ont besoin d'une substance nutritive spécifique, baptisée *facteur trophique* (d'un mot grec qui signifie "nourriture"). Elle a découvert avec son équipe le premier facteur trophique, le *facteur de croissance du nerf* (NGF ou Nerve Growth Factor), essentiel à la vie des cellules nerveuses du système sensoriel périphérique et du système nerveux sympathique. Ses effets sur les neurones du cerveau et de certaines autres parties du système nerveux central semblent moins importants, mais ils ne sont pas encore très clairs.

Les travaux sur le NGF auront peut-être des conséquences thérapeutiques. A. Björklund, de l'Université de Lund, a montré que certains neurones du cerveau répondent au NGF et que l'administration de cette substance facilite la récupération après une lésion, ce qui suggère que toute lésion cérébrale n'est pas aussi irréversible qu'on le croyait. Le NGF agissant en outre sur les neurones défaillants, dans la maladie d'Alzheimer, une voie d'approche d'un traitement, au niveau cellulaire, serait à envisager.

A l'heure actuelle, les chercheurs auraient tendance à penser qu'il existe différentes sortes de facteurs trophiques dans le cerveau, chacun d'entre eux lié à un certain type de neurones, de telle sorte que lorsqu'un axone non-conforme cherche à se connecter à une cellule, le facteur trophique de cette cellule-cible se refuse à nourrir le neurone à l'origine de cet axone erratique. La course aux facteurs trophiques est intense dans les laboratoires du monde entier.

Les erreurs du programme

Tant de choses peuvent aller de travers au cours du processus complexe de la genèse d'un cerveau qu'il n'est pas étonnant que, de temps à autre, se produise une erreur aux conséquences parfois dévastatrices. Il existe nombre de désordres connus liés au développement cérébral (entre autres plusieurs formes de paralysie du cerveau). L'un des plus récemment débattues est l'autisme infantile. L'enfant qui en est victime (souvent un petit garçon) est virtuellement coupé du monde. A l'origine, on pensait qu'ils ne voulaient pas communiquer avec l'entourage, mais aujourd'hui il a été démontré qu'ils sont incapables de fonctionner mentalement. Les victimes de cette affection se recroquevillent dans un coin et se balancent ou bien ils se tapent la tête contre les murs. Souvent, ils ne peuvent utiliser le langage, se montrent insensibles à la douleur mais ultra-sensibles au bruit. Autrefois pris pour la conséquence d'une sorte de stress émotionnel, l'autisme est aujourd'hui reconnu comme un désordre biologique lié à la genèse du cerveau.

La première étude systèmatique de cerveaux des victimes de l'autisme a été entreprise par Edward Ritvo à l'Université de Californie à Los Angeles. Comparés aux cerveaux d'individus normaux, ceux des victimes de l'autisme présentent un développement anormal du cervelet, avec un nombre très réduit par rapport à la normale de cellules de Purkinje. Or ces cellules ont pour rôle, entre autres choses, de moduler les sensations qui nous arrivent. Mais ce n'est qu'une amorce d'explication car, nous l'avons vu, nous comprenons assez mal les fonctions exactes du cervelet. Margaret Bauman, du Massachusetts General Hospital, a découvert aussi que les cellules nerveuses du système limbique (impliqué dans les émotions) ont, chez les enfants autistiques, une croissance anormale. L'histoire est loin d'être achevée, mais il semble que les désordres mentaux que présentent les enfants autistiques résulteraient bien d'erreurs de programmation dans le développement du cerveau, plus que d'un défaut dans le comportement des parents.

Le rôle de la sélection dans l'ontogénèse du système nerveux

Lors de son développement, le système nerveux suit donc un programme précis. Mais dans quelle mesure est-il affecté par l'environnement ? L'environnement agirait à la manière d'un crible sélectif, c'est-à-dire suivant un processus darwinien, en sélectionnant parmi plusieurs possibilités préexistantes, et non suivant un processus lamarckien de modelage ou d'instruction. Les Prix Nobel D. Hubel et T. Wiesel ont montré pour la vision que les

1
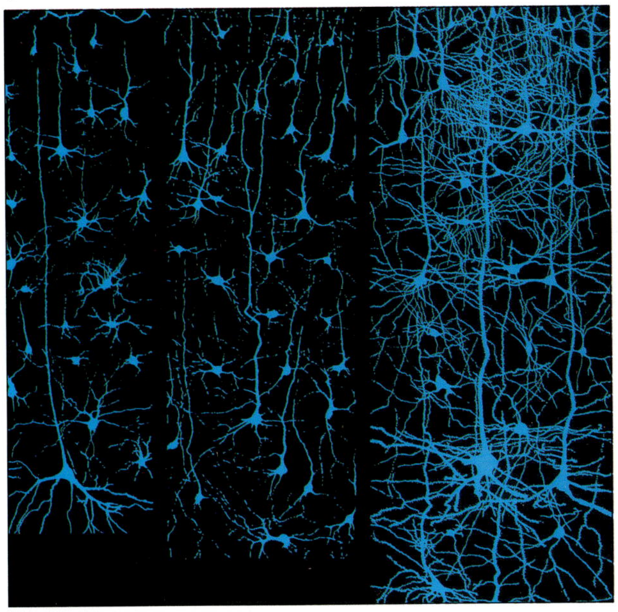

2
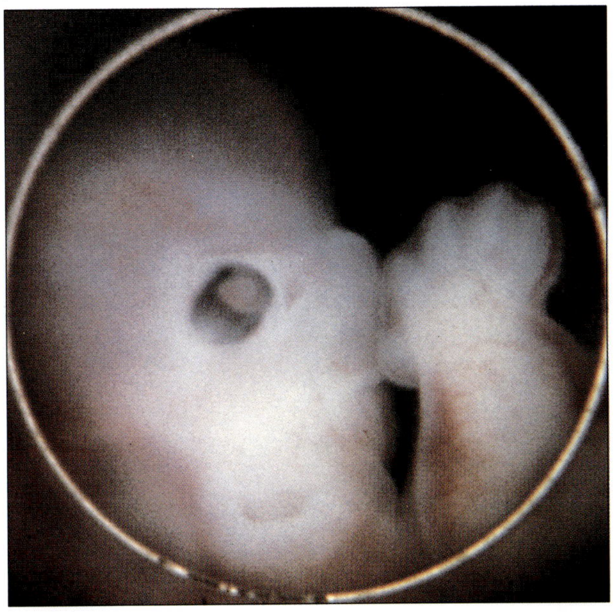

3
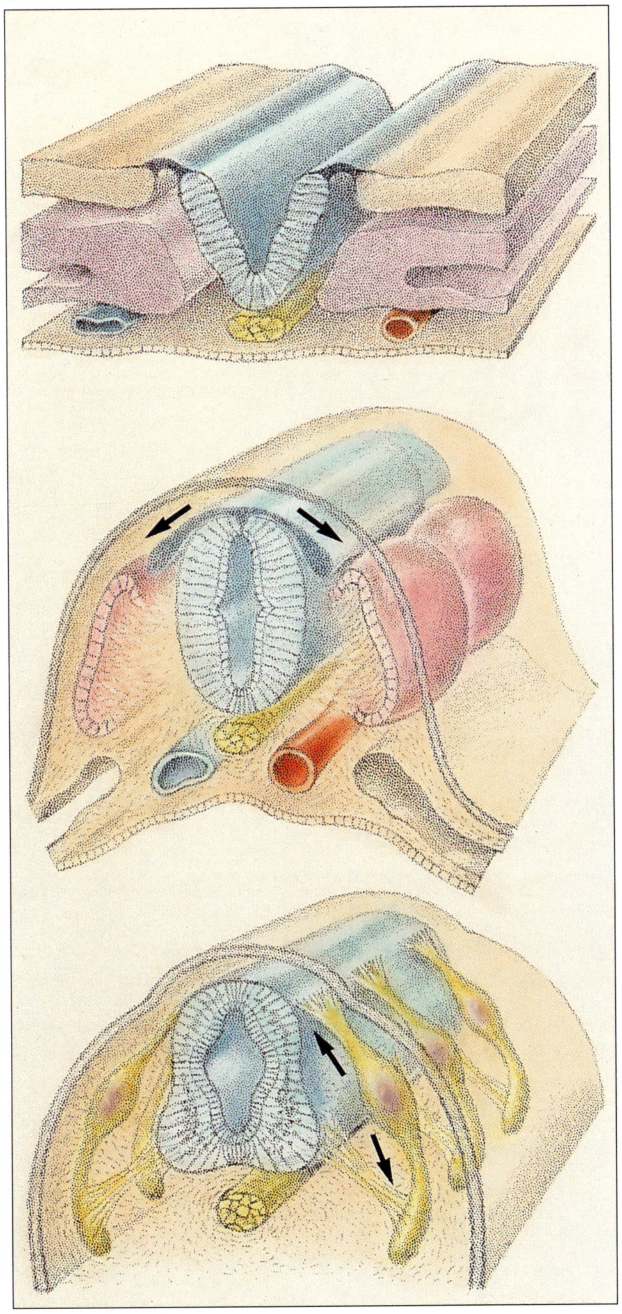

4
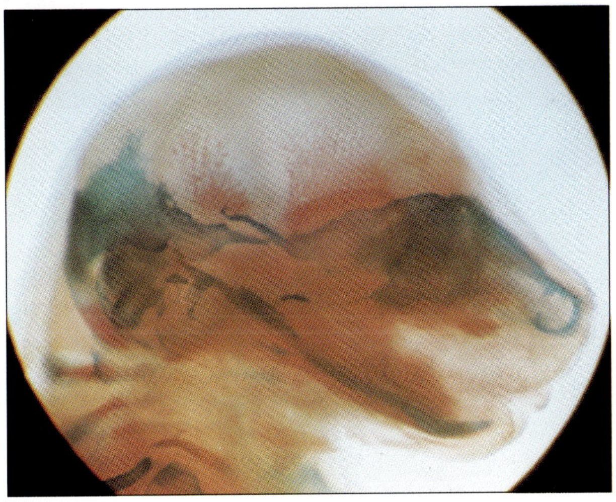

modèles sélectifs se sont révélés plus justes que les modèles instructifs : les neurones impliqués s'organisent selon un programme génétique vis-à-vis duquel l'environnement agit comme crible sélectif, ce qui explique pourquoi, par exemple, le système de vision ne se développe pas correctement chez un chaton aux yeux bandés depuis la naissance.

1. Connexions
A la fin de la grossesse et au cours des premières années de la vie, un réseau de connexions complexes s'établit entre neurones. De gauche à droite, les neurones du système nerveux central chez le nouveau-né, chez le bébé de trois mois, chez l'enfant de deux ans.

2. Embryon de sept semaines
Observation par échographie (ultra-sons) de l'augmentation du diamètre de l'encéphale.

3. Plaque neurale
Trois stades de la formation de la plaque et du tube neural chez l'embryon, correspondant à la première ébauche du système nerveux : l'ectoderme se creuse en gouttière à la partie dorsale et les feuillets neuraux s'empilent (en haut) ; le tube neural se ferme et les feuillets sont déviés à la périphérie, dans la direction des crêtes qui se détachent (milieu) ; à partir des feuillets se forment les ganglions spinaux et les cellules ganglionnaires envoient un appendice vers la périphérie, d'une part, un autre vers la racine dorsale en direction de la moelle épinière. La non-fermeture du tube neural entraîne une mauvaise circulation du liquide céphalorachidien qui se traduit par l'hydrocéphalie.

4. Formation de la voûte crânienne
L'importance considérable des centres nerveux crâniens pour la survie des espèces de vertébrés a sélectionné, au cours de l'évolution, des mécanismes subtils de protection. Sur cette photo d'embryon de rat, trois jours avant sa naissance, on voit la formation d'un délicat réseau de tissu osseux dans les membranes conjonctives qui recouvrent les hémisphères cérébraux. Ce n'est que beaucoup plus tard, bien après les os longs du squelette, que la mise en place de la voûte crânienne sera complète et que les espaces entre les plaques osseuses (les fontanelles) se refermeront.

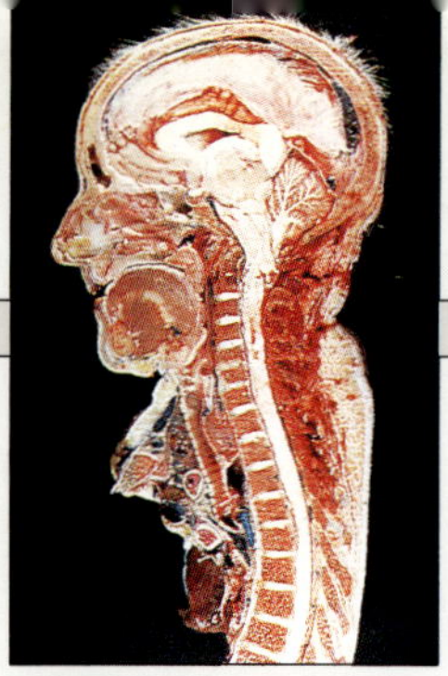

Le développement du système nerveux et l'hécatombe cellulaire,

par Max Cowan,
Howard Hughes
Medical Institute

L'idée a de quoi surprendre, mais il est maintenant établi que, dans presque toutes les régions du système nerveux, une surproduction de cellules nerveuses commence par se produire, suivie d'une élimination conséquente de cette population initiale.

Près de quatre-vingts ans se sont écoulés depuis la publication de la première communication, relative à la mortalité cellulaire au cours du développement du système nerveux, mais il a fallu attendre les études magistrales de Hamburger et Levi-Montalcini, à la fin des années quarante, pour mesurer toute l'importance de ce phénomène, en tant qu'événement morphogénétique dans le développement des systèmes nerveux central et périphérique. C'est en étudiant le développement du ganglion sensoriel de la racine dorsale du poussin que ces chercheurs ont constaté qu'il y avait une période déterminée, au cours de son développement normal, où près de la moitié des neurones du ganglion étaient détruits. De plus, si l'on procèdait à l'ablation d'un membre, à un stade très précoce de développement, on constatait la dégénérescence d'à peu près toutes les cellules du ganglion sensoriel intéressé. Ultérieurement, ces chercheurs ont signalé une mortalité cellulaire naturelle analogue, au niveau de la mœlle épinière, et ont suggéré que ce pouvait être un phénomène généralisé au cours de la neurogénèse. Cette conclusion a été amplement étayée par des études postérieures, qui ont établi que dans toutes les structures neuronales soumises à des analyses quantitatives, à l'exception de trois d'entre elles, intervient une phase de mort cellulaire.

Nous avons accumulé un assez grand nombre d'informations sur la mort des neurones, tant chez les invertébrés que chez les vertébrés (et cela vaut aussi pour plusieurs structures du cerveau humain). C'est donc un phénomène à peu près omniprésent, mais aussi d'une ampleur considérable : dans certains systèmes, il touche jusqu'à 85 % de la population cellulaire initiale. On a découvert un fait nouveau : la phase de mortalité cellulaire intervient généralement au cours d'une période limitée du développement (habituellement celle pendant laquelle les cellules établissent leurs connexions dans les régions où elles projettent leurs axones), ce qui permet de penser que la formation de nouvelles interactions entre cellules est un facteur important, pour déterminer le sort des neurones. On a découvert aussi que, si l'on procède à l'ablation du champ cible où se projettent les cellules à un stade précoce, on note une augmentation de la mortalité cellulaire au sein de la population neuronale, ce qui conduit à penser que c'est dans la région cible et non dans les cellules elles-mêmes que l'on trouverait le facteur critique.

L'ensemble de ces observations a conduit à formuler l'hypothèse que, dans la majeure partie du système nerveux, il se produit initialement une surproduction de neurones, dont les axones entrent en compétition pour s'approprier un certain matériau qui n'existe qu'en quantité limitée, au niveau des sites où aboutissent leurs terminaisons. Il est possible que cette concurrence ait pour objet des sites de contact spécialisés (synaptiques) dans le champ cible, mais des travaux ultérieurs ont conduit à une explication de caractère plus général : les axones entreraient en compétition pour rechercher un facteur de croissance diffusable ou *trophique,* présent seulement en quantités restreintes dans la région cible : les cellules victorieuses survivent alors que les autres meurent.

La preuve directe, venant à l'appui de ce concept, est issue de l'étude du seul facteur trophique sur lequel nous soyons bien informés, le NGF ("nerve growth factor"), ou facteur de croissance du nerf. C'est une protéine, de poids moléculaire relativement faible, dont nous savons qu'elle est indispensable à la survie des neurones sensoriels et sympathiques en culture. Il a été récemment démontré que l'administration d'un NGF exogène à l'embryon in vivo est susceptible de s'opposer à la mort naturelle des cellules du ganglion sensoriel.

Les autres facteurs de croissance, propres au système nerveux, nous demeurent inconnus. Néanmoins, on a identifié, au cours des trois ou quatre dernières années, plusieurs de ces agents présumés, dont quelques-uns se sont montrés, de façon tout à fait convaincante, capables d'assurer la survie des neurones de tissus en culture, et il est vraisemblable qu'ils se révèlent d'ici quelques années également efficaces pour le système nerveux dans l'organisme vivant.

L'une des fonctions biologiques évidente de la mort naturelle des cellules est l'ajustement du nombre des neurones en cours de développement aux besoins fonctionnels des régions qu'ils envahissent, qu'il s'agisse d'un autre amas de cellules nerveuses, d'un champ récepteur sensoriel (comme la rétine de l'œil ou les récepteurs sensoriels de la peau) ou de tissus effecteurs tels les muscles ou les glandes.

En outre, dans certaines circonstances, la mort des neurones semble être, aussi, un moyen efficace d'éliminer les cellules nerveuses qui ont établi des connexions erratiques durant leur développement. Bien que cela puisse nous surprendre, nous avons désormais des indices probants qui nous permettent d'affirmer que, dans presque tous les systèmes, une certaine proportion de cellules nerveuses projettent leurs axones dans une mauvaise voie, en direction d'une cible erronée ou d'une région inadéquate du champ cible. Dans la plupart des cas, ces cellules aberrantes sont pratiquement toutes éliminées, durant la phase de mortalité cellulaire naturelle.

Il semble que, dans certaines situations particulières, les influences hormonales soient décisives pour assurer la survie des cellules nerveuses. Par exemple, la plupart des structures sexuellement dimorphiques du système nerveux se développent de la même façon chez les deux sexes en un premier temps mais, à un stade ultérieur, la survivance des cellules dépend de la présence de l'hormone sexuelle appropriée. Si celle-ci est absente durant une période critique du développement, une atrophie secondaire de la population neuronale intervient alors et la majeure partie des cellules meurent.

Il nous faut aussi préciser que, chez beaucoup d'invertébrés, la mort cellulaire est un phénomène génétiquement programmé, de façon extrêmement fine. Dans ces organismes, la mort des cellules sert à éliminer certains neurones issus d'une filiation déterminée et, par voie de conséquence, de réguler le nombre total des cellules nerveuses. Nous ne savons pas si un phénomène analogue se manifeste dans le système nerveux des vertébrés mais diverses raisons nous incitent à penser que c'est effectivement le cas. Pour finir, il importe de noter que la mortalité cellulaire n'est que l'un des événements régressifs qui intervient au cours du développement neuronal. Une seconde et importante catégorie de phénomènes d'élimination implique la suppression sélective de ramifications axonales particulières, sans que cela entraîne la mort de la cellule-mère. Ce sont presque toujours les branches terminales de l'axone qui sont éliminées, au profit d'un affinement progressif du schéma de connexions originel mais, dans certains cas, il y a même élimination de branches collatérales longues. On sait très peu de choses sur les mécanismes responsables de l'élimination des terminaisons axonales et des collatérales de ce type, mais il est bien possible que la compétition, en vue de s'approprier des matériaux trophiques (réglant la nutrition des organes) qui n'existent qu'en quantités limitées, ne leur soit pas étrangère.

12
La chimie du cerveau

Le cerveau est une usine électrique, le rôle de l'influx nerveux en témoigne. Mais c'est aussi une usine chimique. Des molécules spécifiques, les neuromédiateurs ou neurotransmetteurs, assurent les communications neuronales.

Communication cellulaire

Un groupe important de molécules chimiques transporte les signaux entre neurones : ce sont les neurotransmetteurs. Ils agissent sur la cellule receveuse en interagissant avec une autre substance chimique, le récepteur. A l'heure actuelle, les chercheurs ont élucidé le processus : un signal électrique descend le long d'un axone et change la nature de la membrane du neurone, qui relâche alors un paquet de molécules dans un espace (la synapse) compris entre le neurone émetteur et celui qui le suit. Le neurotransmetteur s'attache aux récepteurs de ce dernier : il se produit alors une réaction chimique qui se traduit par un changement du potentiel électrique de la membrane du neurone et produit un phénomène soit d'activation, soit d'inhibition.

Ce schéma relativement simple n'a pas été toujours aussi clair. Il a soulevé d'innombrables discussions, comme celles qui se sont déroulées vers 1936 entre le Prix Nobel John Eccles et W. Fedberg et qui pourraient se résumer en quelques mots : "étincelles contre soupe moléculaire". Eccles, partisan de "l'explication électrique", écrivait à Fedberg : *"L'acétylcholine n'est qu'une substance moite"*. Fedberg répondait : *"Je préfère l'acétylcholine moite à des remous de courant sec"*.

Ce débat, aussi dérisoire qu'il nous semble aujourd'hui, marque un tournant majeur dans la biologie du cerveau. Eccles a depuis été couronné par les jurés du Nobel pour ses travaux remarquables sur la physiologie des cellules nerveuses et leur système de communication , à la mode "soupe". Et ce ne fut qu'un quart de siècle après cette discussion que l'existence de véritables synapses électriques fut prônée. Aujourd'hui, nous ne nous posons plus la question de la même manière. Nous nous demanderions plutôt quelle partie de la cellule nerveuse envoie des signaux, de quel genre sont ces signaux, à quelle partie d'une autre cellule ils sont envoyés et dans quelle partie du cerveau tout cela advient. Nous savons actuellement que non seulement les axones envoient des signaux aux dendrites ou aux corps cellulaires (comme Eccles l'a si élégamment démontré), mais aussi que les dendrites peuvent s'adresser à d'autres dendrites et que les axones peuvent subir l'influence de signaux qui leur sont adressés par des cellules du voisinage. Il faut signaler que d'autres médiateurs cérébraux peuvent agir d'une autre manière que les neurotransmetteurs et, comme des hormones, être libérés non dans la fente synaptique, mais dans la circulation sanguine, pour agir à distance.

Grâce aux techniques de marquage, les chercheurs ont pu tracer des cartes cérébrales, présentant la répartition géographique des médiateurs dans le cerveau. Par exemple, la noradrénaline se trouve en abondance dans un petit amas de neurones connus sous le nom de *locus cœruleus,* qui joue un rôle dans les rêves. Les divers médiateurs interviennent en différents endroits, y compris en dehors du système nerveux : plusieurs peptides cérébraux se retrouvent ainsi au niveau gastro-intestinal. il s'agit vraisemblablement là d'un exemple de ce que François Jacob a appelé le "bricolage" de l'évolution : un matériel biologique, destiné à l'origine à un but, se retrouve adapté à un autre niveau. De ce point de vue, la nature serait économe, plutôt que de créer de toutes pièces quelque chose qui n'existe pas, elle réutilise ce qui existe. Autre témoignage de l'économie cellulaire : les médiateurs peuvent être détruits dans la fente synaptique, mais aussi recapturés par le neurone émetteur, et réutilisés. Ce phénomène biologique est important dans la mesure où certains médicaments agissent par inhibition de ce processus de recaptage.

Cerveau en tranches
Des sections tissulaires cervicales sont utilisées pour mieux comprendre les fonctions du cerveau. Ces coupes manifestent une activité électrique et restent ainsi "vivantes" de six à huit heures durant.

Les principaux neurotransmetteurs

Le plus connu d'entre eux est sans doute l'acétylcholine, qui intervient au niveau du système nerveux central, mais aussi de fibres nerveuses et motrices, et se lie à deux types de récepteurs : les récepteurs muscariniques et nicotiniques. Ces récepteurs ont été étudiés grâce à des substances naturelles (d'origine animale ou végétale) qui, se fixant sur eux, peuvent soit les activer (ils sont alors baptisés agonistes) ou les inhiber (ce sont des antagonistes). Ainsi la muscarine (poison extrait de l'ammanite tue-mouches) est un agoniste et l'atropine (extraite de la belladone) un antagoniste des récepteurs muscariniques. La nicotine est un agoniste et le curare un antagoniste des récepteurs nicotiniques. Le curare, par exemple, agit en bloquant des récepteurs d'acétylcholine, ce qui entraîne la paralysie, notamment au niveau des muscles respiratoires.

Le récepteur nicotinique est particulièrement connu, car il a pu être isolé en assez grande quantité, à partir des organes électriques de poissons tels que le gymnote ou la torpille.

Autre type de neurotransmetteur connu, la *noradrénaline,* exerce une action de régulation au niveau de l'ensemble des organes. Le récepteur de la noradrénaline fonctionne différemment du récepteur de l'acétylcholine, qui provoque l'ouverture d'un canal ionique. Dans le cas de la noradrénaline, ainsi que l'a démontré Earl Sutherland, Prix Nobel 1971, l'attachement du neurotransmetteur au récepteur déclenche dans la cellule la synthèse d'un autre messager, l'AMP cyclique, sur lequel agissent certaines substances (caféine du café, théophylline du thé).

La *dopamine,* elle, constitue en réalité un intermédiaire dans la synthèse de la noradrénaline. La maladie de Parkinson, on le sait, correspond à un déficit en dopamine. En outre, une concentration anormalement forte en récepteurs dopaminergiques a été trouvée dans le cerveau de schizophrènes (en particulier dans le système limbique, impliqué dans l'émotion). Les neuroleptiques utilisés pour combattre ces maladies se lient d'ailleurs aux récepteurs dopaminergiques. Il faut signaler que certaines drogues, comme la mescaline, présentent nombre de ressemblances chimiques avec la noradrénaline ou la dopamine.

D'autres drogues, comme le LSD, se rapprocheraient plutôt d'un autre médiateur, la *sérotonine,* qui peut entraîner des contractions des fibres vasculaires. La sérotonine se situe en particulier dans les plaquettes sanguines et dans une région du cerveau (le raphé) qui intervient dans le sommeil. Les antidépresseurs agissent souvent en bloquant le recaptage de la sérotonine (et parfois de la noradrénaline).

Les acides aminés

Plusieurs acides aminés interviennent également comme neuromédiateurs. Le plus connu est le GABA (acide γ amynobutyrique), inhibiteur du cerveau. Le récepteur du GABA est lié à celui des benzodiazépines (valium, librium, etc.) qui diminuent l'angoisse. La découverte de récepteurs à ces médicaments révèle par ailleurs la présence d'un médiateur naturel (une sorte de valium endogène) dans notre cerveau. Récemment Thomas Perry a montré qu'une maladie neurologique héréditaire, la chorée de Huntington, serait liée à un déficit en GABA.

La glycine agit aussi comme médiateur dans la moelle épinière. Son antagoniste le plus connu est la strychnine, qui provoque des convulsions en bloquant l'action inhibitrice de la glycine. D'autres acides aminés, la taurine et l'acide glutamique, peuvent également jouer un rôle de médiateur, de même que l'histamine et les prostaglandines.

Les neuropeptides

Ces séquences d'acides aminés, qui sont en quelque sorte la traduction organique du langage de l'hérédité, peuvent aussi jouer un rôle important dans le système nerveux : hormones secrétées par l'hypophyse ou hormones du tube digestif présentes au niveau cérébral, mais aussi les très célèbres endorphines.

Grâce aux méthodes de marquage des récepteurs, trois équipes de chercheurs, Solomon Snyder et Candace Pert, de la faculté de médecine de l'Université Johns Hopkins, Lars Terenius, de l'Université d'Uppsala, et Eric Simon, de la faculté de médecine de New York ont, à peu près en même temps, mis en évidence l'existence de récepteurs se liant à l'opium, dans les zones du cerveau et de la mœlle épinière impliquées dans la douleur. Cette découverte a suggéré la présence de morphines endogènes (secrétées naturellement par le cerveau), capables d'interagir avec ces récepteurs. C'est précisément ce que John Hugues et Hans Kosterlitz, de l'Université d'Aberdeen, ont démontré en 1975 en isolant les enképhalines (“dans la tête”). D'autres peptides du même genre furent ensuite isolés, les endorphines. Cette découverte a suscité un enthousiasme considérable, car elle montrait qu'un médicament apparemment aussi étranger au corps humain qu'un extrait de plante (le pavot qui contient l'opium) pouvait avoir un équivalent à l'intérieur du cerveau.

Le rôle des substances de la famille des endorphines a pu être mis en évidence dans un certain nombre de cas. Il semble par exemple que l'acupuncture puisse libérer des endorphines ou des enképhalines : son efficacité n'est-elle pas supprimée par l'administration d'une substance comme la naloxone, qui bloque la liaison de la morphine avec son récepteur ? Il est vraisemblable que ces peptides jouent un rôle dans la réponse de l'organisme à la douleur, sans doute en inhibant la secrétion d'un autre neuropeptide, la substance P, qui contribue à la transmission de l'information douloureuse. Peut-être aussi les endorphines ou des substances similaires interviennent-elles dans les sensations de plaisir.

Le cerveau peut-il agir comme une glande ?

La découverte relativement récente d'hormones dans le cerveau a été une révélation. Jusqu'aux années cinquante, l'hypophyse, croyait-on, jouait le rôle de chef d'orchestre de la vie hormonale. Mais à cette époque, Roger Guillemin, qui travaillait alors au collège de médecine Baylor de Houston et Andrew Schally, de l'Université McGill de Montréal, montrèrent que l'hypophyse dépend de l'hypothalamus. Cette influence s'exerce par l'intermédiaire de vaisseaux sanguins où se déversent des neuropeptides contrôlant l'action hormonale de l'hypophyse. L'isolement de ces substances a demandé des années de travail. C'est ainsi que Roger Guillemin a dû utiliser cinq tonnes de cerveaux de moutons pour récupérer en 1969 un milligrame de TRH (Thyrotropin-Releasing Hormone) contrôlant la TSH (hormone contrôlant les sécrétions de la thyroïde). Deux années plus tard, le groupe de Schally isolait et synthétisait la gonadolibérine (agissant sur les organes sexuels par l'intermédiaire d'autres hormones). Puis les deux équipes ont montré que la somatostatine de l'hypothalamus pouvait inhiber l'hormone de croissance hypophysaire et la Corticotropin-Releasing Factor (CRF) stimuler la corticotropine (qui agit sur la glande cortico-

1

1. Catalyses biochimiques
Les progrès réalisés dans le domaine de la biochimie autorisent aujourd'hui les chercheurs à observer les changements qui peuvent se produire au niveau des enzymes (catalyseurs chimiques) du cerveau. (Bristol Myers).

2.3. Correspondances ?
Il est intéressant d'observer la similitude de certaines attitudes entre un hystérique succombant à une crise d'épilepsie (2) et une hystérique en état d'hypnose (3).

2

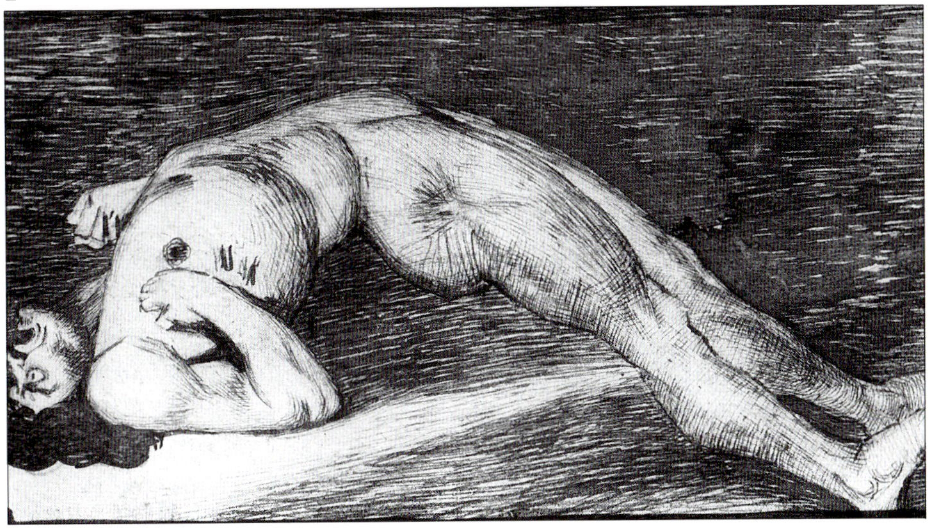

3

1.2.3.4. Les principales voies de neurotransmission
Sur ces coupes sagittales médianes du cerveau humain, réalisées par le groupe système nerveux central du Centre de Recherche Pierre Fabre, à Castres, en France, on peut suivre les différentes voies des principaux neurotransmetteurs : le système noradrénergique (1), le système dopaminergique avec des zones pointillées qui indiquent les régions se situant latéralement (2), le système sérotoninergique (3) et le système cholinergique (4).

5. Récepteur
Un récepteur, la molécule RS86, développée par Sandoz, et capable de mimer les effets d'un neurotransmetteur, l'acétylcholine, dans le cerveau et sa périphérie.

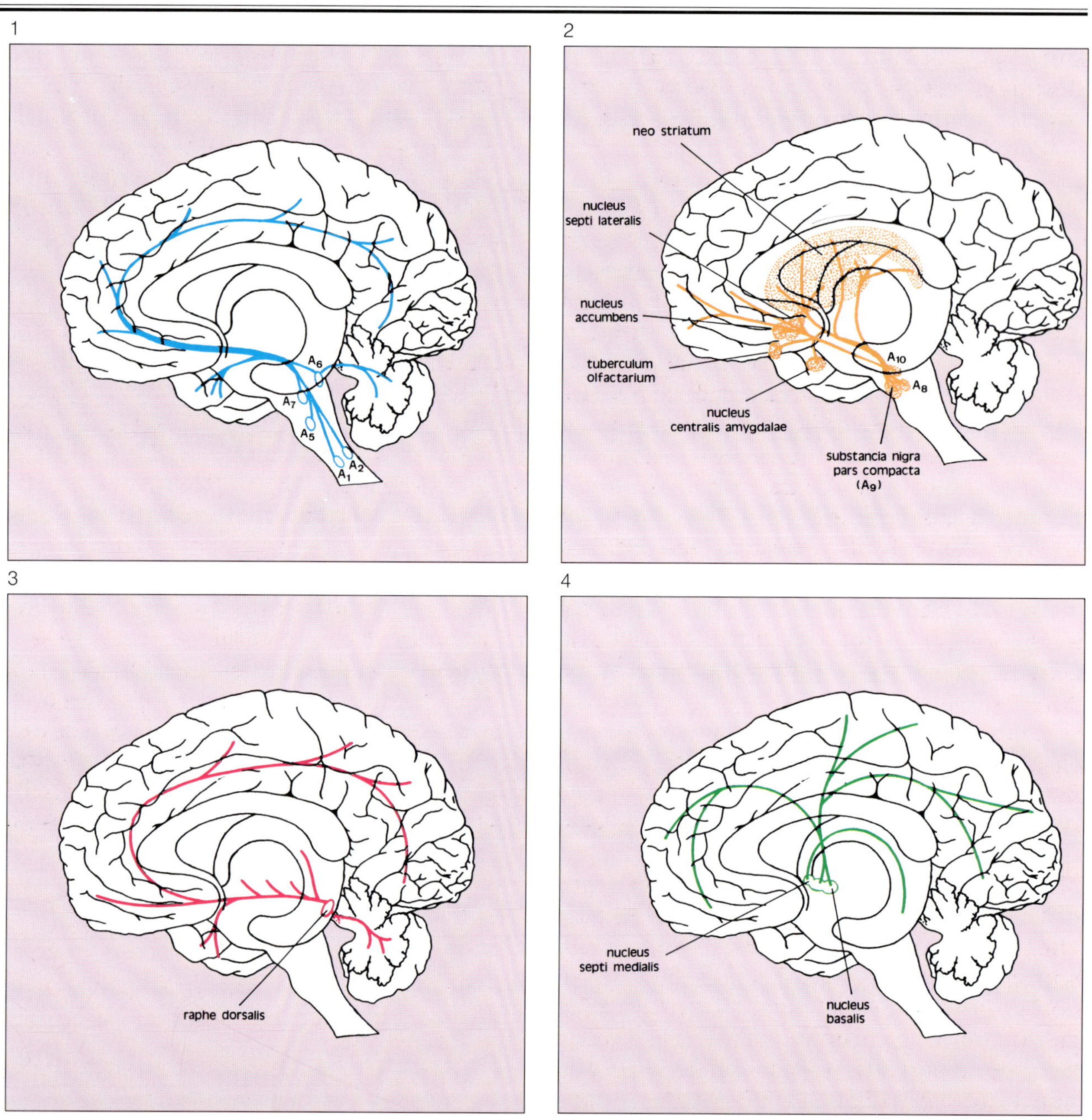

5
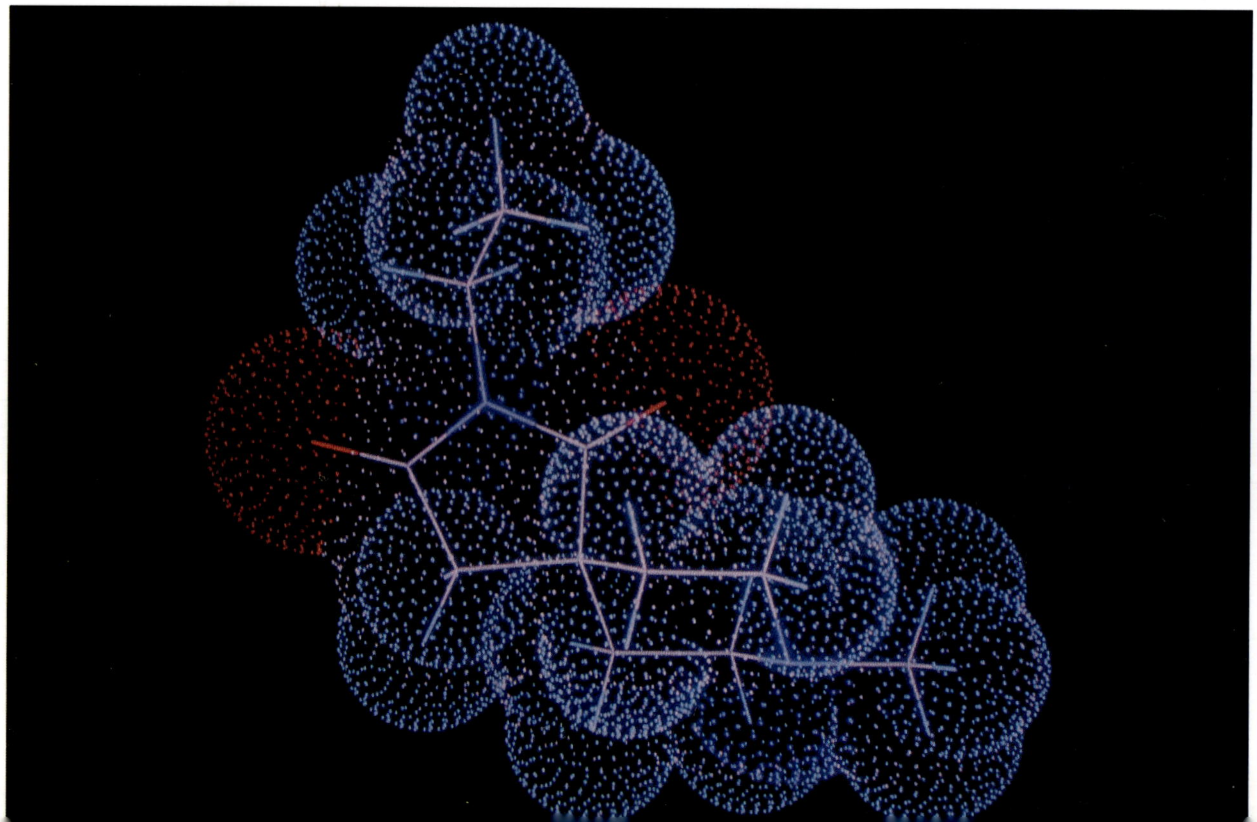

surrénale). Cette exceptionnelle moisson de découvertes a été couronnée par le Prix Nobel décerné la même année à Guillemin et à Schally.

Perspectives thérapeutiques

Les recherches récentes révèlent que, sous certaines conditions, des fonctions neurologiques détruites seraient susceptibles d'être restaurées, du moins en laboratoire. Les premiers essais de greffe dans le cerveau remontent à 1971, lorsque Joseph Altman, Gopal Das et leur équipe de l'Université de Purdue démontrent que les neurones embryonnaires, encore dépourvus d'axones et de dendrites, peuvent survivre lorsqu'on les transplante dans un autre cerveau. Mais la survie d'un neurone ne suffisait pas. Il devait aussi s'intégrer au système d'information qui s'était rompu. Comment ce petit paquet de cellules pouvait-il former à nouveau des connexions justes avec d'autres cellules ?

Les chercheurs ont découvert qu'en principe une simple intervention chimique peut restaurer certaines fonctions dans un système neurologique endommagé : si l'on injecte dans les neurones de la moelle épinière d'un chat paralysé de la L-Dopa, il peut esquisser des mouvements de marche. D'autre part, les chercheurs ont provoqué des effets de parkinsonisme chez le rat, en détruisant d'un seul côté du cerveau des cellules qui produisent de la dopamine : l'animal souffre alors d'un trouble du mouvement et se tourne en permanence du côté endommagé. Si l'on greffe dans le cerveau du rat les cellules manquantes, venant du cerveau d'un embryon de rat, l'animal retrouve ses fonctions perdues.

Pour les êtres humains, il est évidemment plus difficile d'utiliser des cerveaux d'embryons. Mais des cellules, prélevées sur les glandes surrénales, sont aussi susceptibles de produire de la dopamine. Aussi William J. Freed et Richard J. Wyatt, de l'US National Institute of Mental Health, les ont-ils utilisé. Ils en ont ainsi démontré l'efficacité relative, en cas de greffes dans le cerveau, pour traiter les désordres du mouvement. Lars Olson et Ake Seiger, de l'Institut Karolinska, travaillant avec Erik-Olaf Backlund, de l'Hôpital Karolinska, ont même transplanté des cellules surrénales d'un patient dans son propre cerveau, ce qui a permis une amélioration malheureusement provisoire.

Dans le cas de la maladie d'Alzheimer, les expériences en laboratoire de greffes dans le cerveau ont conduit à des résultats encourageants. L'une des caractéristiques de la maladie est, dans l'hippocampe et le cortex, la disparition des neurones producteurs d'acétylcholine. Anders Björklund et son équipe de l'Université de Lund ont commencé par sectionner les fibres nerveuses qui produisaient le principal système cholinergique dans l'hippocampe des rats, leur enlevant ainsi la possibilité de s'orienter dans un labyrinthe. Puis ils ont transplanté dans l'hippocampe tissus ou cellules produisant l'acétylcholine, ce qui a réduit les difficultés d'apprentissage de l'animal. Des expériences similaires (Alan Fine au Medical Research Council de Cambridge, Stephen B. Dunnett à l'Université de Cambridge, Guy Toniolo à l'Université de Strasbourg) ont montré que des transplantations pouvaient aider à compenser les défauts de mémoire, provoqués par le manque d'acétylcholine dans le cortex. Tous ces résultats suggèrent un avenir fort excitant dans le domaine des greffes dans le cerveau. Mais des applications thérapeutiques valables ne pourront en résulter qu'une fois maîtrisés les nombreux problèmes scientifiques et éthiques qui se posent aux chercheurs.

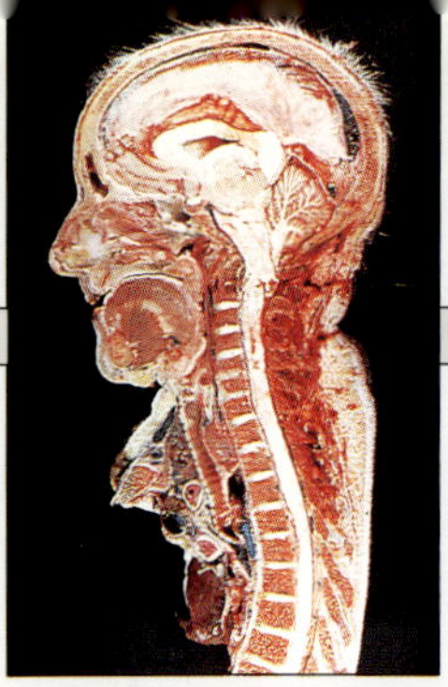

Le langage chimique de la communication entre neurones,

par Floyd Bloom, Scripps Clinic and Research foundation.

Comprendre les désordres du cerveau humain : tel est l'objet de notre étude des molécules et des mécanismes qui sous-tendent le traitement des signaux dans le cerveau normal. Les trois hypothèses de travail, que j'ai imaginées, dérivent, d'une manière générale, de trois modèles distincts hiérarchiquement liés entre eux. A la base se trouve la conception qui est la mienne de la "mise à plat" de l'organisation structurelle du cerveau. Le but en est, d'une part de déterminer les familles ou les catégories générales de neurones, d'autre part d'identifier les molécules et les mécanismes par lesquels ils communiquent. Un étage au-dessus de cette infrastructure moléculaire et cellulaire, une théorie (beaucoup moins achevée) tente d'établir les règles en vertu desquelles des groupes de neurones, interconnectés, interviennent pour réguler des aspects spécifiques du fonctionnement. A un troisième et dernier niveau (encore moins achevé que le précédent) il nous reste à établir les règles en fonction desquelles la physiologie normale des cellules et des ensembles cellulaires suscite et gère la totalité de ce que, chez l'animal, nous appelons le comportement, et qui, chez l'être humain, aboutit à l'activité mentale, consciente et inconsciente. C'est aussi le cadre à l'intérieur duquel les dérèglements mentaux peuvent être élucidés.

Au cours des vingt dernières années, la recherche neurologique a enregistré des progrès considérables pour ce qui est de la compréhension de l'appareil neuronal, de l'identification des médiateurs moléculaires spécifiques (utilisés comme agents de transmission par des groupes distincts de neurones), et dans la détermination des mécanismes moléculaires, grâce auxquels ces substances chimiques agissent pour réguler les cellules cibles des circuits neuronaux. A eux tous, les nouveaux circuits, les nouveaux transmetteurs et les nouveaux mécanismes récepteurs décelés constituent un catalogue fourni de systèmes de signalisation, qui dépassent les anciens concepts des modes de transmission excitateurs ou inhibiteurs "classiques".

Selon la classification chimique la plus largement appliquée, les médiateurs se répartissent en trois classes (les amino-acides, les monoamines et les peptides).

La plupart des circuits neuronaux peuvent aussi être groupés en trois catégories structurelles générales :
1) des neurones hiérarchiquement disposés en chaînes séquentielles ; 2) des neurones divergents, à partir d'un amas de neurones homologues unique, point de départ de connexions qui s'établissent avec de multiples neurones cibles ; 3) des neurones localisés, peut-être la plus nombreuse catégorie de cellules, dont les connexions afférentes et efférentes s'effectuent dans une zone très restreinte.

Ces neurones, avec leurs composants chimiques, ne se regroupent pas sur un simple site, comme s'ils étaient des unités fonctionnelles qui correspondraient à une classe opérationnelle cohérente. Par exemple, certaines cellules, présumées peptidergiques, de même que les cellules porteuses d'enképhaline, sont de petits interneurones, alors que d'autres couvrent des domaines plus vastes : c'est le cas des cellules du système nerveux central et du système nerveux périphérique, contenant la vasopressine, la somatostatine, la substance P ou l'endorphine-β. Il semblerait donc que, les considérations spatiales cytomorphologiques ne rendraient compte, de façon convaincante, ni de la diversité neurochimique ni des fonctions présumées des molécules médiatrices dans le cerveau.

Fonctionnellement, les médiateurs mono-amines et peptidiques déclenchent des actions d'un type nouveau, et non plus classique (fonction musculaire, par exemple) comme dans le cas des transmetteurs traditionnels. Ces actions originales suggèrent que c'est peut-être dans un contexte différent qu'il conviendrait de les étudier. Si l'on examine les effets bêta-adrénergiques de la stimulation du locus cœruleus sur d'autres aspects de la fonction cellulaire, dans un contexte expérimental plus complexe, ces effets n'apparaissent plus comme une forme d'inhibition aberrante. La qualification de "polarisants" ou de "capacitants" (enabling) leur correspondrait mieux. Ce dernier terme, abstrait, je l'ai forgé pour indiquer que le médiateur capacitant (dans cet exemple, la noradrénaline) peut renforcer ou amplifier l'efficacité d'autres actions de transmission, qui affectent au même instant des neurones cibles.

Il eût été difficile d'évaluer les actions dues à la noradrénaline, si les modifications de celle-ci avaient été examinées isolément. Pour formuler autrement cette question, il me semble utile de parler de l'action conditionnelle et de l'action inconditionnelle des médiateurs. Les actions inconditionnelles sont celles qu'un médiateur suscite par lui-même, en l'absence d'autres médiateurs. Les actions conditionnelles englobent le type de renforcement que recouvre la notion de "capacitance", sans se limiter exclusivement à lui. Dans une telle situation conditionnelle, chaque transmetteur agirait au niveau du récepteur postsynaptique qui lui est dévolu et il y aurait interaction sur la cellule cible, lorsque les deux médiateurs affecteraient simultanément leurs récepteurs.

On voit, ainsi, qu'il y a abondance de circuits et abondance de transmetteurs. Il existe, en outre, de nombreuses catégories de systèmes, chimiquement associés, dont le rôle est d'assurer la transduction des effets des récepteurs actifs. Selon les modèles de fonctions moléculaires et cellulaires, ces récepteurs peuvent agir activement ou passivement, conditionnellement ou inconditionnellement, sur un large créneau temporel, par le truchement d'évènements métaboliques non spécifiques, dépendants ou indépendants. A mon sens, ces possibilités, et d'autres encore, traduisent le fait que les neurones disposent d'une palette de réponses moléculaires susceptibles d'être induites par les médiateurs, palette étendue certes, mais, à l'heure actuelle, incomplètement circonscrite. La puissance du vocabulaire chimique de tels organes de commande réside dans la capacité combinatoire qu'ils possèdent d'agir conditionnellement et en coordination, et de s'intégrer aux domaines temporaux et spatiaux internes du système nerveux. C'est à ce niveau, moléculaire et cellulaire, que notre discipline a enregistré un grand nombre de percées, parmi les plus passionnantes.

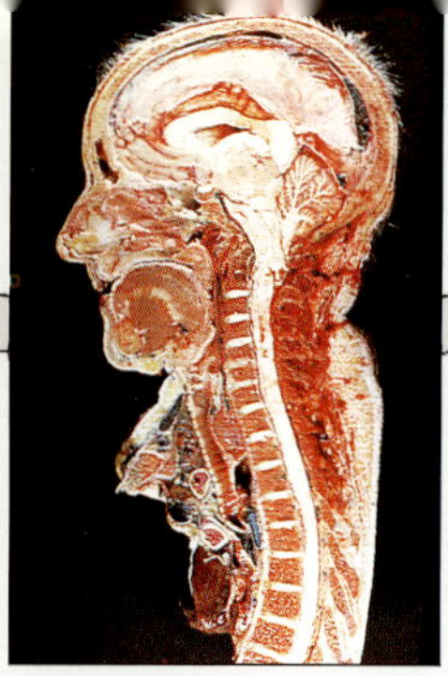

Les hormones du cerveau,

par Roger Guillemin, Institut Salk, Prix Nobel de Médecine 1977.

Le mot hormone est habituellement associé à l'idée de sécrétions endocrines. On parle d'hormones sexuelles, d'hormones thyroïdiennes, d'hormones pituitaires, et même d'hormones intestinales (historiquement, en effet, le mot "hormone" a été créé pour désigner une substance présente dans le duodénum, dont on avait constaté qu'elle activait la production du suc gastrique par la tunique stomacale). Les hormones sont des molécules, élaborées par ces différents organes, et qui, transportées par le sang, exercent un contrôle fonctionnel puissant sur d'autres organes. On s'intéresse beaucoup aujourd'hui à l'action des hormones sur le cerveau.

Les premières hormones cérébrales à avoir été identifiées étaient des peptides produits et secrétés par les cellules nerveuses de l'hypothalamus. Deux d'entre eux, empruntant directement les axones des cellules nerveuses qui les fabriquent, parviennent à la glande pituitaire postérieure où ils sont emmagasinés en attente. L'une de ces molécules, l'hormone antidiurétique, régule la réabsorption de l'eau par le rein ; l'autre, l'ocytocine, provoque la contraction des muscles lisses des glandes mammaires afin que le lait en sourde, stimule les contractions de l'utérus chez la parturiente et joue probablement un rôle dans l'éjaculation chez l'homme. D'autres hormones hypothalamiques interviennent dans le fonctionnement de la glande pituitaire antérieure, où elles sont acheminées grâce à un réseau de vaisseaux capillaires unique en son genre, reliant le plancher de l'hypothalamus au tissu pituitaire. La première de ces molécules fut isolée et définie en 1968 après des années de recherches menées dans plusieurs laboratoires un peu partout dans le monde. Il s'agit d'un peptide de petite dimension qui est le facteur de la sécrétion de la tyrotrophine (thyrotropin-releasing factor ou TRF), une hormone pituitaire, qui contrôle à son tour le fonctionnement de la glande thyroïde. Nous savons maintenant qu'à chaque hormone pituitaire correspond un peptide directeur, d'origine cérébrale, élaboré par des neurones spécialisés situés dans l'hypothalamus et véhiculé, comme c'est le cas du TRF, par des capillaires du complexe hypothalamo-hypophysaire, jusqu'à la glande pituitaire. Ces polypeptides sont de structure beaucoup plus complexe que celle du TRF. L'un d'entre eux contrôle la sécrétion de l'adrénocorticotropine, un autre celle des deux gonadotropines et d'une autre hormone, la follico-stimuline, assurant la fonction du corps jaune, et un autre encore régule la sécrétion de l'hormone de croissance. Il y a aussi, comme il en va souvent dans les systèmes physiologiques un peptide inhibiteur d'origine hypothalamique, la somatostatine, qui neutralise l'action du peptide stimulant la sécrétion de l'hormone de croissance.

La grande surprise des dernières années fut de découvrir que ces peptides, unanimement considérés comme régulateurs d'origine hypothalamique des fonctions pituitaires, sont, en fait, largement présents dans l'ensemble du cerveau. Ils y sont distribués, non pas au hasard, mais dans des groupes de neurones hautement spécifiques, présents dans l'encéphale de tout vertébré, y compris l'homme.

Mais il y a plus étonnant encore. On a constaté que l'un de ces peptides cérébraux, la somatostatine, était un inhibiteur de la sécrétion, non seulement de l'hormone pituitaire de la croissance mais, aussi, des hormones pancréatiques, l'insuline et le glucagon. Des calculs relativement simples ont montré qu'il est absolument impossible que la somatostatine d'origine cérébrale soit impliquée dans la sécrétion de l'insuline, compte tenu de la durée de survie éphémère de ce peptide, une fois entraîné dans le flux de la circulation sanguine. La solution de ce problème fut de constater que certaines cellules endocriniennes du pancréas produisent et secrètent, elles aussi, de la somatostatine. Ces cellules sont en contact direct avec celles du pancréas qui élaborent l'insuline et le glucagon. C'était la première fois que l'on décelait une hormone cérébrale dans un organe périphérique de l'appareil digestif. Nous savons à présent que pratiquement toutes les hormones cérébrales peptidiques sont, aussi, présentes dans des organes périphériques tels que le pancréas, l'intestin, l'estomac, voire, dans certains cas, les poumons et la peau. Inversement, on a trouvé toutes les hormones peptidiques intestinales dans des sites neuronaux spécifiques du cerveau de tous les vertébrés, l'homme compris. Les neurones localisés dans ces aires cérébrales possèdent, on le sait, des récepteurs sensibles aux narcotiques et sont responsables des puissants effets analgésiques des dérivés opiacés. Des molécules peptidiques, de découverte récente, sont dotées, elles aussi, de toutes les vertus pharmacologiques et biologiques des opiacés et se trouvent dans le cerveau de tous les vertébrés, y compris l'homme. On leur donne le nom générique d'endorphines. Là encore, la plupart des molécules originellement détectées dans le cerveau se retrouvent dans les nerfs périphériques et également dans différents organes et tissus comme l'intestin et la peau. Comment ces hormones cérébrales agissent-elles dans le cerveau ? On sait depuis un certain temps que la conduction de l'influx d'une cellule nerveuse à une autre nécessite la diffusion de molécules simples, les neurotransmetteurs, au niveau des liaisons synaptiques interneuronales. La notion de transmission synaptique humorale s'est développée historiquement sur l'observation que seul un petit nombre de molécules simples, telles que l'acétylcholine, la dopamine ou la noradrénaline, agissent comme neurotransmetteurs. Nous savons à présent que les divers peptides dont il a été question ci-dessus se retrouvent aussi dans les neurones, soit isolés, soit combinés aux neurotransmetteurs "classiques". Les indices s'accumulent, tendant à prouver que ces peptides cérébraux sont employés comme neurotransmetteurs en raison de leur propre mérite, si l'on peut dire, ou qu'ils interviennent d'une manière ou d'une autre pour moduler la diffusion des neurotransmetteurs "classiques". Les peptides, du fait de leur multiplicité et de leur ubiquité même, contrôlent-ils et modulent-ils la libération des neurotransmetteurs "classiques" ? Ces derniers sont-ils les modulateurs de la sécrétion, au niveau synaptique des polypeptides, de nature considérablement plus variée ? La question demeure posée.

L'idée que les peptides, dotés d'un cœfficient élevé de variabilité et manifestement capables de véhiculer plus d'informations que les molécules invariantes comme l'acétylcholine, ont un rôle à jouer dans les fonctions supérieures fines du cerveau est une hypothèse de travail indiscutablement plus heuristique. Les transmetteurs simples tels que l'acétylcholine ne sont peut-être que les "clés" qui ouvrent les vannes des neurones, leur permettant ainsi de libérer ou de recevoir des polypeptides en provenance de cellules nerveuses voisines. Si l'on garde présent à l'esprit le fait que plus d'une centaine de ces nouveaux peptides cérébraux ont été chimiquement identifiés au cours des années écoulées et que l'on sait encore si peu de choses aujourd'hui en ce qui concerne leur action spécifique sur le fonctionnement du cerveau, on peut seulement dire, en guise de conclusion, que l'existence même de ces peptides cérébraux constitue l'un des grands défis que la neurophysiologie et la neuropsychiatrie auront à relever dans les années qui viennent.

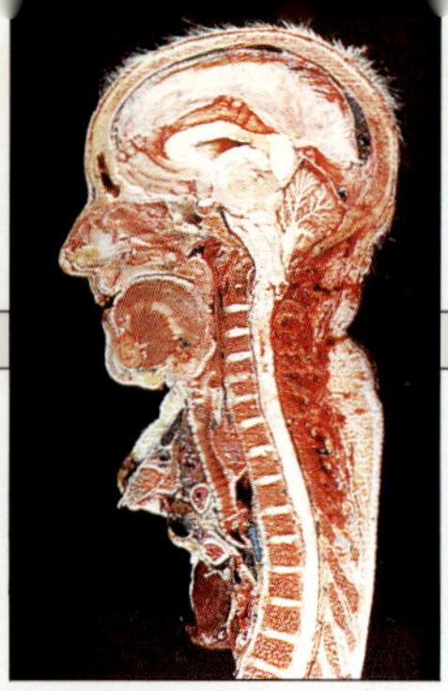

Les “morphines” du cerveau,

par Lars Terenius,
Université d’Uppsala.

On a récemment découvert, dans le cerveau des mammifères, des substances apparentées à la morphine. Cette découverte nous laisse supposer que l’organisme pourrait être en mesure de supprimer ou, tout au moins, de modifier la douleur. La question qui se pose est de savoir dans quelles conditions ce phénomène intervient et, plus généralement, ce que ces conditions nous apprennent sur la nature même de la douleur.

La nature subjective de la douleur

Le but de la sensation de douleur est de nous protéger contre une détérioration possible des tissus. C’est donc un avertissement important qu’elle donne à l’individu pour lui servir de guide. Les réactions de douleur jouent un rôle essentiel d’apprentissage chez le jeune enfant, au cours de son développement. A tout âge, la douleur suscite des émotions négatives et c’est la raison principale pour laquelle on va consulter le médecin.

Dans son ouvrage “The Puzzle of Pain” (L’énigme de la douleur, Penguin Books, 1973), R. Melzack met l’accent sur la nature subjective de la douleur. Un soldat blessé au combat peut se sentir soulagé d’être envoyé à l’arrière et ne pas se plaindre d’avoir mal. Dans le cas d’une intervention chirurgicale, différents opérés peuvent avoir besoin de doses très différentes d’analgésiques. Seule la description que donne le patient de ses souffrances et de ses symptômes, permet au praticien de lui administrer le calmant adéquat. Ces observations, et bien d’autres encore, montrent que la douleur est quelque chose d’intime et de personnel. Pour expliquer pourquoi il arrive parfois que la douleur soit moins intense que prévu, Melzack et Wall ont émis l’hypothèse qu’elle était contrôlée à certains points de son parcours, points qu’ils appellent “gate-control” ou postes de contrôle. Cette théorie des postes de contrôle fournit un arrière-plan conceptuel à la nature subjective de la douleur.

Un modèle neurophysiologique de la douleur

Quand une lésion affecte telle ou telle région du corps, plusieurs catégories de nerfs sont activés. Une sensation aiguë immédiate se propage le long de fibres nerveuses de gros diamètre, provoquant une réaction réflexe. C’est la “douleur d’avertissement”. Une seconde vague de douleur, véhiculée par des fibres de plus faible diamètre, se manifeste quelques secondes plus tard. C’est une douleur sourde et diffuse. On pourrait la qualifier d’endolorissement et c’est là un type de douleur qui peut devenir cliniquement recevable. Elle est du ressort d’analgésiques, tels que la morphine ou l’aspirine. De graves détériorations des nerfs, véhiculant la douleur, sont susceptibles de conduire à des erreurs au cours de leur remise en état. Le patient peut alors devenir hypersensible et éprouver des souffrances consécutives à des stimuli qui ne devraient normalement pas en causer. Cette “hypersensibilité” douloureuse est souvent rebelle aux analgésiques et tend à devenir chronique. Il arrive même que certains patients se plaignent de ressentir une douleur, en l’absence de toute lésion tissulaire observable. Il n’y a pas, à l’évidence, de relation simple entre le stimulus et la sensation douloureuse. On est même en droit de considérer la douleur comme un état psychique, dont la signification existentielle est claire. Nous ne disposons encore d’aucun modèle neurophysiologique propre à rendre compte de cet état mental.

Une base physiologique de la modulation de la douleur

Les voies de la douleur sont constituées de plusieurs fibres nerveuses, associées en tandem. La régulation des synapses interneuronales est justiciable d'autres nerfs. Les fibres conductrices primaires de la douleur aboutissent à la corne dorsale de la mœlle épinière. Les transmetteurs excitent la seconde catégorie de nerfs. D'autres nerfs, aboutissant dans la même région, pourraient, soit déclencher l'action du transmetteur de la douleur, soit agir directement sur le neurone du second ordre. L'examen sous microscope électronique et les études électrophysiologiques qui ont été effectuées nous font pencher pour ce second modèle (Figures 1 et 2). Plusieurs peptides (substance P, CGRP, somatostatine) seraient susceptibles de remplir cet office : tous ont pour effet d'exciter le neurone secondaire. La modulation a pour vecteur des "morphines endogènes", ou endorphines, qui exercent une action inhibitrice. L'interaction entre le transmetteur et l'inhibiteur de la douleur n'est plus alors qu'une simple affaire d'arithmétique. Des fibres nerveuses, support de l'endorphine, sont présentes tout au long de l'axe neural et elles peuvent aussi véhiculer la douleur vers divers centres cérébraux. Des signaux modulateurs de la douleur peuvent également se propager du cerveau à la mœlle épinière ; certains de ces signaux activent les fibres endorphines spinales.

Les systèmes ci-dessus décrits constituent les "barrières" assurant le contrôle de la douleur dont on a postulé l'existence.

Les endorphines sont des peptides et ne présentent aucune similitude structurelle avec la morphine, qui est un alcaloïde. Ils agissent cependant sur les mêmes récepteurs, encore que selon des modalités différentes. Les trois récepteurs modulent la douleur au niveau spinal. Dans le cerveau, le récepteur "mu" est le plus important.

Les peptides jouent un rôle capital, à la fois comme transmetteurs de la douleur lente et comme modulateurs de celle-ci (endorphines). Leur action est moins rapide et sa durée beaucoup plus longue (de plusieurs minutes à plusieurs heures) que celle des transmetteurs non peptidiques. Cela explique peut-être pourquoi la douleur se développe et se dissipe lentement.

Douleur, stress et placebo

La douleur provoque une réaction de défense qui a, de toute évidence, valeur de survie. Une douleur qui persiste un certain temps peut devenir moins efficace, en affaiblissant notre capacité à faire face à la situation. La douleur conduit inévitablement au stress. En soi, la réaction de stress est une réaction d'adaptation. Le stress, et cela ne manque pas d'intérêt, déclenche également un processus de suppression de la douleur. Dans certains types de stress, cette suppression de la douleur est due à une libération d'endorphines. Néanmoins, le stress peut, au contraire, intensifier la douleur, en encourageant le développement d'un mécanisme pathologique. Un exemple typique de ce phénomène est la douleur provoquée par la circulation déficiente dans un membre enflé : le stress aggravera les choses en diminuant encore plus l'irrigation sanguine.

La réaction de douleur dépend, dans une très large mesure, du contexte émotionnel. Une réaction de confiance entre le patient et le médecin traitant revêt une grande importance. Le fait que le premier escompte que, dans un environnement clinique, ses souffrances s'atténueront, joue fortement comme modificateur de la douleur. Nous avons là un effet placebo typique. C'est ainsi, par exemple, que les conséquences d'un nouvel analgésique sont toujours contrôlées par l'administration d'une préparation témoin d'apparence identique, le placebo, à l'insu du patient, et, généralement aussi, du praticien prescripteur. La réponse placebo à un traitement, sensé apaiser la souffrance, est en partie convoyée par des endorphines. Tirer parti de cette réponse est, bien entendu, une bonne attitude, il est même du devoir du médecin de le faire.

Acupuncture et antalgie

Pierre angulaire de la médecine orientale traditionnelle, l'acupuncture est une thérapie d'appoint ou exclusive, destinée à remédier à divers désordres pathologiques. Elle se fonde essentiellement sur la correspondance entre certains points de la surface du corps, stimulés à l'aide d'aiguilles que l'on fait pivoter, et les organes internes. L'énergie est acheminée ou éliminée par les talents de manipulation de l'acupuncteur. En Chine, Mao Dzedong donna pour mot d'ordre au "masses" d'étudier la richesse de leur ancienne culture. L'acupuncture fut introduite comme analgésique. L'expérience chinoise a démontré qu'elle pouvait être utilisée comme seul et unique procédé antalgique en chirurgie. Bien que moins employée aujourd'hui comme anesthésique opératoire, en Chine et ailleurs, l'acupuncture et certaines techniques voisines, comme la stimulation nerveuse transcutanée (SNT), sont devenues des procédures reconnues pour le traitement des douleurs chroniques, par définition rebelles aux autres thérapies. Les résultats sont particulièrement encourageants chez les patients dont les douleurs proviennent de lésions affectant les nerfs. Il a été constaté qu'une séance d'acupuncture peut être efficace pendant une journée ou davantage. Il semblerait que l'action de cette stimulation soit due, au moins partiellement, à une libération d'endorphines. On peut comparer le traitement par l'acupuncture au réglage d'un thermostat : il compense une insuffisance mais sans provoquer de sursaturation comme les pharmacothérapies ont tendance à le faire.

L'activation endorphinique

Nous avons vu que de puissants stimuli physiques, comme l'acupuncture ou l'activation physique et psychique du stress, mettent en jeu des mécanismes endorphiniques. Même le fait de s'attendre à l'apaisement de la douleur, qui relève strictement de l'état mental, semble être suffisant. Que penser de la croyance répandue selon laquelle le jogging stimule la production d'endorphines ? Il a, certes, été expérimentalement vérifié qu'un effort physique intense, comme le marathon, a pour effet de libérer des endorphines. La sensibilité à la douleur peut varier selon les sujets, en fonction de leur âge, de leur sexe et de leur culture. En dernière analyse, les mécanismes endorphiniques sont des composants de ce que nous pouvons appeler la personnalité.

1.2. Le trajet de la douleur
Le message de la douleur passe du neurone qui porte la douleur à la mœlle épinière. Il le fait ici en envoyant des signaux à un second neurone, qui envoie le message vers divers centres cérébraux. Une enképhaline peut déjà altérer le signal de douleur, au niveau de la mœlle épinière.

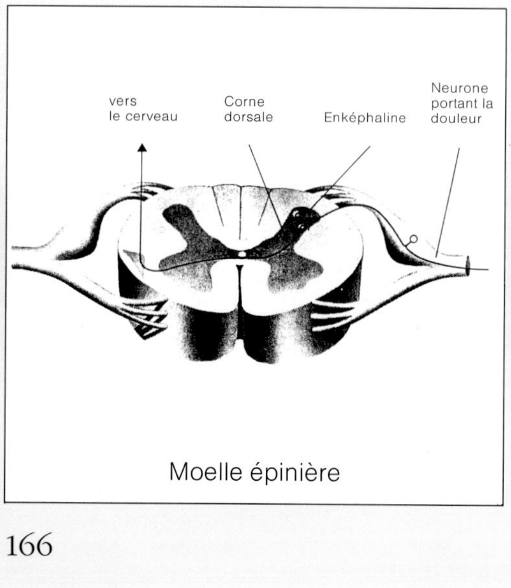

1

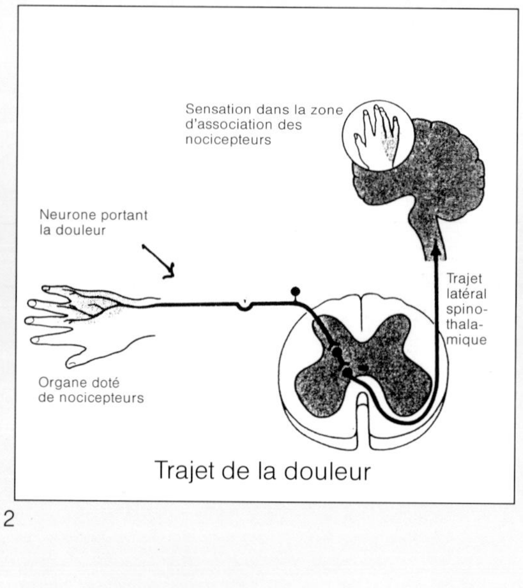

2

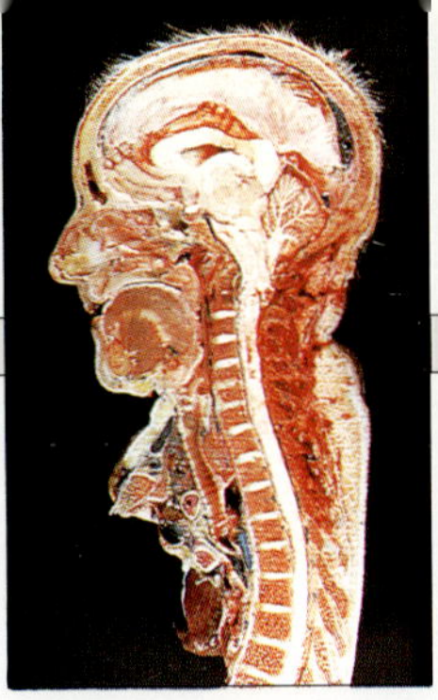

Des greffes dans le cerveau,

par Anders Björklund,
Université de Lund.

Les données du problème

Les expériences faites sur les amphibiens et les poissons ont, pour la première fois, montré qu'il était possible de remplacer des neurones, endommagés à la suite de lésions du système nerveux central. Il a été ainsi démontré que, chez ces espèces (tout particulièrement au plan de l'appareil visuel) des neurones greffés pouvaient se substituer, à la fois structurellement et fonctionnellement, à des connexions axonales (l'axone étant, rappelons-le, la terminaison de la cellule nerveuse) détériorées, et que des connexions hautement spécifiques étaient susceptibles de s'établir entre ces neurones greffés et l'hôte. Roger Sperry a fait état, dans les années quarante, de toute une série d'expériences, devenues classiques, prouvant que la vision pouvait être restaurée chez des amphibiens énucléés par transplantation ou remplacement des globes oculaires dans leur totalité.

On a longtemps pensé que les remarquables capacités régénératrices et fonctionnelles des greffes de tissus nerveux, chez les vertébrés à sang froid, traduisaient une différence fondamentale de la nature des propriétés régénératrices des tissus du système nerveux central (SNC) de ces vertébrés à sang froid d'une part et des mammifères de l'autre. Or, il s'est révélé au cours des dix dernières années que, pour ce qui est, tout au moins, de certains types de greffes neuronales dans le cerveau, les résultats pouvaient être aussi satisfaisants chez les mammifères (embryons ou adultes) que chez les vertébrés non mammifères (embryons ou adultes). Ce qui a conduit à penser que, contrairement aux conceptions traditionnelles, le SNC du mammifère adulte pourrait intégrer des éléments neuronaux nouveaux au système existant et que les neurones ainsi implantés peuvent modifier le fonctionnement et le comportement du receveur.

La greffe dans le cerveau de neurones mono-aminergiques et cholinergiques présente un intérêt tout particulier en ce qui concerne les maladies neurodégénératives. Dans le cas des syndromes de deux de ces affections notamment, la maladie de Parkinson et la maladie d'Alzheimer, la disparition progressive importante de familles entières de neurones est vraisemblablement sous-jacente à quelques-uns des symptômes cliniques majeurs. C'est ainsi que les graves dérèglements moteurs que l'on constate chez les parkinsoniens peuvent être liés à la destruction de 80 à 90 % des neurones du système dopaminergique nigro-strié. Dans la maladie de Parkinson comme dans celle d'Alzheimer, il existe une corrélation très nette entre le degré de démence du patient et la disparition de neurones cholinergiques, au niveau des ramifications du cerveau antérieur basal, sources de l'innervation cholinergiques de l'hippocampe comme du néocortex.

Les rats expérimentalement soumis à des lésions affectant leurs systèmes dopaminergique ou cholinergique sont les modèles privilégiés pour l'étude des maladies de Parkinson et d'Alzheimer chez l'homme. On a noté que, chez ces animaux, des greffes de neurones dopaminergiques ou cholinergiques d'embryons parvenaient à reconstituer de nouveaux systèmes dopaminergiques ou cholinergiques fonctionnels. Cette régénérescence s'accompagne d'une récupération fonctionnelle importante, bien qu'incomplète, mise en évidence par différents types de tests moteurs, sensori-moteurs et cognitifs. Il est intéressant de noter que cette amélioration a été également obtenue avec des implants de neurones, riches en dopamine et en acétylcholine, dans le corps strié et l'hippocampe de rats âgés, au comportement détérioré. Les neurones cholinergiques et dopaminergiques greffés sont capables de reconstituer des contacts synaptiques, électrophysiologiquement et ultrastructurellement normaux, avec les neurones cibles initialement innervés de l'hôte. Il est plausible que les effets positifs des neurones greffés soient dus à leur capacité de se substituer aux neurones détruits et à ouvrir de nouvelles voies dopaminergiques et cholinergiques fonctionnelles dans le cerveau endommagé de l'hôte. Des résultats comparables de greffes d'implants dopaminergiques ont été plus récemment obtenus sur des singes, chez lesquels on avait provoqué expérimentalement la maladie de Parkinson.

Les techniques de greffe

On n'a, à l'heure actuelle, obtenu une survie satisfaisante des neurones du système nerveux central qu'à partir de donneurs au stade fœtal ou néonatal, alors qu'une survie partielle des neurones des ganglions périphériques est obtenue également à partir de donneurs adultes. Pour ce qui est des neurones du SNC, l'âge optimal du donneur semble correspondre à la période de la dernière division cellulaire et de la dernière migration neuronale, mais avant la formation de connexions axonales d'une certaine ampleur. Les impératifs relatifs à l'âge du donneur en ce qui concerne les cellules gliales (cellules support) sont peut-être moins exigeants mais les travaux n'ont pas encore été suffisamment poussés dans cette direction.

La greffe s'opère de plusieurs façons : ou bien par implantation de petits fragments de tissu fœtal (mesurant de un à plusieurs mm^2), dans les espaces ventriculaires ou dans les cavités chirurgicalement préparées ; ou bien par injection stéréotaxique des cellules dissociées, en suspension, à l'aide d'une microseringue.

Dans le cerveau ou la moelle épinière matures, la survivance satisfaisante de parcelles substantielles de tissu nerveux dépend de la vascularisation rapide d'une surface riche en vaisseaux et de leur irrigation par le liquide céphalorachidien, ainsi que de l'existence d'un espace de développement suffisant. Il semble que les suspensions cellulaires, obtenues par dissociation mécanique de tissus nerveux fœtaux, survivent dans n'importe quel site intraparenchymal (le parenchyme étant le tissu qui assure le fonctionnement d'un organe, par opposition au tissu conjonctif de soutien) cérébral ou médullaire. Les conditions permettant la survie et le développement du greffon paraissent être plus favorables dans le cerveau immature. En conséquence, dans ce dernier cas, les contraintes portant sur l'emplacement, l'espace de développement et la taille du greffon sont plus élastiques que dans le cas d'un receveur adulte.

Bien que le système nerveux central soit considéré comme privilégié au plan de l'immunologie, des rejets de greffe dans le cerveau ont été observés, quand le donneur et le receveur n'appartiennent pas à la même espèce. D'un autre côté, on peut obtenir une survie à long terme satisfaisante de greffes du SNC fœtal, en dépit d'importantes barrières d'histo-incompatibilité, telles qu'il en existe entre des souches différentes de rats ou de souris (c'est-à-dire, par exemple, le rejet rapide d'une greffe de la peau). La protection immunologique partielle, dont bénéficie le SNC, doit probablement être attribuée à plusieurs facteurs, comme la présence de la barrière hématoméningée, l'insuffisance de la circulation lymphatique et les bas niveaux des antigènes du système majeur d'histo-incompatibilité (HIM) du tissu nerveux central.

Perspectives

La transplantation de cellules nerveuses a démontré que le système nerveux central des mammifères a une remarquable faculté d'incorporation et d'interaction avec les éléments neuronaux implantés, et que ceux-ci peuvent modifier le fonctionnement et le comportement de l'hôte. Cette ligne de recherche a puissamment contribué à rendre effectif le changement conceptuel qui s'est fait jour, durant la dernière décennie, en ce qui concerne les capacités de régénération du système nerveux central des mammifères. Il est ainsi progressivement apparu que, sous certaines conditions, les connexions SNC sont susceptibles d'être reconstituées aussi chez les mammifères, avec une grande précision et sur des distances relativement longues. Donc, contrairement au point de vue traditionnel, la capacité de réparation et de reconstitution du SNC de mammifères ayant subi des lésions peut être considérable.

Chez l'être humain, la technique de la greffe neuronale,appliquée cliniquement aux cas de lésions du SNC, a jusqu'a présent été un échec. Il ressort de l'expérimentation animale que c'est chez les parkinsoniens que les applications de cette procédure sont peut-être les plus potentiellement intéressantes. Jusqu'à présent, il n'y a eu que peu de tentatives de greffes de fragments de tissus surrénaux, prélevés sur des parkinsoniens gravement atteints, et implantés dans le noyau caudé ou le putamen. Quelques résultats ont été enregistrés au niveau de la réaction motrice, mais ils étaient peu marqués et leur durée ne dépassait pas deux mois. En conséquence, il est clair que, au point où nous en sommes, d'importantes recherches restent à faire avant que l'on puisse clairement déterminer dans quelle mesure la greffe neuronale pourrait être un outil thérapeutique utile dans les maladies neurodégénératives, ou lorsque le cerveau ou la mœlle épinière ont été endommagés.

Le problème potentiel qui se pose est de découvrir une source de cellules acceptables, en vue de l'implantation neuronale chez l'homme. Pour l'heure, seules des cellules provenant de tissus du système nerveux central du fœtus ont donné des résultats satisfaisants dans les expériences sur l'animal. Cela pose la question de savoir s'il serait éthiquement admissible d'employer des cellules, provenant de fœtus avortés ou morts, à des fins de transplantation. A plus long terme, il sera peut-être possible de se servir, pour de telles transplantations, de cellules ou de souches de cellules, de cultures d'origine humaine ou animale. La neurologie clinique ayant si peu à proposer en matière de traitements efficaces des différents types de lésions cérébrales et spinales, la perspective de l'implantation, comme technique de remplacement neuronal et de réparation du système nerveux central, est un objectif fascinant pour la recherche neurologique actuelle.

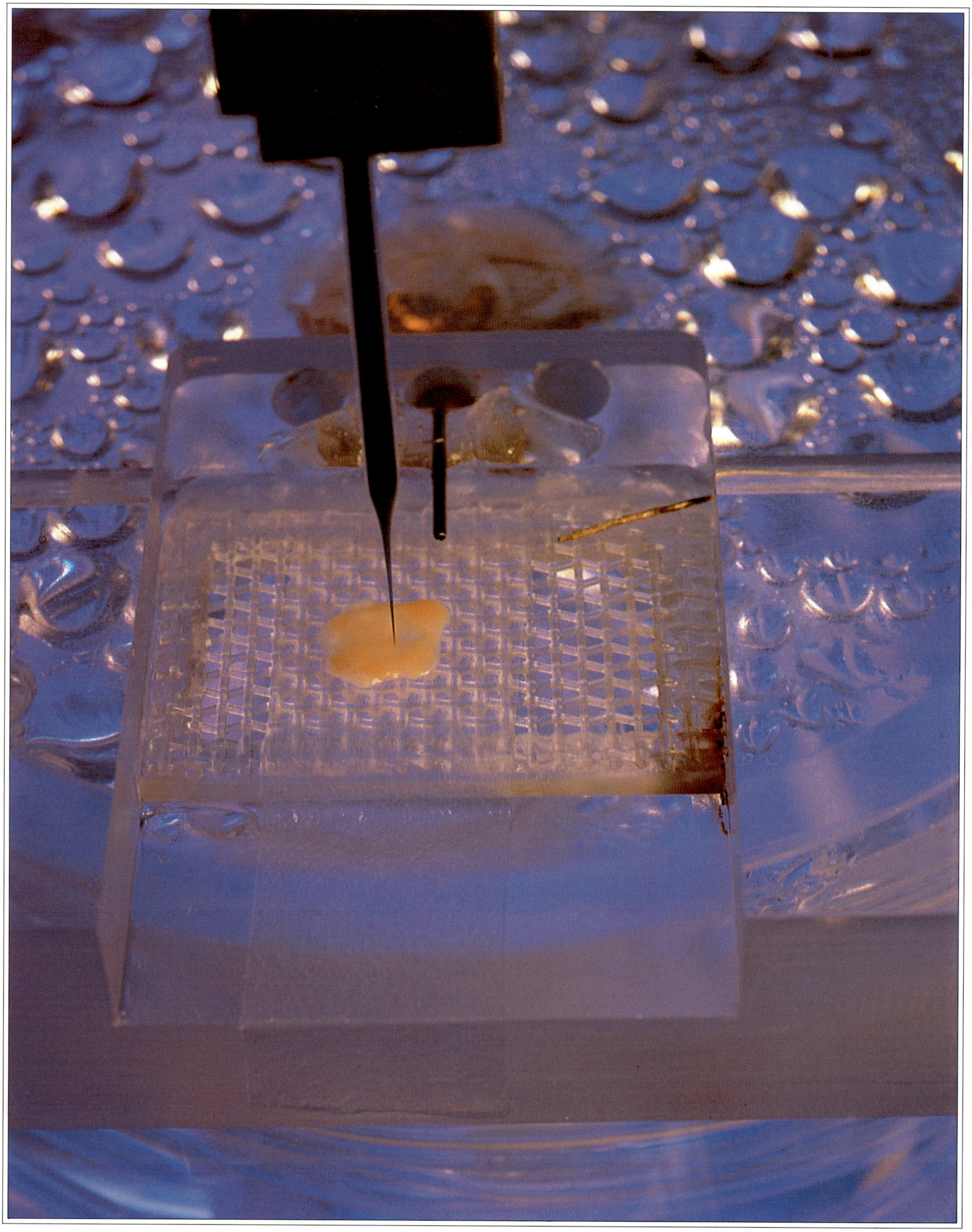

13
Souvenirs, souvenirs...

La mémoire est l'une des plus importantes fonctions du cerveau. Car la mémoire n'est pas seulement un attribut lié à la pensée ou à l'intelligence, c'est un facteur spécifique dela personnalité. Que serions-nous sans nos souvenirs, nos expériences et les leçons que nous en tirons ?

La mémoire est un phénomène répandu dans le monde animal, même chez des êtres aussi rudimentaires que le vers planaire. Mais les recherches récentes nous ont révélé qu'il existe plusieurs types différents de mémoire. Le plus connu est la mémoire déclarative, qui consiste à retenir entre autres choses les événements, le nom des choses et des gens. Nous accédons en général directement à ce genre de souvenirs. La mémoire procédurale, elle, a été découverte relativement récemment, car nous n'en avons pas directement conscience et nous n'y avons pas un accès direct. Savoir monter à bicyclette fait appel à la mémoire procédurale. Si vous n'êtes pas monté à bicyclette depuis des années, vous ne pourrez peut-être pas décrire tout l'enchaînement des gestes nécessaires pour tenir dessus et rouler, mais si l'on vous en donne une, ils vous reviendront très vite. Ceux qui sont victimes d'amnésie partielle, à la suite d'une lésion cérébrale, perdent d'habitude la mémoire déclarative : ils ne reconnaissent pas leurs proches, mais ils peuvent apprendre à résoudre l'énigme d'un puzzle et s'en souvenir.

La mémoire immédiate ne permet pas de stocker les informations, mais de s'en souvenir l'espace de quelques secondes. La mémoire à court terme, elle, dure plusieurs heures et implique une certaine concentration. Seule la mémoire à long terme met en jeu des phénomènes de stockage de souvenirs qui peuvent durer toute une vie, même si l'individu croit les avoir oubliés. L'ensemble de souvenirs que peut stocker la mémoire peut sembler énorme si le nombre gigantesque des connexions qui se sont établies entre les cellules nerveuses ne suggérait aux chercheurs quelques idées sur la manière dont le cerveau utilise cette banque de données. Les organismes simples (comme l'aplysie) ont permis d'élucider certains mystères et la psychologie nous fournit une description détaillée du comportement qui résulte de l'apprentissage et de la formation des souvenirs. L'étude des régions du cerveau impliquées dans la mémorisation a commencé à nous révéler la localisation des systèmes de formation et de stockage de la mémoire et des modèles mathématiques établis à partir de collections de neurones, à nous fournir quelques lueurs sur la manière dont les systèmes biologiques assument le travail d'apprentissage. Les recherches sur la mémoire pourraient bien un jour nous permettre de comprendre et de pallier ce qui nous attend tous avec l'avance en âge, l'affaiblissement de notre mémoire.

Agir sur la mémoire ? *Les chercheurs testent, sur des tranches de cerveau vivant dont ils enregistrent l'activité électrique, l'effet de nouveaux médicaments qui pourraient exciter la mémoire.*

Le stockage des souvenirs

Où les souvenirs sont-ils engrangés ? Trois chercheurs du Salk Institute, à San Diego, Stuart Zola-Morgan, Larry R. Squire et David Amaral ont récemment étudié le cerveau d'un patient, connu sous les initiales de R.B., qui présentait des symptômes d'amnésie, patiemment répertoriés cinq ans durant. A la suite d'une interruption de l'irrigation sanguine dans le cerveau, R.B. était devenu incapable d'acquérir de nouveaux souvenirs. Il pouvait se rappeler des événements lointains et reconnaître des physionomies connues, mais il était incapable de se souvenir d'une histoire qu'il avait entendue quelques minutes plus tôt. A sa mort, son cerveau fut étudié au microscope. Tout paraissait normal, sauf une lésion apparente au niveau de l'hippocampe. On soupçonnait depuis longtemps l'hippocampe de jouer un rôle essentiel dans la formation des souvenirs, mais ce fut le premier cas d'une liaison nette entre une forme d'amnésie cliniquement bien documentée et une lésion strictement limitée à l'hippocampe.

Le pas suivant fut franchi à l'U.S. National Institute of Mental Health, par Mortimer Mishkin. Ses travaux sur la manière dont les singes voient et construisent des souvenirs visuels

1. Lésion chiasmatique
Coupe frontale, avec piliers postérieurs du trigone.

2. L'apprentissage du perroquet
Un ara est dressé à tirer au pistolet.

3. Bobo
En juillet 1982, le singe de laboratoire le plus vieux du monde, Bobo, sur lequel les chercheurs des laboratoires Lederle font des expériences pour étudier la mémoire et le vieillissement, fait la couverture du magazine Science : il a 47 ans, ce qui équivaut pour un homme à 120 ans.

1

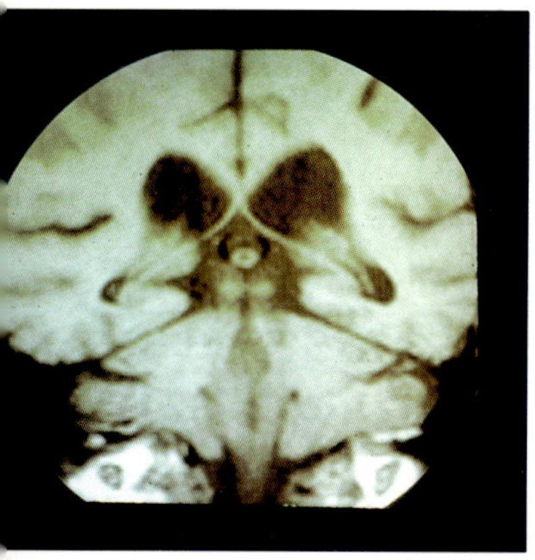

2

l'ont conduit à proposer un modèle du processus de mémorisation visuelle, capable de rendre compte des processus de reconnaissance, de rappel et d'association en termes d'événements neuronaux qui se passent dans différentes parties du cerveau.

Le psychologue Richard F. Thomson a montré que la mémoire procédurale serait localisée dans le centre de contrôle du mouvement du cervelet. Il a conditionné des lapins pour qu'ils apprennent à associer un son musical à un courant d'air sur l'œil qui les faisait ciller : par la suite, les lapins cillaient sans air dès qu'ils entendaient le son. Puis Thomson a prélevé un millimètre-cube de tissu dans une région profonde de leur cervelet : le lapin peut ciller (le contrôle moteur n'est pas endommagé), mais il n'associe plus le son et le courant d'air dans l'œil : il a perdu la mémoire de ce qu'il avait appris. Cela ne signifie pas nécessairement que le tissu prélevé stockait la mémoire ; il représente peut-être seulement une partie des circuits neuronaux impliqués dans son expression.

La nature moléculaire de la mémoire se dissimule quelque part dans le système génétique des neurones. Les travaux d'Eric Kandel nous ont appris que des modifications chimiques affectent les cellules nerveuses d'un animal qui a appris quelque chose. Certaines de ces modifications sont claires, d'autres se réduisent à des spéculations. La mémoire à court terme implique des altérations chimiques de molécules qui existent déjà, et disparaît avec elles. La mémoire à long terme, croit-on, naîtrait des transformations qui s'opèreraient dans des molécules en formation (susceptibles d'accomplir quelque chose de neuf ou de transformer quelque chose de préexistant) : un message chimique spécifique serait adressé à l'ADN pour lui demander d'opérer ces changements. Si nous pressentons déjà la nature des modifications qui s'opèrent alors dans les neurones, les outils d'exploration que ne cesse de nous fournir la biologie moléculaire pourraient d'un jour à l'autre nous en livrer les secrets.

La mémoire de l'homme

Les phénomènes de stockage des souvenirs chez l'homme et tous les autres mammifères restant à l'heure actuelle fort mystérieux, ce qui semble aux uns conduire à une réponse rapide peut paraître aux autres une impasse. E. Roy John, du centre médical de l'Université de New York, reste l'un des plus virulents opposants à l'idée d'expliquer la mémoire des mammifères en termes valables pour l'escargot marin ou d'autres organismes très simples. Pour le démontrer, il utilise un fait bien connu, celui qu'une forme spécifiquement-modifiée de glucose (principal carburant des neurones) ne peut plus sortir de la cellule, une fois qu'il y a pénétré. Si l'on marque d'une étiquette radioactive les molécules modifiées du glucose, il devient possible de déterminer les régions du cerveau qui manifestent une activité particulière lorsqu'un animal de laboratoire accomplit une tâche spécifique. Dans ce cas, il s'agissait de chats qui apprenaient à déterminer que leur nourriture était dissimulée derrière un panneau marqué de cercles concentriques et non derrière le panneau frappé d'une étoile.

Les deux hémisphères cérébraux des chats avaient été chirurgicalement séparés, de telle sorte que ce que voyait l'œil gauche était seulement transmis à l'hémisphère droit et ce que voyait l'œil droit à l'hémisphère gauche. Dans ces conditions et grâce à des lentilles colorées, l'expérience pouvait se dérouler en deux stades. Au cours du premier, un hémisphère pouvait appréhender l'étoile et les cercles sur les deux panneaux, tandis que l'autre ne voyait qu'un triangle sans signification sur chacun. Le chat pouvait assez normalement opérer la discrimination, en se fondant apparemment sur le souvenir (stocké dans l'un des hémisphères) de cercles concentriques indiquant la présence de nourriture. Au second stade, les deux yeux ne voyaient que des triangles sans signification et le chat choisissait au hasard.

En utilisant une étiquette radioactive différente pour chacun des deux stades, John put comparer la distribution de la demande énergétique du cerveau dans chacun des cas. Au cours du premier stade, un hémisphère retrouve le souvenir de ce que le chat doit exécuter, l'autre étant soumis à des influences non-spécifiques. Au cours du second, ce sont les deux hémisphères qui sont soumis à des influences non-spécifiques. Si l'on opère la soustraction des différences, il devient possible de montrer que les demandes énergétiques sont associées à l'exécution de la tâche apprise. Les résultats indiquent en effet que le niveau d'activité d'une population d'environ cinq à cent millions de neurones augmente avec l'exécution de la performance apprise et que cette augmentation s'opère dans diverses régions du cerveau. John conclut de ces résultats que la notion standard de mémoire associée à des modifications de neurones spécifiques n'est pas valable. Il aurait plutôt tendance à se prononcer en faveur d'une coopération (encore non détectée) entre de nombreuses cellules. Selon lui, la mémoire serait plutôt une propriété du cerveau tout entier, non de quelques-uns de ses éléments.

Certaines molécules, notamment des peptides, peuvent interférer avec des processus de mémorisation (par exemple des fragments ou dérivés d'hormone hypophysaire en rapport avec le stress) ou la vasopressine, qui exercent un effet favorable. Récemment, Georges Chapouthier et d'autres chercheurs français ont montré que l'administration d'une molécule (la bêta-carboline, en rapport avec l'anxiété), présente dans l'organisme et capable de se fixer au récepteur des benzodiazépine, favorise aussi la mémorisation. Plusieurs expériences suggèrent en outre que le sommeil paradoxal est en relation avec les processus de mémorisation. La suppression de cette phase provoque, en effet, chez l'animal, une impossibilité d'apprentissage. Pour l'homme, les résultats sont bien moins clairs.

3

4

5

6

4. Le dressage du chien
Un Labrador, entraîné par Animal Behavior Enterprises pour l'Armée américaine. Il est dressé à sentir les mines enterrées à une profondeur de moins de 45 centimères. Il doit alors s'asseoir et attendre que le personnel militaire vienne désamorcer la mine. Le poids du chien s'équilibre de telle sorte qu'il ne puisse déclencher la mine.

5. La danse du coq
Un coq nain "danse" sur une scène miniature. Il commence par déclencher un accompagnement musical en tirant une corde du "juke box" dans le coin, et se met à danser.La réponse au conditionnement est d'autant plus facile que la corde évoque un ver et que la danse elle-même correspond au modèle inné de grattement pour réunir la nourriture (dont on lui délivre quelques bribes au cours de sa performance).

6. Ballet aquatique
Une baleine tueuse et un dauphin, à Marine World, en Californie, ont été dressés pour s'exhiber ensemble. Normalement, la baleine chasse le dauphin.

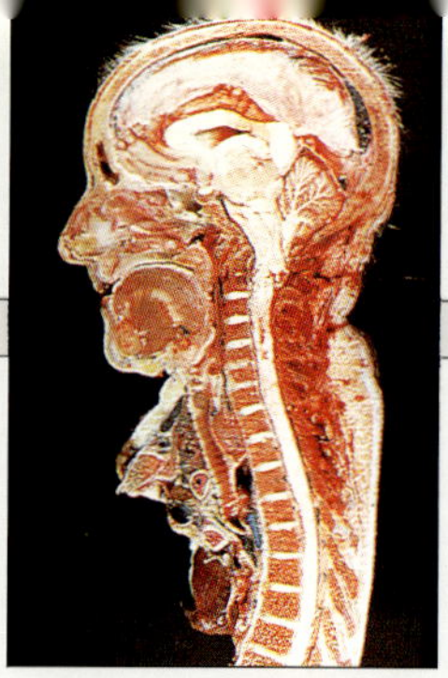

Le cerveau, système d'apprentissage auto-organisé,

par Wolf Singer,
directeur à l'Institut Max Planck pour la recherche neurologique.

Si toutes les cellules nerveuses du cerveau humain formaient une chaîne continue, dont les processus cellulaires seraient les maillons, cette chaîne ferait à peu près vingt-mille fois le tour de la terre, au niveau de l'équateur. Le réseau câblé, qui relie les cellules contenues dans 1 mm^3 de cortex cérébral atteindrait, au total, à peu près 5 km de longueur. Ces chiffres révèlent la complexité des relations susceptibles d'être établies par les connexions neuronales et illustrent le défi qu'ont à relever les chercheurs : établir comment un système aussi complexe peut se développer, de manière reproductible et sûre, à partir d'un catalogue relativement restreint d'instructions génétiques.

Le développement des organes et des organismes est fondé sur un échange permanent et interactif entre les informations stockées dans le génome et les informations présentes dans l'"environnement" cellulaire. Ce dernier détermine, par l'intermédiaire de signaux biochimiques, les gènes qui doivent s'exprimer. Au fur et à mesure du processus d'évolution, le micro-environnement du génome se transforme, ce qui entraîne des modifications du mode d'expression des gènes et de nouveaux changements de l'environnement, et ainsi de suite. Ces modalités d'auto-organisation sont similaires pour tous les organes. Mais le cerveau possède une faculté unique : il utilise l'activité électrique comme système de signalisation supplémentaire, dans le dialogue qui s'instaure au stade du développement entre les gènes et leur environnement. Il existe en effet des mécanismes, qui permettent à ces signaux électriques d'exercer une influence sur l'expression des gènes.

Les implications biologiques, voire philosophiques, d'un tel processus d'auto-organisation sont extrêmement importantes. Les signaux électriques sont véhiculés par les neurones sur de grandes distances, avec une sélectivité topographique élevée. De plus, à partir d'un certain stade de développement, le cerveau dispose d'organes sensoriels, qui convertissent les signaux provenant de l'organisme et de l'espace extracorporel en messages électriques. C'est ainsi que le champ et la complexité de l'"environnement", dont dispose le processus d'auto-organisation, s'élargissent considérablement. On peut dire que tous les domaines qui offrent des possibilités d'interaction avec le cerveau au cours de son développement font partie de cet "environnement".

En outre (et c'est important), le cerveau utilise les mêmes signaux électriques pour envoyer des messages sensoriels et pour porter des informations utilisées pour opérer des calculs. La capacité unique qu'ont les réseaux nerveux d'effectuer des opérations logiques complexes, qui mettent en œuvre de nombreux paramètres, est donc utilisée par les processus d'auto-organisation. Plus la complexité du cerveau augmente, plus ses interactions avec l'environnement et ses facultés de calcul s'affinent. En conséquence, les facteurs qui exercent une influence accrue sur son développement deviennent de plus en plus sophistiqués et capables de produire des structures de plus en plus différenciées. C'est en raison de cette spirale d'interactions réciproques entre le génome et un environnement de plus en plus complexe qu'un ensemble relativement restreint d'instructions génétiques suffit à assurer le développement d'un système aussi complexe que le cerveau humain.

Apprendre à voir

La majeure partie de ce que nous savons expérimentalement des processus de développement vient des études sur la vision. Les indications d'ordre clinique et les expériences de déprivation sensorielle montrent que les centres visuels ne se développent normalement que lorsque la vision s'exerce à une période critique du développement précoce. Les victimes d'une cataracte congénitale dans leur petite enfance , incapables par conséquent de percevoir les contours, ne recouvrent pas la vue si l'opération ophtalmologique qu'ils subissent n'intervient qu'après la puberté : privés de l'expérience visuelle, les gènes ne sont plus en mesure de spécifier les connexions neuronales avec suffisamment de précision.

Les mammifères supérieurs et l'homme sont capables de fusionner les deux images rétiniennes et de les percevoir comme s'il n'y en avait qu'une, ainsi que de calculer, à partir des différences de ces deux images, la distance des objets. Cette fonction capitale exige un haut degré de précision des connexions neuronales qui assurent la liaison entre les yeux et les cellules nerveuses du cortex cérébral. Le million de fibres nerveuses, en provenance de chaque œil, doit être ordonné de telle sorte que seules les paires afférentes qui émanent des sites correspondants des deux yeux convergent vers les cellules cibles de l'écorce cérébrale qui leur sont communes. Ce problème de sélection, la nature le résout en tirant parti du fait que les fibres nerveuses issues des sites correspondants des deux yeux sont généralement stimulées par les mêmes contours et qu'elles acheminent des "patterns d'activité" offrant plus de ressemblance entre eux que ceux transmis par des fibres venant de sites qui n'y correspondent pas. La précision indispensable s'opère par un processus de sélection, issu de l'expérience : il stabilise les fibres qui, partant des deux yeux, transmettent les activités cohérentes et déconnecte les autres. Cette sélection est, en ce qui concerne le développement, un mécanisme d'une grande puissance et d'une grande souplesse pour établir des relations durables entre des éléments nerveux qui possèdent des propriétés fonctionnelles communes.

Néanmoins, pour être efficace, cette sélection est soumise à d'autres impératifs. L'"élagage" des connexions rétiniennes ne doit entrer en jeu que lorsque l'animal fixe avec ses deux yeux un objet non-ambigu et non pas quand les mouvements oculaires ne sont pas coordonnés. Ce dernier cas entraînerait une dislocation complète des connexions binoculaires. Par conséquent, le processus de sélection est soumis au contrôle de systèmes non rétiniens, capables de déterminer dans quelles circonstances l'activité rétinienne peut provoquer des modifications bien adaptées. L'expérimentation animale nous donne, là encore, de bonnes raisons de penser que le cerveau des mammifères est équipé de tels systèmes de contrôle.

Les modifications des connexions neuronales, qui relèvent de la vision, ne dépendent pas exclusivement des signaux rétiniens : elles nécessitent, en outre, la présence des signaux émis par les systèmes qui contrôlent l'éveil et la fixation de l'attention. Si ces systèmes n'émettent pas de signaux, les signaux visuels ne peuvent pas modifier les circuits. Réciproquement, une stimulation électrique directe des systèmes d'éveil et de fixation de l'attention facilite, dans une large mesure, des modifications des transmissions neuronales dans le cortex cérébral.

Les voies modulatoires, responsables de ce contrôle de la plasticité neuronale, ont leur source dans des structures situées dans la partie centrale du cerveau, phylogénétiquement beaucoup plus ancienne que le cortex. Ces structures exercent simultanément leur influence sur de vastes régions du cerveau, grâce aux ramifications arborescentes des axones. L'activation de ces systèmes est commandée par un grand nombre de centres cérébraux. "L'imprimatur" qui permet les modifications de réseaux peut donc être soumis à l'influence de quantités d'autres structures qui ne relèvent pas de la vision.

L'inné et l'acquis

C'est à partir de ces informations nouvelles sur les processus d'auto-organisation dépendants de l'expérience que l'on peut formuler différemment la question de l'inné et de l'acquis et avancer quelques réponses préliminaires. En ce qui concerne le système visuel, et, très probablement, pour d'autres sous-systèmes cérébraux, le génome détermine l'agencement général des connexions neuronales et les propriétés de réactivité fondamentales des neurones, dont beaucoup se constituent indépendamment de l'expérience. Ces spécifications indépendantes de l'expérience prédéterminent les critères en fonction desquels le cerveau sélectionne et classifie les signaux sensoriels. Puisque les modalités de l'activation sensorielle doivent être en harmonie avec ces propriétés, pré-spécifiées pour pouvoir entraîner des modifications à long terme, les prédispositions génétiques limitent l'éventail des stimuli capables d'influer sur l'auto-organisation. Les gènes déterminent aussi la nature des relations que l'expérience peut établir entre les différentes propriétés. Pour commencer, il n'y a d'associations possibles qu'entre des neurones qui sont dès le départ connectés entre eux. Par ailleurs, le génome définit les règles en vertu desquelles des connexions prédéterminées sont sélectivement stabilisées. Nous avons vu que ces règles, régissant les modifications, ont une fonction associative : elles renforcent les connexions chaque fois qu'une activité coïncide dans le temps et dans l'espace. La cohérence est donc l'un des principes fondamentaux qui président à l'interconnexion des "briques" dont est fait le cerveau. La cohérence spatio-temporelle est aussi le critère, suivant lequel des associations s'établissent entre les phénomènes qui se jouent dans le monde extérieur. C'est par le truchement de la stabilisation sélective de connexions neuronales activées de manière cohérente que le cerveau construit les représentations internes de ce type de relations. Les objets, et, de façon plus générale, toutes les configurations virtuelles, tant spatiales que temporelles, ne se distinguent de l'arrière-plan qu'en raison des propriétés de cohérence qu'ils possèdent. La capacité unique qu'a le système nerveux d'évaluer de telles cohérences est donc une fonction extrêmement bien adaptée : elle permet de segmenter le "chaos" des phénomènes sensoriels et, par là même, est à la base de toute performance cognitive.

Les modifications dépendant de l'expérience, nous l'avons vu, relèvent aussi dans une très large mesure de signaux régulateurs internes. D'importants ensembles neuronaux participent ainsi à la décision de savoir si un type d'activation particulier doit entraîner des changements à long terme du réseau neuronal. L'auto-organisation dépendant de l'expérience a, par conséquent, peu de chose à voir avec des instructions passives. Au contraire, le cerveau en cours de développement présente les caractéristiques d'un système hautement actif et essentiellement autonome qui, à sa naissance, possède déjà une connaissance appréciable de la structure de l'univers auquel il doit s'adapter. Il ressort de ce qui précède que cette connaissance est contenue dans l'architecture même du cerveau et dans les règles intrinsèques permettant à des processus actifs de modifier cette architecture. Confronté à la considérable expansion de l'environnement auquel il a accès, le cerveau naissant pose à cet environnement un certain nombre de questions précises, destinées à adapter le plus possible sa structure interne à la réalité. En ce qui concerne divers ensembles neuronaux, ces questions ne sont posées que pendant une brève période critique. Si elles restent sans réponses, les fonctions correspondantes ne se développent pas et, dans la plupart des cas, le déficit qui s'ensuit est irréversible. Ainsi, un dialogue très actif s'engage rapidement entre le cerveau naissant et son environnement, si bien qu'il devient vite impossible d'opérer une distinction entre la cause et la conséquence de telle ou telle bifurcation développementale. Le cerveau en développement et son environnement sont les éléments d'un système puissamment interactif, dont la complexité et la richesse dépassent l'information fournie par le génome. C'est en raison de cette coopération entre les gènes et leur environnement que des structures aussi complexes que le cerveau peuvent évoluer et acquérir des fonctions à tel point sophistiquées. Peut-être n'est-il pas inopportun, dans ces conditions, de revenir à la question philosophique initiale de cet ouvrage : la conscience et l'esprit peuvent-ils se définir comme une propriété du cerveau de l'individu ? Ou l'interaction de cerveaux d'une complexité similaire, durant une longue période d'auto-organisation ontogénétique, a-t-elle été nécessaire pour que, de leurs résonances mutuelles, émergent des représentations symboliques sous la forme du langage, puis des concepts comme le sentiment du "moi" et la "conscience" ?

Auto-organisation et apprentissage : le cerveau considéré comme un organe en état de développement permanent

Un autre aspect fascinant de l'auto-organisation dépendant de l'expérience est l'analogie formelle qu'elle présente avec l'apprentissage. L'élagage dépendant de l'activité des connexions présente en effet, à un niveau descriptif (et peut-être même mécanique) les mêmes caractéristiques que l'apprentissage par association. Dans le cas particulier des signaux provenant des deux yeux, deux groupes de variables s'associent de façon permanente à un effecteur commun, la cellule corticale cible. Le critère de cette association est la cohérence de l'activation. C'est, semble-t-il, aussi le cas pour le conditionnement classique, où des associations s'établissent entre signaux sensoriels et réponses comportementales. Quand on envoie un jet d'air dans les yeux d'un lapin, ses paupières clignent. Si l'émission de ce jet s'accompagne souvent d'un son, ce son seul pourra, à la longue, provoquer le clignement de la paupière. Le son, longtemps associé au souffle d'air, aura acquis valeur de prédiction. Il est désormais établi que les associations qui se sont nouvellement formées résultent d'un renforcement sélectif des connexions neuronales, souvent activées simultanément. L'activation concomitante des afférents acoustiques et somatosensoriels aboutit à une consolidation sélective des voies acoustiques préexistantes, jusqu'au moment où ces dernières sont capables d'activer à elles seules les cellules effectrices qui commandent la réponse : en l'occurence, le clignement de la paupière.

Autre analogie entre l'auto-organisation au cours du développement et l'apprentissage au stade adulte : les signaux sensoriels doivent être en harmonie avec certaines prédispositions de l'organisme en situation d'apprentissage, afin que s'établissent des associations. Dans notre exemple concernant le développement, l'impératif minimum est que les signaux rétiniens se conforment aux propriétés réactionnelles des neurones corticaux. Il en va de même pour l'apprentissage chez l'adulte : les configurations des stimuli doivent remplir certaines conditions minimales (être manifestes et univoques) pour être effectives.

Il existe enfin un parallèlisme particulièrement étonnant : les associations sélectives ne jouent que si elles coïncident avec des signaux de contrôle d'origine interne, qui interviennent seulement quand le cerveau est en état d'éveil et d'attention. L'introspection et de multiples expériences portant sur le comportement nous l'ont enseigné : de nouvelles relations ne peuvent être apprises que si le cerveau est motivé pour prêter attention aux stimuli correspondants. Or même les signaux chimiques qui jouent leur rôle dans cette régulation des fonctions associatives dépendant de l'attention se ressemblent, dans l'auto-organisation développementale et l'apprentissage adulte. Nous disposons d'indications qui montrent que l'activation des structures centrales qui facilitent les modifications des connexions dans le cortex visuel, au cours de développement du cerveau, renforcent également l'apprentissage associatif.

Mais la plasticité développementale se distingue en deux points de l'apprentissage au stade adulte. Tout d'abord, elle connaît une période critique. Ensuite, dans le cerveau en cours de développement, les connexions ne s'établiront plus jamais, si elles perdent, dans la compétition serrée qui dépend de l'activation. Cependant, une forme spécifique de l'apprentissage, l'empreinte, est elle aussi circonscrite à une période critique du développement précoce. Les exemples les plus flagrants de ce type d'apprentissage sont issus d'études sur les oiseaux : les oisillons apprennent le chant de leurs parents, ils mémorisent les motifs de leur plumage et, plus tard, c'est en fonction de ces critères qu'ils s'accouplent. Ce processus d'apprentissage est limité à une période critique qui survient très tôt dans le développement et qui résiste aux modifications ultérieures. La valeur adaptative de certains créneaux temporels dans les processus d'auto-organisation est évidente, au moins dans le cas que nous avons choisi : une fois la correspondance binoculaire établie, cette variable doit devenir fixe, pour servir de cadre de référence à des processus de niveau supérieur qui utilisent les différences de correspondance rétinienne pour calculer la profondeur spatiale. L'une des raisons de l'existence de ce créneau temporel où se gravent les données est peut-être qu'il atténue la confusion, en limitant la phase d'apprentissage à une période déterminée, celle où la présence des membres de la famille est la plus probable.

En fonction de ces nombreuses similitudes entre l'auto-organisation dépendant de l'expérience et l'apprentissage, il n'est pas toujours possible de distinguer entre les deux processus. L'empreinte peut évidemment s'interpréter des deux façons. Peut-être conviendrait-il, par conséquent, de considérer l'apprentissage adulte comme la poursuite de certaines modalités d'auto-organisation qui sous-tendent le développement du système nerveux et son adaptation à l'environnement. Bien entendu, différents processus qui relèvent du développement cessent d'être actifs dans le cerveau adulte.

La formation de connexions nouvelles et l'élimination physique d'autres connexions préalablement établies ne se manifestent que dans quelques cas isolés. Toutefois, des connexions existantes peuvent voir se modifier leur efficacité en fonction de l'usage que l'on en fait et les règles selon lesquelles ces modifications s'effectuent apparaissent identiques à celles qui gouvernent l'auto-organisation développementale. Tout se passe donc comme si le cerveau était un système en état de changement permanent, où l'"être" ne serait, en fait, qu'un moment du "devenir".

1

2

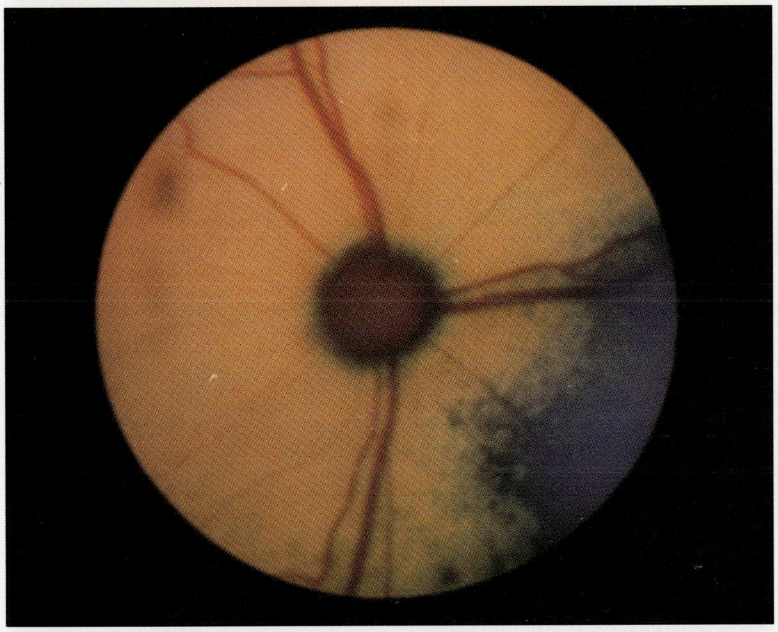

3

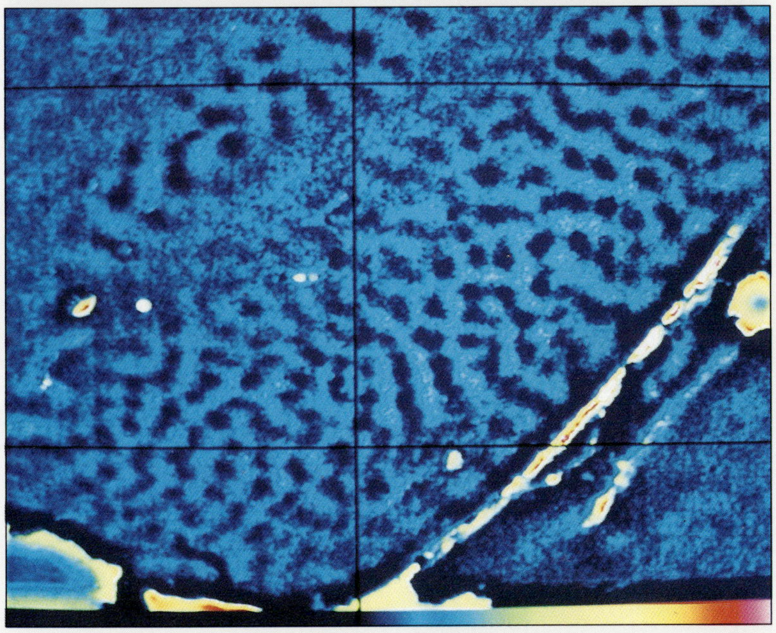

1. Connexions optiques
Cerveau de chat décérébré dont on a préservé les connexions du nerf optique, qui relient l'œil au cerveau. nt été conservées. Pour visualiser les zébrures de la partie inférelient l'œil au cerveau ont été conservées. Pour visualiser les zébrures de la partie inférieure, les régions occipitales contenant des cellules nerveuses qui réagissent sélectivement aux verticales ont été marquées à l'aide de glucose radioactif. Puis le cortex cérébral a été détaché, étalé à plat et radiographié. Comme la radioactivité assombrit l'émulsion (comme le ferait la lumière) les taches noires traduisent avec précision l'incidence de la radioactivité dans le cerveau. nir une évaluation quantitative où s'associent les différences de nuances dans les gris et les différences de coloration. Pour que ce système régulier de bandes se développe, il faut que l'animal ait eu durant les premiers stades de son développement une expérience visuelle normale des formes.

2. Fond d'œil
La tache jaune représente le disque du nerf optique.

3. Colonnes d'orientation oculaire
Cortex à plat d'un chat qui a eu, dès le départ, un contact normal avec l'environnement et ses contours.

DASSAULT SYSTEMES

III
LES LIENS ESPRIT-CERVEAU

Nous avons assez avancé dans notre exploration pour pouvoir tenter de réunir les éléments que nous connaissons et que nous pressentons, ainsi que les questions qui se posent désormais,dans le domaine de la recherche sur le cerveau. Au cours de la première partie, nous avons commencé à poser des questions assez ambitieuses, sur des sujets difficiles à cerner, tels que la conscience et l'intelligence. C'est ainsi que nous avons pu apprendre à nous limiter aux questions qui relèvent de la science. Puis, au cours de la deuxième partie, nous avons tenté de nous concentrer sur le cerveau, *stricto sensu,* et d'en étudier certaines des composantes. Nous avons pu, alors, en apprendre un peu plus sur ses mécanismes et entrevoir les réponses que nous pouvions espérer si nous posions des questions appropriées, à partir de la "machinerie" du cerveau elle-même. Maintenant, il est sans doute temps d'en revenir à certains des points que nous avions soulevés avec tant de frustration, au cours de nos considérations préliminaires sur les liens entre le cerveau et l'esprit. Nous allons examiner plus en détails les recherches actuelles, si excitantes dans la mesure où elles nous donnent un aperçu de ce qui pourrait bien se passer réellement à l'intérieur de nos têtes.

Le Robot et son environnement
Des systèmes de simulation, comme Catia conçu en France par Dassault Systèmes, permettent de concevoir des produits et de les visualiser en trois dimensions, pour détecter par exemple, les problèmes de collision avec l'environnement. Est-ce l'aube d'une ère nouvelle et du robot pensant ?

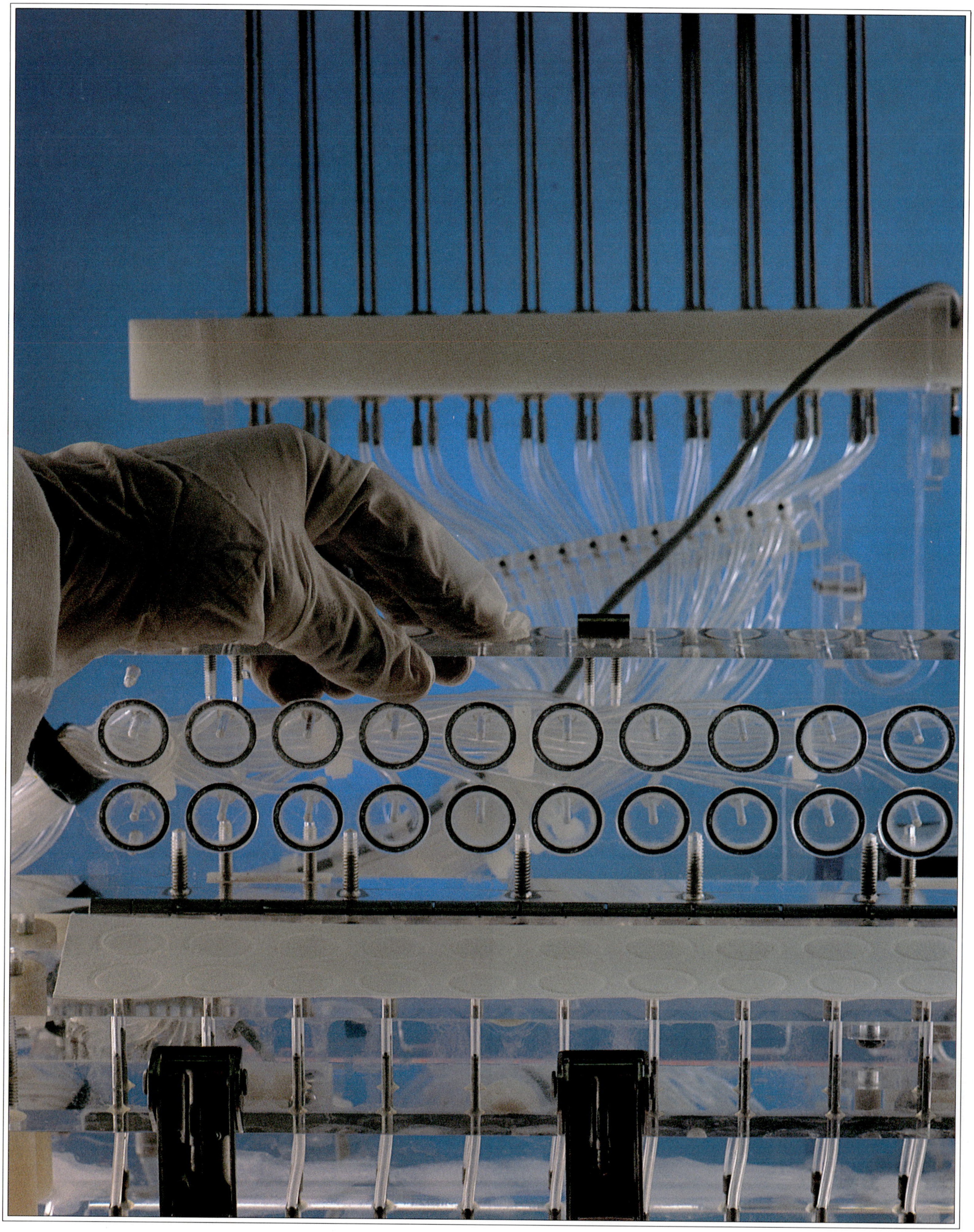

14

Actions directes : sommes-nous ce que nous pensons ?

Culture de cellules
Pour pallier les déséquilibres du système nerveux central, les chercheurs récoltent et cultivent les cellules nerveuses, pour mettre au point des substances chimiques capables d'agir sur lui.

L'idée que l'esprit peut influencer les corps n'est pas vraiment neuve. L'histoire est riche d'anecdotes montrant comment une attitude mentale saine peut vaincre la maladie. Un papyrus de l'Egypte antique y fait déjà allusion. Mais trouver des preuves solides de l'interaction du cerveau et des fonctions biologiques du corps n'a pas été aussi facile qu'on pourrait le croire. Avant de passer en revue ces preuves, nous allons d'abord indiquer quelques-uns des chaînons qui relient des troubles biologiques du cerveau à la pensée et à son fonctionnement.

La recherche menée par Marie Asberg, à l'Institut Karolinska de Stockholm, suggère un lien obscur entre une pensée distordue et une fonction cérébrale atteinte. Elle a découvert que, dans un groupe de dépressifs, présentant par ailleurs des signes de carence en sérotonine dans le cerveau, 40 % d'entre eux avaient tenté de se tuer. Alors que, pour d'autres dépressifs, qui présentaient eux des niveaux normaux de sérotonine, le taux de tentatives de suicide tombait à 15 %.

Même si ces faits se confirment par la suite, il ne sera pas facile d'établir si ce sont les modifications du niveau de la sérotonine qui provoquent les dépressions sucidaires, ou si elles n'en sont qu'une conséquence.

La psychosomatique

Il est clair, même si l'on a trop tendance à user et abuser du mot psychosomatique, que des phénomènes psychiques peuvent participer au déclenchement ou à l'entretien de processus pathologiques divers. C'est ainsi que le psychiatre allemand Georg Walter Groddeck cite le cas d'un malade, victime de mystérieuses poussées de fièvre chaque fois qu'il rendait visite à sa mère ou la quittait. De nombreuses maladies, fort répandues, entrent dans la catégorie des désordres psychosomatiques : l'ulcère et la colite, l'obésité, le psoriasis ou l'eczéma, l'infarctus, l'impuissance et certaines formes de stérilité, l'asthme, l'hyperthyroïdie ou le diabète, la migraine, l'anxiété, la spasmophilie ou la dépression. L'axe corps-esprit couvre une réalité importante et, s'il ne faut pas, comme c'est souvent le cas, tout réduire à des troubles "suspects" de l'esprit et de la sensibilité, on ne saurait nier que des processus biochimiques participent dans l'organisme à la fois aux états mentaux et aux états psychiques.

L'hypnose

L'hypnose était déjà considérée par Freud comme le "saut mystérieux". Pourquoi certains sujets tombent-ils plus facilement que d'autres dans cette forme de sommeil partiel, très différente du sommeil normal ? Pourquoi les sujets sont-ils sensibles alors à la suggestion de l'hypnotiseur, au point de subir des interventions chirurgicales sans douleur aucune, tout en parlant parfois paisiblement avec l'hypnotiseur ? Peut-on parler d'hypnose lorsque le nouveau-né, dans le monde animal, prend l'habitude de suivre sa mère ? Ou lorsque le paon fait la roue sous les yeux de la femelle ? La plupart de ces questions n'attirent aucune réponse définitive.

Ce qui se passe au cours de l'hypnose reste encore profondément énigmatique. Mais ce phénomène témoigne du "saut mystérieux" au cours duquel les représentations de l'esprit se transforment en molécules. En ce qui concerne l'effet anesthésique ou antalgique de l'hypnose, on sait que, contrairement à l'acupuncture, il ne dépend pas de sécrétion d'endorphines : la naloxone, en effet, n'inhibe pas le phénomène.

Vers la psycho-immunologie

Si la psycho-immunologie, discipline toute récente, a suscité tant d'enthousiasme, c'est qu'il ne s'agit plus de constater que les sujets qui ont le meilleur moral sont souvent ceux qui résistent le mieux aux maladies, mais d'expérimenter de façon plus objective.

Il est étonnant de voir comment la ligne de défense du corps contre les maladies, le système immunologique, peut être affecté par le cerveau. Les preuves s'accumulent. C'est ainsi

1

2

3

4

5

6

1.2.3.4. "La petite fiancée" de Villejuif
Au fil de ces quatre dessins, réalisés par un malade maniaco-dépressif, on peut observer l'évolution du mal : dépression (3), agressivité (4), excitation (2), calme (1). Les matériaux et les procédés sont divers : encre (diluée ou non) ou crayon, plume ou pinceau, estompage ou non... Le trait peut être doux ou incisif, courbe ou anguleux.

5.6. Carl Frederick Hill
Ce peintre suédois modifie totalement sa technique et ses thèmes lorsque son état psychique se dissocie, avec des idées délirantes et des hallucinations des sensations internes : expressions symboliques de rupture et de barrière.

par exemple que Marvin Stein, de l'Ecole de Médecine de Mount Sinaï à New York, a découvert que certaines cellules du système immunologique, les lymphocytes, subissent des altérations chez les veufs de fraîche date. Pendant les quelques mois qui suivent la perte de leur épouse, les lymphocytes sont moins aptes à combattre une infection. Des études conduites, par la suite, sur des rats de laboratoire, ont révélé que si les rats sont soumis à des chocs électriques auxquels ils ne peuvent se dérober, le nombre de leurs lymphocytes et leur capacité à se reproduire chutent, ce qui entraîne une diminution de la réponse immunitaire. L'élimination des hormones du stress chez ces animaux ne modifie pas ce phénomène qui relève par conséquent d'autre chose.

D'autres expériences établissent l'existence d'un lien encore plus direct avec le cerveau. Robert Ader, de l'Ecole Médicale et Dentaire de l'Université de Rochester, a réussi à enseigner à des rats à baisser leur propre résistance immunitaire. Il utilise des méthodes classiques de conditionnement et leur fait boire de la saccharine en même temps qu'il leur administre un produit puissant qui supprime l'immunité (la cyclophosphamide). Au bout de quelques semaines, l'absorption de la saccharine seule suffit à induire la baisse d'immunité. La manière dont le cerveau agit de façon négative sur le système immunitaire reste un mystère irrésolu à l'heure actuelle, mais les chercheurs songent de plus en plus à une action possible des glandes endocrines. Il faut souligner aussi que plusieurs parties du corps qui affectent les cellules du système immunitaire, telles que les glandes lymphatiques, les glandes du thymus et la mœlle épinière reçoivent toutes des fibres nerveuses dont les fonctions ne sont pas encore très bien connues.

Mais à l'inverse, comment le système immunitaire peut-il agir sur le cerveau ? Hugo Besedovsky, de l'Institut de Recherches de Davos, en Suisse, a découvert que l'émission d'hormones par des lymphocytes entraîne une réduction du niveau de noradrénaline dans l'hypothalamus. Karen Bulloch, de la State University de New York à Stony Brook, a montré que le thymus est innervé de fibres nerveuses qui conduisent à des groupes de cellules nerveuses (les ganglions nodaux), chargées d'acheminer l'information des organes internes vers le cerveau.

De son côté, Steven J.Schleifer, à l'Ecole de Médecine du Mount Sinaï à New York, a mis en évidence une baisse de la réponse immunitaire chez les sujets atteints de dépression nerveuse, mais pas chez les schizophrènes. Il apparaît aussi que certains gènes du système majeur d'histocompatibilité (responsable du rejet des greffes d'organes) sont fréquemment associés à des affections psychiatriques ou neurologiques. Tel est le cas notamment pour la sclérose en plaques et la narcolepsie. Dans le domaine du cancer, H.S. Greer et T. Morris, du King's College Hospital de Cambridge, ont publié des données épidémiologiques, établissant une corrélation entre la survie sur cinq ans de femmes victimes d'un cancer du sein et leur réaction psychologique.

La psycho-immunologie a, au cours de ces dernières années, bénéficié aussi des progrès relatifs à l'étude des neuromédiateurs. Dès 1979, Wybram et ses collaborateurs ont ainsi mis en évidence des récepteurs aux enképhalines, à la surface des lymphocytes. Plusieurs neuropeptides exercent une action sur les cellules immunitaires. C'est le cas des endorphines, mais aussi de la substance P (intervenant dans les sensations de douleur) ou du VIP (peptide intestinal vasoactif).

Il est donc clair désormais que le cerveau et le système immunitaire sont capables de communiquer entre eux. Et nous pourrons sans doute un jour utiliser au mieux cette communication pour améliorer la santé humaine. Mais il convient d'abord (et ce sera sans doute un travail de longue haleine) de comprendre la nature des messages qui s'écoulent à travers ledit système de communication.

1

2

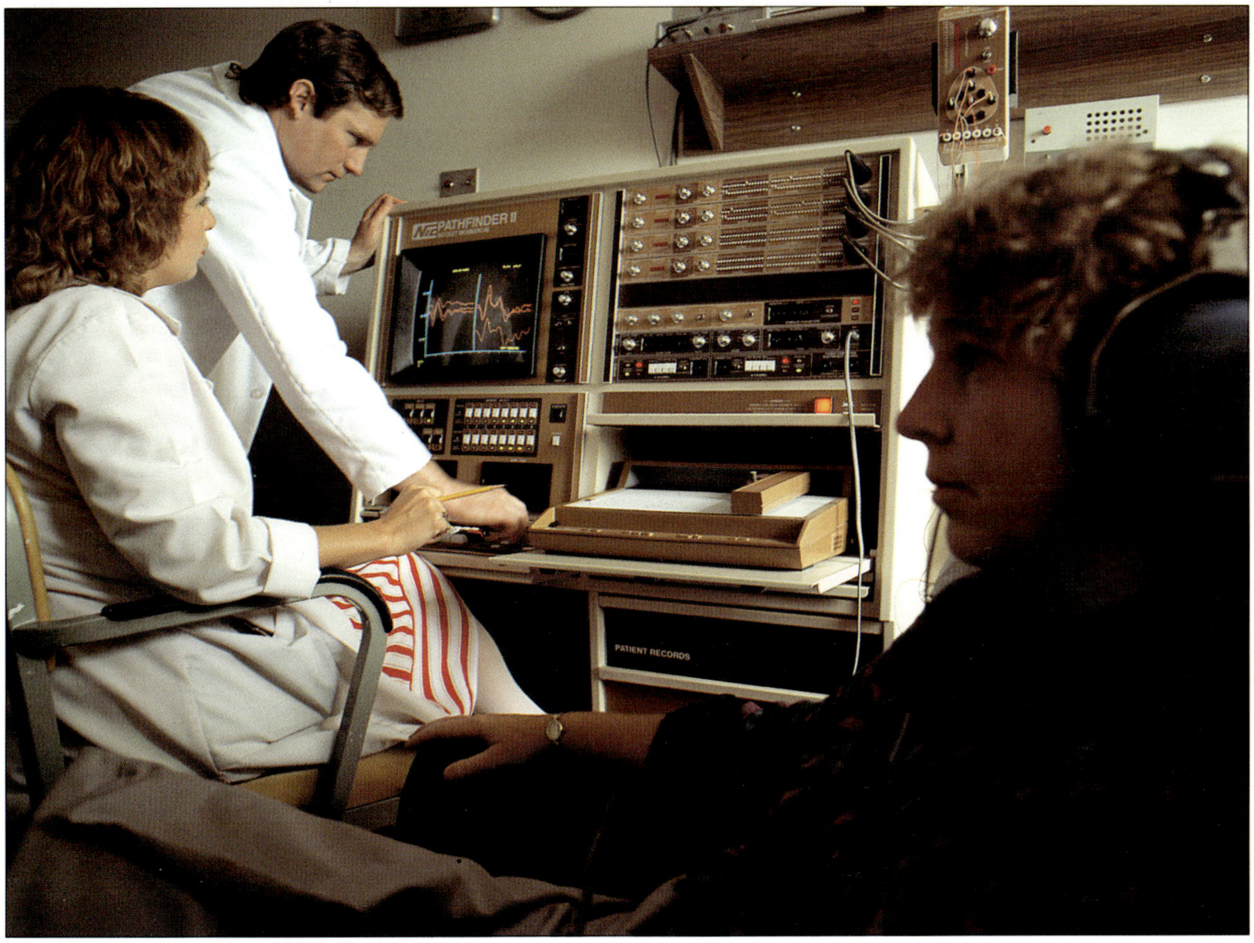

1. Expression de la folie au Moyen-Age
Extraction de la "pierre de folie".

2. Démence
L'informatique permet aujourd'hui d'enregistrer, de stocker, de comparer, l'activité électrique du cerveau de malades mentaux et de mettre au point des systèmes experts pouvant aider le praticien à élaborer diagnostic et traitement.

1. L'homme zodiacal
Aquarelle et encre d'un manuscrit perse du Xè siècle environ. Pour les Anciens, à chaque signe du Zodiaque était assigné un organe du corps humain. Au Bélier, la tête. Parmi les natifs de ce signe, Lénine, frappé d'hémiplégie, mourut d'un transport au cerveau, Henri II d'un coup de lance dans l'œil, Baudelaire, d'une attaque d'hémiplégie et d'aphasie, Van Gogh fou et Jane Mansfield décapitée... Hasard ou fatalité ?

2.3. Déformations du monde
Le monde,perçu par les malades mentaux, subit des altérations, comme on peut le voir sur cette sculpture et ce dessin.

4. La dame aux animaux
Le grand tournant de l'étude des dessins de malades mentaux fut la publication du livre de Prinzhorn en 1922, avec son approche à la fois phénoménologique et esthétique.

1

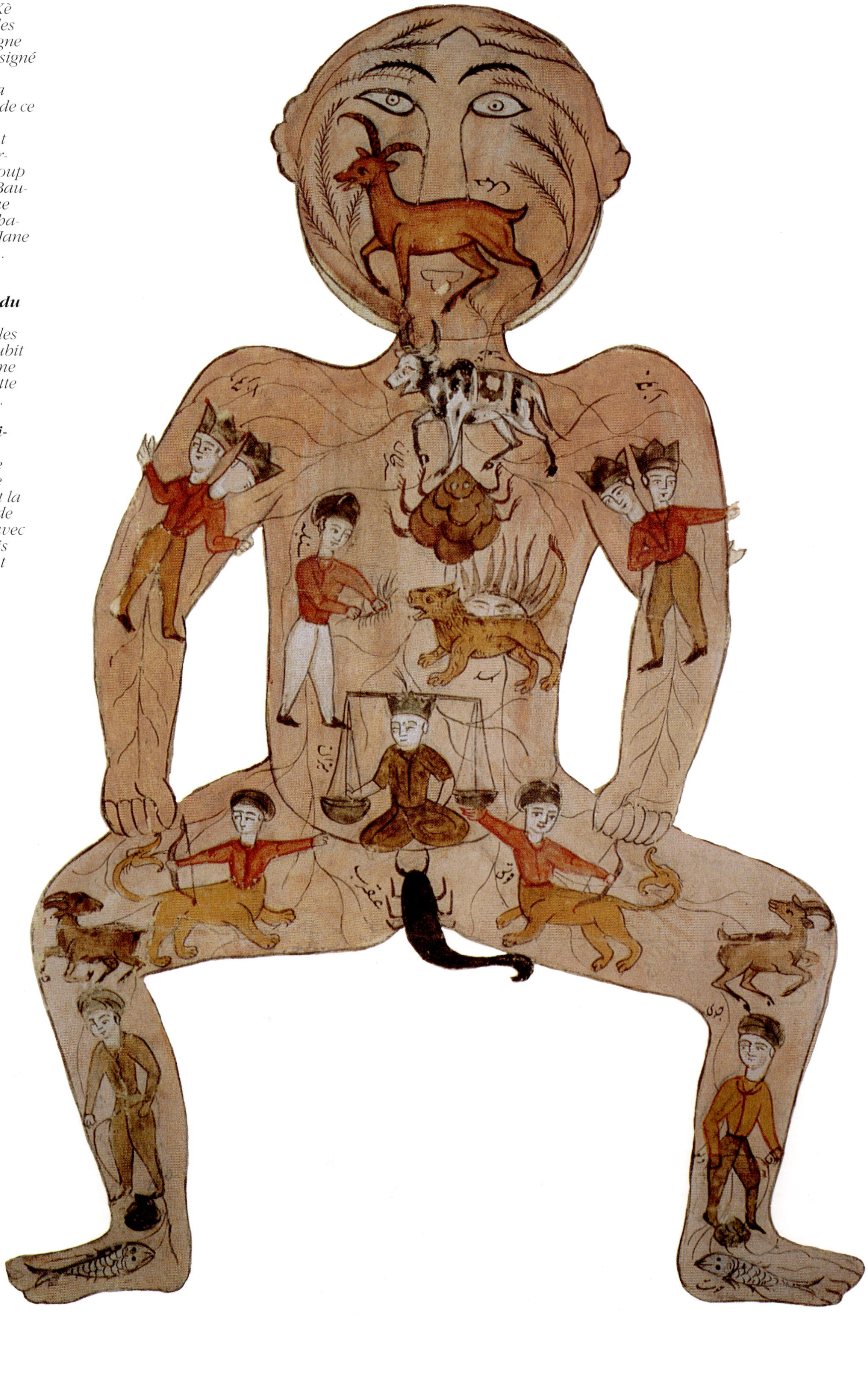

2

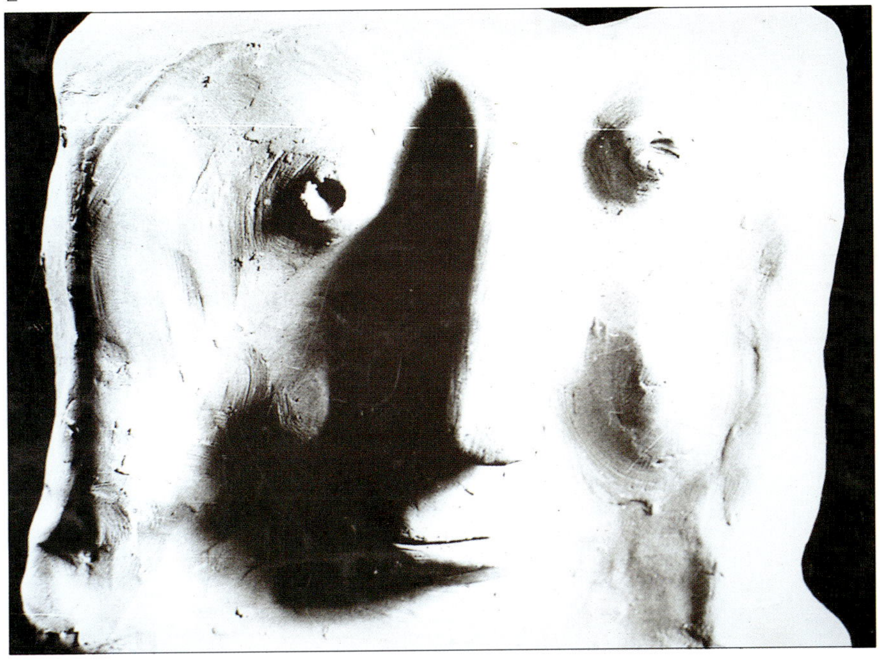

3

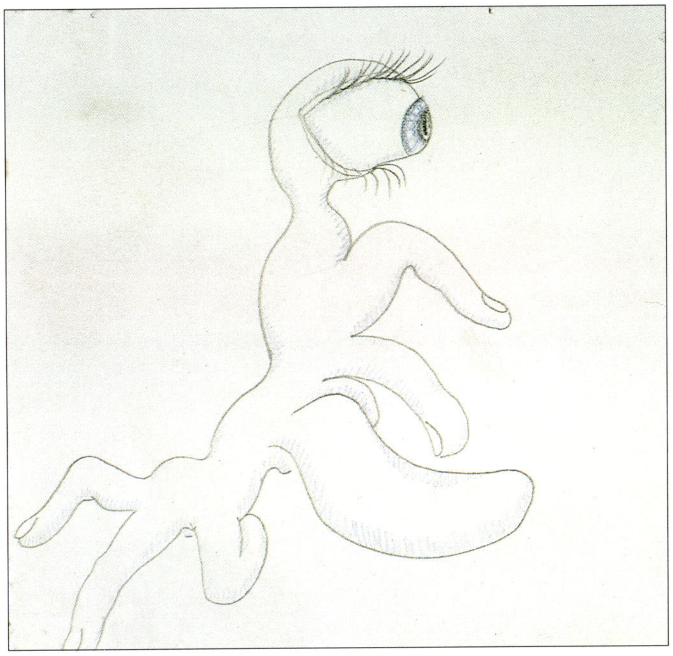

4

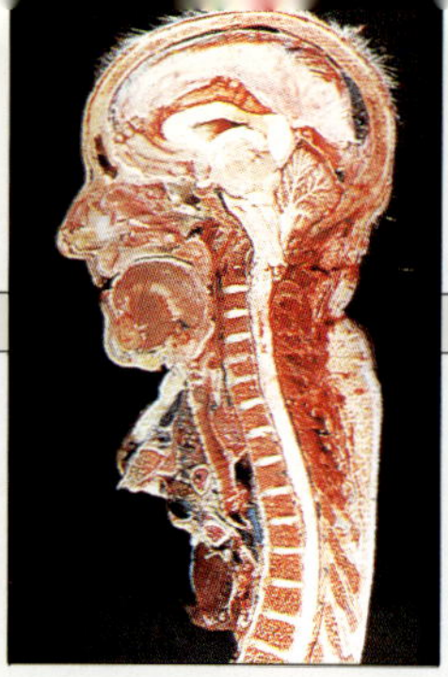

Les paradoxes de la dépression,

par P. Pichot.

Il n'est sans doute pas de domaine de la psychiatrie qui, au cours des trente dernières années, ait fait l'objet d'aussi nombreux travaux que celui des états dépressifs. L'une des raisons en est la fréquence : dans la population générale adulte, à tout moment, environ 6% des individus souffrent de cette affection, si bien que Gerald Klerman a pu qualifier notre époque d'"âge de la dépression". Les recherches cliniques ont modifié nos conceptions sur les limites et les formes du syndrome, des traitements biologiques et psychologiques efficaces ont été découverts, et la biochimie semble nous avoir fourni un modèle clair de ces mécanismes biologiques cérébraux. Il est pourtant paradoxal que, malgré l'abondance des travaux et la qualité des résultats obtenus, la dépression pose aujourd'hui, sur beaucoup de points, autant de problèmes qu'autrefois, comme si la solution reculait au rythme même de nos progrès.

La dépression est un syndrome qui associe des symptômes appartenant à deux dimensions principales : une humeur triste avec pessimisme, et un ralentissement général des processus vitaux. L'humeur triste s'accompagne souvent de sentiments de culpabilité et d'idées suicidaires. Au ralentissement général appartiennent une perte des goûts et des intérêts, une fatigue, une difficulté à effectuer des tâches habituelles, une modification de la mobilité (habituellement un ralentissement), une sensation de baisse de l'efficience intellectuelle, un trouble de l'appétit (en général une diminution) et un amaigrissement, des troubles du sommeil, entre autres. On constate en outre une anxiété parfois intense.

Classiquement, le syndrome dépressif peut être soit symptomatique, soit primitif. Les dépressions symptomatiques sont des conséquences d'une autre maladie (par exemple d'une tumeur cérébrale ou d'une affection virale) ou des expressions particulières d'une maladie mentale (la schizophrénie par exemple). Dans les dépressions primitives, le syndrome dépressif constitue à lui seul toute la maladie. On en distingue trois variétés principales : la personnalité dépressive (ou trouble dysthymique), état permanent et de faible intensité, la dépression endogène et la dépression névrotique. Ces deux dernières surviennent, en règle générale, par épisodes de durée limitée, de quelques semaines à quelques mois, et constituent l'essentiel des dépressions primitives.

La dépression endogène, ou psychose maniaco-dépressive, est généralement intense, avec des symptômes particuliers. Elle apparaît en principe sans cause apparente (d'où le terme endogène). Dans l'intervalle des accès, les sujets sont normaux et, dans leur histoire, on trouve uniquement un ou plusieurs épisodes analogues (forme unipolaire) ou également un ou plusieurs épisodes maniaques (forme bipolaire). La maladie aurait une cause biologique, avec des éléments héréditaires importants, et réagirait bien aux thérapeutiques biologiques. La dépression névrotique est d'intensité moindre, ses symptômes sont différents. Habituellement déclenchée par un traumatisme psychologique plus ou moins intense (on parle de dépression réactionnelle) elle survient chez des sujets à personnalité fragile, aux traits névrotiques (d'où son nom). Sa cause et sa nature seraient avant tout psychologiques, sans intervention de facteurs héréditaires spécifiques, et son traitement préférentiel serait la psychothérapie.

Ce schéma simple est aujourd'hui remis en question, en particulier l'opposition catégorielle entre dépression endogène et dépression névrotique, pivot de la conception traditionnelle, utilisée par un grand nombre de travaux biologiques récents. Des travaux américains tendent à montrer qu'il n'existe pas de différence de charge héréditaire entre les deux formes et, dans le cadre d'une controverse, poursuivie depuis plus de vingt ans surtout en Grande-Bretagne, il est affirmé qu'il n'existerait qu'une seule dépression, les aspects typiquement endogènes ou névrotiques correspondant aux extrémités d'un continuum, la majorité des cas se situant alors dans une position intermédiaire.

Si, dans le domaine clinique, se trouve aujourd'hui contesté l'édifice qui avait été progressivement construit depuis le tournant de ce siècle, la situation est tout aussi incertaine en ce qui concerne la biologie. Les premières données furent apportées par la découverte, purement empirique, de procédés thérapeutiques efficaces, l'électrochoc en 1938, les premières drogues antidépressives tricycliques (imipramine, 1957) et inhibitrices de la monoamineoxydase (iproniazide, 1957). La classique "hypothèse des amines biogènes" du mécanisme de la dépression fut développée dans les années soixante, en mettant en corrélation l'efficacité des drogues chez l'homme et leur activité pharmacologique dans le cerveau animal. Au niveau de certaines synapses, les drogues tricycliques bloquent la recapture des amines biogènes (noradrénaline et sérotonine), tandis que les inhibiteurs de la MAO empêchent leur dégradation. C'est pourquoi on a émis l'hypothèse que les antidépresseurs agissent au niveau de la synapse, en augmentant la concentration de ces amines, la dépression étant liée à leur diminution. Malheureusement ce schéma simple et séduisant s'est heurté à de nombreuses difficultés. Les actions pharmacologiques chez l'animal sont très rapides alors que l'efficacité thérapeutique chez l'homme se manifeste au bout de quinze à vingt jours. Il n'est possible de démontrer que par des voies indirectes (par exemple par le dosage dans l'urine et le liquide céphalo-rachidien) la baisse du taux cérébral des amines, et les causes d'erreur sont considérables. Il est probable que de nombreux autres neurotransmetteurs, pour certains encore inconnus, jouent un rôle dans cette transmission synaptique. D'ailleurs, alors que les neuropharmacologues ont mis au point de nombreux antidépresseurs à action spécifique (par exemple pour bloquer uniquement la recapture de la sérotonine), leur activité antidépressive clinique n'est ni quantitativement ni qualitativement différente de celle des autres drogues. Les innombrables travaux biologiques effectués sur ce sujet depuis maintenant plus de trente ans, s'ils ont apporté des résultats expérimentaux indiscutables, n'ont fait que rendre la situation plus confuse. On persiste certes à considérer qu'au niveau cérébral la dépression est caractérisée par une perturbation de la transmission synaptique, mais la nature de celle-ci est contestée (une hypothèse actuellement en vogue incrimine une hypersensibilité des récepteurs post-synaptiques). D'autre part, si de nombreux nouveaux anti-dépresseurs ont été découverts, appartenant à des familles chimiques éventuellement différentes, leurs avantages possibles tiennent à la diminution de leurs effets secondaires, mais aucun n'a démontré d'activité supérieure à celle des drogues, imipramine et amitriptyline, découvertes à la fin des années cinquante. Enfin, et malgré les nombreuses hypothèses avancées, le mode d'action de l'électro-choc, qui date maintenant de près d'un demi-siècle, n'est pas connu de façon certaine.

Il existe ainsi un véritable paradoxe concernant la dépression. Des découvertes empiriques ont transformé leur traitement, mais les recherches cliniques et biologiques qu'elles ont stimulées, si elles ont indiscutablement fait avancer nos connaissances, ont à chaque pas montré que les notions qu'elles paraissaient établir devaient être révisées. La prise de conscience des incertitudes actuelles est nécessaire aux progrès futurs.

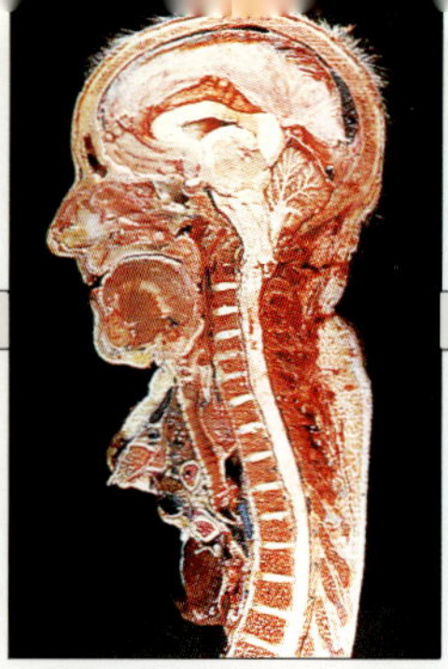

Le cerveau et l'élaboration des défenses immunitaires,

par Kathleen Bizière, Sanofi et Gérard Renoux, professeur à la faculté de Médecine de Toulouse.

La majorité des gens pensent qu'ils sont plus vulnérables à la maladie lorsqu'ils sont tristes ou contrariés. Cette croyance implique que le système nerveux central (SNC) interviendrait dans le développement de la réponse immunitaire. Si surprenant que cela paraisse, ce qui semble une observation de simple bon sens s'appuie sur un nombre extrêmement faible de données expérimentales. Aussi s'est-on rarement posé la question de savoir si, chez l'être humain, les facteurs émotionnels sont susceptibles d'affecter la réaction immunitaire, encore que nous disposions d'observations d'où il ressort qu'un état de stress ou un deuil par exemple altèrent les défenses immunitaires. Il en va de même chez les animaux : jusqu'à une date récente, l'éventualité que le SNC pouvait modifier les réactions immunitaires n'avait pratiquement pas été envisagée.

Nous allons passer en revue les recherches faites sur l'animal qui suggèrent de façon claire qu'il existe des interrelations mutuelles entre le SNC (système nerveux central) et le système immunitaire.

La modulation endocrinienne des réactions immunologiques.

Il a été démontré qu'une hypophysectomie (section de l'hypophyse) provoque une involution ou modification régressive du thymus et altère l'activité des cellules immunitaires dérivées du thymus. A l'inverse, la thymectomie (section du thymus) retentit sur les fonctions hypophysaires. Il existe, en outre, de nombreux protocoles d'expérience indiquant que les hormones modifient les réactions immunitaires.

Aussi est-il généralement admis que le système endocrinien peut moduler le fonctionnement du sytème immunologique. Comme ce dernier est contrôlé par le système nerveux central, il semble probable que ce dernier joue un rôle dans les réponses immunitaires. Mais contrôle-t-il aussi directement le système immunologique ou n'agit-il que de manière indirecte, par l'intermédiaire du système endocrinien ? C'est une question qui n'est pas encore tranchée.

La modulation de la réponse immunologique

A l'appui de l'observation selon laquelle l'hypophysectomie peut altérer les activités du thymus, on a montré à maintes reprises chez l'animal que des lésions de l'hypothalamus antérieur portent atteinte à l'activité des cellules (cellules B), sécrétant les anticorps, bataillons de défense de l'organisme. Au contraire, les lésions qui touchent l'hypothalamus postérieur affaiblissent l'activité d'autres cellules (cellules T), qui mobilisent les activités immunitaires et sont porteuses de la mémoire immunologique.

Le système nerveux sympathique (qui est sous le contrôle du SNC) paraît participer, lui aussi, au déclenchement de la réponse immunitaire. C'est ainsi que des organes lymphoïdes, comme la rate, le thymus et les vaisseaux lymphatiques, possèdent une riche innervation sympathique. La destruction du système nerveux sympathique détériore les réponses immunitaires.. On a constaté, dans la rate et le thymus, que les terminaisons des nerfs sympathiques entretiennent avec les lymphocytes une relation étroite, ressemblant à une synapse. Vraisemblablement, dans ces organes, les lymphocytes s'agglutinent autour d'une terminaison nerveuse pour recevoir un message et émigrent ensuite afin de le transmettre. Les lymphocytes se comportent, en un sens, comme des neurones mobiles.

Le néocortex cérébral, qui contrôle toutes les activités du SNC, semble, lui aussi, être partie prenante dans l'élaboration des réactions immunologiques. Chez la souris, les lésions du cortex gauche entraînent une diminution du nombre des cellules de mobilisation immunitaire, les cellules-T, et un affaiblissement des réponses, comparables à ceux que l'on observe après la thymectomie alors que les soldats de la défense (cellules-B et macrophages) ne sont pas affectés. Au contraire, une lésion néocorticale identique, mais touchant le côté droit, n'a pas de répercussion sur le système immunitaire. Il apparaît donc que le néocortex a probablement un rôle à jouer dans la modulation de l'activité du sous-système le plus élaboré du système immunitaire, la lignée des cellules-T.

Enfin, on a montré, chez l'animal, que la réaction immunitaire peut être conditionnée. C'est un phénomène bien connu chez l'homme : un asthmatique peut fort bien avoir une crise s'il pense que l'antigène déclencheur (des fleurs, par exemple) est présent dans son environnement.

En conclusion, il se peut que l'axe hypothalamo-hypophysaire, le système nerveux sympathique et le néocortex cérébral soient tous les trois impliqués dans l'élaboration de la réaction immunitaire. Cette implication est-elle permanente ou seulement liée à des situations extrêmes ? D'autres centres du SNC interviennent-ils ? Ces questions restent pour le moment sans réponse.

Le système immunologique "parle"-t-il au SNC ?

Si l'on postule que le SNC intervient dans le processus d'immunorégulation, il s'ensuit nécessairement qu'un flux d'informations s'écoule du système immunitaire vers le cerveau, et réciproquement. Le cerveau doit avoir la capacité de déceler les signaux venant de la périphérie et d'y répondre en conséquence.

Les données que nous possédons sur la façon dont le système nerveux central et le système immunologique pourraient procéder à cet échange d'informations réciproques sont encore rares. Un certain nombre de travaux suggèrent que l'activation des immunocytes (cellules du système immunitaire) pourrait aboutir à l'envoi de messagers affectant l'activité neuronale. La nature exacte de ces messagers nous demeure inconnue, encore que les cellules immunologiques sécrètent des composés tels que l'histamine, la sérotonine, les prostaglandines et l'interféron que les neurones sont capables de reconnaître.

Les immunocytes peuvent-ils "comprendre" les messagers d'origine endocrinienne ou neuronale ?

La membrane externe des immunocytes porte des récepteurs sensibles aux hormones et aux neurotransmetteurs. Ces immunocytes sont donc en mesure de "reconnaître" les messagers hormonaux ou neuronaux. Par ailleurs, certaines hormones et certains neurotransmetteurs peuvent activer les lymphocytes. Il est donc plausible que les immunocytes ne sont pas seulement capables de "reconnaître" les messagers endocriniens et neuronaux mais, aussi, de modifier leur activité en fonction de "messages" que ceux-ci leur relaient.

Conclusion provisoire

Nous savons aujourd'hui que certaines lésions cérébrales peuvent altérer la réaction immunitaire, que le système immunologique peut "parler" au cerveau, que les immunocytes peuvent "comprendre" les messages neuronaux et y répondre. La croyance populaire selon laquelle notre psychisme est susceptible d'influer sur nos réponses immunitaires pourrait donc se révéler fondée. Que le système nerveux central et le système immunologique puissent collaborer pour préserver l'intégrité du corps n'est guère surprenant, si l'on considère les similitudes frappantes de l'un et de l'autre système : tous deux manifestent une diversité cellulaire poussée à un point remarquable. Tous deux possèdent des caractéristiques mémorielles qui n'existent pas dans d'autres systèmes, la communication intercellulaire faisant entrer en jeu des messagers solubles (lymphokines et neurotransmetteurs). Et tous deux ont vocation de reconnaître les intrusions étrangères et de réagir contre ces agressions afin d'assurer le maintien des caractéristiques de l'individu et de l'espèce.

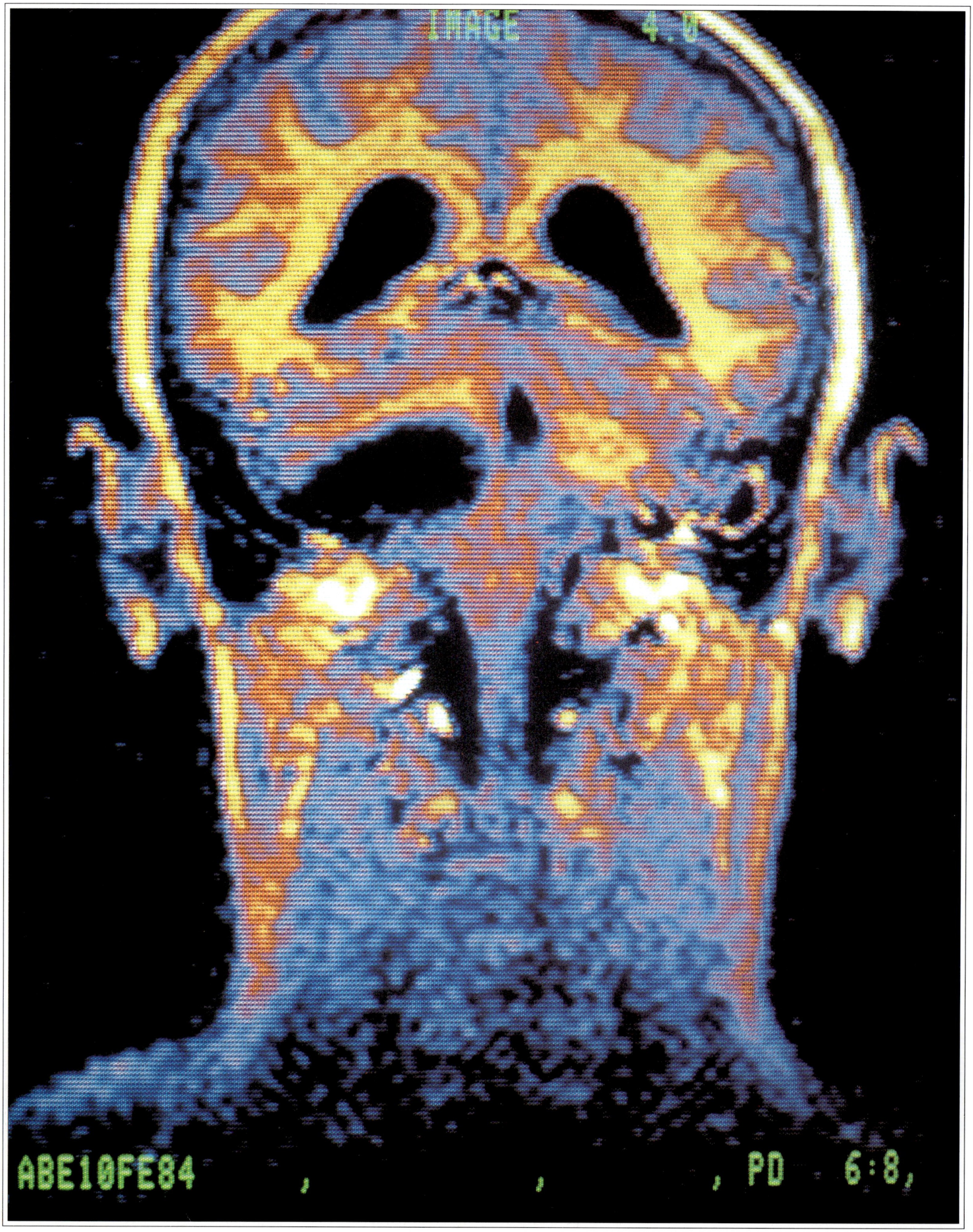
IMAGE
ABE10FE84 , , , PD 6:8,

15
Les lésions cérébrales et le cerveau modulaire

Tumeur du cerveau
Les images au scanner, traitées par ordinateur, permettent de visualiser des détails invisibles à la radiologie classique, en particulier les tumeurs.

Si les maladies psychosomatiques et les recherches de la psycho-immunologie mettent en évidence la présence d'une influence de l'esprit sur le corps, l'étude des lésions cérébrales illustre l'effet inverse, celui du corps sur l'esprit. Beaucoup de ce que nous savons de l'activité du cerveau vient des investigations relatives à des processus pathologiques. Les effets de l'attaque d'apoplexie sur le langage, observés par Paul Broca et Carl Wernicke, il y a près d'un siècle, ont conduit à bien des connaissances (pour certaines d'entre elles, tout récemment) sur l'intervention du cerveau sur le langage.

Le cas Phineas Gage

Certaines pièces de musée ont une histoire peu banale. C'est ainsi que l'on peut voir, au musée de l'Ecole de Médecine d'Harvard, un crâne largement perforé et, à côté, une barre à mine. L'un comme l'autre appartenaient à un ouvrier de chemin de fer qui travaillait, le 15 septembre 1848, à la construction de la ligne Burlington-Rutland, aux Etats-Unis. A quatre heures et demi de l'après-midi, ce jour-là, le jeune Phineas Gage, âgé de vingt-cinq ans, voulut faire sauter un obstacle situé sur la voie. La charge explosa malencontreusement, si bien qu'une barre à mine, longue de trois pieds, lui traversa le crâne, pour retomber... quarante mètres plus loin ! Au passage, elle emporta le lobe frontal gauche de Gage. Mais l'histoire ne s'arrête pas là, car il ne mourut point. Après une série de convulsions, il reprit en effet connaissance. Ses amis le raccompagnent alors à son hôtel, où il monte tout seul l'escalier pour gagner sa chambre. Quand, deux heures plus tard, le docteur John Harlow de Woburn, Massachusetts, se rend à son chevet, il constate stupéfait que non seulement Gage vit, mais qu'il est conscient. Il envisage d'ailleurs déjà de reprendre son travail ! Il présente tout de même une plaie béante et vomit du sang. Quinze heures après l'accident, l'hémorragie cesse, la plaie s'infecte, la vision de l'œil gauche s'estompe et Gage se met à délirer. A la vingt-troisième heure il veut manger. Le malade, soigné à l'huile de Castor, au calomel et à la rhubarbe, se remet contre toute attente. Le 6 octobre, le médecin constate que son état s'était amélioré, mais qu'il présente des signes de démence. Le 8 novembre, il va bien. Le 14 novembre il marche sur un demi-mile. Le 25 novembre, il rentre chez lui, et le 1er janvier 1849, la plaie est cicatrisée. Mais Gage, s'il est guéri, est-il toujours ce même ouvrier sympathique connu de tous ? Il a désormais quitté son emploi et il s'exhibe au cirque P.T. Barnum. Le docteur Harlow écrit : *"Il est en bonne santé et je suis tenté de dire qu'il a récupéré. L'équilibre entre ses facultés intellectuelles et ses propensions animales semble s'être rompu. Il est capricieux, irrespectueux, et se complaît dans la grossièreté, ce qui n'était pas dans ses habitudes, sans égard pour ses compagnons, impatient quand on le contrarie, obstiné mais changeant d'avis et de projet à tout moment. A cet égard, son esprit a radicalement changé, au point que ses amis disent : Ce n'est plus Gage".* (J.M. Harlow : "Passage of an iron rod through the head". Boston Medical and Surgical Journal, 1848, Vol. 39, 389-393).

Aussi spectaculaire soit-il, le cas Gage doit être considéré avec circonspection. Son changement d'humeur aurait pu être en partie la conséquence d'une réaction émotionnelle, liée de façon indirecte à la lésion. Mais ce cas est d'autant plus intéressant que, sur le plan expérimental, des lésions pratiquées sur le singe peuvent rendre dociles des animaux très agressifs, ou, au contraire, conduire à une exacerbation des comportements sexuels ou alimentaires. En outre, chez l'homme, l'effet de lésions cérébrales, à la suite de maladies ou d'actes chirurgicaux, illustre également le rôle de régions du cerveau en liaison avec certains traits du comportement.

Le grand débat de la psychochirurgie

Le développement, dans les années cinquante, de la psychochirurgie nous invite aux mêmes conclusions. L'ablation, dans un but thérapeutique, de morceaux du cerveau (ou la section des connexions nerveuses) remonte à un demi-siècle. C'est en 1935 que le chirurgien portugais Antonio de Egas Moniz, fort impressionné par les travaux du neurophysiologiste américain Carlyle Jacobsen (un élève du célèbre Karl Lashley)sur les chimpanzés, décida d'exciser le lobe frontal de malades mentaux. La lobotomie venait de naître. Les patients étaient pour la plupart des schizophrènes. Moniz et son collaborateur, Almeida Lima, firent alors état de nettes améliorations chez les "lobotomisés". Dès cette époque, les oppositions furent vives, en particulier de la part de Carlyle Jacobsen, effrayé que l'on puisse si vite songer passer du chimpanzé à l'homme. Moniz fut cependant couvert d'honneurs et mourut paralysé... un de ses malades lui ayant déchargé cinq balles à bout portant. Il obtint même en 1949 le Prix Nobel de médecine pour "sa méthode de traitement révolutionnaire des malades mentaux".

Plusieurs de ses élèves ou de ses disciples étendirent les pratiques de la psychochirurgie sur une vaste échelle. Le plus célèbre d'entre eux fut l'Américain Walter J. Freeman, qui mit au point une technique extrêmement rapide, la leucotomie transorbitaire, réalisée à l'aide d'un "piolet" que l'on faisait pénétrer juste au-dessus de l'œil du patient. L'intervention pouvait se pratiquer après une anesthésie de courte durée, par électrochoc. Un nombre considérable de patients (près de cent mille, selon certaines sources) auraient subi, à l'époque, des interventions de ce type, que la mise au point de médicaments efficaces pour les maladies mentales firent tomber en désuétude. Les défenseurs de la lobotomie ont fait valoir la diminution de certains symptômes et de souffrances aigües, ses adversaires répondent qu'une telle amélioration n'est obtenue qu'aux dépens du goût de vivre. Les patients perdaient souvent toute initiative et avaient du mal à relier leur comportement à ce qu'ils avaient vécu. Ils présentaient, disait-on souvent, une "personnalité aplatie", ce qui souligne les relations entre structure cérébrale et comportement.

Les deux hémisphères

Les observations réalisées sur les *split brains* (cerveaux fendus) conduisent aux mêmes présomptions. Les "cerveaux fendus" sont ceux où l'hémisphère droit et l'hémisphère gauche ont été séparés accidentellement ou chirugicalement. Il peut arriver que chacun d'entre eux suscitent, chez le même individu, des actions conflictuelles, comme le montrent les observations de R. Sperry et M.S. Gazzaniga sur un jeune malade qui voulait frapper sa femme du bras gauche, tandis que le droit protégeait l'épouse. Il y aurait, dit Sperry, "deux libre-arbitres sous le même crâne".

A se pencher de plus près sur les travaux effectués sur le cerveau divisé, on peut trouver quelque justification aux behavioristes qui accordent à l'introspection peu de crédit comme guide de la compréhension du fonctionnement du cerveau.Il en ressort que le moi "conscient" ne semble pas tellement avoir accès aux opérations mentales qui se déroulent en dehors de ce que nous appréhendons. Mais en même temps, il devient clair que les behavioristes radicaux ont jeté le bébé avec l'eau du bain, car les résultats de l'introspection se révèlent des outils essentiels pour distinguer la notion évasive de prise de conscience de plusieurs aspects extrêmement importants de l'activité du cerveau.

L'histoire des cerveaux "fendus", des split brains, plonge sans conteste ses racines dans l'histoire globale de la neurologie. Pour la raconter, replaçons-nous dans les années quarante, âge d'or de la neurochirurgie. C'est vers cette époque qu'un neurochirurgien de Rochester, dans l'état de New York, traita des épileptiques, qui avaient été insensibles à d'autres formes de traitement, en sectionnant les fibres nerveuses reliant les hémisphères droit et gauche du cerveau.Cette chirurgie, que l'on peut qualifier de radicale, fut exécutée dans l'intention d'empêcher la propagation d'attaques électriques émises par l'un des hémisphères vers l'autre. Le chirurgien obtint quelques succès. Mais, ce qui fut encore plus surprenant, c'est que l'opération ne semblait pas avoir d'effets notables sur le comportement du patient.

Les choses devinrent bien plus intéressantes encore au stade suivant, lorsque Roger Sperry, qui obtint en 1981 le Prix Nobel de médecine pour ses travaux, entreprit d'utiliser cette technique du "cerveau fendu" sur les animaux, pour tenter de saisir comment le mécanisme de la vision s'organise entre les deux hémisphères. Le cerveau est construit de telle manière que tout ce qui est à gauche du centre de ce que l'on regarde est transmis à l'hémisphère droit, et que tout ce qui est à droite est transmis à l'hémisphère gauche. La question que se posait Sperry était la suivante : comment les deux hémisphères se répartissaient-ils l'information qu'ils recevaient, pour aboutir à une perception unifiée du monde ? Pour tenter d'y répondre, Sperry se mit non seulement à séparer chirurgicalement les deux hémisphères, mais s'attaqua aussi à la trajectoire nerveuse des yeux au cerveau, pour être certain que chaque hémisphère cérébral recevait bien l'information d'un œil seulement. C'est ainsi qu'il démontra que, si l'on enseignait à un chat qu'une structure donnée, appréhendée par son œil droit, pouvait lui apporter une récompense dès qu'il pressait sur un levier en la voyant, il était incapable de la voir lorsqu'on aveuglait l'œil droit et qu'on ne laissait ouvert que l'œil gauche : tout se passait comme si le chat n'avait pas été soumis à un apprentissage. Ce genre d'expérience, montrant que l'apprentissage par l'un des deux hémisphères était indépendant de l'apprentissage par l'autre, fut à l'origine des sottises que l'on a pu émettre par la suite à propos des cerveaux "fendus". Mais en même temps, il conduisait par un chemin difficile et périlleux vers une compréhension réelle du fonctionnement de l'esprit, qui a commencé à émerger grâce à ceux qui, prudemment et patiemment, se sont mis à explorer les conséquences de la séparation des deux hémisphères.

La démonstration par des expériences effectuées sur l'animal du fait que le comportement des individus souffrant de split brains pouvait différer de celui de personnes au cerveau intact permit de nouvelles expériences, fort excitantes. Des chercheurs de talent essayèrent alors de trouver ce qui se passe dans la tête d'une personne dont les deux hémisphères cérébraux travaillent de façon isolée. L'un des plus méticuleux d'entre eux fut Michael Gazzaniga qui, encore jeune étudiant de l'équipe de Sperry, observa avidement le déroulement des premières études entreprises. Cela avait commencé avec un patient dont nous ne connaissons que les initiales, W.J. : on avait répété sur lui la tentative entreprise vingt ans plus tôt pour traiter les épileptiques, et coupé les liens entre ses deux hémisphères cérébraux. Après avoir vu brièvement un dessin que pouvait enregistrer seulement l'hémisphère gauche, W.J. décrivit en détails et normalement ce qu'il avait vu. Mais il protesta qu'il n'avait rien vu de ce qu'aurait pu enregistrer son hémisphère droit. Ce fut le

1

1.2. Epilepsie
Depuis environ cinq ans, on comprend mieux l'épilepsie. Grâce à la technique des sections du cerveau, il est désormais possible de provoquer des crises artificielles d'épilepsie et de les observer. Ces sections de l'hippocampe, d'une épaisseur d'environ 0,5 mm, sont introduites dans une chambre à perfusion, et des électrodes enregistrent l'activité électrique des cellules. L'activité excessive et d'autres traits caractéristiques de l'épilepsie sont enregistrés et amplifiés par un facteur de 100 à 1000. Les sections sont maintenues à la température du corps par un système de chauffage.

2

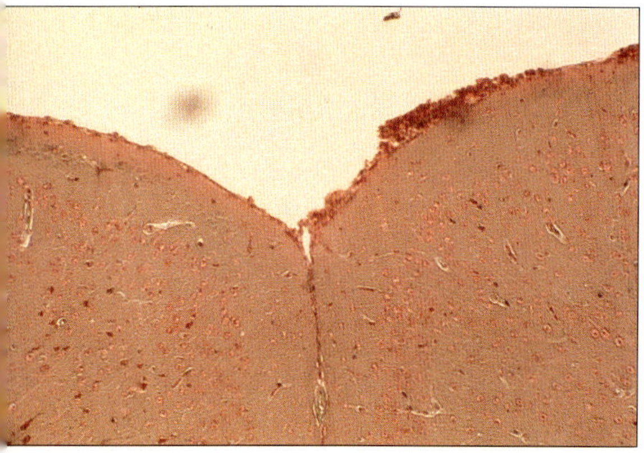
1

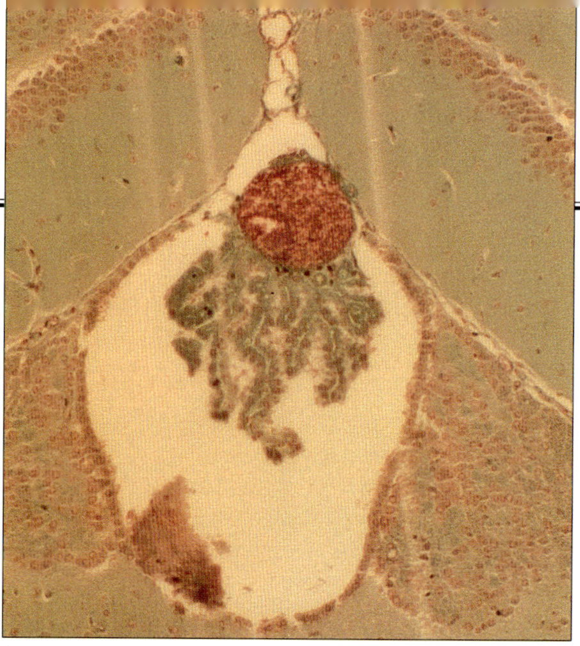
2

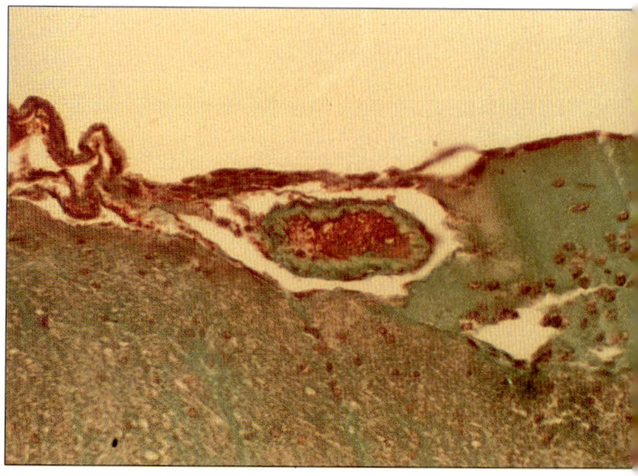
3

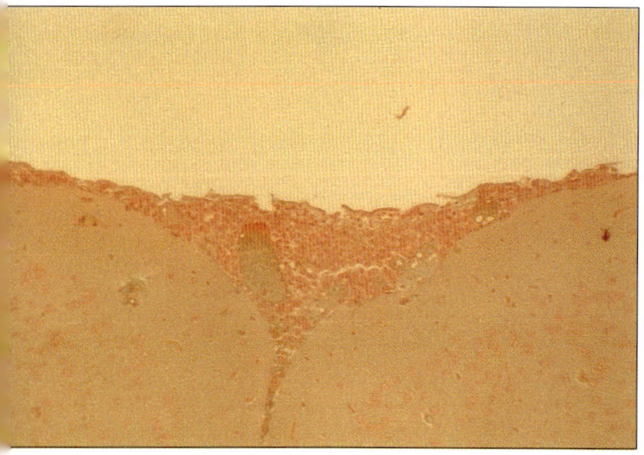
6

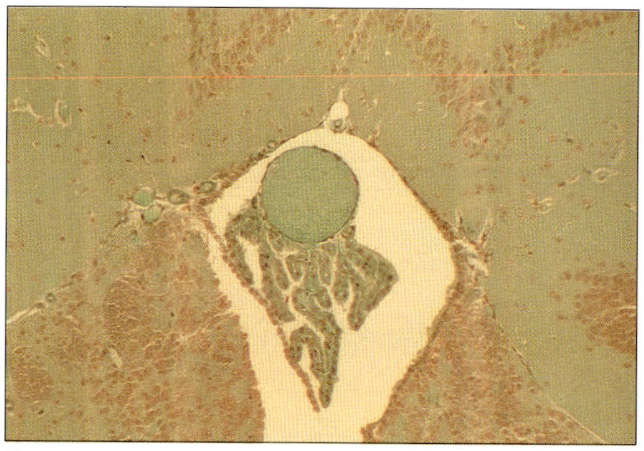
7

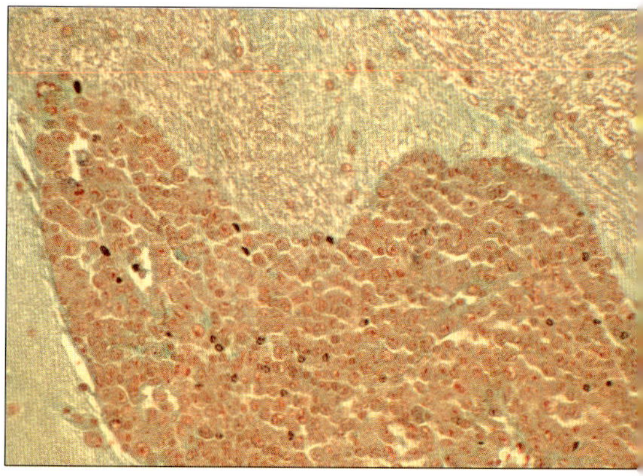
8

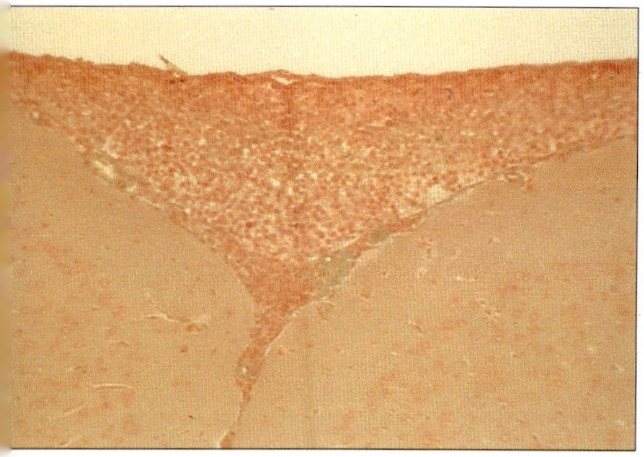
11

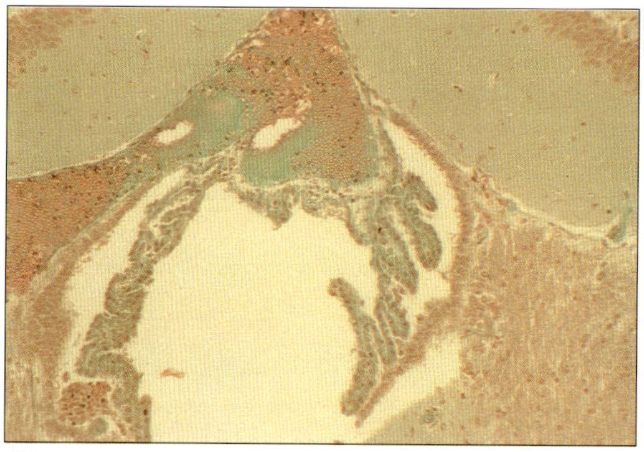
12

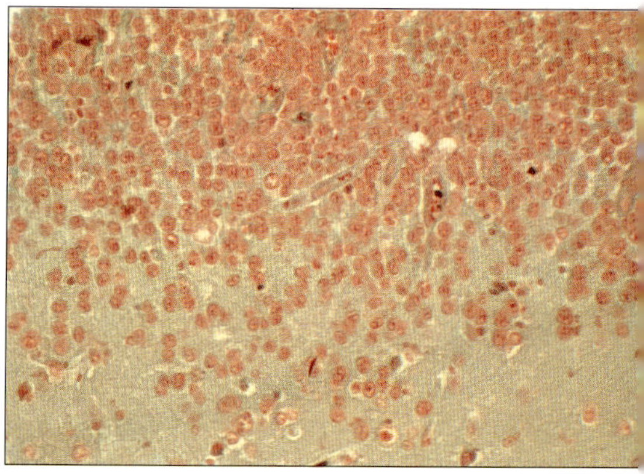
13

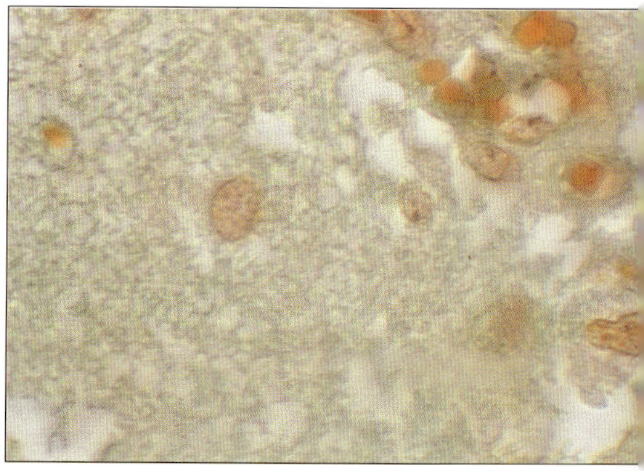
16

Le cerveau et le cancer
Les cancers du cerveau sont la plupart du temps des tumeurs malignes des cellules de soutien des cellules nerveuses, cellules de protection (épithélium épendymaire) ou de nutrition (glie). Mais il n'existe pas de cancer véritable des cellules nerveuses, puisque celles-ci ne se renouvellent pas et ne sauraient proliférer anarchiquement. Le cerveau est protégé par une triple couche de membranes méningées qui, en temps normal, évite les intoxications du tissu nerveux. Mais elle s'oppose aussi au passage d'un grand nombre de médicaments anticancéreux qui pourraient détruire les cellules malignes. La chirurgie et la radiothérapie laissent parfois des séquelles. Trouver un médicament actif sur les cellules cancéreuses, bien toléré par les cellules saines et capable de diffuser à travers la barrière hémato-encéphalique, exige un modèle pour tester ses possibilités.
A l'aide d'une microseringue, l'expérimentateur injecte à une souris anesthésiée des cellules leucémiques. Le jour de l'inoculation, aucun symptôme d'anomalie n'est observé sur des coupes transversales du cerveau d'animaux sacrifiés au fur et à mesure : le sillon inter-hémisphérique est normalement dessiné (1), les cavités encéphaliques présentent un volume normal (2). Le tissu glandulaire qu'elles contiennent et qui secrète le liquide céphalorachidien est normalement irrigué par un large vaisseau. Les méninges s'organisent en protections superficielles du tissu cérébral (3) sous lesquelles courent les artères nourricières (4). Des capillaires pénètrent dans la profondeur du tissu chargé d'hématies (5). Quatre jours plus tard, on décèle une accumulation de cellules anormales qui obstruent le sillon inter-hémisphérique et s'immiscent sous les méninges (6). Le tissu choroïde montre des signes d'altérations cellulaires (7).

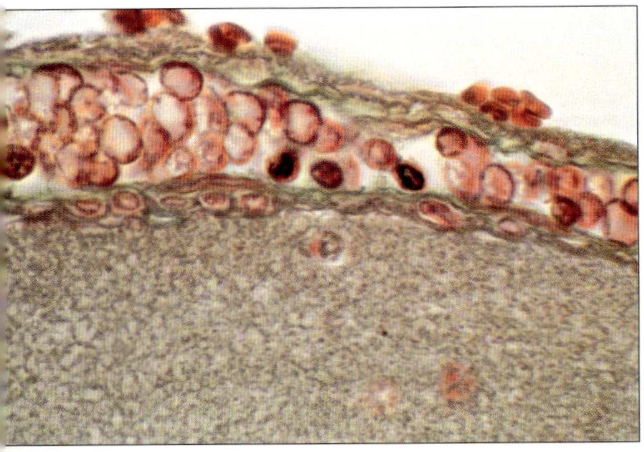

4

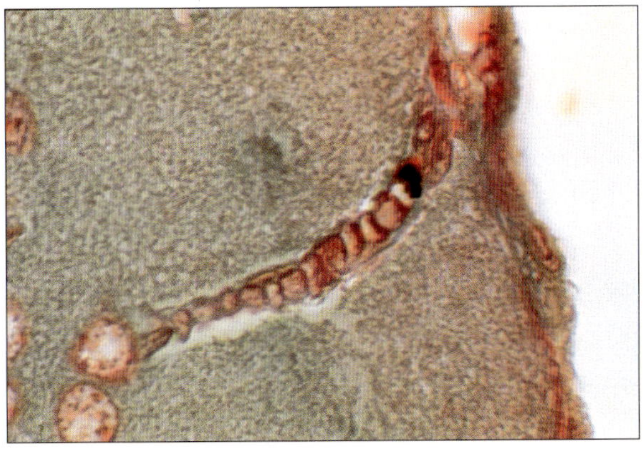

5

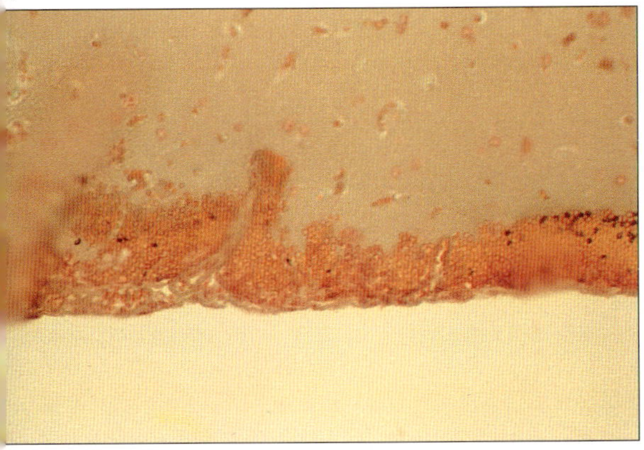

9

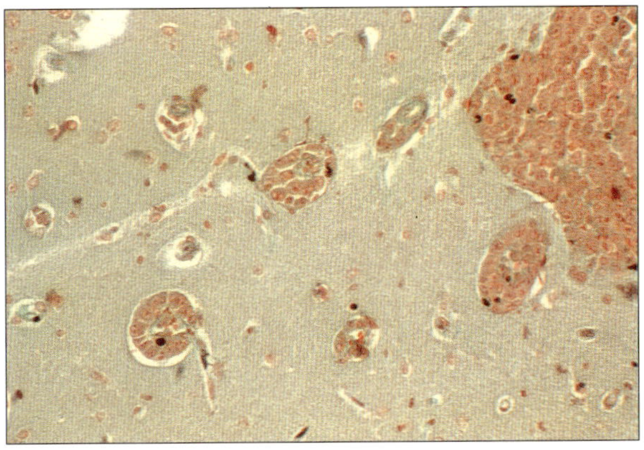

10

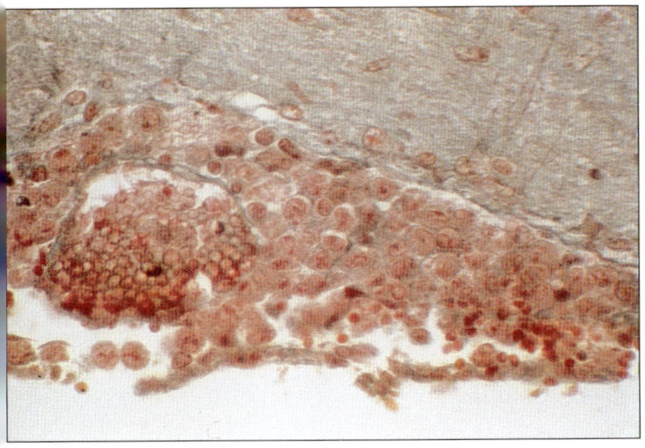

14

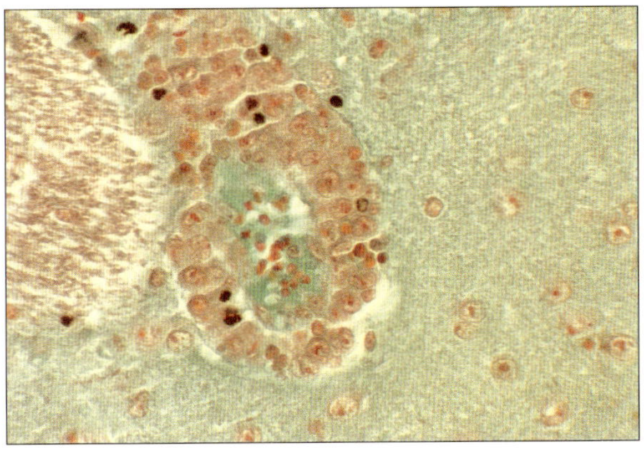

15

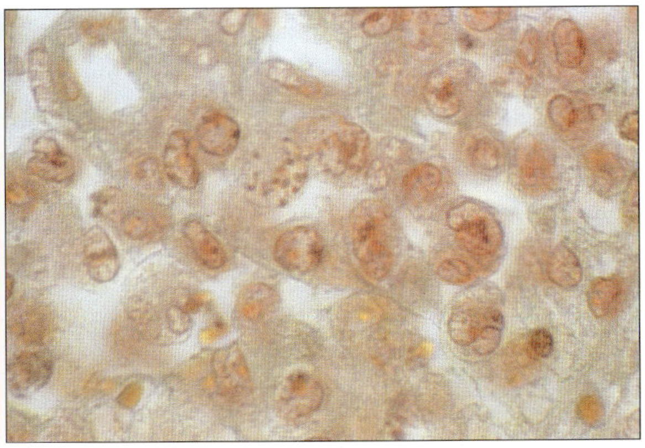

17

Des masses de cellules leucémiques prolifèrent sous la pie-mère et refoulent le tissu nerveux (8). Des œdèmes se développent autour de l'irrigation périphérique (9). Les cellules anormales se retrouvent même autour des capillaires pénétrants (10).

Huit jours plus tard, l'analyse histologique confirme la progression des atteintes organiques. Une dilatation considérable du volume cérébral a eu lieu pendant l'évolution de la maladie. Le sillon médian est comblé par les cellules cancéreuses (11). Le volume pris par les cellules malignes compresse la matière cérébrale. De graves perturbations s'installent dans la circulation cérébrale. L'irrigation du plexus choroïde apparaît modifié (12). Sous la pression, les protections les plus intimes du cortex cèdent et les cellules leucémiques envahissent le tissu cérébral lui-même (13). Les vaisseaux périphériques disparaissent sous la prolifération (14), ils s'obstruent (15) et ouvrent la voie à une dissémination générale de la maladie.

Cet état pathologique est de peu antérieur au décès de l'animal. Les cellules nourricières des neurones se vacuolisent et meurent (16) au profit des cellules leucémiques (17).

Lors de tests de franchissement de la barrière hématoencéphalique par un nouvel agent anticancéreux, l'animal est traité dès le lendemain de l'inoculation de la maladie. Si sa survie est prolongée, le médicament aura atteint directement les cellules malignes dans le cerveau.

1. La malnutrition
La nutrition de la mère comme du nourrisson sont essentiels pour la croissance et le développement physique et mental du jeune enfant. Mais il est encore très difficile d'établir avec précision les dommages subis par le cerveau dans les cas graves de malnutrition.

2. Le coma
Une infirmière guette le moindre signe de réponse du cerveau chez Janice, au cours d'une séance de stimulation sensorielle, à la clinique de Greenery, près de Boston. Janice, étudiante en art et chorégraphie à New York, est dans le coma depuis trois ans. Elle fait partie de ce million de comateux que comptent les Etats-Unis et dont la population s'accroît au rythme de soixante mille personnes par an.

3. Migraine
Longtemps considérée comme un "mal de dame", la migraine est aujourd'hui étudiée par les neurologues. Elle proviendrait d'un désordre chimique et physiologique, encore mal défini. Eau-forte de George Cruikshank, 1835.

premier signe de ce que l'on pouvait apprendre quelque chose d'important, en examinant les effets de la chirurgie du "cerveau fendu" sur les humains.

L'histoire des "cerveaux fendus" a mis des années pour mûrir. Mais il reste des signes montrant que les malentendus ont subsisté. Comme les spécialistes du marketing le reconnaîtraient sans doute, les gens préfèrent se procurer une solution facile à des problèmes difficiles. Dans le cas de la recherche sur le split brain, le problème d'une éducation traditionnelle est qu'elle prédispose peu à reconnaître les besoins de ce pauvre hémisphère droit, muet et réprimé. Comme Gazzaniga l'a mis en évidence avec force, l'interprétation des résultats de l'étude des split brains, qui montre bien que pour la plupart des adultes les deux hémisphères tendent à se spécialiser différemment, ne veut pas dire définitivement qu'il y a, à l'intérieur de nos têtes, deux esprits différents, condamnés pour l'éternité à s'enfermer dans un conflit cognitif.

Une histoire récente aide à comprendre la position de Gazzaniga sur ce que nous apprend le split brain du fonctionnement normal du cerveau. Cette fois, elle concerne un patient dont les initiales, J.W., sont à l'inverse de celles du premier patient. A l'heure actuelle, les techniques expérimentales et les questions qui se posent sont bien plus sophistiquées qu'à l'époque de W.J. Cet autre patient, J.W., regarde un écran où s'inscrit le mot "bike" (bécane), de telle sorte que c'est seulement l'hémisphère droit (le muet) qui l'appréhende. Lorsqu'on lui demande ce qu'il voit, J.W. répond : *"rien"*. Mais lorsqu'on lui demande de dessiner de la main gauche (sous le contrôle, rappelons-le, de l'hémisphère droit) ce qu'il voit, il dessine une bicyclette. Il existe donc bien, dans l'hémisphère muet de J.W., une capacité d'un certain langage, ainsi qu'une forme énigmatique de conscience. Tirer au clair toutes les implications de ce genre de découverte est un défi scientifique majeur à relever. L'interprétation qu'avancent Gazzaniga et bien d'autres chercheurs, pour rendre compte de cet aspect intriguant du fonctionnement du cerveau humain, comme d'autres énigmes révélées au cours des recherches, inclut un concept controversé, celui de la *modularité* de l'esprit et du cerveau.

Le cerveau modulaire

La division du travail dans le cerveau est

désormais un principe établi. Le système auditif analyse les sons et le système visuel analyse l'information qui s'achemine par les yeux. La plupart des chercheurs sont d'accord pour reconnaître cette forme de modularité, c'est-à-dire l'idée que le cerveau est formé de divers éléments qui traitent différentes sortes d'informations, de la même manière qu'un compact stéréo se compose de modules d'enregistrement, d'émission, de modulation, d'amplification, etc. Mais récemment certains de ceux qui se penchent sur les modes de fonctionnement du cerveau ont poussé cette idée de modularité plus loin : la modularité ne pourrait-elle rendre compte (en principe) de toutes sortes de phénomènes que d'autres approches n'élucident pas de manière satisfaisante ?

Qu'est-ce que le cerveau modulaire ? Les modules peuvent se définir comme des unités fonctionnelles indépendantes qui font part d'un système plus vaste. Le mot important, celui qui est au cœur de la controverse, c'est le mot "indépendantes". Les implications qu'entraîne cette idée de *modules indépendants* dans le cerveau peuvent se révéler très inconfortables, dans la mesure où elles conduisent à une prise de position définitive sur le problème de la conscience. Ce qui implique,en bref, que l'inconscient, cher à Freud, peut se manifester avec une réalité saisissante dans le cerveau, laissant au module occupé par la conscience la responsabilité parfois embarrassante de répondre de ce que l'une de ses cohortes indépendantes a fait surgir.

Le fonctionnalisme, ou théorie du cerveau modulaire, insiste sur le fait que l'esprit ne dépend pas de la matière même qui constitue le cerveau, mais de la façon dont elle est agencée.Dans cette perspective, le mal de tête n'est pas, comme pour un behavioriste, une réaction à une stimulation, mais un état mental, qui intègre aussi bien les dispositions à se sentir soulagé par un médicament ou à exprimer son mal de tête, sans parler de tout ce que les recherches en cours sur la migraine permettront de préciser.

A l'inverse, beaucoup de chercheurs considèreraient plutôt le cerveau comme un système général de traitement de l'information, qui utiliseraient les mêmes principes pour écouter une cantate ou pour contempler un tableau. Le cerveau humain construirait toute une grammaire du langage avec des outils semblables à ceux qu'on emploie pour construire, par exemple, une bibliothèque.

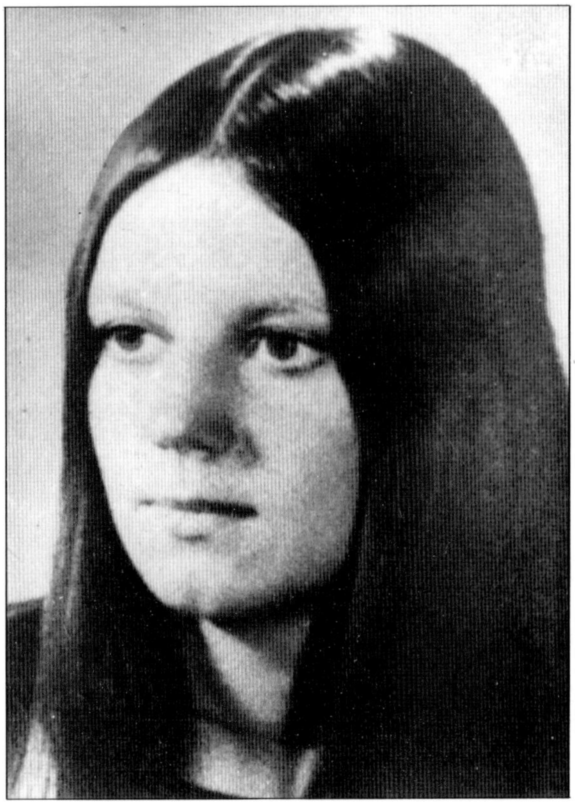

Karen Ann Quinlan
Un cas qui a défrayé la chronique aux Etats-Unis et dans le monde, en 1975, celui d'une jeune fille de 21 ans que les médecins ont maintenue dans le coma pendant six mois, avant d'accepter de la "débrancher".

(NY16-OCT.15)--COMATOSE--
Karen Ann Quinlan,above, has"some hope of recovery" and should not be removed from a respirator according to her court-appointed guardian. The 21-year old woman's adoptive parents,Mr. and Mrs. Joseph Quinlan, are seeking to have their comatose daughter's physicians remove her from life sustaining equipment contending she is in a "chronic vegatative state" with no hope of recovery. She has been in a coma for six months.(AP WIREPHOTO)
(See AP AAA Wire Story)
(wt41024fls)1975
EDS...A 1975 file photo

(NY16-OCT.14)--KAREN QUINLAN--
This 1975 file photograph of Karen Ann Quinlan is transmitted in response to member requests.
(AP WIREPHOTO)(wt31048fls)1975

1

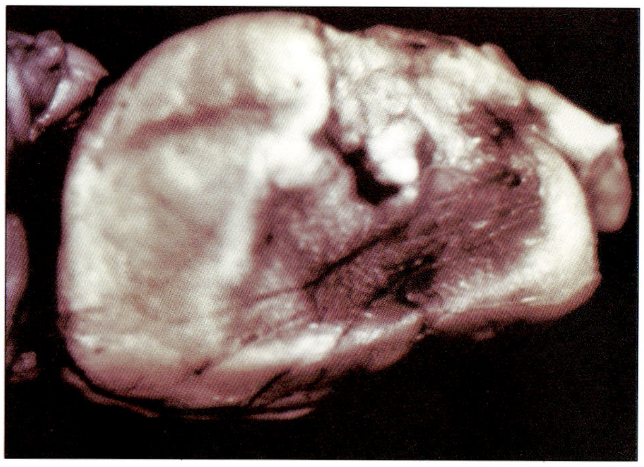

2

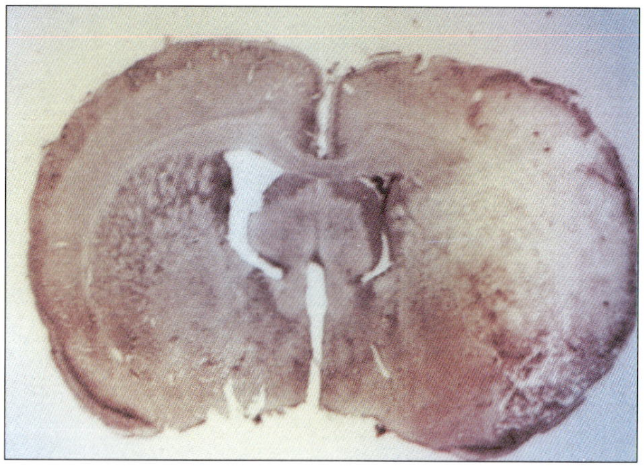

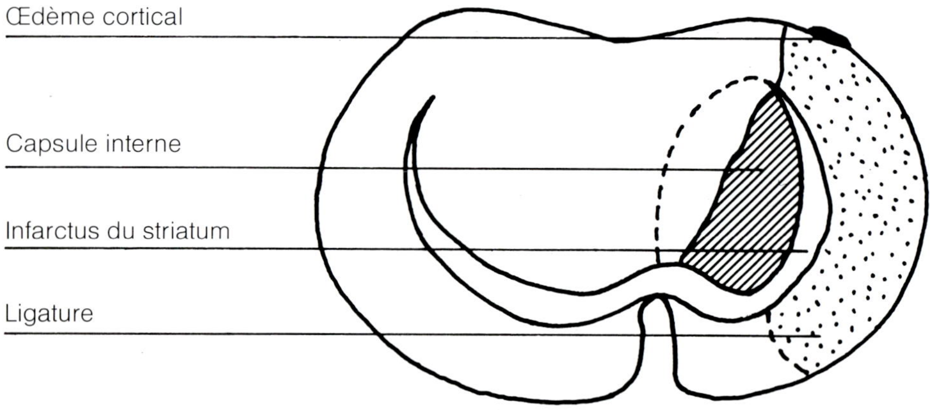

1.2. Infarctus cérébral
Un accident vasculaire cérébral peut se traduire par une hémorragie superficielle, mais, la plupart du temps, par un arrêt de la circulation sanguine et une nécrose tissulaire. Il évolue dans les premières heures mais aussi pendant les jours qui suivent. Ici, occlusion de l'artère cérébrale moyenne chez le rat de deux ans, vue latérale (1) et vue frontale (2). Sur la vue frontale, on peut observer une nécrose importante à droite, du côté de l'artère occluse. Cette nécrose envahit les zones profondes du striatum, tandis qu'une invasion œdémateuse atteint les régions corticales.

Les recherches sur des patients au "cerveau fendu" (dont les souvenirs verbaux sont inaccessibles à l'hémisphère "sans parole") et les idées que l'on peut se faire du "sac à malices", propre au système de vision, plaideraient plutôt en faveur de la modularité. A qui l'avenir donnera-t-il raison ? A quelqu'un comme John Anderson, psychologue à Carnegie Mellon, qui penche pour un territoire cohérent de la pensée, ou au philosophe Jerry Fodor, qui penche, lui, pour la modularité ? Il est encore trop tôt pour le dire, mais il est probable qu'aucune de ces deux positions ne se révèlera juste dans sa totalité.

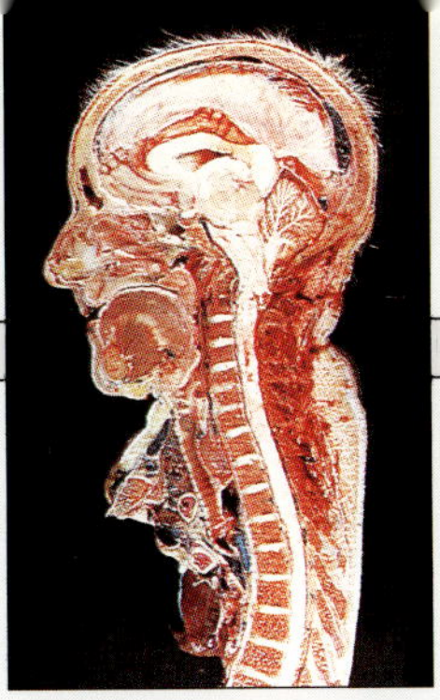

Les mécanismes d'interprétation du cerveau,

par Michaël S. Gazzaniga,
Dartmouth Medical
College.

La conscience individuelle résulterait, selon certaines théories, d'un processus unitaire et sans solution de continuité. Il nous semble en effet, que nos pensées parviennent à notre conscience les unes après les autres. Elles sont examinées, évaluées, puis évacuées à seule fin de laisser place à la pensée suivante. Lorsque nous cherchons à résoudre un problème, c'est-à-dire à penser de manière concertée et rationnelle, nous avons le sentiment de passer méthodiquement, et sans à-coups, d'un point à un autre, et cela selon un cheminement déterminé par notre système d'expression orale.

Cette conception de la nature des mécanismes mentaux est depuis de longues années au centre de la psychologie expérimentale conventionnelle. Les spécialistes du cerveau lui ont, eux aussi, tacitement donné leur bénédiction. Selon les modèles hiérarchisés des fonctions mentales couramment proposés, les simples perceptions sont gérées par des neurones, à une phase précoce du traitement séquentiel de l'information. En un second temps, les messages exploités par ces premiers neurones (qui ont pour fonction de capter les informations sensorielles fournies par l'environnement) sont mis en forme, convertis en messages toujours plus complexes, traduisant des perceptions toujours plus complexes.

Cette conception globale d'un système unifié et sériellement ordonné est remise en question par la recherche moderne. Pour la science neurologique contemporaine, les activités mentales ne sont pas unitaires comme on le croyait naguère : elles sont constituées de structures, agissant dans le cadre de l'activité mentale tout entière, mais que l'on peut identifier, isoler, examiner et dont on peut décrire les caractéristiques. Ainsi, la pensée humaine, que l'on croyait autrefois uniquement liée à la faculté de parole, propre à notre espèce, est-elle aujourd'hui considérée comme le résultat de l'activité de toute une nébuleuse de processus parallèles, localisés dans des modules, à la fois fonctionnellement et physiquement distincts. Ces modules, dont la plupart fonctionnent au-delà du champ de la conscience, interviennent en permanence au niveau du traitement de l'information, fonction d'une importance capitale pour toute forme d'activité mentale. Ils travaillent en parallèle, c'est-à-dire de facon "co-continue", selon un processus grâce auquel l'information pénètre la conscience.

Le même concept se fait jour dans le domaine des sciences qui ont le cerveau pour objet. C'est ainsi, par exemple, que l'expérimentation animale a mis en évidence que la vision ne dépend pas d'une aire cérébrale unique mais de plusieurs : une qui détecte le mouvement, une autre qui détecte la couleur, une troisième qui détecte le contraste, et ainsi de suite. Chez l'homme, les études réalisées à partir de sujets ayant subi une disconnection des hémisphères cérébraux (seul moyen de traiter certaines formes d'épilepsie), les "split-brains" (patients avec une disconnection calleuse), ont apporté de l'eau au moulin des partisans de cette thèse. Elles nous ont aussi éclairés sur le mécanisme critique du cerveau humain sur lequel se fonde notre croyance en une conscience unifiée. Cette capacité d'interprêtation est le produit d'un module spécial situé dans l'hémisphère gauche, appelé l'"interpreter" *(interprête)*.

Ce sont les conséquences de l'intervention chirurgicale effectuée sur les split-brains qui nous ont fait découvrir cette propriété de la faculté cognitive humaine. On sectionne le corps calleux qui relie les deux hémisphères entre eux, afin de prévenir les crises épileptiques. Cette opération a, par ailleurs, pour effet d'interdire le transit de l'information sensorimotrice de sorte que les deux moitiés du cerveau fonctionnent de façon relativement indépendante l'une par rapport à l'autre. Il ressort des études qui ont été menées que l'information qui parvient à l'hémisphère droit ne peut être décrite verbalement, même si elle est susceptible de déclencher une réponse non verbale. Ainsi, si l'image d'une cuiller est présentée au cerveau droit, les sujets disent qu'ils ne voient rien. C'est le cerveau gauche, déconnecté, qui parle, puisqu'il est le seul des deux à être doté de la faculté de verbalisation.

Cependant, on a constaté que, chez certains patients, le cerveau droit est capable de diriger la main gauche si on les fait fouiller dans un sac rempli d'objets, placé hors de leur vue. La main gauche retrouve, et c'est typique, l'objet voulu, en l'occurrence la cuiller. Toutefois, le patient, qui tient cette cuiller dans la main gauche est incapable de dire quel est cet objet parce que c'est dans l'hémisphère cérébral gauche qu'est logé le module de la parole et que c'est le droit qui a résolu le problème.

On a réalisé des centaines d'expériences et toutes ont souligné la manière spécifique dont le cerveau est spécialisé pour mener à bien son activité cognitive. Mais le résultat le plus marquant est la découverte de la façon dont l'interprête, situé dans l'hémisphère gauche, agit pour synthétiser les conduites et les pensées qui ne peuvent être produites par les modules indépendants.

On a coutume d'illustrer ce phénomène de la façon suivante : Un problème simple est donné à résoudre à chacun des deux hémisphères. Compte tenu de l'organisation du système de reconnaissance visuel du cerveau, l'information, délivrée à gauche d'un point de fixation déterminé, est transmise à l'hémisphère droit, et l'information délivrée à droite du point de fixation est transmise à l'hémisphère gauche. Dans ce test, le cerveau droit du sujet voit un paysage enneigé (à gauche sur l'image) et jette correctement son dévolu sur la pelle, parmi les images qui lui sont soumises et dont il convient qu'il choisisse celle qu'il correspond à ce qu'il voit. En revanche, son cerveau gauche, qui voit une patte de poule, choisit l'image de la poule. Après avoir obtenu cette réaction, le meneur de jeu demande au split-brain (qui ne peut parler que par le truchement de son cerveau gauche) : "Pourquoi avez-vous fait cela ?". Le sujet répond immédiatement : "Oh ! c'est facile. La patte de poule correspond à la poule et (il baisse les yeux et désigne la pelle de la main gauche) il faut une pelle pour nettoyer le poulailler".

Bref, l'*interprête* du cerveau gauche, observant les conduites produites par quelques-uns de ses modules autonomes, élabore une théorie qui explique pourquoi telle ou telle conduite a pu intervenir. Le phénomène a lieu instantanément, sans heurts, et comme si c'était là une chose qui va de soi.

Cet exemple frappant résume dans une large mesure ce que nous savons maintenant de la manière dont le cerveau est organisé pour produire la pensée et les croyances humaines. Il existe des états cérébraux, gérés par des modules autonomes, qui permettent la production indépendante de comportements tant manifestes que cachés. Ces activités ne sont pas, chez l'homme, considérées comme des événements capricieux et négligeables. Un *interprête* spécial examine toutes les actions et toutes les pensées qui émergent du vaste déploiement des modules et génère des hypothèses qui expliquent pourquoi nous faisons ce que nous faisons. Et ces hypothèses, à leur tour, deviennent nos convictions, notre conception particulière et personnelle de l'existence.

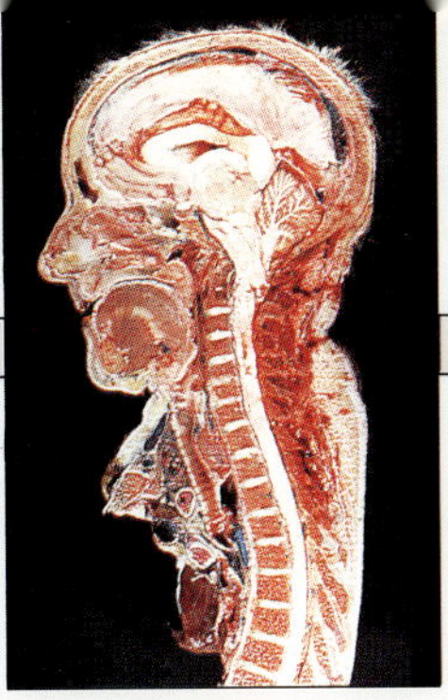

La latéralisation du cerveau humain,

par Richard Jung,
Université Albert-Ludwigs de Freibourg.

Les neurologues savent depuis plus d'un siècle que, chez l'homme, l'hémisphère gauche du cerveau antérieur est le siège du langage. Ce sont Broca et Wernicke qui ont déduit cette dominance du langage dans le cortex cérébral gauche, entre 1865 et 1873, à partir d'observations sur les troubles du langage, à la suite d'une lésion cérébrale unilatérale. Holmes et Reichardt ont, dès 1916-1918, postulé l'existence d'une dominance spatiale du lobe droit, à partir de leurs propres observations sur des troubles de la perception visuelle et spatiale, associés à des lésions affectant le cortex droit. Jusqu'à une date récente, aucune indication objective de telles latéralisations cérébrales, intéressant le langage ou la perception de l'espace, n'avait été constatée chez les gens normaux. Mais, en 1982, nous avons commencé à enregistrer, chez des sujets normaux, des courants de faible intensité, témoignant d'une spécialisation cérébrale, et nous avons cherché à accumuler les signes objectifs susceptibles de les confirmer. Depuis, nous avons découvert des corrélations électrophysiologiques de dominance du langage et du calcul, du côté gauche, et de dominance de la cognition spatiale, du côté droit. Nous allons résumer ci-dessous les principaux résultats obtenus, puis nous discuterons de la dominance cérébrale chez les droitiers et chez les gauchers.

Le langage, le calcul et l'orientation spatiale sont des fonctions apprises, que l'homme acquiert au cours de l'enfance après de nombreuses années de pratique. En conséquence, enregistrer les corrélations cérébrales de ces fonctions supérieures peut nous aider à comprendre comment elles se développent.

La méthodologie employée

Nous avons enregistré les potentiels cérébraux lents (pour en faire ensuite la moyenne) de dix régions corticales, chez des sujets normaux, en train d'accomplir des tests de langage et de calcul, des tests visuels et spatiaux ou d'exécuter des mouvements appris. Durant ces tests (d'une durée de dix à quinze secondes) les mouvements oculaires et vocaux sont prohibés afin d'éviter toute interférence électrique. Sur une population normale de cent-vingt droitiers et de soixante gauchers, trois périodes sont analysées :

a) une période de contrôle de la fixation oculaire ;
b) une période opérationnelle (qui consiste à résoudre un problème ou à voir des figures dans l'espace) ;
c) une période d'écriture (notes des résultats des tests).

Les tests linguistiques consistent à compléter des mots, à établir des associations ou à trouver des synonymes, les tests de calcul à additionner des nombres de deux chiffres.

Les tests visuels et spatiaux, eux, comprennent la visualisation ambiguë de figures, autorisant le renversement de la perspective (comme le cube de Necker), la reconnaissance de motifs stéréoscopiques ou la transposition mentale de figures bidimensionnelles en figures tridimensionnelles.

Dominance du langage et du calcul dans l'aire gauche, chez les droitiers et les gauchers

Les encéphalogrammes, portant sur les hémisphères gauche et droit pendant l'exécution des différents tests, présentent des signaux électronégatifs bilatéraux. L'amplitude négative superficielle de ces tracés est supérieure à celle des tracés de "mise en condition" ou d'"expectative" qui peuvent se manifester pendant la période de contrôle de fixation préalable. La polarité négative de l'hémisphère gauche est plus marquée chez la plupart des droitiers et des gauchers lorsqu'ils ont à résoudre les problèmes linguistiques. La latéralisation à gauche des polarités négatives bilatérales est plus prononcée au-dessus du cerveau frontal.

Sur cent droitiers subissant des tests linguistiques, soixante-dix-sept présentaient des latéralisations gauches. Huit droitiers seulement présentaient une latéralisation droite durant le même exercice. Sur cinquante gauchers, trente-trois présentaient une latéralisation gauche prédominante, et onze une latéralisation droite au cours des tests linguistiques.

Ces chiffres sont cependant en contradiction avec le postulat, souvent cité, qui a été formulé par Broca en 1865 de la manière suivante: "(Les) gauchers sont au contraire droitiers du cerveau". Mais ils concordent avec les indications neurochirurgicales et neurologiques de la dominance linguistique gauche chez les gauchers.

Pendant les tests de calcul, on notait aussi une latéralisation gauche chez la plupart des sujets, qu'ils fussent droitiers ou gauchers. Elle était, néanmoins, moins fréquente et moins importante que pendant les tests de langage. La polarité négative bilatérale, privilégiant peu la latéralité, était plus fréquente (37 % des droitiers et 22 % des gauchers) que lors des tests linguistiques.

La dominance droite de la perception de l'espace

On a constaté de nettes latéralisations droites, pendant les tests spatiaux chez les groupes de droitiers et de gauchers qui présentaient une latéralisation gauche dans les tests de langage et de calcul. Nous nous étions attendus, compte tenu de l'expérience neurologique, à ce que des tests spatiaux complexes se traduisent par une latéralisation plus marquée du cortex pariétal droit que dans le cas de la simple vision en perspective ou de la stéréopsie binoculaire. Or, à notre surprise, il s'est révélé que la latéralisation droite était plus fréquente et bien localisée dans les régions pariétales et temporales, pendant la simple visualisation de figures à perspective ambiguë et la perception stéréoscopique de la profondeur. Cela indique qu'une coordination bilatérale des signaux stéréoscopiques de la profondeur émis par les deux yeux en direction des aires occipitales (mise en évidence par l'apparition de signaux visuels bilatéralement égaux observés par Julesz et ses collaborateurs) est suivie par un traitement spatial unilatéral ayant pour siège le cortex pariéto-temporal droit. La latéralisation de la perception en perspective et de la perception stéréoscopique était indépendante du fait que les sujets étaient droitiers ou gauchers. Toutefois, le traitement spatial complexe présentait une latéralisation droite plus fréquente chez les femmes que chez les hommes. Nous présumons que les femmes emploient plus d'éléments indicatifs visuels, pour résoudre le problème qui leur est soumis, que les hommes. Certains sujets masculins recourent en effet à des procédures logiques pour déterminer la transformation de figures à deux dimensions en figures à trois dimensions.

La visualisation ambigüe de cubes de Necker, qui impliquent des inversions spatiales, détermine pendant le test des latéralisations droites. Quand les sujets examinent des figures stéréoscopiques, avec des taches en vrac, comme celles utilisées par Julesz, la perception a généralement lieu durant et après la première seconde de l'exposition au stimulus visuel. Le fait que la latéralisation électrophysiologique intervienne, elle aussi, au cours de la première seconde de projection vient confirmer notre hypothèse selon laquelle la latéralisation du courant de faible intensité serait en corrélation avec un traitement supérieur de l'information spatiale, ayant pour siège le cerveau droit.

Pendant les tests de langage et de calcul, la latéralisation gauche implique assez largement le cerveau antérieur, et vient des aires pariétales et temporales, y compris le cortex moteur précentral. Ce phénomène est contraire à la fonction du traitement spatial, dont la polarité négative apparaît davantage localisée au cortex postérieur de l'hémisphère droit.

Discussion

En conclusion, le traitement cognitif du langage et de la perception de l'espace s'accompagne de courants de faible intensité, indices d'une activation corticale inégale mais bilatérale. C'est pourquoi on ne peut employer les termes de "latéralisation" et de "dominance" que dans un sens relatif. Les signaux électriques de la dominance cérébrale relative se manifestent dans l'hémisphère gauche pour ce qui est du langage et du calcul et, pour ce qui est de la perception de l'espace, dans l'hémisphère droit du cerveau antérieur normal. Cette prépondérance latérale des courants de surface négatifs est plus diffuse que ne le laissaient penser les observations d'ordre neurologique portant sur les lésions cérébrales. Ce phénomène s'ajoute à l'activité des deux hémisphères. Son extension aux deux cerveaux antérieurs prouve que de nombreuses aires corticales participent aux fonctions supérieures que sont le langage et la cognition. Le principe du "module", proposé par Szentagothai et d'autres, présupposant que les fonctions de nombreuses "colonnes" corticales sont susceptibles d'être coordonnées, peut éventuellement expliquer comment des interactions spéciales des deux hémisphères et leur transfert par l'intermédiaire du corps calleux sont capables de conduire, à la suite de l'apprentissage, aux spécialisations unilatérales et aux fonctions dominantes du cortex.

Les tracés des encéphalogrammes que nous avons recueillis coïncident avec des résultats obtenus lorsqu'on mesure le métabolisme du cerveau et l'irrigation du cortex cérébral, pendant qu'un sujet parle ou explore l'espace. L'imagerie isotopique utilisée par Ingvar et d'autres a, par exemple mis en évidence une activation bilatérale, accompagnée de prédominances unilatérales, au niveau du cortex frontal et temporal gauche.

Dominance unilatérale, spécialisation et apprentissage

De toute évidence, la parole, le calcul et l'orientation spatiale sont des fonctions spécialisées du cerveau, acquises par apprentissage et fixées dans la mémoire. Elles se développent pendant l'enfance. Si la dominance se base à l'origine sur une structure innée, elle dépend essentiellement de l'expérience.

Apprentissage et courants électriques du cerveau

Puisque les corrélats des fonctions corticales qui se développent nous sont inconnus, il pourrait se révéler utile d'étudier des cas plus simples, par exemple l'apprentissage du mouvement et des courants faibles qui lui sont associées. L'apprentissage à court terme de l'activité motrice, par un entraînement pratique répété, s'accompagne d'une diminution des courants faibles du cortex, mais également, d'une augmentation relative des signaux électriques dans les aires corticales spécifiquement activées. Les recherches en ce domaine sont encore balbutiantes. Il est manifestement nécessaire de les poursuivre.

Si l'on sait que les fonctions mentales du langage et de la cognition ont été acquises par de longues années d'apprentissage, ce qui se passe dans le cerveau, au cours de cet apprentissage, nous est pratiquement inconnu. Il reste à comprendre comment les courants de faible intensité se développent chez l'enfant, pendant la phase d'apprentissage du langage parlé et de l'écriture.

CICERON

16
Le langage est-il le propre de l'homme ?

Cicéron
Marcus Tullius Cicero, premier orateur de Rome.

S'il est démontré que certains animaux communiquent par gestes, mais aussi par la voix, ils ne possèdent pas de langage comparable à celui des êtres humains, avec son vocabulaire et sa grammaire, et ils ne savent pas écrire.

C'est du moins ce que l'on a pensé pendant des siècles, mais des travaux récents, comme ceux d'Allen Gardner ou de David Premack, sur les gorilles et les chimpanzés, semblent remettre en question cette idée : les singes ne seraient-ils pas capables de formuler des phrases ? Après tout, s'il est désormais acquis qu'il n'existe, entre l'ADN de l'homme et celle du chimpanzé, qu'une différence de un à deux pour cent, quelle est la nature de l'influence de cette petite différence sur les cerveaux de l'un et de l'autre ?

Parmi les linguistes et les psychologues, les uns soutiennent que si les singes ne maîtrisent pas les règles de la grammaire, on ne peut dire qu'ils aient réellement appris à utiliser le langage ; d'autres répondent que si des animaux sont capables de créer des termes nouveaux pour décrire des situations qu'ils n'ont jamais rencontrées, ils témoignent ainsi d'une caractéristique fondamentale de l'usage du langage humain. Ce débat risque d'être stérile. On pourrait bien le clore en disant que si les singes apprennent à parler, c'est en tout cas grâce à l'homme qui les instruit. Mais il serait sans doute plus utile d'examiner ce que les expériences sur le langage des singes (et celui des hommes) ont commencé à nous révéler et ce qu'elles nous enseignent à propos des mécanismes du cerveau.

Langage et pensée

Le langage ne sert pas seulement à la communication et par là-même à la vie sociale, il participe à la vie psychique dans son ensemble, aux émotions, à l'imagination, et constitue d'une façon générale un instrument essentiel de la pensée.

Existe-t-il une pensée sans langage ? Pour Paul Valéry, "ce qui ne peut être dit, et bien dit, n'existe pas". Mais bien des observations semblent indiquer que l'on peut penser sans langage. C'est ainsi que les enfants qui sont nés sourds-muets n'apprennent un langage que vers cinq ans et se révèlent toujours, en ce domaine, inférieurs aux individus normaux. En revanche, leur développement intellectuel ne semble guère affecté. Chez l'adulte, diverses observations vont dans le même sens. Les aphasies ne s'accompagnent pas nécessairement de troubles de la pensée (la perte de l'expression n'implique d'ailleurs pas celle du langage intérieur). Des mathématiciens, des physiciens, des chimistes aphasiques ne perdent pas leur capacité à résoudre des problèmes. Le musicien Maurice Ravel, devenu aphasique, s'il ne créa plus, fut toujours en mesure de relever la moindre erreur dans une partition.

Le langage peut à l'inverse subsister tandis que la pensée se trouve désorganisée, c'est ce qui se passe dans le cas de certaines lésions du lobe frontal. Les recherches sur les split-brains ont permis de cerner plus précisément le problème, en montrant qu'il existe en quelque sorte une pensée fondée sur le langage, qui dépend de l'hémisphère gauche, mais aussi un autre type de pensée et d'appréhension de l'univers extérieur qui repose sur l'hémisphère droit. Les recherches se poursuivent dans cette direction.

La structure du langage

Quant à l'étude du langage, sur le strict plan de la linguistique, elle a été dominée, depuis trente ans, par un nom : celui de Noam Chomsky, qui a, en 1957, publié un petit ouvrage révolutionnaire sous le titre innocent de "Structures syntactiques". Pour Chomsky, tous les langages parlés par les êtres humains partagent un fond commun de grammaire universelle, dont dérivent les grammaires française, anglaise, japonaise, etc. Cette forme de raisonnement conduit aussi à l'idée que le cerveau humain contient un organe du langage tout à fait distinct, de la même manière que le

1

2

1. Synthétiseur de parole
L'informatique permet aujourd'hui d'élaborer des machines capables de "lire" des textes aux aveugles.

2. Théâtre pour sourds-muets
L'étude de l'acquisition des signes pour s'exprimer et communiquer chez les sourds-muets de naissance a permis de comprendre un peu mieux les interactions entre le langage et la pensée.

cœur est là pour pomper le sang, ou l'estomac pour digérer la nourriture. Cette proposition a des implications biologiques profondes sur ce que pourrait être l'activité du cerveau, mais le fait n'est pas encore définitivement établi : Le cerveau contient-il des organes cognitifs spéciaux en liaison avec le langage, la vision, les mathématiques, par exemple, ou peut-on imaginer une sorte d'ordinateur, à dessein plus général, qui exécuterait tout le travail ?

Le noyau de la recherche linguistique de Chomsky correspond à un sujet connu sous le nom de "grammaire générative". La révolution qu'il a induite dans le champ de la linguistique vient du fait que les grammaires descriptives, qui eurent les faveurs de ses prédécesseurs, se révélaient fort peu adéquates pour rendre compte de la capacité des gens à produire une variété illimitée de phrases grammaticalement correctes. Plutôt que de décrire une fois de plus ce que les gens disaient, Chomsky cherchait une théorie, capable d'expliquer pourquoi ils étaient capables de le formuler ainsi. D'expliquer aussi pourquoi les enfants apprennent les règles de grammaire relativement bien, sans qu'on ait à les leur enseigner. On peut protester, et penser que l'école est nécessaire pour apprendre les règles de grammaire, mais à examiner de plus près la question, on s'aperçoit que cette grammaire enseignée à l'école porte en réalité sur des détails et non sur les lois fondamentales sous-jacentes à la formulation des phrases de tous les jours.

Le langage non parlé

L'œuvre de Chomsky est assez abstraite, mais elle a néanmoins influencé la manière de penser de bien des chercheurs qui ont dû convenir de l'importance de la syntaxe. L'une des conséquences fort utiles de ces travaux concerne la forme de langage utilisée pour communiquer entre sourds. Car le fait que "langage" ne veut pas toujours dire parole est une leçon récente qui a mûri difficilement au cours des recherches entreprises sur l'utilisation des signes pour les sourds. L'un des groupes qui a accompli le plus de progrès en ce domaine est celui d'Ursula Bellugi et de ses collaborateurs, au Salk Institute, en Californie. Ils ont découvert que le langage par signes est un langage visuel, totalement conçu "sui generi" à partir des mouvements dans l'espace, avec une grammaire spécifique et une complexité, une subtilité, une flexibilité qui n'ont rien à envier au langage parlé. Et comme il s'exprime par des mouvements des bras et des mains dans l'espace plutôt que par des mouvements de l'appareil vocal, comme il est perçu par le système visuel du cerveau plus que par le système auditif, ce langage par signes ouvre de toutes nouvelles perspectives sur les systèmes de traitement du langage dans le cerveau.

L'une des découvertes les plus surprenantes de ces chercheurs concerne la spécialisation des hémisphères du cerveau pour le langage d'une part, pour la vision de l'autre. Pour la plupart des individus, l'hémisphère gauche est chargé de comprendre et de produire le langage, tandis que l'hémisphère droit, lui, s'occupe de percevoir l'organisation des structures visuelles. Ces spécialisations des deux hémisphères, comme on l'a vu, peuvent être clairement démontrées sur des personnes au cerveau endommagé par une attaque ou par d'autres accidents : si l'hémisphère gauche est atteint, cela peut altérer la capacité du malade d'utiliser le langage parlé, mais il pourra toujours accomplir des tâches relevant de sa perception de l'espace, telles que recopier un dessin ou réunir des pièces de puzzles.

Mais qu'arrive-t-il à des personnes, sourdes de naissance, qui ont utilisé toute leur vie un langage de code par signes pour communiquer ? Quels effets peuvent avoir des lésions du cerveau sur leurs aptitudes au langage ? Bellugi et son équipe ont conduit des expériences sur des sourds de naissance, dont le cerveau avait récemment subi un traumatisme. Comme on pouvait s'y attendre, ceux qui avaient souffert d'un dommage de l'hémisphère droit n'étaient plus capables de reproduire très bien des structures visuelles. Mais il était surprenant de constater que leur utilisation des signes par lesquels ils s'exprimaient n'était pour ainsi dire pas modifiée, en dépit de leurs difficultés évidentes à analyser l'organisation des structures spatiales, si essentielles pour un langage par signes. En revanche, ceux qui souffraient d'un dommage de l'hémisphère gauche se tiraient fort bien des tests visuels, comme on s'y attendait, mais leur utilisation du langage par signes se trouvait affectée à des degrés variables, avec des ruptures grammaticales ou des erreurs de mots qui correspondaient à s'y méprendre aux formes connues d'aphasie chez les malades souffrant de troubles identiques du cerveau, mais qui parlaient le langage de tout le monde.

L'innéité du langage

Chomsky a grandement contribué, dans son domaine, à ruiner la thèse behavioriste de Skinner, en mettant en évidence le rôle de l'inné dans le développement du langage. Le poids des prédispositions génétiques semble en effet très important en la matière.

On serait tenté de croire que l'acquisition du langage met en jeu essentiellement des mécanismes d'apprentissage et que l'enfant finit par répéter ce qu'il entend autour de lui. En réalité, le rôle des processus de maturation (la révélation progressive de potentialités génétiques) est incontestable. De nombreuses observations l'indiquent. Par exemple, l'acquisition du langage se fait à peu près de la même manière et vers le même âge, dans la plupart des langues connues, avec la voyelle ouverte a et les deux consonnes p et m (papa, mama). Vers dix-huit mois, des juxtapositions de mots constituent des embryons de phrase. Vers la deuxième année apparaissent les phrases. Le moment de l'apparition du langage ne correspond pas, en général, à une modification de l'environnement linguistique de l'enfant. Ce n'est pas non plus au moment où il commence à parler que le nouveau-né a plus précisément besoin du langage. Mais surtout, si l'on observe des enfants dans l'incapacité temporaire d'apprendre à parler (trachéotomisés, par exemple), on s'aperçoit qu'ils s'expriment fort bien par la suite.

1

2

3

1.2. Marylin Monroë chante
Les robots désormais parlent et chantent. Ainsi celui-ci, construit par Waseda, nous restitue Marylin qui interprête "River of no return".

3. La Tour de Babel
Et Iahvé dit : "Voici qu'eux tous forment un seul peuple et ont un seul langage. S'ils commencent à faire cela, rien désormais ne sera impossible de tout ce qu'ils décideront de faire"... "Iahvé confondit le langage de toute la terre et de là Iahvé les dispersa sur la surface de toute la terre" (Genèse XI).

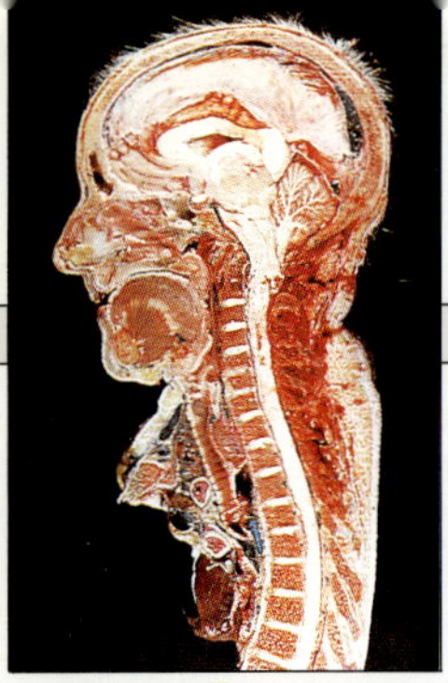

La dyslexie congénitale,

par Albert M. Galaburda,
directeur du laboratoire
de dyslexie anatomique à
l'hôpital Beth Israel.

Le terme de dyslexie congénitale recouvre les difficultés inexpliquées qu'un être humain éprouve, lorsqu'il apprend à lire et à écrire, lorsque n'entrent pas en jeu les problèmes de son niveau intellectuel, de son équilibre émotionnel ou des conditions socio-éducatives de son environnement. L'idée courante que l'on se fait de la dyslexie devra, selon toute vraisemblance, se modifier. On doit désormais l'envisager à la lumière des connaissances que nous avons acquises depuis peu sur l'anatomie du cerveau du dyslexique. La dyslexie ne saurait plus être considérée comme un problème de nature éducative ou psychologique.

Lorsqu'on s'est mis à étudier la dyslexie, on pensait que ce déficit d'apprentissage provenait sans doute d'anomalies du développement cérébral. On considérait alors que les aires du cerveau humain adulte, responsables croyait-on de la lecture et de l'écriture, étaient insuffisamment développées chez le dyslexique. Comme aucune preuve anatomique n'étayait toutefois cette supposition, cette théorie fut peu à peu abandonnée. On lui substitua, dans les années vingt et les années trente, des explications d'ordre psycho-éducatif. On se concentra sur la mise au point de tests éducatifs et psychologiques qui furent à l'origine de l'élaboration de thérapies éducatives, visant à remédier aux déficits d'apprentissage de l'écriture.

En 1979, nous avons fait, Kemper et moi-même, une communication sur ce que nous avions découvert après avoir fait l'autopsie du cerveau d'un jeune homme, qui avait de son vivant souffert de dyslexie évolutive. Nous avons apporté la preuve qu'il avait été victime avant sa naissance de troubles du développement du cortex cérébral, particulièrement dans les régions de l'hémisphère gauche associées aux processus du langage. Nous avons alors procédé à l'examen du cerveau de plusieurs autres sujets qui avaient présenté la même affection. Les résultats de ces études confirmèrent ceux de la première et aboutirent à la formulation d'hypothèses, associant les troubles du langage à des anomalies du développement du cerveau et à d'autres conditions pathologiques.

Le développement du cerveau du mammifère se fait en plusieurs étapes qui comprennent l'émergence de cellules nerveuses et gliales, leur migration vers leur lieu de fixation définitif, et le développement des neurones, de leurs interconnexions et de leurs caractéristiques chimiques. Au cours des dernières phases du processus de maturation du cerveau (période qui commence durant la seconde moitié de la gestation et se poursuit pendant la première décennie de la vie chez l'homme), il se produit une élimination systématique d'une partie des neurones, des connexions et des entités chimiques. Tous ces éléments, originellement produits en surabondance, sont alors sélectivement détruits, surtout en fonction des conditions génétiques, du milieu et des besoins de l'individu. Pour ce qui est du cerveau humain, la migration des neurones vers le cortex cérébral intervient approximativement entre la seizième et la vingtième semaines de la gestation, et le développement débute peu après l'arrivée des neurones dans le cortex.

Si le cortex des animaux de laboratoire est endommagé (sous l'effet de traumatismes physiques, d'infections virales, par irradiation aux rayons X, par dérèglements circulatoires, etc.), on constate que ces dégâts provoquent une disposition anormale d'amas cellulaires dans le cortex mature (ectopie) ainsi qu'une altération (dysplasie) du nombre des neurones et de la configuration des circuits neuronaux, ayant survécu à l'élimination systématique dont nous venons de parler (figure 1). Dans chacun des cinq cerveaux dyslexiques étudiés, une ectopie et une dysplasie corticales particulièrement marquées à gauche de la scissure de Sylvius – région du cerveau où sont situés les centres du langage d'après les descriptions classiques – ont été observées (figure 2). Ce phénomène est rarement constaté dans les autopsies de routine. On en a donc conclu que des événements provoquant une lésion et survenant, en gros, au milieu de la gestation, pouvaient déterminer les ectopies et les dysplasies caractéristiques des cerveaux dyslexiques. Les recherches que l'on mène actuellement visent à découvrir la (ou les) cause(s) exacte(s) de la lésion et ses (leurs) conséquences au plan anatomique et au plan du comportement.

Différentes études ont démontré qu'une lésion affectant le cerveau immature, à certaines étapes précises de son développement, sont à l'origine d'une importante restructuration du cortex et de son réseau de connexions, non seulement au niveau de la zone endommagée mais aussi dans des régions éloignées. Il y aurait donc interférence entre la lésion elle-même (ou les substances chimiques qu'elle libère) et la chimie des neurones et des axones qui survivent durant les dernières phases de la corticogénèse. Alors que certaines parties du cortex accusent indubitablement une diminution du nombre des éléments neuronaux survivants, il en est d'autres qui manifestent de façon évidente un développement foisonnant, accompagné d'une multiplication excessive de neurones et de connexions aberrantes. Nous discuterons plus loin du rapport de cet état de choses avec la dyslexie.

Plus de 65 % des cerveaux humains présentent des asymétries gauches dans les aires du langage. En d'autres termes, on constate qu'une zone du langage a en général plus d'extension du côté gauche que du côté droit. Cela est vrai, par exemple, du *planum temporale*, région comprenant une portion de ce que l'on appelle communément la zone du langage de Wernicke, située à la surface supérieure du lobe temporal. Les chances de trouver un *planum temporale* de dimension symétrique est de l'ordre de un sur huit. Néanmoins, celui de sept cerveaux dyslexiques examinés à la suite était symétrique, chiffre qui représente un taux de probabilité extrêmement faible (figure 3). Aussi est-il possible que l'existence d'une symétrie dans une aire du langage soit un effet structurel secondaire d'une dyslexie congénitale et que, eu égard à la coïncidence de deux phénomènes peu courants, on puisse penser que les anomalies corticales (ectopie et dysplasie) et la symétrie corticale ont un rapport direct. En conséquence, nous pouvons supposer qu'une lésion précoce détermine un remaniement de la structure corticale, qui induit une symétrie et non une asymétrie. Dans ce cas particulier, la symétrie impliquerait un ajustement défectueux des substrats du langage, d'où une anomalie de la fonction langage.

En résumé, nous partons du postulat que, dans le cas d'une dyslexie congénitale, il y a une lésion focale critique à un stade précoce du développement du cortex. Cette lésion aboutit à la survie indésirable de neurones et de connexions neuronales, qui a pour résultat des modifications structurelles des centres du langage. Cette organisation cellulaire fautive et ces connexions neuronales aberrantes peuvent expliquer les anomalies de la fonction langage.

Parallèlement aux recherches présentement menées afin d'établir si des lésions prénatales subtiles (comme celles qui produisent l'ectopie corticale) sont capables de provoquer des remaniements de ce type, d'autres travaux sont en cours, avec pour objectif de découvrir quelles pourraient être les autres causes possibles de lésions dont souffriraient les dyslexiques. Les récents travaux de Norman Geschwind et de son équipe, mettent en lumière une fréquence accrue des déficiences au niveau de l'apprentissage et des dérèglements de la fonction immunologique, chez les individus qui présentent une dominance cérébrale anormale (gauchers et ambidextres). En outre, plusieurs souches de souris de laboratoire, présentant un dysfonctionnement immunologique, sont porteuses d'ectopies et de dysplasies cérébrocorticales et manifestent des anomalies du comportement d'apprentissage. On postule que la lésion prénatale, due à des troubles immunologiques, engendre l'ectopie ou la dysplasie et déclenche les processus de restructuration, à l'origine de déformations des aires du langage.

Si beaucoup des caractéristiques que nous avons mentionnées du développement normal et du développement anormal du cerveau n'ont pas été spécifiquement vérifiées sur des sujets présentant des déficiences dans le domaine de l'apprentissage, il n'en demeure pas moins que nous avons d'ores et déjà assez d'éléments pour conforter notre hypothèse : voir dans la dyslexie autre chose qu'un problème d'ordre exclusivement psychologique et/ou éducatif, et ouvrir des voies nouvelles à la recherche. Il est à espérer que l'on assistera dans les prochaines années à une clarification des caractéristiques biologiques de la dyslexie et à l'élaboration de stratégies thérapeutiques propres à améliorer l'état des sujets sévèrement atteints, jusqu'ici rebelles aux thérapies éducatives actuellement en vigueur.

1

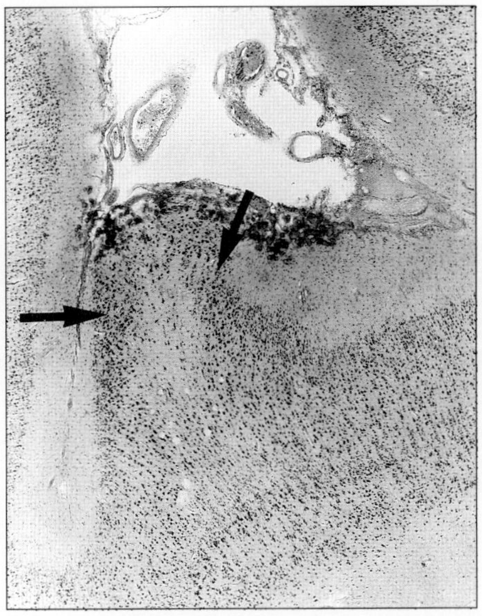

3

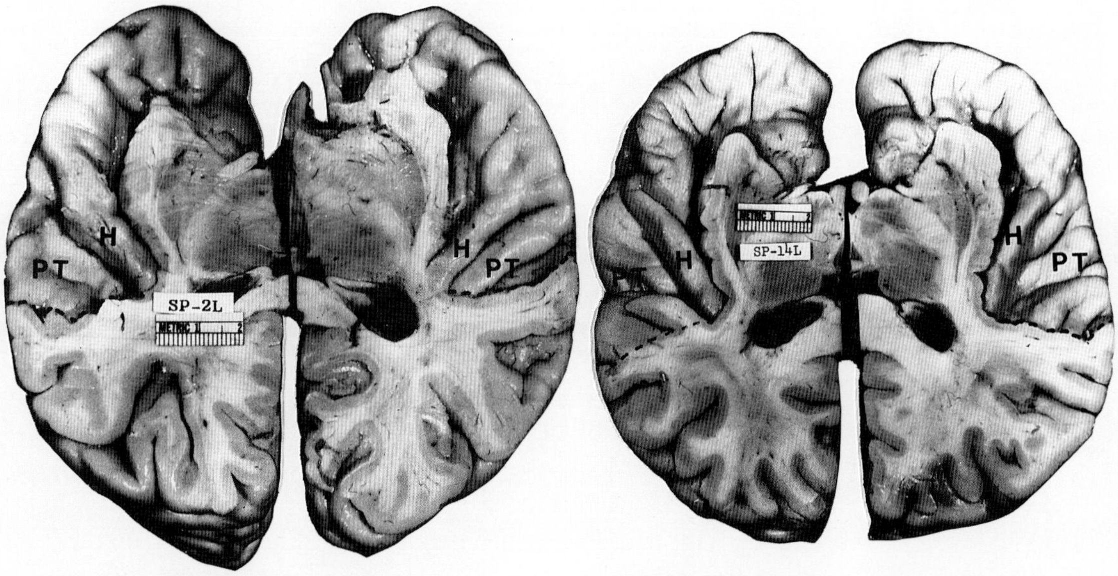

2

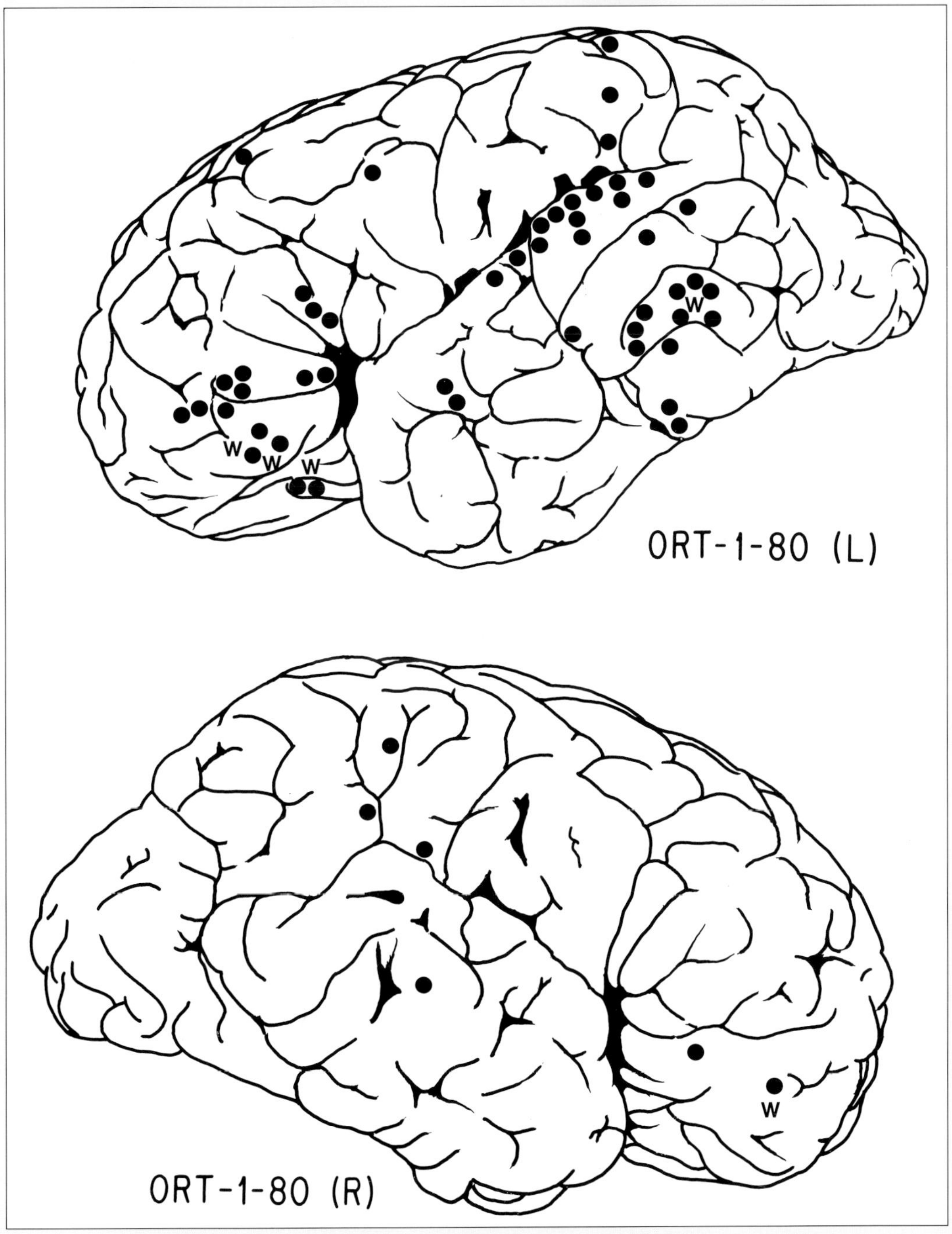

1. Cortex
Section du cortex cérébral humain, provenant du cerveau d'un dyslexique. On distingue l'ectopie (indiquée par des flèches) et la distorsion des cellules (dysplasie), au centre de l'ectopie.

2. Hémisphères
Diagramme des hémisphères gauche (en haut) et droit (en bas) du cerveau d'un dyslexique, montrant l'emplacement (en pointillé) des ectopies et des dysplasies du cortex cérébral. On notera que la partie du cortex entourant la scissure de Sylvius est plus gravement atteinte dans l'hémisphère gauche que dans l'hémisphère droit.

3. Planum temporale
Photographies des surfaces supérieures des lobes temporaux, montrant la configuration du planum temporale (PT). Le cerveau, représenté à gauche, montre l'asymétrie de dimension typique de cette structure chez l'être sain, alors que celui figuré à droite (dyslexique) est symétrique (H symbolise le gyrus de Heschl).

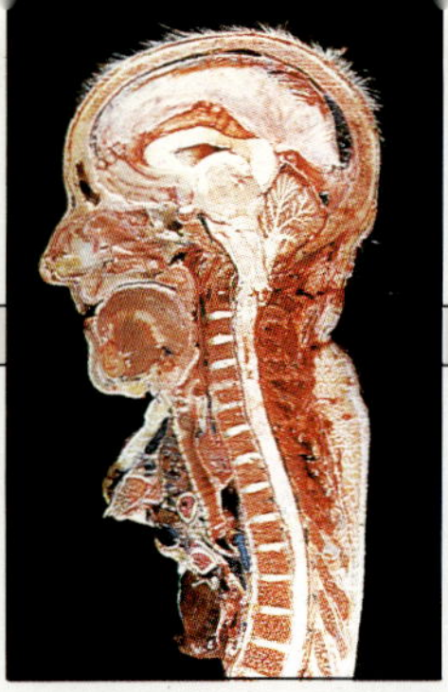

Paysages cérébraux de la dyslexie,

par C.K.Conners, Ph.D., Ecole de Médecine de l'Université George Washington.

L'électroencéphalogramme (EEG) enregistre l'activité électrique du cerveau. Les tracés montrent des changements constants, des variations d'amplitude (puissance) et de fréquence (nombre de cycles par seconde). L'une des approches les plus simples pour réduire et classer les informations données par l'EEG est la cartographie topographique quantitative : des épisodes des signaux EEG sont retranscrits à partir de leur forme analogique initiale (un signal à variation continue) sous forme numérique. Des convertisseurs d'analogique en numérique captent un moment particulier du signal analogique initial et le traduisent en série de calculs. Ces séries de nombres peuvent ensuite être soumises à la statistique.

Il devient alors possible de considérer l'EEG en termes de quantité d'énergie ou de puissance assignée, à un moment donné du temps, à chacune des fréquences de l'EEG, sur l'ensemble du spectre des fréquences (dont les limites sont déterminées par la sensibilité et les propriétés du signal d'enregistrement et de l'équipement d'amplification). Par convention, le spectre a été divisé en tranches, suivant les changements grossiers que peut subir le cerveau. C'est ainsi que les ondes lentes delta correspondent à des fréquences qui se situent entre 1 et 4 Hz : elles sont plus marquées pendant l'assoupissement et le sommeil profond. Les rythmes thêta, eux, se situent entre 5 et 8 Hz et sont plus accentuées dans l'assoupissement léger ou la rêverie. Les ondes bêta, de fréquence rapide, sont surtout présentes en période d'excitation, de concentration mentale ou dans les états d'anxiété.

La cartographie topographique s'obtient par la répartition de la puissance, à une fréquence donnée, suivant les endroits dont vient l'information. Dans le dispositif habituel de vingt électrodes, disposées à des points espacés du crâne, on peut obtenir un chiffre qui correspond à la puissance moyenne (30 secondes par exemple) d'un épisode déterminé de l'activité du cerveau enregistré par une électrode à un site donné.

On peut visualiser le produit en figurant ces valeurs par un spectre de couleurs. Par exemple, l'énergie plus intense d'une fréquence particulière peut se traduire par un rouge "plus chaud", par comparaison avec une couleur intermédiaire (vert) ou basse (bleu). On peut aussi nuancer les couleurs.

Autre application de la cartographie topographique, l'obtention de signaux qui représentent la réponse moyenne donnée à des stimuli temporaires, comme la lumière ou le son. Ces "signaux liés aux événements" ("event-related potentials" ou ERP) peuvent être étudiés par le neurologue après stimulation du cerveau, en soumettant ce dernier à des excitations spécifiques, ce qui permet d'observer les éléments spécifiques des ondes qui en résultent. Certains de ces éléments illustrent une prise de décision hautement élaborée ou des changements de l'attention. L'un d'eux intervient 300 millisecondes environ après l'émission du signal. Il a été appelé l'onde P300 et illustre la vigilance du cerveau en réponse à une information significative. Lorsqu'on demande à quelqu'un de presser sur un bouton ou de compter des événements ciblés, mélangés à des événements non-ciblés, l'amplitude de cet élément P300 augmentera notoirement pour les événements ciblés, par rapport aux non-ciblés. Il peut aussi être retardé, si la tâche à accomplir se complexifie ou si les capacités du cerveau diminuent, sous l'influence de l'âge ou d'autres facteurs.

1

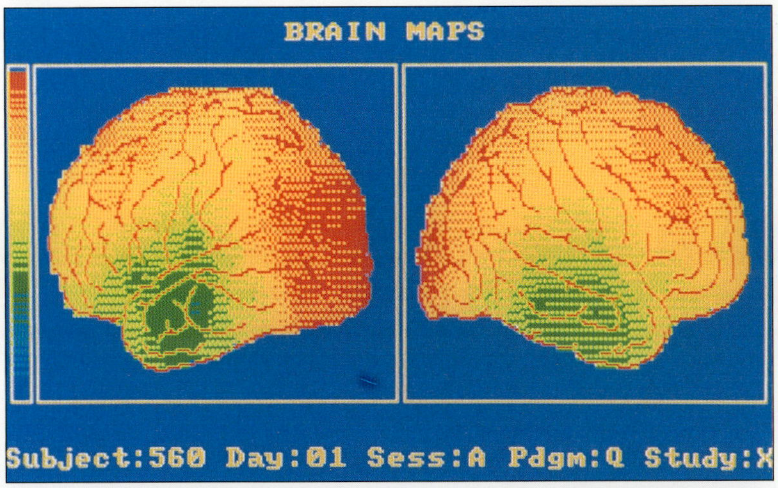

2

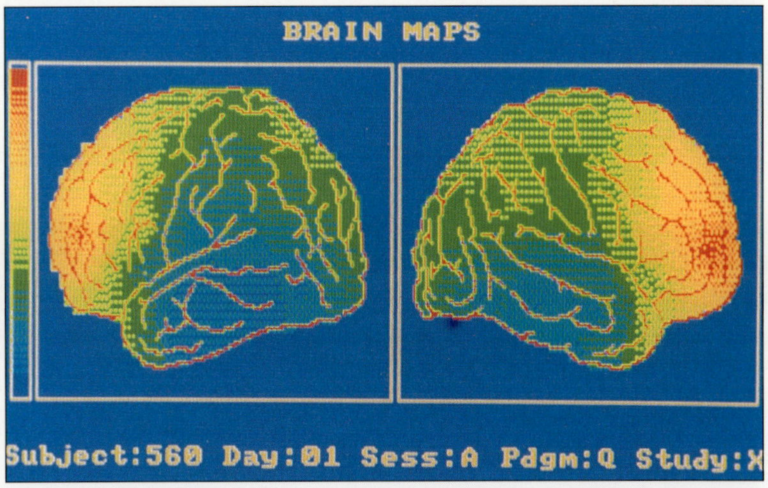

3

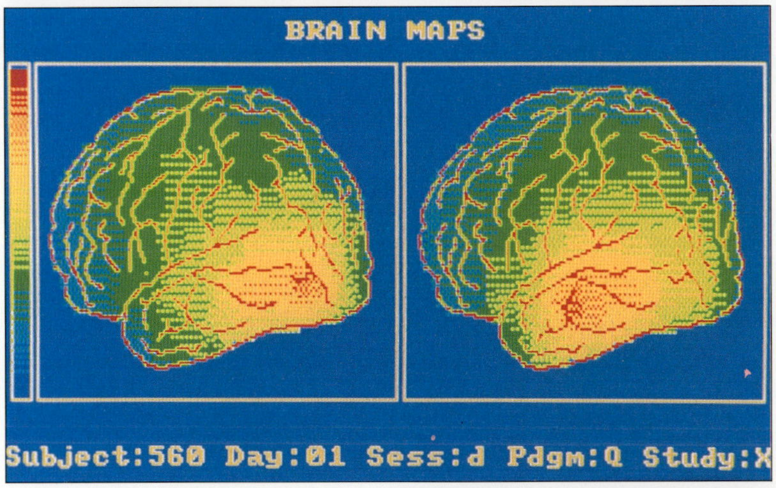

4

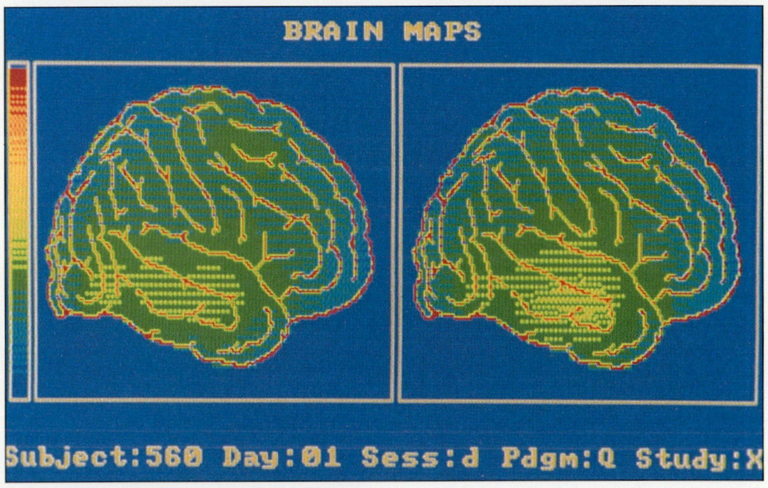

5

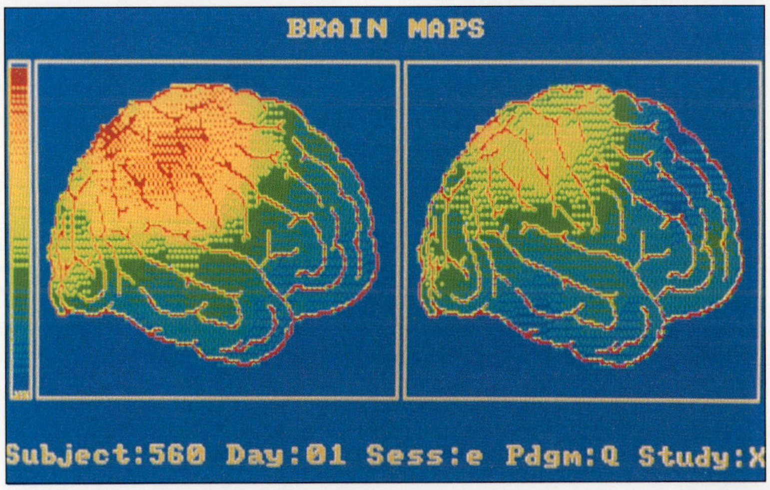

1.2. Ondes lentes delta
Activité delta dans l'hémisphère gauche et l'hémisphère droit d'un enfant dyslexique, avant (1), puis après (2) la prise d'un nootrope, le Piracetam. Dans le premier cas, l'amplitude des ondes delta dans les régions occipitales est importante (plus importante à gauche), ce qui suggère que le cerveau est en état d'assoupissement ou d'inactivité, particulièrement dans les régions occipitale et pariétale gauches. Dans le second cas, l'activité delta est restreinte aux régions frontales (ce qui peut correspondre partiellement à la faible activité oculaire) et se répartit avec plus de symétrie entre les deux hémisphères. Sur ces figures, le rouge traduit la plus forte intensité d'énergie.

3.4. Ondes rapides bêta
Activité bêta rapide dans l'hémisphère gauche (3), avant (panneau 1) et après (panneau 2) médication. Activité bêta rapide dans l'hémisphère droit (4), avant (panneau 1) et après (panneau 2) médication. Apparemment, pour l'hémisphère gauche, l'activité des ondes bêta qui suit la prise de médicament n'augmente guère, mais elle se déplace vers l'avant et le lobe temporal. Il est frappant de constater qu'il ne se produit aucun changement dans l'hémisphère droit.

5. Efficacité du médicament.
Amplitudes ERP de l'hémisphère droit pour P300 s'appliquant à des non-cibles, les premières lettres de la paire, avant médication (panneau 1) et après médication (panneau 2). Ces figures illustrent l'efficacité du médicament (le Piracetam) pour améliorer la lecture, par renforcement sélectif de la vigilance du sujet à une information significative : l'enfant est devenu plus attentif à la cible, moins à la non-cible, ce qui suggère un renforcement de la capacité discriminatoire entre deux types d'informations différents.

SINGLE CRYSTAL PULLING EQUIPMENT
MODEL
WEIGHT
MFG.NO.
MFG.DATE
KOKUSAI ELECTRIC CO.,LTD.

17
Un filtre dans le cerveau : l'attention

Des chercheurs, ayant participé en Ethiopie aux missions paléontologiques qui permirent, entre autres choses, de mettre à jour la célèbre Lucy, ont confié qu'ils avaient tendance à découvrir précisément ce qu'ils voulaient trouver. Ils entendaient par là que les spécialistes des hippopotames avaient tendance à découvrir les restes de ces mammifères, ceux des ossements "humains", des australopithèques,etc. Il est probable d'ailleurs qu'un promeneur, qui n'eût pas eu ce genre d'intérêt et qui ne se serait pas montré attentif, n'eût rien repéré de ce genre. En un sens, l'attention semble une sorte de filtre que notre cerveau applique au flux d'informations que lui envoient les sens, pour n'en retenir que ce qui l'intéresse sur le moment-même. Depuis longtemps, les psychologues, comme l'Américain William James, théoricien du pragmatisme, avaient insisté sur l'importance de l'attention, considérée comme un filtre d'informations permettant d'accroître le pouvoir de la conscience. Un contemporain de James, le Français Théodule Ribot, avait, lui, distingué l'attention volontaire, qui nécessite un effort et implique une motivation, de l'attention involontaire, relevant de la perception du milieu extérieur et de l'irruption d'événements inattendus. On pourrait dire que la porte de la conscience est fort étroite et que l'attention joue un peu le rôle du portier qui décide de ce qui doit entrer.

De nouvelles approches neurophysiologiques

Alors que, jusqu'à ces dernières années, l'étude de l'attention était surtout l'affaire des psychologues, elle a tendance à devenir de plus en plus celle des neurophysiologistes, et à éclairer l'étude des relations entre le cerveau et l'esprit.

La plupart des recherches ont porté jusqu'à présent sur l'attention visuelle. Le processus au cours duquel on reconnaît la nature de ce que l'on voit commence par un tri automatique des éléments de la scène observée. Quelques chercheurs ont baptisé ce moment processus "de pré-attention", car il ne semble requérir aucun effort conscient.

C'est ce processus qui est reconstitué dans certaines des expériences conduites par Ann Treisman, à l'Université de Colombie Britannique. En un sens, ces expériences évoquent la distinction chère à Théodule Ribot. Si l'on soumet un sujet à une situation relativement simple, au cours de laquelle seul un paramètre varie, son attention est à peu près immédiate et ne nécessite aucun effort : c'est ainsi qu'un unique rond de carton bleu, au milieu d'une série de ronds verts, est visualisé très rapidement ; et surtout l'augmentation ou la diminution du nombre des ronds verts ne modifie pas le phénomène. En revanche, si l'on présente des séries plus complexes de lettres de couleur (X verts, T rouges, et un unique T bleu), le temps que prendra la reconnaissance de l'exception (le T bleu) sera directement fonction du nombre d'éléments distincts en présence. Par conséquent, réaliser la liaison entre couleur et forme demande que l'on concentre l'attention sur chacun des éléments proposés, l'un après l'autre, et que l'on se demande s'il a tout à la fois la forme et la couleur voulues. Cette découverte permet d'observer le cerveau des animaux pour voir dans quelle mesure les changements de niveau d'attention correspondent à des changements d'activité des cellules nerveuses.

Une expérience de ce genre, qui marque un passage décisif, a été réalisée par Jeffrey Moran et Robert Desimone, de l'U.S.National Institute of Mental Health. A la suite de manipulations assez complexes, ils furent en mesure de montrer que l'activité électrique des neurones dans le cortex visuel primaire n'est pas affecté par la présence ou l'absence d'attention que peut porter un animal à un stimulus. Mais, dans une aire visuelle secondaire, qui est proche de l'aire primaire et reçoit les signaux que cette dernière envoie, les cellules réagissent de façon bien plus nette à un stimulus visuel lorsque l'animal y est attentif

Vigilance
Un ingénieur observe l'évolution de la fabrication d'une barre de silicium. Les industries de la haute technologie exigent une attention toujours en éveil.

1. Erno Rubik
Le cube inventé par le Hongrois Rubik est devenu l'un des jeux les plus populaires dans le monde pour tester l'attention et l'intelligence logique.

2. Kendo
Le Kendo ou la voie du sabre est un art d'harmonie entre le mouvement et la pensée. Il a inspiré l'un des livres les plus célèbres du Japon, "Le traité des cinq anneaux".

3. La cérémonie du thé
La cérémonie du thé, au Japon, vise à se dépouiller de l' individualité, à atteindre la vacuité et l'éveil.

1

que lorsqu'il ne l'est pas.Ces expériences démontrent que le cerveau est en mesure de filtrer l'information qui ne lui est pas nécessaire et nous indiquent comment trouver son mode d'action en la matière.

De son côté, Steven A. Hillyard, de l'Université de Californie à San Diego, a étudié les variations de potentiel au niveau de la peau chez un individu soumis à des excitations auditives ou visuelles : lorsqu'on demande au sujet de concentrer son attention sur un seul œil ou une seule oreille, le tracé de l'activité électrique met en évidence un *hyper-éveil sélectif.*

Des structures cérébrales, en rapport avec l'attention, ont été identifiées, notamment chez le chat un noyau cérébral contenant de la dopamine. Un animal, auquel cette structure cérébrale a été ôtée, n'explore plus son environnement avec le même calme et la même attention sélective. Si on lui présente une souris, au lieu de s'immobiliser et de fixer son regard dessus, le chat se met à tourner autour. Mais si on lui injecte un précurseur de la dopamine, son état s'améliore, ce qui confirme l'intervention de phénomènes biochimiques dans les mécanismes de l'attention. Certains chercheurs ont avancé que des schizophrènes pourraient bien souffrir d'affections similaires à celles du chat amputé de son noyau cérébral, et devenir incapables d'extraire les données pertinentes de l'environnement. D'un point de vue cognitif, l'attention peut être considérée comme un système de contrôle interne de l'activité cognitive. Michael I.Posner, de l'Université de Washington à Saint-Louis, explore les fonctions de ce système de contrôle en étudiant le temps d'acheminement de l'information dans le cerveau : on appelle ce domaine de recherches la *chronométrie mentale.* Il s'agit en un sens, d'appliquer les méthodes comportementales utilisées en psychologie à l'étude des processus aboutissant, dans le cerveau, à la conscience. Posner s'intéresse à la capacité des gens de diriger leur attention visuelle sur différents éléments d'une scène qui se déroule sous leurs yeux, sans bouger les yeux. Ces déplacements de l'attention peuvent se mesurer en déterminant la capacité d'un sujet à repérer la présence d'une cible, qui se trouve tantôt au point focal de son attention, tantôt en tout autre lieu de son champ visuel.

L'un des résultats intéressants obtenus par Posner, au cours de ses recherches sur l'attention visuelle, conduit à l'hypothèse suivante : des mécanismes similaires, ou même identiques, seraient en jeu, que ce soit dans la

1

2

sélection de l'information à partir de l'espace visualisé, ou pour la récolte des informations sémantiques engrangées dans la mémoire. Ce qui semble suggérer que l'émergence progressive de bases neurologiques en liaison avec l'attention visuelle pourrait bien donner un fil conducteur précieux à l'exploration neurologique des mécanismes d'emmagasinage et de rappel de la mémoire.

Certains de ces fils conducteurs apparaissent déjà, lorsqu'on se penche sur les signaux électriques émis par le cerveau. On peut les enregistrer en branchant des électrodes sur le cuir chevelu de sujets humains, accomplissant des tâches mettant en jeu une activité mentale spécifique. Ces signaux, connus sous le nom de "potentiels en relation avec des événements" (event-related potentials, ou ERPs) apparaissent dans un laps de temps d'une demi-seconde après la présentation d'un stimulus visuel ou auditif au sujet qui doit alors exécuter un geste, comme celui de pousser un bouton, lorsqu'un événement particulier se produit. Certaines expériences, effectuées par Helen Neville, au Salk Institute, montre bien les changements qui se produisent dans l'activité du cerveau, associée à des déplacements d'attention. C'est ainsi qu'elle demande aux gens de regarder fixement le centre d'un écran de télévision, mais aussi de faire attention à un côté ou à un autre. Au cours de l'expérience, les sujets doivent presser un bouton lorsqu'une tache mobile apparaît sur un côté de l'écran ou sur l'autre. Si la tache apparaît du côté où ils font attention, les sujets la repèrent et pressent le bouton. Au même instant une structure tout à fait spécifique de l'activité électrique est enregistrée par l'ERP. Si la tache apparaît du côté où ils ne font pas attention, les sujets en général ne la voient pas, même si elle est enregistrée par leur système visuel, et le tracé électrique reste plat. L'expérimentation animale et les nouvelles techniques de scannerographie seront, dans l'avenir, d'un grand secours pour aider les chercheurs à se concentrer sur l'étude des régions du cerveau qui produisent ces ERPs, et pour mettre en lumière leur intervention dans les phénomènes d'admission des informations acheminées par les sens.

Toutes ces recherches permettront un jour sans doute d'établir comment des phénomènes physiologiques peuvent accroître le pouvoir de la conscience, tout en réduisant paradoxalement le champ de la conscience. L'importance des phénomènes sélectifs est encore une fois suggérée.

1. Jeu de Go
Sur cette aquarelle de la fin du XVIIIe siècle, le jeu de Go, d'origine chinoise. Les acteurs sont "plongés" dans la partie.

2. Echecs
L'attention peut être mise en déroute par l'irruption d'un sentiment violent comme, ici, la colère, l'un des sept pêchés capitaux illustrés en 1864 par Collin de Plancy. Le singe de Charles-Quint n'est pas capable de se dominer.

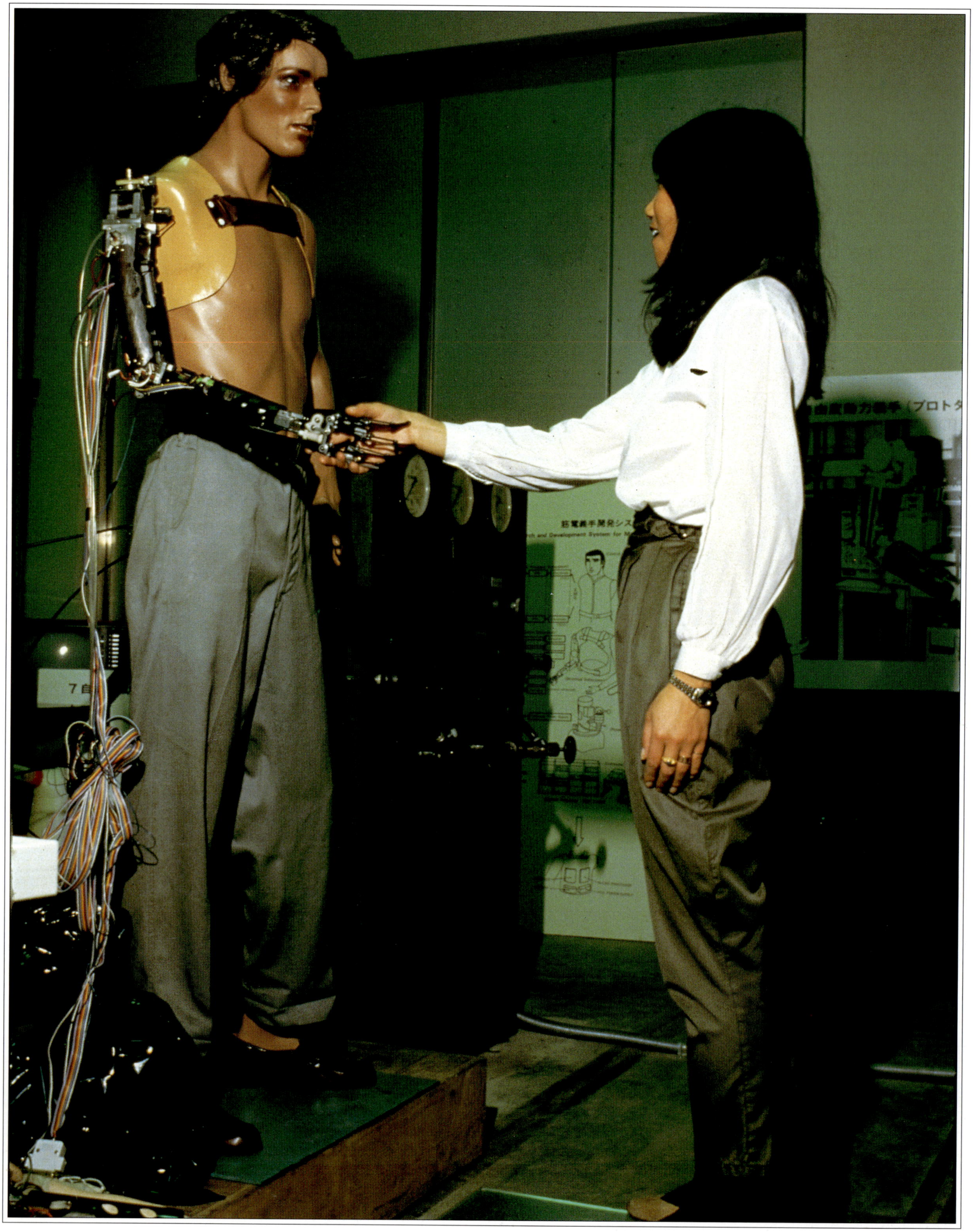

18
Le cerveau de demain : l'ordinateur ?

Une discussion sur la pensée et la possibilité ou non de la traduire en équivalent informatique nous ramène une fois de plus au problème de la conscience, qui continue d'intriguer neurologues et philosophes et qui a fait, tout récemment, son entrée dans l'univers autrefois purement mécaniste des informaticiens. Si l'on n'a pas répondu à la fameuse question de la nature même de la conscience, c'est que l'on ne sait pas précisément comment la poser. Voilà pourquoi se demander si les ordinateurs peuvent être conscients est une question dénuée de sens. Mais, pour l'instant, l'approche par l'informatique de l'étude des fonctions du cerveau apporte des résultats précieux, et ce champ de recherches est loin d'être tari.

L'idée d'un système de traitement parallèle massif, qui consisterait à fragmenter un problème en petits morceaux multiples et à travailler sur chacun de ces petits morceaux en même temps, est l'un des espoirs actuels les plus importants de la possibilité de simuler les opérations qu'accomplit le cerveau. L'idée semble très bonne pour des fonctions comme la vue. En effet, dans le phénomène de la vision, plusieurs événements d'une même scène ont lieu en même temps. Les subdivisions du système visuel semblent opérer en parallèle. Mais notre conscience, par exemple, relève apparemment bien plus, elle, d'une série d'opérations. Elle n'est capable d'enregistrer qu'une, ou peut-être une petite quantité de choses, au même moment.

Le modèle connexionniste

Des informaticiens comme Jérôme Feldman, à l'Université de Rochester, proposent de concevoir le cerveau en termes de connexions entre des unités de traitement de l'information qui se comporteraient comme des neurones. C'est le modèle connexionniste, qu'il partage avec d'autres théoriciens du cerveau. Les adeptes de cette théorie s'intéressent aussi bien à la neuroanatomie et à la neurophysiologie qu'au comportement et suggèrent que des ordinateurs standards ne sont pas assez sensibles et représentatifs pour rendre compte du fonctionnement du cerveau. Ils soulignent que les cellules nerveuses travaillent à la vitesse de quelques millièmes de seconde, mais que des comportements complexes, tels que la reconnaissance de mots imprimés, s'effectuent en quelques centaines de millièmes de seconde. Ce qui veut dire, en termes clairs, qu'au cours de ce laps de temps très limité, il ne peut survenir que cent évènements nerveux. Mais, si nous programmons un ordinateur pour effectuer ce travail, cela pourrait exiger des millions d'opérations. En ce sens, "l'intelligence artificielle" ancienne manière est, pensent-ils, un cul de sac.

Récemment, Feldman a relevé un formidable défi : celui de développer un modèle connexionniste complètement abstrait du fonctionnement de la vision. Ce modèle tente de rendre compte de la capacité qu'ont les primates de localiser des objets dans l'espace, de les ranger dans une catégorie, et d'utiliser cette connaissance de leur environnement visuel pour guider leurs mouvements. Il tente ainsi de développer un modèle qui conviendrait tout à la fois à l'informatique et à ce que nous savons de la biologie de la vision et du comportement qu'elle entraîne. C'est une théorie assez complexe dont on ne peut ici qu'esquisser les grands traits.

L'hypothèse implicite à la base de ce modèle est que le cerveau nécessite des cadres de référence, au nombre de quatre, pour convertir l'information qui lui vient des yeux en information utilisable pour celui qui voit. Le premier, ou cadre rétinotropique, concerne ce qui tombe sur la rétine et se situe sans doute dans le cortex visuel primaire. Le second regroupe en réalité un ensemble de cadres, dits "cadres de traits stables", qui incluent la couleur, la forme et la découpe, c'est-à-dire les attributs fixes des objets, même s'ils peuvent varier quand ces derniers se déplacent. Ce cadre se situe probablement dans les zones visuelles secondaires. Le troisième cadre est

De l'homme au robot ? *Usines sans ouvriers, machines qui comprennent la parole et peuvent dialoguer, se mouvoir, dessiner, interpréter une partition... quelle est la limite ?*

1.2. La lutte des cerveaux
Solomon Stone (1), l'homme le plus fort en calcul mental aux Etats-Unis en 1890 et Wim Klein (2), employé au CERN jusqu'en 1977 dans la division des études théoriques, où ses dons de calculateur prodige étaient utilisés en parallèle avec ceux des ordinateurs rapides. Mais déjà les machines dépassent l'homme dans le domaine des fonctions mathématiques. Sauront-elles jamais en faire autant dans celui de la création ?

3. Simulation
L'Informatique permet à l'homme de simuler et d'observer avant de le fabriquer tout objet usuel, comme ici un verre, réalisé grâce au système de Conception Fabrication Assistées par Ordinateur de Computervision. Une machine pourra-t-elle un jour imaginer un verre, sans intervention de l'homme ?

4. Le robot pianiste
Conçu et mis au point par le professeur Ichiro Kato, ce fut la vedette de l'exposition de Tsukuba en 1985. Il peut lire une partition à une distance de un mètre, en temps réel ou presque. Il peut continuer son interprêtation en déchiffrant. La main articulée remonte la gamme comme un pianiste et le robot pianiste peut accompagner un humain chanteur !

5. Adept One
Le robot choisit un chocolat dans une boîte, grâce à son système de vision (capteurs) contrôlé par un programme qui permet au robot de tenir compte des modifications possibles exigées par son travail.

6. Le plus grand robot du monde
Autre vedette de Tsukuba, ce géant de 25 tonnes et de plus de cinq mètres de haut, créé par Fujitsu.

7. Le robot portraitiste
Un robot qui annonce déjà les robots futuristes de troisième génération.

1

2

une structure d'intégration qui fournit àl'observateur une connaissance accumulée, portant à la fois sur le monde qu'il voit et sur l'information qui lui parvient du quatrième cadre, celui qui recouvre l'environnement visuel total, qui n'est pas visible en tant que tel par l'observateur.

Une autre notion essentielle de ce modèle est celle d'unités informatiques, analogues aux cellules nerveuses. Elles ont un nombre impressionnant de connexions, dirigées vers l'intérieur et vers l'extérieur, et les connexions qui s'établissent entre elles sont de force variable, ce qui rend l'apprentissage possible. Des unités, appartenant à différents cadres, sont reliées entre elles de façon complexe et changeante, permettant des opérations informatiques dont les résultats sont utiles à l'observateur. Par exemple, l'information qu'a ce dernier de la taille d'une personne, comparée à celle de l'image de la personne sur la rétine, permet de calculer par ordinateur la distance à laquelle se tient la personne observée. Le modèle de Feldman permet des opérations bien plus compliquées, dont la plupart recoupent des aspects connus de la neurophysiologie et de la psychologie. En outre, ces opérations permettent de prédire les résultats de nouvelles expériences sur la physiologie ou le comportement. Sa capacité d'émettre des questions nouvelles et de suggérer de nouveaux champs de recherches pourrait bien placer le modèle de Feldman au cœur de la controverse des années à venir.

Malgré la complexité des modèles connexionnistes, leur idée sous-jacente peut paraître frêle et simpliste. Dans le cerveau chaque cellule nerveuse est reliée à des milliers de cellules nerveuses, reçoit des impulsions de milliers d'autres encore et en envoie elle-même à des milliers. Le connexionnisme, réduit à sa plus simple expression, n'exprime jamais que la multiplicité de ces connexions et le mystère n'est pas plus approfondi. Mais le pouvoir de l'idée de connexionisme apparaît clairement lorsque l'on assiste à la manière dont un modèle (constitué de composants électroniques assez ordinaires) apprend à lire. Terry Sejnowski et Charles Rosenberg, de l'Université Johns Hopkins, ont inventé une machine de ce genre, qui donnerait la chair de poule à l'auditeur le plus blasé par les performances de la technique.

Mais tout cela ne relève-t-il pas de la recherche du spectaculaire ? Le connexionnisme représente-t-il vraiment la frontière suivante dans la tentative d'arrimer l'intelligence à la matière ? N'en revenons-nous pas, après tout, à quelque chose qui s'est passé il n'y a pas si longtemps, juste après la Deuxième Guerre mondiale, lorsque Donald O. Hebb a suggéré que les secrets du cerveau résidaient dans des altérations de la force des connexions entre cellules nerveuses ? Il serait excitant de le penser et de nous rendre peut-être compte que ces fameux secrets, que le cerveau a gardés pour lui pendant si longtemps, sont, depuis quelques années, sous notre nez et qu'il pourrait bien nous les livrer si seulement nous posions les bonnes questions.

3

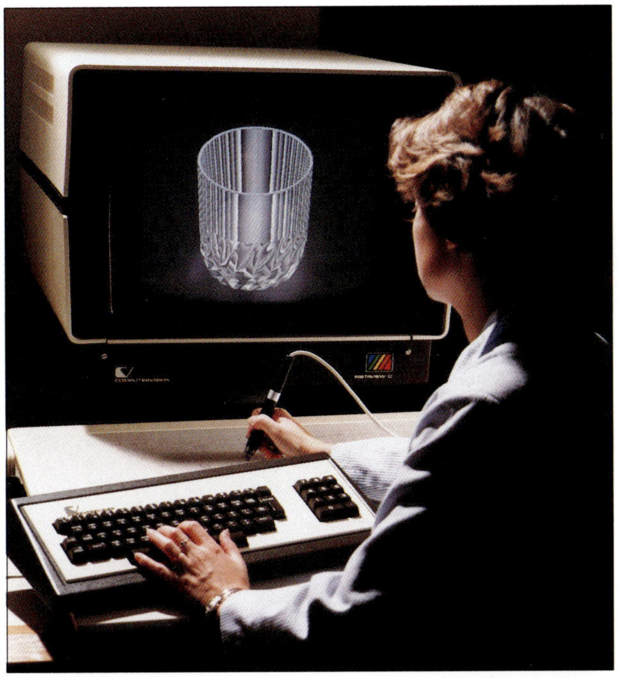

4

5

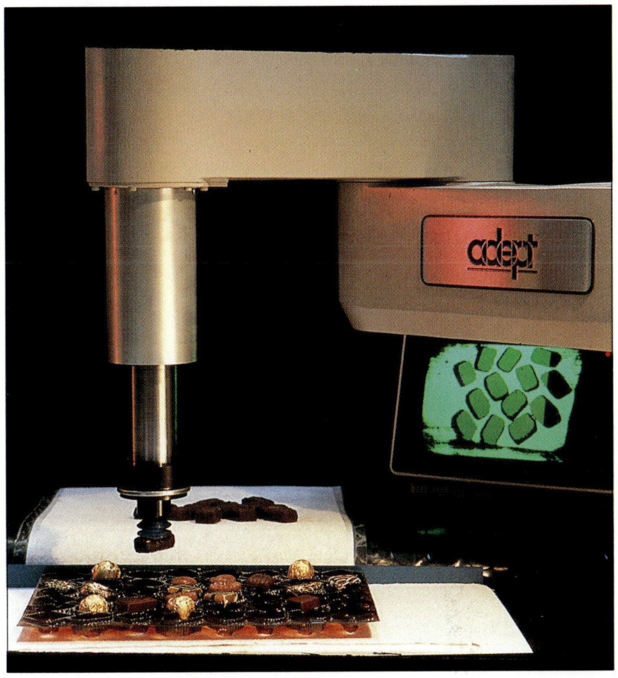

6

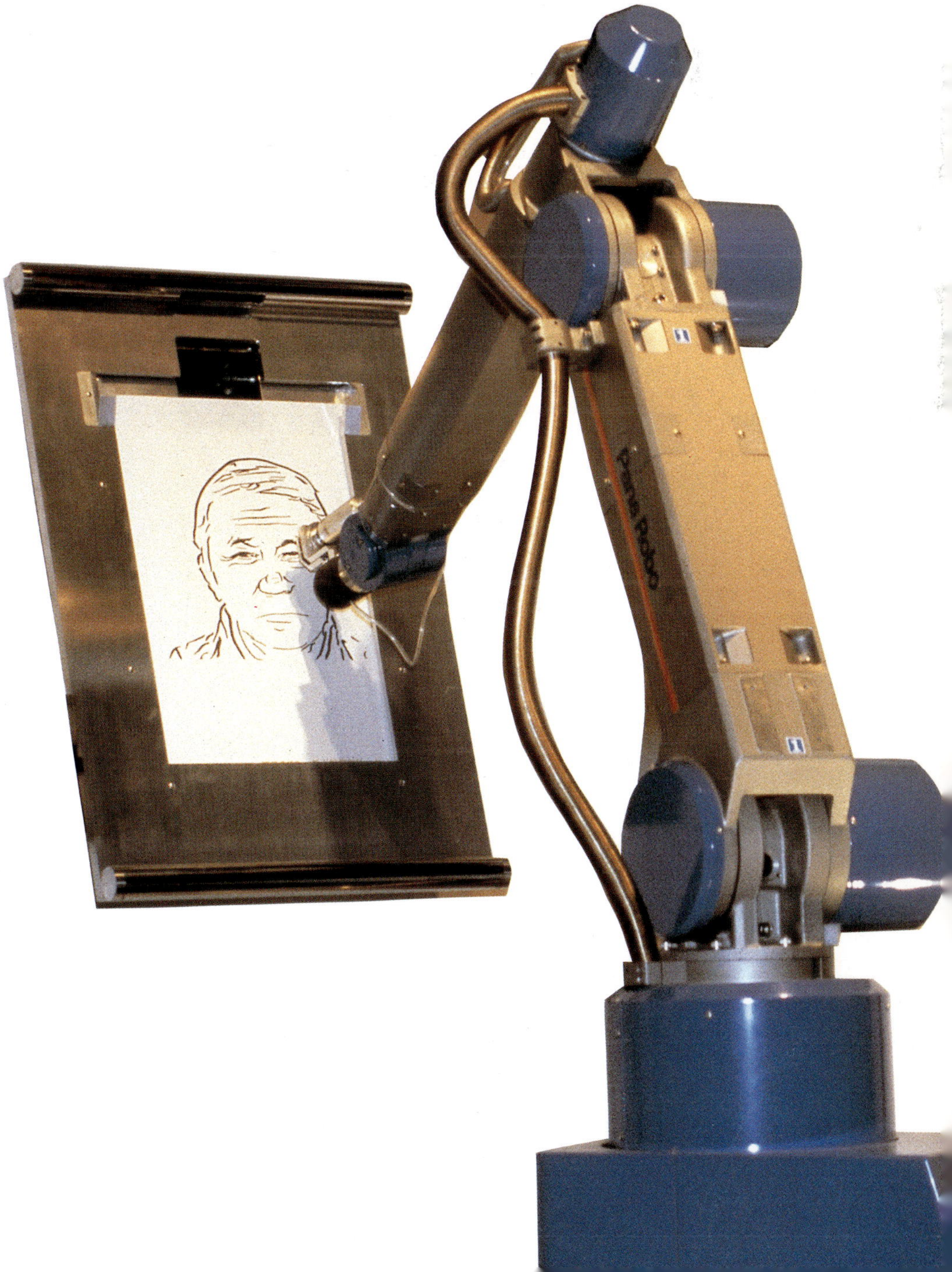

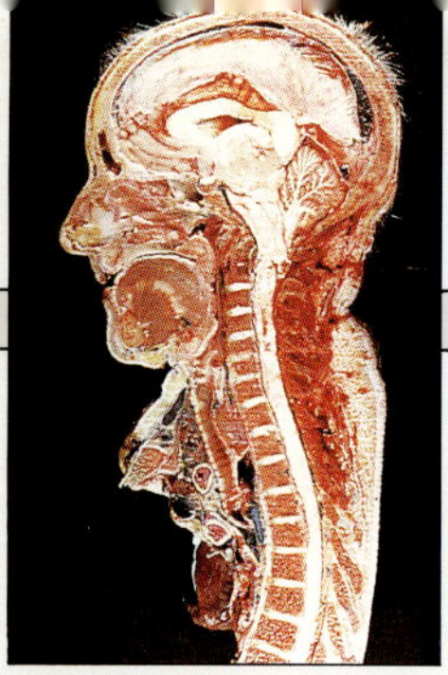

L'ordinateur et le cerveau,

par Tomaso Poggio,
laboratoire d'Intelligence Artificielle, MIT.

Le cerveau et l'ordinateur, tel qu'il se présente actuellement, sont deux choses très différentes. Le cerveau est constitué de tissus biologiques, de cellules et de fibres nerveuses, intimement associés. L'ordinateur consiste, lui, en un ensemble de circuits imprimés minuscules sur des puces de silicium reliées entre elles par des fils métalliques. L'ordinateur utilise exclusivement des signaux électriques, le cerveau une mixture électrochimique complexe dont nous ne comprenons pas totalement la nature. Alors que l'ordinateur emploie un code binaire, les neurones constituent probablement un véhicule d'informations plus proche du mode analogique.

Malgré ces différences énormes entre le hardware (la "quincaillerie"), et le wetware (programme de matière grise), l'ordinateur et le cerveau ont-ils quelque chose en commun ?

La réponse est oui : tous les deux traitent l'information et ont, pour ce faire, à résoudre des problèmes similaires, par exemple comprendre le langage naturel ou interpréter une image. Depuis fort peu de temps seulement, on s'est avisé que la prise de conscience de l'identité d'un objectif commun à l'un et à l'autre pouvait conduire à de fécondes interactions entre la science du cerveau et la science informatique.

L'approche informatique qui se fait jour, dans le champ de la neurologie, a sa source dans les recherches sur l'intelligence artificielle (IA). Le but principal de l'IA est de développer des sytèmes dotés d'une intelligence "artificielle" et, ce qui est encore plus important, de comprendre les principes de base de l'intelligence humaine. Ces recherches se fondent sur le postulat qu'il est possible d'étudier les mécanismes du traitement de l'information indépendamment du hardware qui en est le support.

Cette distinction est apparue tout naturellement : au cours de leur brève histoire, des calculateurs de différents types ont été construits à partir de composants d'une grande diversité – relais, engrenages, pièces d'assemblage, tubes et transistors. Dans cette perspective, on peut voir dans les neurones un autre type de machinerie informatique. S'il est possible de dégager les processus intelligents du hardware qui leur sert de support, il en découle qu'il est possible d'étudier l'intelligence en tant que telle. Aussi, une science du traitement de l'information, qui a pour objet la compréhension des propriétés fondamentales de la fonction du traitement spécifique de l'information, est-elle en train de se constituer.

Un outil précieux pour mener à bien cette démarche nous est fourni par un autre dogme essentiel de l'intelligence artificielle. Les théories relatives à l'IA doivent être testées sur ordinateur pour démontrer qu'elles représentent un modèle adéquat du point de vue du traitement de l'information. Dans le cadre de l'approche informatique du cerveau, c'est la condition première pour qu'une théorie, à propos de tel ou tel mécanisme de contrôle moteur, par exemple, soit recevable : elle doit être capable de résoudre le problème. Les programmes sont la pierre d'angle de toute théorie informatique. En alimentant l'ordinateur en algorithmes (ensemble de règles permettant de calculer comment accomplir une tâche), on est en mesure de déterminer si la théorie, en tant que théorie des fonctions informatiques, est vraie ou fausse. Cette démarche fait souvent apparaître des aspects du problème, ou de la solution, qui ne sauraient être appréhendés autrement.

L'un des apports majeurs de cette approche, jusqu'à présent, a été de nous faire toucher du doigt la difficulté que présente la résolution de problèmes que notre cerveau, lui, résout couramment. C'est particulièrement vrai de la vision et du contrôle du mouvement. En vérité, ces aptitudes, dont se jouent l'homme et les animaux, sont les plus ardues à comprendre du point de vue du traitement de l'information. Paradoxalement, des sytèmes relevant de l'intelligence artificielle peuvent se substituer à un avocat ou à un medecin mais ils ne sauraient remplacer un jardinier ou un cuisinier.

Pour illustrer l'approche informatique, prenons l'exemple de la vision, l'un des champs d'exploration parmi les plus fructueux en matière d'intelligence artificielle. L'étude de la vision nous a d'ores et déjà mis en mesure de jeter un pont entre l'IA et les neurosciences expérimentales. Les travaux effectués sur la vision informatique ont récemment permis d'établir un cadre général convenant à la plupart des stades primaires de la vision, appelés aussi "vision précoce" (early vision). La vision précoce a pour fonction de fournir une carte des distances et des orientations des surfaces entourant le spectateur à partir des données de l'image brute, c'est-à-dire d'une masse de nombres dont une caméra numérique alimente un ordinateur: ces nombres représentent l'intensité lumineuse de chaque pixel ("picture elements", unité lumineuse) de l'image. La vision précoce est donc une optique inverse, puisqu'elle tente de reconstituer les surfaces tridimensionnelles originelles, à partir de leurs projections en deux dimensions (les images).

Nous sommes depuis peu parvenus à la conclusion que les problèmes de la vision sont mal posés mathématiquement. Cette propriété intrinsèque qui les caractérise exige qu'ils soient résolus en prenant en compte une information à priori intéressant les propriétés génériques de la solution. Ces contraintes à priori sont, par exemple, le fait que les objets sont intrinsèquement rigides et les surfaces à peu près sans solution de continuité. Les contraintes de ce type doivent être utilisées par tout système, tant artificiel que biologique, ayant pour objet de résoudre le problème. Ce sont uniquement la nature du problème et les lois mathématiques et physiques qui le conditionnent, et non les propriétés de la machinerie informatique qui imposent ses contraintes.

Un exemple spécifique des attributs de la vision est la stéréopsie ou vision en relief. La comparaison des deux images que captent chacun des deux yeux (ou chacune des caméras d'un robot) apporte une information sur la profondeur de champ de différents objets. La stéréopsie est la procédure permettant de décrypter cette information. La vision informatisée a récemment développé des stéréo-algorithmes capables de traiter de façon satisfaisante des images réelles et simulant beaucoup des propriétés de la vision humaine en relief.

Des théories informatiques de ce genre peuvent-elles nous dire où et comment les neurones cérébraux sont interconnectés de manière à calculer la profondeur? La réponse est un non catégorique. Une théorie informatique du relief est, à elle seule, incapable de prédire les propriétés précises des neurones corticaux axés sur des profondeurs spécifiques. Elle ne peut nous dire comment ces neurones sont interconnectés. Elle ne peut même pas prévoir quel algorithme particulier doit être employé. Et cela, parce qu'un algorithme dépend, bien entendu, du problème à résoudre mais dépend au moins autant des propriétés et des limitations du hardware dont on dispose (et qui, en ce cas, est un hardware biologique).

En conclusion, l'approche informatique de la neurologie ne remplace pas les procédures de recherche plus traditionnelles dans le domaine de la neurobiologie. Elle en serait, plutôt, le complément.

Il est évident que l'intelligence artificielle contribue déjà à nous faire mieux comprendre le fonctionnement du cerveau. La question de savoir si de puissantes métaphores informatiques, telles que les représentations et les algorithmes, sont appropriées à la compréhension des phénomènes de cognition et de perception biologiques, ne se pose plus. Il est très possible que l'approche informatique fournisse à la neurologie un nouveau modèle scientifique, comparable à la neurobiologie moléculaire.

Réciproquement, le cerveau humain apprend bien des choses aux informaticiens. Les problèmes de la vision et du contrôle moteur sont d'une redoutable complexité, mais les systèmes biologiques les résolvent avec une fiabilité et une ampleur stupéfiantes. Des millions d'années d'évolution ont produit des sytèmes optiques d'une extrême efficacité qui nous suggèrent utilement la manière de résoudre certains problèmes. Le rapprochement entre les questions théoriques que posent le traitement de l'information et ses applications pratiques en robotique, d'une part, et celles que suscite la neurologie font de l'approche informatique une aventure scientifique absolument passionnante.

Le chien d'aveugle
Nouvelle version du chien d'aveugle, ce robot pourvu d'un système de vision.

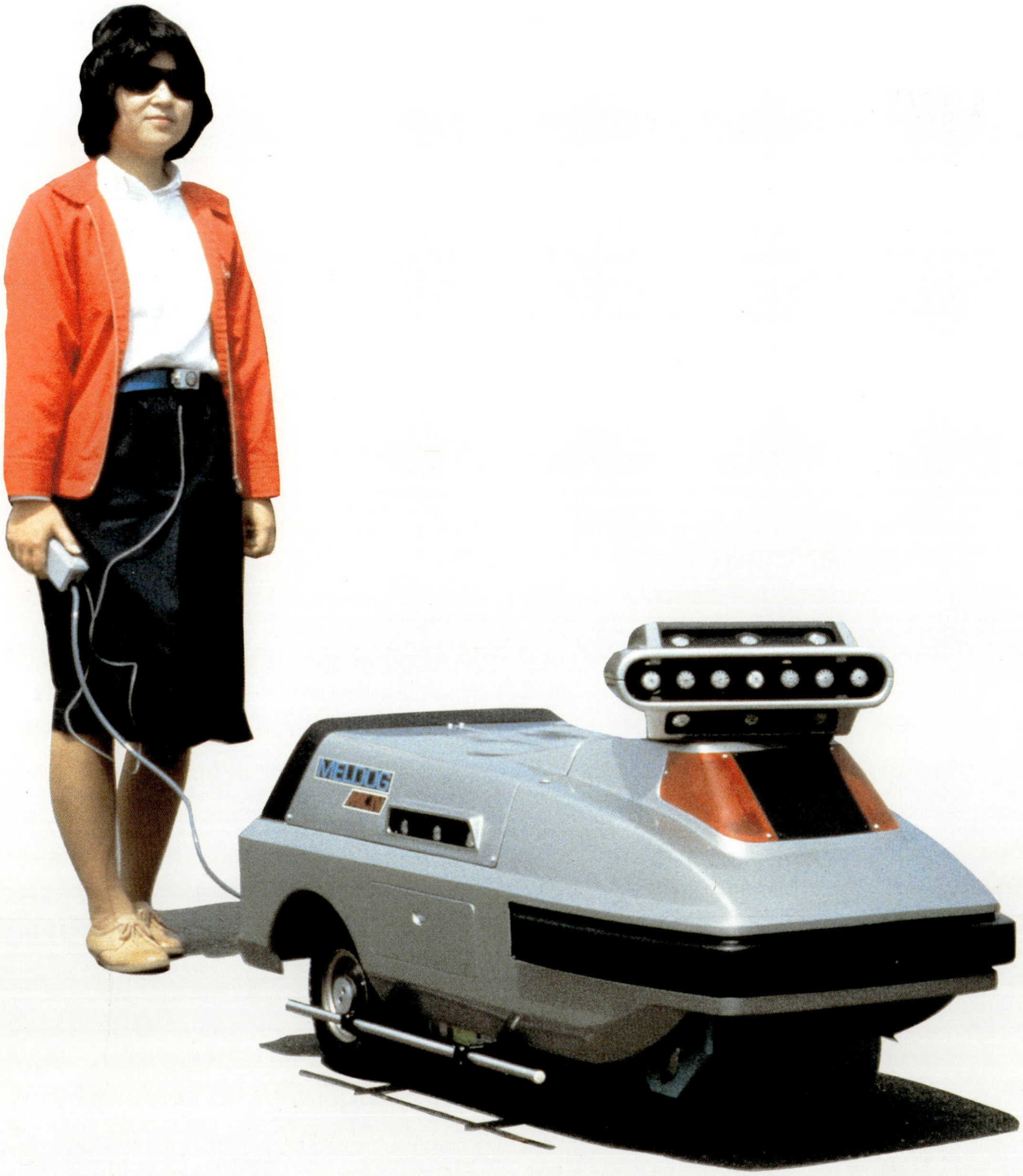

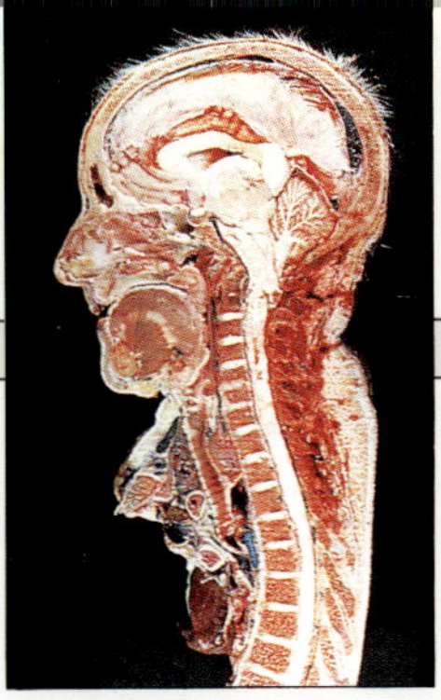

Le cerveau et l'ordinateur,

par Valentino Braitenberg, directeur de l'Institut Max Planck pour la cybernétique biologique.

Le cerveau est-il un ordinateur ? Et si la réponse est oui, quel genre d'ordinateur ? Quand un journaliste me pose ces questions, je commence par scruter son visage pour savoir ce qu'exprime sa physionomie : la peur ou la curiosité amusée, teintée d'incrédulité.

Si c'est la peur, elle peut être de plusieurs sortes : 1) la peur qu'étant une espèce d'ordinateur, le cerveau soit entièrement déterminé (comme il se doit pour une machine) par les forces qui agissent sur lui, ce qui ne laisse plus, alors, de place à l'âme ; 2) la peur qu'il nous soit désormais interdit de dire que l'esprit soit quelque chose qui défie l'analyse ; ou celle que le cerveau soit une chose à peu près opaque, qui nous condamne au travail gigantesque d'achever d'en dessiner une épure qui tiendrait de la machine ; 3) la peur de la compétition : si le cerveau est semblable à une machine, il y a des machines qui sont semblables au cerveau et qui pourraient assumer docilement des tâches qui sont l'apanage de l'homme – politique, journalisme, etc. – ; 4) la peur d'une révolte des machines contre les humains.

Toutes ces appréhensions accumulées aboutissent souvent à la recommandation qui nous est faite : abandonnez purement et simplement les recherches sur le cerveau, tout au moins la partie de ces recherches qui provoque la frayeur implicite par l'évocation d'une analogie parfaite entre le cerveau et l'ordinateur (ce conseil est tout naturellement dicté par une allusion implicite aux dangereux développements de la physique nucléaire).

La réaction du spécialiste du cerveau devant l'expression de cette inquiétude est, il va sans dire, de rassurer l'interlocuteur. A moyen terme, il serait ridicule de dire que le cerveau humain est "déterminé", personne au monde n'étant encore capable de faire la plus anodine prévision touchant à ce que fera le cerveau dans une situation donnée – provoquer l'éternuement si une certaine quantité de poudre à priser est introduite dans le nez, ou résoudre tel ou tel problème mathématique, ou encore accepter de faire une petite promenade avec moi. Bien entendu, cela signifie que, pour un certain temps encore, nous continuerons d'employer la terminologie du langage psychique, les expressions pour les sentiments, les désirs, les doutes et la conscience du moi, comme nous l'avons toujours fait. Ce n'est pas que nous n'ayons pas encore parfaitement absorbé l'esprit de la nouvelle science que représente la cybernétique, prête à substituer aux mots usuels des formules empruntées à l'ingénierie informatique. C'est que ces anciens vocables conviennent le mieux à l'objet d'étude que nous avons sous la main, à savoir cette bonne vieille psyché, boucanée par le temps.

Toutefois, il m'arrive d'essayer d'enjôler mes interlocuteurs paniqués, en les caressant dans le sens du poil. Je procède de la façon suivante. Je leur dis que le système nerveux central d'un ver de terre est quelque chose de même nature qu'un dispositif de contrôle électronique, et guère davantage. Personne ne soulève d'objections : tout le monde se moque bien des vers de terre. J'enchaîne en disant que l'on trouve, dans la tête d'une mouche, une parfaite petite machine à calculer et que nous savons aussi quelle fonction elle remplit : elle tient le rôle d'un pilote automatique qui recueille des informations en provenance des yeux et programme, à partir de ces données, la trajectoire (apparemment erratique) de la dite mouche. La plupart des gens trouvent la chose intéressante et cela ne les trouble pas parce que personne ne croit que les virevoltes de la mouche soient le fruit de décisions de caractère moral supérieur. Et je poursuis : on a examiné les composants de ce pilote automatique, on en a photographié la structure jusqu'au niveau moléculaire, et l'on est arrivé à la conclusion que, s'ils étaient d'une complexité extrême, leur principe était compréhensible, suffisamment à tout le moins pour pouvoir expliquer de A à Z le fonctionnement de ce pilotage automatique à partir de ces composants.

Peut-être est-ce là un pied de nez à l'adresse du Grand Ingénieur qui a créé la matière vivante, peut-être certaines personnes auront-elles la chair de poule comme lorsqu'elles lisent un roman de science-fiction, mais l'idée reste acceptable pour le plus grand nombre : tout cela relève de la physique moderne.

C'est alors que j'actionne le piège amorcé : en observant des fragments de cerveau humain et en utilisant les mêmes instruments (microscope lumineux, microscope électronique, analyse biochimique, etc.), on retrouve exactement les mêmes composants, sans jamais rien de plus, et nous avons à nouveau le sentiment d'en comprendre intégralement les principes. Notre cerveau est-il donc un pilote automatique comme celui de la mouche, à ceci près qu'il est plus gros et peut-être plus compliqué ? Mes philosophes inquiets saisissent mon raisonnement : oui, c'est ainsi qu'il en va, mais pousser l'analyse jusqu'au niveau de la molécule offre bien peu d'intérêt car, qu'il s'agisse de la mouche ou de l'homme, ce sont les mêmes molécules et qu'avons-nous à perdre une fois que nous sommes parvenus à la conviction que des choses d'une admirable complexité doivent leur existence aux très humbles briques qui les composent ? Ce qui compte, c'est la manière dont elles sont assemblées. Et c'est là quelque chose de très abstrait.

Quant aux personnes dont les questions sur l'ordinateur et le cerveau sont filles d'une authentique curiosité, je leur propose un certain nombre de remarques. La similitude entre le cerveau de l'animal et les ordinateurs actuels, même si leur fonctionnement, fondé sur des principes opposés, est radicalement différent, est remarquable. Commençons par les similitudes. L'ordinateur et le cerveau ont une structure fibreuse : les constituants du premier sont des fils de métal ou autres conducteurs, ceux du second des cellules nerveuses. Tous deux reposent sur l'acheminement précis de signaux empruntant des voies prédéterminées : le message "adressé à la personne concernée", cher aux communications radio et présent aussi dans certains systèmes biochimiques, n'existe pas dans le cerveau. Par ailleurs, la nature du signal transmis, qu'il s'agisse de l'ordinateur ou du cerveau, est presque analogue : dans les deux cas, nous avons affaire à de brèves impulsions électriques et, dans les deux cas, leur amplitude n'a pas une importance aussi critique que leur rythme. Il en résulte une autre similitude, à savoir la nature des opérations (conjonction, disjonctions, implications, etc.), intrinsèquement associées aux jonctions, par l'entremise desquelles ces impulsions coopèrent pour en engendrer de nouvelles. Et si, dans certains cas, on constate que cette description logique est inadéquate, tant pour l'ordinateur que pour le cerveau, il y a quand même des similitudes au niveau des principes du calcul analogique, à l'œuvre chez l'un et l'autre : modulation de fréquence, remplacement des quantités par leurs logarithmes pour faciliter le calcul, etc.

Mais, en dépit de ces similitudes, quand nous entendons des gens dire que cerveau et ordinateur, c'est bonnet blanc et blanc bonnet, nous protestons vivement : les cerveaux ne sont certainement pas semblables aux ordinateurs que l'on trouve aujourd'hui sur le marché. Peut-être le cerveau présentera-t-il beaucoup de ressemblances, toutefois, avec une future génération d'ordinateurs, et cela pour la bonne raison que les principes qui sont à la base de l'intégration nerveuse, mis en lumière par les chercheurs spécialisés dans les recherches sur le cerveau, sont en train d'infiltrer lentement l'univers des ingénieurs et qu'ils font d'ores et déjà pas mal travailler les esprits. Le cerveau tend à employer un très grand nombre de ses éléments de calcul en même temps ("en parallèle"), les laissant interférer entre eux pour aboutir, d'un seul coup, ou au terme de très peu d'étapes intermédiaires, au résultat, alors qu'il faut souvent aux ordinateurs numériques actuellement en service une très longue série de manipulations isolées pour parvenir à ce même résultat. Ainsi, si étrange que cela puisse paraître, les composants visqueux du cerveau animal, engagés dans une légion d'opérations parallèles, obtiennent parfois un résultat (dans le cas de la perception visuelle, par exemple) plus vite que ne le ferait l'ordinateur, dont cependant les éléments métalliques et cristallins qui le constituent sont infiniment plus rapides. Une fois les avantages du calcul parallèle incorporés à des systèmes faisant appel à des composants techniques rapides et fiables, la comparaison entre le cerveau et l'ordinateur voudra réellement dire quelque chose.

Conclusion

Nos actes sont le produit de l'activité de notre cerveau. Nous comprendre nous-mêmes, c'est d'abord comprendre notre cerveau. Tout au long de ce livre, nous avons constaté que les chercheurs ont accompli des progrès réels dans ce sens. Mais ces progrès, nous l'avons vu aussi, sont fragmentaires : ils ont été obtenus dans des secteurs très différents, à des niveaux très différents. C'est ainsi, par exemple, que les biologistes moléculaires sont parvenus à observer les systèmes de communications utilisés par les neurones, à un niveau qui permet d'avoir, pour la première fois, une vision moléculaire de leur genèse, dès les premiers instants de l'apparition de la vie, ainsi que des altérations que ces systèmes subissent pendant l'apprentissage et la formation de la mémoire. Au même moment, ceux qui explorent les mécanismes du langage humain commencent à dissiper le brouillard des théories abstraites et à comprendre ce qui se passe dans le cerveau lorsqu'il produit ou perçoit le langage.

Il n'est pas étonnant de constater les malentendus qui peuvent surgir entre chercheurs de différentes disciplines. Les scientifiques ne cessent d'argumenter sur ce qui peut être considéré comme "science réelle" ou non, avec la même violence parfois que les artistes à propos de l'art, "véritable" ou non. Mais la science de l'esprit et du cerveau ne saurait se réduire à une "question de goût". D'une manière ou d'une autre, les molécules qu'utilisent les cellules nerveuses pour communiquer entre elles jouent un rôle dans le processus (tout aussi étonnant) de la formation du langage chez l'enfant. Nous ne pouvons espérer comprendre les correspondances, pour l'instant lointaines, si nous ne connaissons pas en détail la nature des deux processus. La biologie moléculaire ne saurait établir la nature des capacités mentales nécessaires au langage, tout comme les outils qui permettent l'exploration des capacités mentales des singes ne seraient d'aucune utilité pour identifier les gènes qui codent pour les neurotransmetteurs. Mais ces deux secteurs si différents fournissent des réponses critiques à des questions de nature différente sur le cerveau. Et chacune de ces réponses, prise à part, n'a que fort peu de sens si on ne la rapproche pas d'une autre qui la complète.

Quelle pourrait être l'ébauche d'une ligne directrice, d'une volonté d'intégration qui permettrait de dépasser les querelles interdisciplinaires et de fournir un but commun aux psychologues, aux neurophysiologistes, aux biologistes moléculaires, aux linguistes, à tous les membres de cet équipage bigarré, embarqué sur le même bateau, pour explorer les régions obscures du cerveau et de la pensée ? Peut-être une discipline que bien des scientifiques croient en veilleuse ou sans aucune valeur pratique, la philosophie. Car les préoccupations philosophiques, métaphysiques et même religieuses rencontrent de plus en plus celles de la science moderne. On l'observe à propos de la genèse de l'univers, de l'origine de l'homme comme du débat sur les liens entre l'âme, l'esprit et le cerveau. Même si certains chercheurs auraient tendance à penser, comme Jean-Pierre Changeux : *"L'homme n'a plus rien à faire avec l'esprit, il lui suffit d'être un homme neuronal".* (J-P Changeux : "L'homme neuronal", Fayard, 1983).

L'œuvre de philosophes comme Daniel Dennett, de la Tuft University à Boston, Patricia Churchland, de l'Université de Californie à San Diego, et de tant d'autres montre bien que la philosophie n'est ni morte ni d'un intérêt aussi négligeable.

Dennett s'interroge, par exemple, sur la possibilité qu'ont les créatures vivantes d'accéder aux sommes de connaissances emmagasinées dans leur tête pour des réalisations rapides et efficaces. Ce n'est pas un sujet de spéculations oiseuses, car cette faculté est essentielle à notre survie. Que servirait-il à un organisme de trier des informations concernant la nourriture, lorsqu'il s'agit de reproduction, ou concernant la reproduction, lorsqu'un prédateur se profile à l'horizon ? Mais Dennett place ce problème dans la perspective des recherches sur l'intelligence artificielle : comment programmer un robot pour utiliser ses connaissances de manière à ce qu'il puisse survivre dans une situation dangereuse, et récupérer par exemple la batterie neuve dont il a besoin dans une pièce qui contient aussi des bombes à retardement ?

Dennett analyse les difficultés que peut rencontrer le robot s'il est incapable d'accéder à la connaissance utile à temps. Il montre ainsi que la notion de bon sens correspond pour nous à quelque chose d'assez vague. Les systèmes nerveux ont évolué de telle manière qu'ils accomplissent des opérations complexes de ce genre sans trop d'effort. Les êtres humains, eux, peuvent accéder à des connaissances emmagasinées de façon fort efficace, sans avoir à lire pour autant un manuel d'instructions. Imaginer que nous possédons une sorte de banque de données où nous emmagasinons nos connaissances est une idée bien trop simpliste. Nous n'avons sans doute pas encore découvert où regarder, quelle question judicieuse poser.

Churchland, elle, parle de "neurophilosophie", une approche qu'elle a développée après des années de recherche intensive sur le cerveau et la pensée.

Pour elle, il faudrait écarter la "psychologie populaire", ensemble de spéculations sur la pensée, et tenter d'intégrer les résultats de divers travaux, obtenus dans des disciplines fort différentes, mais qui toutes se soucient d'explorer les mécanismes et les liens de l'esprit et du cerveau. On obtiendrait ainsi des théories bien plus nourries, qu'il serait alors possible de tester en laboratoire.

C'est une prescription qu'il n'est pas facile de suivre. La psychologie populaire est solidement ancrée en chacun de nous et dissimule souvent ce que nous appelons le bon sens, que Churchland définit en ces termes : *"Par psychologie populaire, je veux dire cette panoplie de concepts mal dégrossis, de généralisations, de procédés empiriques que nous utilisons tous pour expliquer et prédire les comportements humains. C'est une psychologie du sens commun, ce genre de mythe psychologique qui rapporte tout comportement à une somme de croyances, de désirs, de perceptions, de buts, de sensations, etc. Une théorie qui relie généralement des états mentaux à d'autres états mentaux, à des perceptions et à des actes. Ces généralisations servent à caractériser les états mentaux et les processus qu'ils entraînent, elles délimitent les "faits" de la vie spirituelle et en définissent les terrains d'exploration".* (Patricia Smith Churchland : "Neurophilosophy : Toward a unified science of the mind-brain", The MIT Press, Cambridge, 1986).

Ce que nous dit la psychologie populaire des activités de la pensée parait bien difficile à expliquer en termes de cerveau. Certains avancent que c'est parce qu'expliquer le cerveau est impossible. Pour Churchland, c'est tout bonnement la psychologie populaire qui est fausse.

La notion vague de conscience de soi en est sans doute le meilleur exemple. La fameuse phrase de Descartes, "Je pense donc je suis", suggère qu'il a eu tendance, lui aussi, à succomber à cette psychologie populaire. Certains résultats obtenus avec les "split-brains" suggèrent en effet que les individus n'ont pas nécessairement un accès direct à leurs fonctions mentales. C'est ce que semble indiquer aussi la recherche sur les individus qui ont subi des lésions ou des ablations de régions de leur cortex visuel primaire et souffrent de "taches aveugles" : ils semblent capables de traiter des informations visuelles à l'état brut, sans avoir conscience de les recevoir. D'autres déficits neurologiques, comme certaines formes d'aphasie, où des lésions entraînent des troubles du langage qui se traduisent par des phrases sans aucun sens, sans que la personne ait conscience de les prononcer, contribuent aussi à jeter de sérieux doutes sur la notion de conscience de soi, telle que l'envisage la psychologie traditionnelle.

Mais que peut-on substituer aux fables de la psychologie populaire ? C'est une question à laquelle personne ne peut aujourd'hui répondre. Ce devrait être quelque chose qui rende compte aussi de la manière dont travaille le cerveau. Nous avons à portée de main une somme incalculable d'informations sur la manière dont certaines parties du cerveau opèrent isolément et quelques lueurs sur la manière dont ces parties interagissent avec d'autres. Ce qui nous manque, c'est un cadre théorique solide où insérer ces pièces et morceaux pour former un modèle cohérent des fonctions du cerveau qui intègre nos capacités de bouger, de penser, de ressentir, de nous exprimer, bref de tout ce qui fait de nous des êtres humains.

Elaborer ce cadre théorique est de loin le plus pressant défi à relever, à ce moment précis de l'histoire des sciences de l'esprit et du cerveau. La complexité du cerveau est effrayante pour qui tente d'en comprendre les mécanismes. Mais ce n'est pas ce qui décourage les chercheurs pour qui "impossible n'est pas scientifique". Les mathématiciens, après tout, ne se sont-ils pas attaqués à des problèmes qu'il semblait impossible d'élucider. La puissance des ordinateurs a été à l'origine d'une révolution dans les mathématiques, car les ordinateurs ont fourni des preuves mathématiques : des mathématiciens s'en sont servi pour prouver des théorèmes trop vastes pour être saisis en bloc, mais qu'il a été possible de vérifier dans les détails.

Une théorie exploitable du fonctionnement du cerveau pourrait bien se rapprocher de ces démonstrations mathématiques. Elle devrait, comme le cerveau, se bâtir à partir de parties très nombreuses, et malheureusement nous ne disposons pas pour l'instant de la plupart de ces parties, dans le sens où nous ne comprenons que très peu des fonctions du cerveau. Malgré tout, il serait bon de commencer à assembler ces tout petits morceaux dont nous disposons pour tenter de déterminer ce qui nous manque, pour nous tromper peut-être, pour écarter ce qui ne marche pas et recommencer. La science n'a-t-elle pas toujours été un jeu interactif entre théorie et expérience, à la recherche de la compréhension des phénomènes ? Le plus difficile, dans l'exploration du cerveau, reste d'établir ce qui peut nous être utile et ce qu'il conviendrait de faire passer au second plan.

Le cerveau ne filme pas le réel, il le reconstitue et, d'une certaine manière, il le crée. La correspondance entre le monde extérieur et le monde mental est vraisemblablement issu des contraintes exercées par l'environnement, au cours de l'évolution des espèces : les êtres vivants ont eu d'autant plus de chances de survivre qu'ils ont mieux perçu le monde où ils vivaient, pour le modifier ou s'y adapter. Certaines connaissances sont-elles innées ? Comment le cerveau construit-il le monde à partir du patrimoine génétique dont il a hérité ? Le problème est toujours débattu. Mais il n'est manifestement plus possible d'élaborer des modèles d'apprentissage en termes lamarckiens sans faire intervenir une certaine forme d'innéité qui, de Platon à Chomsky, n'a cessée d'être débattue sans qu'on n'ait jamais pu l'éliminer. S'il est vrai que la philosophie, aujourd'hui, ne saurait se désintéresser de la neurobiologie, cette philosophie, créée par le cerveau, peut contribuer à l'explorer, sous un angle précieux pour les chercheurs.

Dans l'immédiat, seule la diversité des approches mais aussi un dialogue qui serait mené de front et qui aborderait les domaines les plus variés pour les confronter entre eux, des molécules à la conscience, pourraient nous permettre un jour d'atteindre la cible dernière, de relever le défi ultime : nous comprendre nous-mêmes.

GLOSSAIRE

Agoniste : substance qui facilite une fonction.

Agoniste inverse : substance qui empêche une fonction.

Antagoniste : substance qui bloque une fonction.

Amyloïdes : substances riches en sucres et semblables à l'amidon, qui infiltrent des tissus.
Axone : ramification principale de la cellule nerveuse.

Benzodiazépines : composés chimiques, qui agissent principalement comme tranquillisants, anticonvulsifs et somnifères.

Cellules gliales : cellules support, au rôle encore mal connu.

Cervelet : organe situé à l'arrière du cerveau, vers le bas, et qui joue un rôle de régulation et de contrôle des ordres lancés.

Chroroïde : membrane de l'œil, pigmentée et vascularisée, qui se prolonge par l'iris.
Circadien : rythme de l'organisme, indépendant des facteurs extérieurs (lumière, chaleur, etc.), qui se développe parallèlement à la rotation de la terre sur son axe, sans coïncider avec elle.

Corps genouillé : (latéral, proche de la zone médiane) partie du système réflexe de la vision : c'est l'un des relais des fibres optiques.

Corps mamillaire : (proche de la ligne médiane latéralisée) relais du système limbique, intervenant dans le processus de la mémoire.

Cortex : centre supérieur du traitement de l'information. Tous les sens, sauf l'odorat, envoient leurs informations au cortex. Le *cortex moteur* est situé dans la région frontale, le *cortex sensoriel* dans la région pariétale (à l'arrière, en haut), le *cortex visuel* dans la région occipitale (à l'arrière, en bas).

Dendrites : ramifications abondantes de la cellule nerveuse.

Division cellulaire : processus par lequel les cellules se renouvellent.

Dominance : prépondérance d'un hémisphère cérébral sur l'autre, par association avec certains comportements spécifiques (verbalisation, etc.)

Endogène : qui prend naissance à l'intérieur d'un organisme (par opposition à "exogène").

Epithélium : tissu couvrant le corps, les cavités internes et les organes.

Facteur trophique : facteur régulant la nutrition des cellules.

Fontanelles : espaces situés entre les os de la boîte crânienne du bébé, avant l'ossification finale.

Ganglions de la base : masses neuronales proéminentes, qui exercent sans doute un rôle stabilisateur pour les systèmes moteurs. Leur lésion peut provoquer des ralentissements du mouvement (Parkinsonisme) ou une augmentation excessive de celui-ci (chorée d'Huntington).

Génôme : patrimoine génétique propre à chaque espèce.

Gyrus : circonvolution.

Hippocampe : dernière circonvolution cérébrale (T5) qui joue un rôle dans le système auditif. L'hippocampe jouerait aussi un rôle essentiel dans la mémoire.

Hypophyse : glande endocrine, située sous l'encéphale, qui préside à la vie hormonale.

Imagerie cérébrale : ensemble de techniques permettant de "visualiser" le cerveau. Par exemple, le marquage moléculaire radioactif, l'angiographie cérébrale (injection d'un produit de contraste radio-opaque pour visualiser entre autres choses les vaisseaux sanguins), la tomodensitométrie, etc.

Ischémie cérébrale : interruption de la circulation du sang dans le cerveau.

Latéralisation : cf. Dominance.

Lobes : parties saillantes du cerveau. On parle de lobes frontaux, latéraux (associations), occipitaux (vision), pariétaux (partie moyenne et supérieure du cerveau).

Locus coeruleus : petit amas de neurones qui joue un rôle dans les rêves.

Locus niger : l'un des moyens de relais du système extra-pyramidal dans les pédoncules cérébraux.

M.A.O. : mono-amino-oxydase, ou enzyme qui intervient dans la formation de neuromédiateurs entre les cellules nerveuses.

Méninges : membranes qui entourent le cerveau et la moelle épinière.

Muscles : les muscles striés sont impliqués dans les mouvements volontaires. Les muscles lisses (vaisseaux sanguins et intestins) sont constitués de fibres courtes et innervés par le système végétatif.

Neurones : autre nom donné aux cellules nerveuses.

Neurotransmetteur (ou neuromédiateur) : médiateur chimique assurant la transmission de l'influx nerveux.

Noyaux suprachiasmatiques : l'un des éléments de l'hypothalamamus, qui contrôle de nombreuses fonctions rythmiques, telles que boire, manger, l'ovulation ou la régulation thermique.

Nucleus basalis de Meynert : tout petit noyau cérébral, qui joue un rôle (encore mal défini) dans le vieillissement cérébral.

Ontogénèse : développement de l'individu, de l'œuf à l'état adulte.

Ondes alpha : ondes cérébrales de fréquence élevée et de faible amplitude, présentes pendant l'éveil.

Ondes bêta : ondes cérébrales de fréquence rapide, correspondant à un état de concentration mentale, d'excitation ou d'anxiété.

Ondes delta : ondes cérébrales de fréquence basse, survenant pendant l'assoupissement ou le sommeil profond.

Ondes thêta : ondes cérébrales de fréquence moyenne, correspondant à l'assoupissement léger ou à la rêverie.

Paquet acoustico-facial : nom donné, en langage chirurgical, à la partie commune du trajet de deux nerfs : le nerf facial et le nerf auditif. Ils se trouvent accolés à leur sortie du tronc cérébral.

Phylogénèse : évolution des espèces.

Proprioceptif : ce qui touche aux muscles, aux ligaments, aux os.

Scissure de Sylvius : entre les circonvolutions cérébrales, existent des sillons, dont les plus profonds sont appelés des scissures. Ces sillons et scissures résultent de l'enroulement du cerveau durant sa période embryonnaire. La scissure de Sylvius est la plus profonde, celle où logent les artères. Elle passe entre les lobes frontal, pariétal et temporal.

Scissure de Rolando : la scissure de Rolando est située entre frontal et pariétal. En avant de cette scissure, se situe le point de départ de la motricité. En arrière, le point d'arrivée de la sensibilité.

Substance : on distingue la substance blanche, constituée de fibres nerveuses à myéline (près de la mœlle épinière, au centre du cerveau), la substance grise, composée de cellules nerveuses (au centre de la moelle épinière, à la surface du cerveau et dans sa partie centrale avec les noyaux gris), et la substance noire ou substantia nigra (de chaque côté des pédoncules cérébraux) qui contient des récepteurs de dopamine.

Synapses : jonction entre les cellules nerveuses, secrétant les neuromédiateurs et régulant le passage de l'influx nerveux.

Thalamus : relais de l'information vers le cortex.

Thymus : organe glandulaire, à la base du cou. Joue un rôle dans les processus immunitaires.

Trigone : les hémisphères droit et gauche sont reliés par des fibres de connexion, appelées les grandes commissures. La plus importante d'entre elles, en volume, est le *corps calleux*. Puis vient le *trigone*. Enfin, les *commissures blanches,* antérieures et postérieures. Le trigone se divise en deux faisceaux : piliers antérieurs et piliers postérieurs.

Ventricules : les ventricules sont les cavités remplies de liquide céphalo-rachidien, creusées à l'intérieur des hémisphères et des structures cérébrales de la face postérieure. Le 4e ventricule est relié au 3e ventricule par l'*aqueduc de Sylvius,* et tous deux sont reliés aux ventricules latéraux par les *trous de Monro.* Les ventricules latéraux sont composés d'une corne frontale, d'un corps, d'un carrefour et d'une corne temporale.

Introduction

Francis Crick : "Réflexions sur le Cerveau", Pour la Science, novembre 1979, n° 25, p.168.

Chapitre 1

S. Freud : "Essai de psychanalyse", Payot.
O. Creutzfeldt :"Neurophysical mechanisms and consciousness", in Brain and Mind, Ciba Foundation Symposium, 1979, vol. 69.

Chapitre 4

L.F. Jarvik : "Human intelligence sex differences", Acta Geneticae Medicae and Gemellologicae, 1975, vol. 24, 189-211.

Article 5

Fievet-Izard M., Presses Universitaires de France, Paris 1975 Guillaume M., L'Acupuncture.
Hussow A., Huang Di Nei Jinc Sowen, Asmaf, Paris 1973.
Institut Ricci, Dictionnaire français de la langue chinoise, I.R. Kuanchi Press, 1976 Taiwan.
Korvin-Krasinsky Cyrill P., Die Tibitische Medizin Philosophie, Origo Verlag, Zurich 1953 - Postface, le massage chinois, Ami, Paris 1965.
Larre C., Suwen.
Nguyen van Nghi, Hoang Ti Nei King So Ouenn, Socedim, Marseille 1973.
Rochat de la Vallée E., Fascicules 1980, 1986 - Institut Ricci, Paris.
Tymowski J.C. de, L'unité dans la multiplicité, Préface du livre la médecine Ayur-Vedique de Gérard Edde, Editions Dangles, 45800 St-Jean-de-Braye, 1985 - L'Energie Vitale (p. 137-140), in : Le Yoga en 10 leçons de Roumanes J.P., novembre 1973, Hachette Paris - Passé, Présent, Avenir de l'Acupuncture, Comptes rendus du XVIe Congrès International d'Acupuncture de Baden-Baden 1971, Maisonneuve, Moulins-les-Metz, 1971 (p. 267) - Que sais-je ? n° 705.
Wiegler S.J., Caractères chinois, Kuangchi Press, 1963 Taiwan.

Article 8

Nous remercions tout particulièrement la société Hoffmann-La Roche de nous avoir autorisés à publier l'article d'A. Hobson.

Article 9

Oman CM., Lichtenberg BK., Money KG., McCoy RK., (1986) Space motion sickness : symptoms, stimuli and predictability. Ex. Brain Res 64 : in press.
Parker De., Reschkle MF., Arrott AP., Homick JL., Lichtenberg BK., (1985) Otolich tilt - translation reinterpretation following prolonged weightlessness : implications for preflight training. Aviat Space & Environ Med 56 : 601-607.
Reschke M., Anderson D., Homick J., (1984) Vestibulospinal reflexes as a function of microgravity. Science 225 : 212-214.
Watt DGD., Money KE., Tomi LM., (1986) Effects of prolonged weightlessness on a human otolith-spinal reflex. Exp Brain Res 64 : in press.
Vieville T, Clement G., Lestienne F. Berthoz A., (1986) Adaptive modifications of the optokinetic and vestibulo-ocular reflexes in microvity. In Keller E., Lee D. (eds) Adaptive processess in visual and oculomotor systems. Pergamon Press (London) 111-120.
Young LR., Oman CM., Watt DGD., Money KE., Lichtenberg BK.,(1984) Spatial orientation in weightlessness and readaptation to earth's gravity. Science 225 : 205-208.
Young LR., Oman CM., Watt DGD., Money KE., Lichtenberger BK., Kenyon RV. and Arrott AP., (1986) Sensory adaptation to weightlessness and readaptation to one G : an overview. Exp Brain Res 64 : in press.

Chapitre 6

H. Selye : "Stress sans détresse", Les Editions de la Presse, Ottawa, 1974, p. 29.

Chapitre 7

A. Artaud : "Œuvres complètes", Gallimard.

Chapitre 8

E. Kandel : "Les petits systèmes de neurones", Pour la Science, novembre 1979, n° 25, p.46.

Chapitre 9

C.W. Cœn : "Functions of the brain", éd. Clarendon Press, Oxford, 1985, p.64.

Chapitre 10

M. Jeannerod : "Le cerveau-machine, Physiologie de la volonté", Fayard, 1983.

Article 16 :

Bizzi E. and Abend W., (1983) Posture control and trajectory formation in single - and multi-joint arm movements. In Motor Control Mechanims in Health and Disease, edited by J. E. Desmedt. Raven Press, N.Y., 31-45.
Bizzi E., Accornero N., Chapple W. and Hogan N., (1982) Arm trajectory formation in monkeys. Exp. Brain Res, 46 : 139-143 Bizzi E., Accornero N. Chapple W. and Hogan N., (1984) Posture control and trajectory formation during arm movement. J. Neurosci, 4 : 2738-2744.
Bizzi E., Polit A. and Morasso P. (1976), Mechanisms underlying achievement of final head position. J. Neurophysiol, 39 : 435-444.
Feldman A.G., (1966) Functional tuning of the system during control of movement or maintenance of a steady posture. III. Mechanographic analysis of the execution by man of the simplest motor tasks. Biophysics, 11 : 766-775.
Feldman A.G., (1974a) Change of muscle length due to shift in the equilibrium point of the muscle-load system. Biofizika, 19 : 534-538.
Feldman A.G., (1974b) Control of muscle length. Biofizika, 19 : 749-751.
Flash T. and Hollerbach J.M., (1981) Dynamic interactions between limb segments during planar arm movement. Abst. 11th Annual Meeting, Society for Neuroscience, Los Angeles, CA.
Georgopoulos A.P., Caminiti R. and Kalaska J.F., (1984) Static spatial effects in motor cortex and area 5 : quantitative relations in a two-dimensional space. Exp. Brain Res 54 : 446-454.
Hogan N., (1980) Mechanical impedance control in assertive devices and manipulators. In Proc. Joint Automatic Control Conf., San Francisco, CA.
Hogan N., (1984) Impedance control of industrial robots. Robots Comput. Integrated Mfg., 1 : 97-113.
Horn B.K.P. and Raibert M.H., (1977), Configuration space control, Massachusetts Institute of Technology Artificial Intelligence Laboratory, Memo n° 458, Cambridge, MA.
Morasso P., (1981) Spatial control of arm movements. Exp. Brain Res. 42 : 223-227.
Mussa-Ivaldi F.A., Hogan N. and Bizzi E., (1985) Neural, mechanical and geometric factors subserving arm posture in humans. J. Neurosci, 5 : 2732-2743.
Raibert M., (1976) A state space model for sensorimotor control and learning, Massachusetts Institute of Technology Artificial Intelligence Laboratory, AIM.

Chapitre 15

J.M. Harlow : "Passage of an iron rod through the head", Boston Medical and Surgical Journal, 1848, vol. 39,389-393.

Article 27

Altenmüller E., Landwehrmeyer B. Jung R., (1985) Electrophysiological evidence of right parietal dominance of visual-spatial processing tasks. J. Neurol suppl. 232 : 140.
Ingvar D., (1983) Serial aspects of language and speech related to prefrontal cortical activity. A selective review. Human Neurobiol 2 : 177-189.
Julesz B, (1971) Foundation of cyclopean perception. Chicago-London : Univ. of Chicago Press.
Jung R., (1984) Electrophysiological cues of the languagedominant hemisphere in man : slow brain potentials during language processing and writing. Exp Brain Res suppl. 9 : 430-450.
Jung R., (1986) Hirnelektrische Korrelate von Handlungsintention und Grosshirndominanz. In : Heiman H (ed) Das Verhältnis der Psychiatrie zu ihren Nachbardisziplinen. Berlin : Springer p. 11-14.
Jung R., Altenmüller E. Natsch B. (1984) Zur Hemisphärendominanz für Sprache und Rechnen : Elektrophysiologische Korrelate einer Linksdominanz bei Linkshändern. Neuropsychologia 22 : 755-775.
Kornähuber HH., Deecke L., (1965) Hirnpotentialänderungen bei Willkürbewegungen und passiven Bewegungen des Menschen : Bereitschaftspotential und reafferente Potentiale. Pflügers Arch ges Physiol 284 : 1-17.
Landwehrmeyer B., Altenmüller E., Winker T., (1985) Slow brain potentials as correlates of right hemispheric dominance during visual-spatial processing in man. Pflügers Arch Europ J. Physiol 405 suppl. 2 : R 40, 139.
Lehmann D., Julesz B., (1978) Lateralized cortical potentials evoked in humans by dynamic random-dot stereograms. Vision Res 18 : 1265- 1271.
Sasaki K., Gemba H., (1982) Development and change of cortical field potentials during learning processes of visually initiated hand movements in the monkey. Exp. Brain Res 48 : 429- 437.
Szentagothai J., (1975) The "module concept" in cerebral architecture. Brain Res 95 : 475- 496.
Walter WG., (1964) Slow potential waves in the human brain associated with expectancy, attention and decision. Arch Psychiatr Nervenkr 206 : 309-322.

Conclusion

Patricia Smith Churchland : "Neurophylosophy : Toward a unified science of the mind-brain", The MIT Press, Cambridge, 1986.

A

Livres, brochures, rapports :
Aggleton J. P. et Mishkin M. : "Mamillary body lesions and visual recognition in monkeys" (Exp. Brain Res. Springer. Verlag 1985) Aggleton J. P. : "A description of intra-amygdaloid connections in old world monkeys" (Exp. Brain Res. Springler. Verlag 1985) Atuhiro S. : "Inscrutable epigenetics of the japanese brain". (J. Social Biol. Struct. 1980)
Articles :
Accoce P. "Cerveau : la pilule de jouvence" (L'Express 18 Avril 1977) Aggleton J. P. et M. Mishkin : "Amygdalothalamic projections in monkey" (The Journal of comparative neurology 1984), "Memory impairments following lesions in monkey" (Experimental Brain Research), "Visual recognition impairment following medical thalamic lesions in monkeys" (Neuropsychologia Vol. 21 1983, Pergamon Press)
Aignier T. G. et Mishkin M. : "Cholinergic drugs and memory" (Behavioral and neural Biology, 1946)
Albano J. E. Mishkin M. and al. : "Deficits after collicular ablation" (Journal of Neurophysiology, Août 1982)
Aston-Jones et Bloom F. E. : "Rat locus cœruleus neurons respond to Non-noxious stimuli" (The Journal of Neuroscience Août 1981)

B

Livres, brochures, rapports :
Bachevalier J., Parkinson J.K. et Mishkin M. : "Visual recognition in monkeys" (Exp. Brain Res. Spring. Verlag 1985) Barde Y. A. et Thoenen H. : "Neurotrophic factors" ("Hormones and cell regulation" Elsevier Science Publishers 1985)
Björklund A. et Stenevi U. : "Intracerebral neural grafting : a historical perspective" (Elsevier Amsterdam 1985)
Bloom F.E. : "Neurotransmitters and their function" (Progress in Brain Research. Elsevier Science Publishers, 1983)
Bizzi E. et Abend W.K. : "Control of multijoint movement" ("Comparative Neurobiology" John Wiley and Son, 1986)
Blakemore C. : "Mechanics of the mind" (Cambridge University Press, 1977), Bogoch S., Bogoch E.S., Antich P., Dungan S.M., Harris J.H., Ambrus J.L. et Powers N. : "Elevated levels of anti-malignin antibody" (Pergamon, 1984)
Bogoch S. et Bogoch E.S. : "Production of two recognins" (Neurochemical Research, 1979)
Braitenberg V. "Das gehirn die graue eminenz des verhaltens" (Das Fenster 31)
Bloom F.E. : "Endorphins and Psychiatry : pre-clinical perspectives" (Psychiatric Developments, 1984), "Recombinant D.N.A. strategies of neurotransmitter research" (Advances in pharmacology and therapeutics II. Pergamon Press 1982)
Braitenberg V. : "On the texture of brains" (Springer-Verlag, 1977) Brain Mind Bulletin : "Brain function and theory, brain chemistry, endorphins" (Volumes 1 à 6, 1977-1981)
Bulloch K. : "Neuroanatomy of lymphoid tissue : a review" (Raven Press, 1985)
Buser P.A. et Rougeul-Buser A. : "Cerebral correlates of conscious experience" (Symposium n° 6 INSERM, Août 1977)
Articles :
Bachevalier J. et Mishkin M. : "Memories and habits in enfant monkeys" (Behevioral Neurosciences 1984)
Baker H.F., Ridley R.M. et Crow T.J. : "Experimental transmission of an autosomal dominant spongiform encephalopathy" (British Medical Journal, Août 1985)
Baulac M. : "Le cerveau humain : ses mystères" (Paris-Match, Interview)
Bellringer J.F., Pratt H.P.M. et Keverne E.B. : "Vomeronasal organ, prolactin and the "Bruce" effect in mice" (Journals of Reproduction and Fertility L.T.D. 1980)
Bernard J. : "Cancer et usure cérébrale seront guéris dans 15 ans" (Figaro Magazine Interview, 27 Avril 1985
Bizzi E., Accornero N., Chapple W. et Hogan N. : "Posture control and trajectory formation" (The journal of Neurosciences, Nov. 1984).
Bizzi E., Chapple W. et Hogan N. : "Mechanical properties of muscles" (T.I.N.S. Nov. 1982)
Björklund A. et Steveni U. : "Intracerebral neural implants" (Ann. Rev. Neuroscience 1984)
Björklund A. : "Brain implants, transplants" (Encyclopedia of Neuroscience)
Blakemore C. et Vital Durand F. : "Development of geniarlo-corticol system" (Alan R. Liss, 1984)
Bloom F.E. and al. "Aspects of the action of lithium and antidepressant drugs" (Neuropharmacology Vol. 22, 1983)
Bogoch S., Bogoch E.S., Fager C.A., Harris J.H., Ambrus J.L, Lux W.E. et Ransohoff J.A. : "Relation of antibody to survival" (Journal of Medicine P.J.D. Publications 1982)
Bogoch S. et Bogoch E.S. : "Disarmed anti-malignin antibody in human cancer" (The Lancet 5 Mai 1979)
Boissier J.R., Evrard C.et Gaignault J.C. : "Les médicaments psychotropes" (La Recherche Novembre 1980)
Bonder P. : "L'action de l'électropuncture implique les endomorphines"(LeëQuotidien du Médecin n° 1484)
Bornet P. : "La maladie d'Alzheimer" (Questions Actuelles)
Brauchli B. : "Erlkönig oder nebelstreif" (Uni Press Février 1986)
Brown R., Colter N. and al : "Brain measurement changes" (Arch. Gen. Psychiatry, Vol.43, janvier 1986)
Bullier J. : "Les cartes du cerveau" (La Recherche, Oct. 1983)
Bylinsky G. : "Medicine's next marvel : the memory pill" (Fortune 20 Janvier 1986)

C

Livres, brochures, rapports :
Clarke E. et Dewhurst K. : "Histoire illustrée de la fonction cérébrale au XVIIIe siècle" (Editions Dacosta)
Creutzfeldt O. : "Philosophische probleme der neurophysiologie" ("Rücklick in die Zufunkt" Severin und Siedler Verlag 1981) "Diversification and synthesis of sensory systems across the cortical link" ("Brain mechanisms and perceptual awareness", Raven Press 1981) "Impasses and fallacies of the brain-mind discussion" (Experimental Brain Research, Springer-Verlag 1984)
Creutzfeldt D. : "Neurophysiological mechanisms and consciousness" (B.N. Elsevier North Holland)
Crow T.J. and al. : "Cortical neurochemistry of dementia" ("The aging process therapeutic implications", Ed. R.N.Butler and Bearn Raven Press)
Articles :
Caradante F. : "Das geheimnis der inneren uhr"
Changeux J.P. : "Les secrets de maître cerveau" (Interview l'Express Février 1983)
Chauvin R. : "Malin comme un oiseau" (Le Figaro 13 Janvier 1985)
Christen Y. : "Certaines démences expliquées par d'étranges virus" (Figaro Magazine, 4 mai 1985)
Clark M., Gosnell M. et Witherspoon D. : "A slow death of the mind" (Newsweek Décembre 1984), "The two syndrome concept origins and current statuts", (Schizophrenice bulletin, Vol.11, 1985)
Crow T.J. : "The biology of schizophrenia" (Experiencia Verlag 1982), "A re-evaluation of the viral Hypothesis" (British Journal of Psychiatry, Alan R. Liss, 1984)

D

Articles :
Daum E. : "Autisme et Pschynalyse" (Le monde 20 Février 1985)
Diamond M.C., Scheibel A.B., Murphy G.M. et Harvey T. : "On the brain of a scientist : Albert Einstein" (Experimental Neurology, Academic Press 1985)
Dorozynski A. : "Depuis 1946, les Japonais sont des surdoués" (Science et Vie Août 1982)
Dunnett S.B. et Bjrklund A. : "Dopaminergic transplantation in an animal model of Parkinson's disease" (Winlow and Fluckiger)

E

Livres, brochures, rapports :
Edelman G.M., Mountcastle V.B. "The Mindful Brain" (MIT-Press, 1982)
Articles
Ebisch R. : "The agony and the ecstasy" (T.W.A. Ambassador Février 1986) Eidelberg D. et Galaburda A.M. : "Inferior Parietal lobule" (Archives of Neurology. Vol. 41, août 1984), "Posterior Thalamus" (Archives of Neurology, Vol. 39, juin 1982)
Dr. Escoffier-Lambiotte : "Le froid qui sauve" (Le Monde 19 Janvier 1983), "La dyslexie serait liée à une asymétrie du cerveau" (Le Monde Octobre 1984)

F

Livres,brochures,rapports :
Ferguson M. : "The Aquarian conspiracy" (St Martin's Press 1980)
Fried I., Mateer C., Ojemann G., Whons R., Fedio P. : "Organization of visuospatial functions in human cortex" (Brain 1982)
Ingvar D.H. : "L'idéogramme cérébral" (L'Encéphale 1977)
Articles :
Ferrieri G. : "Aiuto,mi si spegne la testa" (Europeo Mai 1985)
Fontana M. : "Che computer quel cervello" (Panorama 19 Mai 1985)

Freeman R.L., Galaburda A. M. and al : "The neurology of depression" (The Archives of Ophtalmology, Vol. 103, janvier 1985)

G

Livres, brochures, rapports :
Galaburda A.M., Le May M., Kemper T.L. et Geschwind N. : "Right-Left asymetrics in the brain" (Science 24 Février 1978)
Galaburda A.M., Sherman G.F. et Geschwind N. : "Neuroanatomical asymmetrics in non-human species" (Trends in Neuro-Science Decembre 1982)
Galaburda A.M., Sherman G.F. et Geschwind N. : "Historical note on animal studies" (Academic Press. 1985)
Gregory R.L. : "Eye and brain" (Weidenfeld and Nicolson, 1977)
Gregory R.L. : "Mind in Science" (Windenfeld and Nicholson, 1981)
Geschwind N. et Galaburda A.M. : "Cerebral lateralization" (Arch.Neurol. Mai 1985)
Gwinner E.G. : "Adaptatives functions of circannual rhythms in warblers" (Symposium on environmental physiology)
Articles :
Galaburda A.M. : "La dyslexie et le développement du cerveau" (La Recherche)
Galaburda A.M., Sherman G.F. and al : "Developmental Dyslexia" (Annals of Neurology, Vol. 18, Août 1985), "Cortical anomalies in brain" (Proc. Natl. Acad. Sci. Vol. 18, Août 1985)
Galaburda A.M. et Pandya D.N. : "Superior Temporal Region" (The Journal of Comparative Neurology. Alan R. Liss, 1983)
Galaburda A.M., Sanides F. et Geschwind N. : "Human Brain" (Archives of Neurology, Vol. 35, Décembre 1978)
Galaburda A.M. et Eidelberg D. : "Symestry and Asymmetry in the human posterior thalamus" (Archives of Neurology, Vol. 39, Juin 1982)

H

Livres,brochures,rapports :
Hanna T. : "Explorers of human kind" (Harper and Row 1979)
Articles :
Hanada Y. et Kawamura H. : "Sleep-waking electrocorticographic rhythms" in chronic cerveau isolé rats" (Physiology and Behaviour 1981)
Hinde R.A. et Stevenson J.G. : "Les motivations animales et humaines" (La Recherche, Mai 1971)
Hogan N. : "Organizing principle for a class of voluntary movements"
Heine O. et Galaburda A.M. : "Olfactory asymmetry in the rat brain" (Experimental Neurology 91, 1986), (The Journal of neuroscience, Novembre 1984), "The mechanisms of multijoint posture and movement control" (Biological cybernetics, Springer-Verlag 1985)

I

Livres, brochures, rapports :
Ingvar D.H. : "Serial aspects of language and speech", "Memory of the future" (Human Neurobiology Springer. Verlag 1985)
Ito M. : "Characterization of synaptic plasticity in the cerebellar and cerebral neocortex" (Dahlem Konferenzen Workshop Décembre 1985), "The cerebellum and neural control" (Raven Press 1984)
Articles :
Illmensee K. et Mintz B. : "Totipotency and normal differentiation of single teratocarcinoma cells" (Proc. Natl. Acad. Sci., Février 1986)
Ingrasci R. : "Interview with Ken Wilber" (New Age Avril 1982)
Inouye T. et Kawamura H. : "Characteristics of a circadian pace-maker in the suprachiasmatic nucleus" (Journal of comparative physiology 1982) "Persistence of circadian rhythmicity in a mammalian "island" (Proc. Natl. Acad. Sci. 1979)
Insanti R., Blakemore C. et Maxwell Cowan W. : "Postnatal development of retinocollicular projection" (The Journal of Comparative neurology, Alan R. Liss, 1985)
Ito M. : "Is the cerebellum really a computer ?" (T.I.N.S. Mai 1979)
Iversen L.L. : "Super-potent serotonin blockers" (Naturen 11 Juillet 1985)
Iversen L.L. : "Chemicals to think by" (New Scientist, 30 Mai 1985)

J

Livres, brochures, rapports :
Jung R. : "Hans Berger und die entdeckung des E.E.G. nach seinen tagebüchern und protokollen" (V.E.B 1963)
"Electrophysiological cues of the language dominant hemisphere in man" (Springer-Verlag 1984)
Jablensky A. : "Multicultural studies and the nature of schizophrenia" (Rapport présenté à la Royal Society of Medicine de Londres 12 Novembre)
Jaynes J., Dennett D., Miller J., Ojemann G. and al. : "Consciousness" (Psychologie Canadienne Avril 1986)
Jeannerod M. : "Le cerveau machine" (Fayard 1983)
Articles :
Jakubaschk J. : "Endstation klinik ?" (Uni Press Février 1986)
Johnstone E.C., Cunningham D.G. and al. : "Institutionalization and the defects of schizophrenia" (British Journal of Psychiatry, 1981)
Johnstone E.C. et Crow T.J. : "Dementia Praecox et schizophrenia" (Journal of the Royal College of Physicians of London, Vol. 14, Octobre 1980)

K

Livres, brochures, rapports :
Karli P. : "Conceptual and methodological problems" (Sythoff and Noordhoff, 1981)
Karli P., Eclancher F. and al : "Emotionnal responsiveness and interspecific agressiveness in the rat "(The genetics of behaviours", North Holland publishing Company 1974)
Koob G. et Bloom F.E. : "Memory learning and adaptative behaviors" (John Wiley and sons inc.1983)
Articles :
Karli P. : "Brain mechanisms underlying agressive behaviour : a re-evaluation" (Trends in Pharmacological Sciences Novembre 1981)
Kâsermann M.L. : "Verstehen sie ?" (Uni Press Février 1986)
Kennedy C., Gillin J.C., Mendelson W and al : "Local cerebral glucose utilization in non-rapid eye movement cleep" (Nature Mai 1982)
Keverne E.B. : "Chemical communication in primate reproduction" (Academic Press, 1983)
Keverne E.B., Murphy C.L., Silver W.L. and al : "Non olfactory chemoreceptors of the nose" (Chemical senses, Vol. 11, I.R.L. Press 1986)
Kimura D. : "Major areas of the left hemisphere" (Psychology Today Novembre 1985)
Koelle W.P. : "Die Rolle der Neurotransmitter in der Organization des Schlafs" (Therapiewoche. Verlag Juillet 1985)
Korn H., Faber D.S., Burnod Y. et Triller A. : "Regulation of efficacy at central synapses" (The Journal of Neuroscience Janvier 1984)
Kouchner A. : "Mieux vieillir" (L'Express 27 Avril 1984)

L

Livres,brochures,rapports :
Lazorthes G. : "Le Cerveau et l'Esprit" (Flammarion 1984)
Lewortin R.C., Rose S., Kamin L.J. "Nous ne sommes pas programmés" (La Découverte, 1985)
Articles :
Laplane D. : "Les céphalées : orientation du diagnostic" (La Revue du Praticien 11 Mars 1984)
Lecocq A.L. : "Le cerveau vieillit-il ?" (La Recherche Novembre 1984)
Liddle P.F. et Crow T.J. : "Age disorientation in chronic schizophrenia" (British Journal of Psychiatry, 1984)

M

Livres, brochures, rapports :
Macrae N. : "The 2024 report" (Sidgwick et Jackson, 1984)
MacLean P.D. : "Fiber systems of the forebrain" ("The rat nervous system")
"Brain evolution" (Arch. Gen. Psychiatry Avril 1985)
MacLean P. : "On the evolution of three mentalities" (John Wiley and Sons, 1977)
Medical Research Council : Annual Report for 1984-1985
Mondadori C. : "Pharmacological modulation of memory : trends and problems", "Wo sitzt unser gedächtnis ?" (Technische Rundschau)
Morin E., Piatelli-Palmarini M. : "Le cerveau humain" (Points Le Seuil, 1974)
Articles :
McAuliffe K. : "The mind fields" (OMNI)
Macko K.A. et Mishkin M. : "Metabolic mapping of visual areas" ("Brain Imaging and brain functions", Raven Press, 1985)
Macko K.A., Jarvis C.D. and al : "Mapping the primate visual system with (2-14C) deoxyglucose" (Science, 22 Octobre 1982)
MacLean P. : "A triangular brief on the evolution of brain and law" (Social Biol. Struct. Academic Press, 1982), "Limbic Thalamocingulate division" (Raven Press, 1986), "Limbic and neocortical systems of brain" (The American Journal of Medicine, Octobre 1958), "Trinne brain" (Neurosciences-Rockfeller University Press (1970), "Sexual functions of the brain" (The Journal of nervous and mental disease, Vol. 135, Octobre 1962)
Maranto G. : "The mind within the brain" (Discover Mai 1984)

Mishkin M.: "Amemory system in the monkey" (Phil. Trans. R. Soc. 1982)
Mishkin M., Malamut B. L. et Saunders R.C.: "Limbic lesions and 24 hour intertrial intervals" (Behavioral neurosciences, 1984)
Mishkin M., Malamut B.L. et Bachevalier J.: "Memories and habits: two neural systems"
Mishkin M., Ungerleider L.G., et Macko K.A.: "Object vision and spatial vision" (T.I.N.S., Vol. 6, Octobre 1983)
Mishkin M., Lewis M.E., et Ungerleider L.G.: "Equivalence of parieto-preoccipital subareas for visuospatial ability in monkeys" (Behavioral Brain Research, Elsevier Press 1982)
Mishkin M., Desimone R. et Aggleton J.P.: "Hippocampothalamic projections" (The Journal of Comparative Neurology, 1986)
Mishkin M., Spiegler B.J. and al: "An animal model of global amnesia" ("Alzheimer's disease: a report of progress", Raven Press, 1982)
Modestin J.: "Verdursten in der Oase" (Uni Press Février 1986)
Morasso P., Abend W. et Bizzi E.: "Human arm trajectory formation" (Brain, 1982)
Moosmann E.: "Auch Nervenzellen müssen lesen und schreiben lernen" (Die Welt Août 1985)
Murray E.A. et Mishkin M.: "Tactual and visual memory in monkeys" (The Journal of Neuroscience Octobre 1984)
"Amygdalectomy impairs crossmodal association in monkeys" (Science 3 Mai 1985)
Mussa-Ivaldi F.A., Hogan N. et Bizzi E.: "Multi-joint arm posture" (The Journal of Neuroscience, Vol. 5, Octobre 1985)

N

Articles:
Nakamura R.K., Kennedy C. and al: "Hypnogenic center theory of sleep" (Brain Research 1983)
Nau J.Y.: "L'enfant qui revient du froid" (Le Monde 31 Janvier 1984)

O

Livres, brochures, rapports:
Ojemann G.A.: "The intrahemispheric organization of human language" (Trends in Neuro Science Elsevier Science 1983), "Brain organization for language" (The behavioral and brain science, Cambridge University Press 1983)
Ojemann G.A. et Calvin W.H.: "Inside the brain" (Mentor book. New American Library)
Owen J., Flanogan J. "The science of the mind" (The Murray printings Co, USA, 1984)

P

Livres, brochures, rapports:
Polc P. et Schneeberger J.: "Signale aus dem Hirn"
Articles:
DaPrada M., Cesura A.M., Kettler R., Zührer G.et Haefely W.E.: "Conversion of the neurotoxic precursor" (Neuroscience Letters 1985)
De Perico G.: "Angst und psychopharmaka" (Basler Magazin 18 Mai 1985)
Poggio T.: "Vision by man and machine"
Poggio T., Torre V. et Koch C.: "Computational vision and regularization on theory" (Nature)
Pribram K.: "Théorie pour adapter la physique des quantas à la logique du raisonnement humain" (Stanford-Département de psychologie Septembre 1984)
Price D.J. et Blakemore C.: "Development of visual cortical association projection" (The journal of Neuroscience, Vol. 5, Septembre 1985), "Regressive events in the postnatal development of association projections in the visual cortex" (Nature, Vol. 316, Août 1985).

R

Livres, brochures, rapports:
Rattray-Taylor G.: "Le cerveau et ses mystères" (Calmann-Lévy 1981)
Restak R.: "The Brain" (Bantam, 1984)
Riederer P. et Umeck H.: "L. Dopa substitution der Parkinson krankheit" (Springler-Verlag 1985)
Robert J.M.: "Comprendre notre cerveau" (Points, Le Seuil, 1982)
Articles:
Rosenzweig M.R., Bennett E.L. et Diamond M.C.: "Brain changes in response to experience" (Scientific American Février 1972)
Ross M.H., Galaburda A.M. et Kemper T.L.: "Down's syndrome" (Neurology, Vol. 34, 1984)
Rosser A.E. et Keverne E.B.: "N.A. neurones and the olfactory block to pregnancy" (Neuroscience, Vol. 15, Pergamon Press, 1985)
Rossor M. et Iversen L.L.: "Non choligernic neurotransmitter abnormalities in Alzheimer's disease" (British Medical Bulletin 1986)
Roussell B., Turbillot P. et Kitahama K.: "Effect of ambient temperature on the sleep-waking cycle" (Brain Research 1984)

S

Livres, brochures, rapports:
Saunders G.E., Murray E.A. et Mishkin M.: "Visual recognition" (Pergamon Press 1984)
Schwarz G.E.: "Psychobiology of health: a new synthesis"
Searle J.R.: "Du cerveau au savoir" (Hermann 1985)
Articles:
Sartorius N. et Jablensky A.: "Early manifestations and first-contact incidence of schizophrenia in differents cultures" (Psychological Medicine Novembre 1986)
Sato S. et Kawamura H.: "Circadian Rhythms" (Neuroscience Research 1984)
Sawaki Y., Nihonmatsu I. et Kawamura H.: "Transplantation of the neonatal suprachiasmatic nuclei into rats" (Neuroscience Research 1984)
Schwab M.E. et Thoenen H.: "Dissociated neurons regenerate into sciatic" (Journal of Neuroscience, Septembre 1985
Sheldrake R., Weber R. et Bohm D.: "Conversations" (Fall 1982)
Sibatani A. "The Japanese Brain" (Science 80, Décembre)
Silcock B.: "Casting light on the grey matter" (Interview Sunday Times, 1er Septembre 1985)
Solomon, Snyder H. et D'Anato J.: "Predicting Parkinson's disease" (Nature, Septembre 1985)
Soum P.: "Comment vaincre la douleur?" (L'Express 21 Janvier 1983)
Spiro M.: "Vers des greffes de cerveau" (La Recherche, Septembre 1981)
Swindale N.V., Vital-Durand F et Blakemore C.: "Anatomical recovery from deprivation in cortex" (Proc. R. Soc. Lond. 1981)

T

Livres, brochures, rapports:
Tsunoda T.: "Langue maternelle et latéralisation", "Cerebral dominance by key-tapping" (Academic Press 1975)
De Tymowski J.C.: "Equilibre Inn-Yang du Tao à la bioélectronique" (Actes du Congrès de Besançon 15-20 Septembre 1970)
Articles:
Thoenen H. et Edgar D.: "Neurotrophics factors" (Science Vol. 229)
Tetsuo M., Perlow M.J., Mishkin M. et Markey S.P.: "Hydroxymelatonin excretion by monkeys" (Endocrinology, 1982)
Tsunoda T.: "Logos and Pathos" (Medical Research Institute,Tokyo) "Difference in the mechanism of emotion", "Characteristic pattern of cerebral dominance", "Latéralité du système auditif central et langue maternelle", (Rapport du Symposium International: "Les Voies de la Connaissance", 6-10 Novembre 1984)

U

Articles:
Ungerleider L.G., Desimon R., Galkin T.W. et Mishkin M.: "Subcortical projections of area M.T. in the macaque" (The Journal of Comparative Neurology, Août 1983)
Ungerleider L.G., Galkin T.W. et Mishkin M.: "Striate projections to pulvinar in monkey" (The Journal of comparative neurology, Alan R. Liss, 1983)
Ungerleider L.G. et Mishkin M.: "Two cortical visual systems" (The MIT Press, 1982

V

Articles:
Vigy M.: "Dépression: la voie chimique sur mesure" (Le Figaro, 26 Novembre 1985)

W

Livres, brochures, rapports:
Wilber K.: "Up from Eden" (Shambala Boulder and London, 1983)
"The holographic paradigm and other paradoxes" (Shambala Boulder and London, 1982)
Witelson S.F.: "On hemisphere specialization and cerebral plasticity", ("Hemisphere function and collaboration in the child", Academic Press, 1985), "Anatomic asymmetry in the temporal lobes" (Annals of the New-York Academy of Sciences, 1977), "Neuroanatomical asymmetry in left-handerness" (Academic Press,1980), "Brain asymmetry functional aspects" (Encyclopedia of Neuroscience, Adelman editor, 1986)
Articles:
Witelson S.F.: "Sex and the single hemisphere" (Science, 30 Juillet 1976)
"Development dyslexia" (Science, 21 Janvier 1977)
Wright P.: "Brain surgery advance suggests cure for Parkinson's disease" (The Times, Septembre 1985)
Wurtman R.J.: "Die Alzheimersche Krankheit" (Spektrum der Wisenschaft, Mars 1985)

Z

Articles:
Zaidel D.W.: "Les fonctions de l'hémisphère droit" (La Recherche, Mars 1984)
Zola-Morgan S., Squire L.R. et Mishkin M.: "The neuroanatomy of amnesia" (Science, Vol. 18, 24 Décembre 1982)

INDEX DES NOMS COMMUNS

INDEX DES NOMS COMMUNS

INDEX DES NOMS PROPRES

REMERCIEMENTS

Articles Scientifiques :

Kathleen Bizière, Sanofi, et **Gérard Renoux,** Faculté de Médecine de Toulouse.
Emilio Bizzi, Directeur du Département cerveau et science cognitive, MIT.
Anders Björklund, Université de Lund.
Floyd Bloom, Scripps Clinic.
W.D. Booth, Agricultural and Food Research Council.
Valentino Braitenberg, Directeur au Max-Planck Institut pour la cybernétique biologique.
C.K. Conners, Ecole de Médecine de l'Université George Washington.
Yves Coppens, Professeur au Collège de France, Directeur du Musée de l'Homme.
Max Cowan, Howard Hughes Medical Institute.
Albert M. Galaburda, Directeur du Laboratoire de Dyslexie neuroanatomique à l'Hôpital Beth Israel.
Michaël S. Gazzaniga, Dartmouth Medical College.
Roger Guillemin, Institut Salk.
Allan Hobson, Harvard University.
Franz Huber, Directeur au Max-Planck Institut pour la physiologie des systèmes.
David H. Ingvar, University Hospital, Lund.
Masao Ito, Université de Tokyo.
Richard Jung, Université Albert-Ludwig de Freibourg.
Eric B. Keverne, Université de Cambridge.
Nelson Kiang, Massachusetts Eye and Ear Infirmary.
Doreen Kimura, Université de l'Ontario.
H. Möhler, W. Haefely, J.G. Richards, Hoffmann-La Roche.
Alberto Oliverio, Directeur de l'Institut de Psychobiologie.
J.M. Palacios, Sandoz.
James W. Patrick, Institut Salk.
Véronique Barre et **Jean-Jacques Petter,** Professeur au Muséum d'Histoire Naturelle.
Pierre Pichot, Hôpital Sainte-Anne.
Tomaso Poggio, Laboratoire d'Intelligence Artificielle, M.I.T.
Wolf Singer, Directeur au Max-Planck Institut pour la recherche neurologique.
Lars Terenius, Université d'Uppsala.
Tadanobu Tsunoda, Université Médicale et Dentaire de Tokyo et de Psychopharmacologie en Italie.
Jean-Claude de Tymowski, Alliance médicale Internationale.
Laurence R. Young, Département Aéronautique et Astronomique, M.I.T.

Les auteurs remercient tout particulièrement les organismes qui les ont aidés :

Albert-Roussel Pharma (Dr Zellhofer)
Animal Behavior Enterprises (Marian Breland Bailey)
Bristol-Meyers (Jerry Parrott)
Centre National d'Ophtalmologie des Quinze-Vingts (Dr Emmanuel Alain Cabanis, Dr Marie-Thérèse Iba-Zizen, Dr Carmelita Stoffels)
Hœchst (Georg Szendey, Felicitas Feick)
Hoffmann-La Roche (Eckhart Gwinner)
IBRO (David Ottoson)
Laboratoire pour la recherche clinique sur le stress, Stockholm (Lennart Levi)
Laboratoires Servier (Jean-Pierre Poirier, Claude Labride)
Lederle Laboratories (Carl A. High)
The Bethlehem Royal Hospital and the Maudsley Hospital (Patricia Allderidge)
Union Chimique Belge (Nane Bertin)
Warner Lambert (Paul Donchevsky)
Kathleen Bizière, Sanofi, et Gérard Renoux, Faculté de Médecine de Toulouse.

Et, à titre personnel :

Hans Ägren (Départment de psychologie de l'University Hospital, Uppsala)
Takehiko Amano (Institut Mitsubishi-Kasei)
Kathleen Bizière (Sanofi)
Colin Blakemore (Université d'Oxford)
David Bousfield (Directeur de "Trends in Neurosciences")
Uwe Brandi
Raymond Campan (Université Paul Sabatier)
Otto Creutzfeldt (Institut Max Planck pour la chimie biophysique)
Jean Daver (Laboratoires Pierre Fabre)
Richard Gregory (Université de Bristol)
Pierre Karli (CNRS, Strasbourg)
Hiroshi Kawamura (Directeur du Département Neuroscience à l'Institut Mitsubishi-Kasei)
Ronald Laing
Paul MacLean (National Institute of Mental Health)
George Ojemann (Université de Washington)
J.M. Oughourlian (Neuropsychiatre à l'Hôpital Américain, Neuilly)
Dr Parinot (INSERM, Toulouse)
Detlev Ploog (Institut Max Planck)
Michael I. Posner (Université de Washington)
Karl H. Pribram (Université de Stanford)
Roger Saban (Laboratoire d'Anatomie Comparée, Museum d'Histoire Naturelle)
Gary Schwartz (Université de Yale)
Hans Thœnen (Institut Max Planck pour la psychiatrie)
John Wagner (Université Johns Hopkins)
Itaru Watanabe (Professeur Emeritus, Université de Keio)
Henry Wiart (Hôpital Sainte-Anne)

Œuvres citées :

Introduction p. 7 – Francis Crick : "Réflexions sur le Cerveau", Pour la Science, nov. 1979, n° 25, p. 168
Chap. 1 p. 11 – S. Freud : "Essai de Psychologie", Payot, p. 13 – O. Creutzfeldt : "Neurophysiological Mechanisms and Consciousness", in Brain and Mind, Ciba Foundation Symposium, 1979, vol. 69
Chap. 4 p. 45 – L.F. Jarvile : "Human Intelligence Sex Differences", Acta Geneticae Medicae and Gemellologiae, 1975, vol. 24, 189-211
Art. 5 – Fievet-Izard M., Presses Universitaires de France, Paris 1975
Guillaume M., L'Acupuncture
Hussow A., Huang Di Nei Jinc Sowen, Asmaf, Paris 1973
Institut Ricci, Dictionnaire français de la langue chinoise, I.R. Kuanchi Press, 1976 Taiwan
Korvin-Krasinsky Cyrill P., Die Tibetische Medizin Philosophie, Origo Verlag, Zurich 1953 – Post Face, le massage chinois, Ami, Paris 1965
Larre C., Suwen
Nguyen van Nghi, Hoang ti Nei King So Ouenn, Socedim, Marseille 1973
Rochat de la Vallée E., Fascicules 1980, 1986 – Institut Ricci, Paris
Tymowski de J.C., "L'unité dans la multiplicité", Préface du livre "La médecine Ayur-Védique" de Gérard Edde, Editions Dangles, 45800 St-Jean-de-Braye, 1985 – "L'Energie Vitale" (p. 137-140), in : Le Yoga en 10 leçons, Roumanes J.P., novembre 1973, Hachette, Paris – "Passé, Présent, Avenir de l'Acupuncture", Comptes rendus du XVIe Congrès International d'Acupuncture de Baden-Baden, 1971, Maisonneuve. Moulins-les-Metz, 1971 (p. 267) – Que sais-je ? n° 705
Wiegler S.J., Caractères chinois, Kuangchi Press, 1963 Taiwan
Art. 8 – Nous remercions tout particulièrement la société Hoffmann – La Roche de nous avoir autorisés à publier l'article d'Allan Hobson.
Art. 9 – Oman C.M., Lichtenberg B.K., Money K.G., McCoy R.K. (1986) "Space Motion Sickness : Symptoms, Stimuli and Predictability", Ex. Brain Res. 64 : in press
Parker, D.E., Reschkle M.F., Arrott A.P., Homick J.L., Lichtenberg B.K., (1985) "Otolich tilt – translation interpretation following prolonged weightlessness : implications for preflight training", Aviat Space & Env. Med. 56 : 601-607
Reschke M., Anderson D., Homick J., (1984) "Vestibulospinal reflexes as a function of microgravity", Science 225 : 212-214
Watt D.G.D., Money K.E., Tomi L.M., (1986) "Effects of prolonged weightlessness on a human otolith-spinal reflex", Exp. Brain Res. 64 : in press
Vieville T., Clement G., Lestienne F., Berthoz A., (1986) Adaptive processes in visual and oculomotor systems. Pergamon Press (London) 111-120
Young L.R., Oman C.M. Watt D.G.D, Money K.E., Lichtenberg B.K., (1984) "Spatial orientation in weightlessness and readaptation to earth's gravity", Science 225 : 205-208
Young L.R., Oman C.M., Watt D.G.D., Money K.E., Lichtenberg B.K., Kenyon R.V. and Arrott A.P., (1986) "Sensory adaptation to weightlessness and readaptation to one g : an overview", Exp. Brain Res. 64 : in press.
Chap. 6 p. 82 – H. Selye : "Stress sans détresse", Les Editions de la Pierre, Ottawa, 1974, p. 29
Chap. 7 p. 86 – A. Artaud : "Oeuvres complètes", Gallimard
Chap. 8 p. 111 – "Les petits systèmes de neurones", Pour la Science, nov. 79, n° 25, p. 46
Chap. 9 p. 119 – C.W. Cœn : Functions of the Brain, Clarendon Press, Oxford, 1985, p. 64

Chap. 10 p. 140 – M. Jeannerod : Le Cerveau machine – Physiologie de la Volonté, Fayard, 1983
Art. 16 – Bizzi E., Abend W., (1983) "Posture control and trajectory formation in single and multi-joint arm movements", In Motor Control Mechanisms in Health and Disease, edited by J.E. Desmedt, Raven Press, N.Y., 31-45
Bizzi E., Accornero N., Chapple W. and Hogan N., (1982) "Arm trajectory formation in monkeys", Exp. Brain Res. 46 : 139-143
Bizzi E., Accornero N., Chapple W. and Hogan N., (1984) Posture control and trajectory formation during arm movement, J. Neurosci, 4 : 2738-2744 Bizzi E., Polit A. and Morasso P., (1976) "Mechanisms underlying achievement of final head position", J. Neurophysiol, 39 : 435-444.
Feldman A.G., (1966) "Functional tuning of the system during control of movement and maintenance of a steady posture", III. Mechanographic analysis of the execution by man of the simplest motor tasks. Biophysics, 11 : 766-775
Feldman A.G., (1974a) "Change of muscle length due to shift in the equilibrium point of the muscle-load system", Biofizika, 19 : 534-538
Feldman A.G. (1974b) "Control of muscle length", Biofizika, 19 : 749-751 Flash T. and Hollerbach J.M., (1981) "Dynamic interactions between limb segments during planar arm movement", Abst. 11th Annual Meeting, Society for Neuroscience, Los Angeles
Georgopoulos A.P., Caminiti R. and Kalaska J.F., (1984) "Static spatial effects in motor cortex and area 5 : quantitative relations in a two-dimensional space", Exp. Brain Res. 54 : 446-454
Hogan N., (1980) "Mechanical impedance control in assertive devices and manipulators", in Proc. Joint Automatic Control Conf., San Francisco
Hogan N., (1984) "Impedance control of industrial robots", Robots Comput. Integrated Mfg., 1 : 97-113
Horn B.K.P. and Raibert M.H., (1977) "Configurating space control", M.I.T. Artificial Intelligence Laboratory, Memo n° 458, Cambridge, Mass
Morasso P., (1981) "Spatial control of arm movements", Exp. Brain Res. 42 : 223-227
Mussa-Ivaldi F.A., Hogan N. and Bizzi E., (1985) "Neural, mechanical and geometric factors subserving arm posture in humans", J. Neurosci., 5 : 2732-2743
Raibert M., (1976) "A state space model for sensorimotor control and learning", MIT Artificial Intelligence Laboratory, AIM
Chap. 15 p. 195 – J.M. Harlow : "Passage of an iron rod through the head", Boston Medical and Surgical J., 1848, vol. 39 : 389-393
Art. 27 – Altenmüller E., Landwehrmeyer B., Jung R., (1985) "Electrophysiological evidence of right perietal dominance of visual-spatial processing tasks", J. Neurol suppl. 232 : 140
Ingvar D., (1983) "Serial aspects of language and speech related to prefontal cortical activity. A selective review", Human Neurobiol 2 : 177-189
Julesz B., (1971) Foundation of cyclopean perception, Chicago-London : Univ. of Chicago Press
Jung R., (1984) "Electrophysiological cues of the language-dominant hemisphere in man : slow brain potentials during language processing and writing", Exp. Brain Res. suppl. 9 : 430-450
Jung R., (1986) "Hirnelektrische Korrelate von Handlungsintention und Grosshirndominanz", in : Heiman H. (ed.) Das Verhältnis der Psychiatrie zu ihren Nachbardisziplinen, Berlin, Springer, p. 11-14
Jung R., Altenmüller E., Natsch B., (1984) "Zur Hemisphärendomninanz für Sprache und Rechnen : Eletrophysiologische Korrelate einer Linksdomninanz bei Linkshändern", Neuropsychologia 22 : 755-775
Kornhuber H.H., Deecke L., (1965) "Hirnpotentialänderungen bei Willkürbewegungen und passiven Bewegungen des Menschen : Bereitschaftpotential und reafferente Potentiale", Pflügers Arch ges Physiol 284 : 1-17
Landwehrmeyer B., Altenmüller E., Winker T., (1985) "Slow brain potentials as correlates of right hemispheric dominance during visual-spatial processing in man", Pflügers Arch Europ J. Physiol 405 suppl. 2 : R 40, 139
Lehmann D., Julesz B., (1978) "Lateralized cortical potentials evoked in humans by dynamic random-dot stereograms", Vision Res. 18 : 1265-1271
Saski K., Gemba H., (1982) "Development and change of cortical field potentials during learning processes of visually initiated hand movements in the monkey", Exp. Brain Res. 48 : 429-437
Szentagothal J., (1975) "The "module concept" in cerebral architecture", Brain Res. 95 : 475-496
Walter W.G., (1964) "Slow potential waves in the human brain associated with expectancy, attention and decision", Arch Psychiatr Nervenkr 206 : 309-322
Conclusion p. 234 – Patricia Smith Churchlad, Neurphilosophy : toward a unified science of the mind-brain, The MIT Press, Cambridge (MA) 1986

Direction artistique
Tilman Eichhorn

Composition
S.C.G. Paris

Impression
Dai Nippon Printing, Tokyo